化工过程安全管理实施指南

刘　强　主编

中国石化出版社

内 容 提 要

本书以《化工企业工艺安全管理实施导则》(AQ/T 3034—2010)作为主框架，结合我国化工企业过程安全管理的生产实践，对《导则》中的12个管理要素逐一展开论述，以帮助企业认识过程安全管理要素的内涵，从而理解实施过程安全管理要素的基本要求，为化工企业实施过程安全管理提供重要参考与技术支持。

本书可为化工企业纠正现有过程安全管理体系中的缺陷，以及如何与现有生产管理体系相结合，并逐步改进过程安全管理体系提供参考；还可供高等院校化工专业师生阅读。

图书在版编目(CIP)数据

化工过程安全管理实施指南／刘强主编．
—北京：中国石化出版社，2014.6(2020.6重印)
ISBN 978-7-5114-1974-3

Ⅰ.①化… Ⅱ.①刘… Ⅲ.①化工过程-安全管理-指南
Ⅳ.①TQ02-62

中国版本图书馆CIP数据核字(2014)第109155号

中国石化出版社出版发行

地址:北京市东城区安定门外大街58号
邮编:100011　电话:(010)57512500
发行部电话:(010)57512575
http://www.sinopec-press.com
E-mail:press@sinopec.com
北京柏力行彩印有限公司印刷
全国各地新华书店经销

*

787×1092毫米 16开本 26.5印张 647千字
2014年6月第1版　2020年6月第5次印刷
定价:80.00元

《化工过程安全管理实施指南》
编 委 会

前　言

我国是化学品生产和使用大国，从石油化工、天然气化工、盐化工、精细化工发展到煤化工、农用化工、国防化工等，已经形成具有20多个行业、配套齐全并具有一定国际竞争力的化学工业体系。目前我国有25万多家化学品企业，其中规模以上企业3万余家。化工产业作为国民经济的重要支柱产业，具有资源、资金和技术密集、产业关联度高、经济总量大等特点，产品广泛应用于国民经济、人民生活、国防科技等各个领域，对促进相关产业升级和拉动经济增长具有举足轻重的作用，为我国的现代化建设和社会繁荣做出了巨大贡献。

几乎所有化工产品都需经过化学反应才得以制成，这些反应大多涉及氯化、氧化、重氮化、氟化、磺化、硝化等危险过程。同时工艺过程的操作单元中大量存在高温、高压、高真空、深冷以及高速传质传热等苛刻工艺条件，以及反应激烈、反应参数的非线性等特点，这些决定了化工产业的高风险特性。

近年来，化工行业屡屡发生重特大事故，造成了严重的人员伤亡、财产损失和环境影响。严峻的安全生产形势逐渐引起了党和国家领导人对于过程安全管理的关注，催生了一系列有关过程安全管理的法规、标准。2010年，国务院颁布了《国务院关于进一步加强企业安全生产工作的通知》(国发Z〔2010〕23号)，随后国家安全监管总局和工信部联合发布了《关于危险化学品企业贯彻落实〈国务院关于进一步加强企业安全生产工作的通知〉的实施意见》(安监总管三〔2010〕186号)、《化工企业工艺安全管理实施导则》(AQ/T 3034—2010)、《危险化学品从业单位安全生产标准化评审标准》(安监总管三〔2011〕93号)和《关于加强化工过程安全管理的指导意见》(安监总管三〔2013〕88号)，这些文件的出台，标志着我国化工过程安全管理工作逐渐走向了正轨。

本书以《化工企业工艺安全管理实施导则》(AQ/T 3034—2010)作为主框架，结合我国化工企业过程安全管理的生产实践，对《化工企业工艺安全管理实施导则》中的十二个管理要素逐一展开论述，以帮助企业认识过程安全管理要素的内涵，从而理解实施过程安全管理要素的基本要求，为化工企业实施过程安全管理提供重要参考与技术支持。本书共12章，第1章介绍了工艺安全信息内容的收集、使用和管理；第2章以工艺危险分析为主线，介绍了风险管理中的风险识别方法选择、风险评估、风险基准和隐患治理；第3章介绍了操作规程编制、审核和控制；第4章阐述了安全培训和安全教育；第5章重点介绍了承包商的准入管理和作业过程安全控制；第 6 章介绍了试生产各环节的安全管理要点；第 7 章以设备完整性管理为核心，对动设备、静设备、电气设备等提出了安全管理要求；第 8 章强调了作业许可程序的执行过程和风险控制要点；第 9 章介绍了变更管理流程；第 10 章以应急预案和应急救援为核心，阐述了应急管理重点；第 11 章强调了根原因分析和未遂事件管理的重要性，对我国事故分级和事故调查进行了说明；第 12 章主要从 PDCA 循环方面强调过程安全管理体系审核的重要性和工作程序。

本书可为化工企业纠正现有过程安全管理体系中的缺陷以及如何与现有生产管理体系相结合，并逐步改进过程安全管理体系提供参考；还可供高等院校化工专业师生阅读，以深入了解和掌握化工过程安全管理体系和相关专业知识。

本书编写过程中得到了国家安全监管总局-美国 Celanese 公司工艺安全合作项目的支持与资助，感谢国家安全监管总局监管三司、国家安全监管总局国际交流中心、国家安全监管总局化学品登记中心、美国 Celanese 公司、中国可持续发展工商理事会、中国石油大学(华东)、中国石化齐鲁分公司、中国石化青岛安全工程研究院等单位多位专家的大力支持和帮助，为本书提出了宝贵的审查意见。

由于编者水平有限，书中不妥之处在所难免，恳请读者批评指正。

Preface

China is a major producer and user of chemicals. China's industrial system of chemical industry is internationally competitive, which has some 20 sub-sectors with a full range of supporting facilities. The industry spans from petrochemicals, natural gas chemicals, salt chemicals, fine chemicals, coal chemicals, agricultural chemicals, to chemicals used for national defense. China has over 250000 chemical companies, of which some 30000 are above-scale companies. Petrochemicals, as an important pillar of national economy, is resource-capital-technology intensive. And the chemical industrial chain, as a whole, is closely linked and interrelated. Moreover, the industry takes up a large amount of GDP and its products are widely used in national economy, everyday life of people, and defense technology. The industry is playing a critical role in promoting industrial upgrade and economic growth, thus a huge contribution to China's modernization drive and prosperity.

Almost all chemical products are made after chemical reactions which include dangerous process such as chlorination, oxidation, diazotization, fluorination, sulfonation and nitration. During the process, there are rigorous requirements such as high temperature and pressure, high vacuum, extremely cold temperature and high renewal rate and high heat transfer rate. To sum up, reactions will create powerful effects and the response parameter is non-linear. All these properties lead to the fact that chemical industry is a high-risk sector.

In recent years, China is prone to chemical accidents which caused massive casualty, losses of property, and environmental impacts. The challenging work safety conditions have drawn the attention of central authorities of China onto process safety management. Thus a series of regulations and standards of process safety management have been enacted. In 2010, the State Council delivered a document entitled Notice of the State Council on Promoting Work Safety in Enterprises (State Council Document [2010] No. 23). Soon after that, State Administration of Work Safety and Ministry of Industry and Information Technology jointly published Comments on Implementing the State Council Document [2010] No. 23 in Hazardous Chemical Companies (the Comment was also referred to SAWS Department No. 3, 2010 file 186). Moreover, Process Safety Management Guidelines in Chemical Companies (AQ/T 3034－2010), Review of Work Safety Standardization in Chemical Companies (SAWS Department No. 3, 2011 file 93), Comments on Enhancing PSM (SAWS Department No. 3, 2013file 88) successively the entered into force, which means China's PSM is moving towards standardized management.

Chemical PSM is an internationally advanced approach of preventing and controlling major industrial accidents. It is also a part of fundamental effort (which is crucially important for companies) to remove safety hazards, prevent accidents, and build a long-term mechanism of work safety. In 1992, OSHA of US enacted the law entitled 29CFR1910.119: Process Safety Management of Highly Hazardous Chemicals. In 1996, Seveso I of Europe was modified into Seveso II to prevent major process accidents. PSM adopts systematic managerial and technological methods to identify, assess, eradicate and control the risks in chemical production in order to prevent and control accidents, thereby reducing fatality and losses of property.

The book can be divided into 12 chapters with Process Safety Management Guidelines in Chemical Companies (AQ/T 3034-2010) as the framework. The book elaborated 12 elements in the Guideline by combining practices of China' s PSM, thereby enabling enterprises to understand the essence, basic requirement of PSM and providing reference and technical support for companies.

In 12 chapters of the book, chapter 1 briefs the collection, use and management of PSM information. Chapter 2 focuses on PHA and elaborated PSM in terms of methods of risk identification, risk assessment, risk benchmark and hazard treatment. Chapter 3 introduces drafting, review and control of SOP. Chapter 4 discusses the implementation of safety training and education. Chapter 5 covers the access administration of contractors and safety management of operation process. Chapter 6 is about elements of safety management during pre-startup safety review. Chapter 7 takes mechanical integrity as core to specify the requirements in relation to moving equipment and static equipment and electric facilities. Chapter 8 talks about the implementation of work permit and key points of risk control. Chapter 9 discusses Management of Change. Chapter 10, with emergency response plan and rescue campaign as the center, elaborates key points in emergency management. Chapter 11 stresses root cause analysis and the importance of managing near-miss accidents to introduce classification of accidents in China and investigation of accidents. And the last chapter, chapter 12 emphasizes the importance of audit of PSM system from the perspective of PDCA cycle and introduces working procedures.

The book can provide some food for thought for those of you who are designing PSM system for enterprises, who are seeking for rectifying defects in existing PSM system, and those who are trying to integrate PSM with existing management system and delivering further improvement. The book can also provide guidance for chemical majors in vocational schools and institutions of higher education so that you can have a deeper understanding of PSM system and master relevant knowledge.

The book, since the start of compilation, has been supported and funded by the Saws-Celanese Cooperative Project on Chemicals Process Management along with gracious involvement and efforts from Dept. 3 of SAWS, the National Center of International Cooperation on Work Satety, Celanese Company, China Business Council for Sustainable Development, China University of Petroleum (East China Campus), Qilu Branch Company of SINOPEC, and SINOPEC Safety Engineering Institute. These institutions have offered valuable comments during the finalizing of the book, for which are we very grateful.

Your suggestions and comments will be highly appreciated.

目　录

Contents

第1章　工艺安全信息

1.1　概述

工艺安全信息(Process Safety Information，PSI)主要包括化学品危害信息、工艺技术信息和设备安全信息三大类。

化学品危害信息主要包括工艺过程中原料、催化剂、助剂、中间产品和最终产品等物料的闪点、燃点、自燃点、爆炸极限、饱和蒸气压、沸点、燃烧热、最小点火能、反应性、稳定性、毒性、化学品安全技术说明书(Safety Data Sheet for Chemical Products ，SDS)等信息。

工艺技术信息主要包括工艺技术流程图、技术手册、操作规程、培训材料、安全操作范围、偏离正常工况后果的评估等信息。

设备安全信息主要包括工艺设备材质、泄压、电气、安全系统的设计以及工艺管道及仪表流程图(P&ID)等信息。

工艺安全信息通常包含在技术手册、操作规程、培训材料或其他工艺文件中。工艺安全信息文件应纳入企业文件控制系统予以管理，保持最新版本。

1.2　工艺安全信息的重要性

工艺安全信息是开展工艺危险分析和风险管理的依据，该信息的收集、利用和管理是加强化工企业安全生产基础工作的重要内容，也是落实过程安全管理工作的重要基础。开展生产活动前，应完成书面工艺安全信息收集工作。

工艺安全信息是编写操作规程、培训材料、编制应急预案的重要基础资料。全面收集、利用和管理工艺安全信息，可以确保工艺系统升级或改造过程始终符合最初设计的意图，从而有效地防范工艺安全事故。工艺安全信息是记录和积累工厂设计、生产操作、维护保养和技术改造过程及经验教训的重要载体。

1.3　工艺安全信息的主要内容

1.3.1　化学品危害信息

1.3.1.1　化学品危害信息的主要内容

(1) 毒性；

(2) 允许暴露限值；

(3) 物理化学特征参数，如沸点、密度、溶解度、闪点、爆炸极限、自燃点、pH 值、熔点、相对密度(水=1)、相对蒸气密度(空气=1)、饱和蒸气压、燃烧热、溶解性等；

(4) 单一物料的反应特性或不同物料相互接触以后的反应特性，如分解、聚合、氧化还原等反应特性及释放有毒气体等有害产物；

（5）腐蚀性数据，腐蚀性及其对材质的相容性要求；

（6）热稳定性和化学稳定性，如受热是否分解、暴露于空气中或被撞击时是否稳定；

（7）发生泄漏的处置方法；

（8）化学品活性反应与混储危险性数据，如与其他物质混合时的不良后果，混合后是否发生反应，应该避免接触的条件等。

1.3.1.2 化学品危害信息的获取方法

从制造商或供应商处获得化学品安全技术说明书(SDS)。编制每一套生产装置所包含的化学品物料之间相互反应矩阵表，以便全面掌握危险化学品活性危害、混储危险性及化学反应相容性信息。若从文献上不能得到可靠数据，可以通过相关测试等途径获取化学品危害信息。

1.3.1.2.1 化学品安全技术说明书

化学品安全技术说明书是获取化学品危害信息的重要途径。化学品安全技术说明书为化学品(物质或混合物)提供了有关健康、安全和环境保护方面的重要信息，并能够提供有关化学品基础知识、危险特性、防护措施、泄漏处置和应急处置等方面的资料。

（1）化学品安全技术说明书的主要内容

根据《化学品安全技术说明书内容和项目顺序》(GB/T 16483—2008)的相关要求，化学品安全技术说明书分为16部分。

① 化学品及企业标识：主要标明化学品的名称，该名称应与安全标签上的名称一致，同时标注供应商的产品代码，标明供应商的名称、地址、电话号码、应急电话、传真和电子邮件地址。该部分还应说明化学品的推荐用途和限制用途。

② 危险性概述：标明化学品主要的物理和化学信息，以及对人体健康和环境影响的信息，如果该化学品存在某些特殊性质，也应在此处说明。如果已经根据全球化学品统一分类与标签制度(GHS)对化学品进行危险性分类，应标明GHS危险性类别，同时应注明GHS的标签要素，如象形图或符号、防范说明，危险信息和警示词等。象形图或符号如火焰、骷髅和交叉骨可以用黑白颜色表示。应注明人员接触后的主要症状及应急综述。

③ 成分/组成信息：注明化学品是纯净物还是混合物。如果是纯净物，应提供化学名或通用名、美国化学文摘登记号(CAS号)及其他标示符。如果某种物质按GHS分类标准分类为危险化学品，则应列明包括对该物质的危险性分类产生影响的杂质和稳定剂在内的所有危险组分的化学名或通用名、浓度或浓度范围。如果是混合物，不必列明所有组分。如果按GHS标准被分类为危险的组分，并且其含量超过了浓度限值，应列明该组分的名称信息、浓度或浓度范围。对已经识别出的危险组分，也应该提供危险组分的化学名或通用名、浓度或浓度范围。

④ 急救措施：说明必要时应采取的急救措施及应避免的行动，此处填写的文字应该易于被受害人和(或)施救者理解。根据不同的接触方式将信息细分为：吸入、皮肤接触、眼睛接触和食入。该部分应简要描述接触化学品后的急性和迟发效应、主要症状与对健康的主要影响等，详细资料可在第⑪部分列明。如有必要，本项应包括对施救者和对医生的特别提示。特殊情况下，应给出医疗护理和特殊治疗措施或建议。

⑤ 消防措施：说明合适的灭火方法和灭火剂，如有禁忌灭火剂也应在此处标明。应标明化学品的特殊危险性(如产品是危险的易燃品)。标明特殊灭火方法及保护消防人员的特殊防护装备。

⑥ 泄漏应急处理：提供作业人员防护措施、防护装备和应急处置程序；环境保护措施；泄漏化学品的收容、清除方法及所使用的处置材料；提供防止发生此类危险的预防措施。

⑦ 操作处置与储存：描述安全处置时的注意事项，包括防止化学品接触人员、防止发生火灾和爆炸的技术措施；提供局部或全面通风、防止形成可燃或可爆炸性气溶胶、粉尘的技术措施；防止直接接触不相容物质或混合物的特殊注意事项。描述安全储存的条件、安全技术措施、禁配物的隔离措施、包装材料信息等。

⑧ 接触控制和个体防护：列明容许浓度，如职业接触限值或生物限值。列明减少接触的工程控制方法，该信息是对"操作处置与储存"部分的进一步补充。如果可能，列明容许浓度的发布日期、数据出处、试验方法及方法来源。列明推荐使用的个体防护设备。例如，呼吸系统防护、手防护、眼睛防护、皮肤和身体防护等。标明防护设备的类型和材质。化学品若只在某些特殊条件下才具有危险性，如量大、高浓度、高温、高压等，应标明这些情况下的特殊防护措施。

⑨ 理化性质：化学品的外观与性状；气味；pH 值；半致死浓度(LD_{50}或LC_{50})；熔点/凝固点；沸点、初沸点和沸程；闪点；爆炸极限；蒸气压；蒸气密度；密度/相对密度；n-辛醇/水分配系数；自燃温度；分解温度。如有必要，应收集以下信息：气味阈值；蒸发速率；易燃性(固体、气体)及放射性或体积密度等化学品安全使用的其他资料。收集化学品理化性质时，建议使用国际单位制(SI)。必要时，应提供数据的测试方法。

⑩ 稳定性和反应性：描述化学品的稳定性和在特定条件下可能发生的分解、聚合和异构化等危险反应。主要包括应避免的条件(例如光照、静电、撞击或震动等)；禁忌物料；危险的分解产物(二氧化碳和水除外)。

⑪ 毒理学信息：应全面、简洁地描述使用者接触化学品后产生的各种毒性作用(健康影响)，包括急性毒性、皮肤刺激或腐蚀、眼睛刺激或腐蚀、呼吸或皮肤过敏、生殖细胞突变性、致癌性、生殖毒性、特异性靶器官系统毒性(一次性接触)和特异性靶器官系统毒性(反复接触)以及吸入危害。如果具备条件，还可提供毒代动力学、代谢和分布信息。描述一次性接触、反复接触与连续接触所产生的毒副作用；迟发效应和即时效应应分别说明。潜在的有害效应，包括与毒性(例如急性毒性)测试观察到的有关症状、理化和毒理学特性。可按照不同的接触途径(如：吸入、皮肤接触、眼睛接触和食入等)提供相关信息。

⑫ 生态学信息：提供化学品的环境影响、环境行为和归宿方面的信息，如：化学品在环境中的预期行为，可能对环境造成的影响/生态毒性；持久性和降解性；潜在的生物蓄积性；土壤中的迁移性。如果可能，提供更多的科学实验产生的数据或结果，并标明引用文献资料来源。如果可能，可提供生态学限值。

⑬ 废弃处置：提供为安全和有利于环境保护而推荐的废弃处置方法及信息。这些处置方法适用于化学品(残余废弃物)，也适用于任何受污染的容器和包装。

⑭ 运输信息：货物运输法规、标准规定的分类与编号信息，这些信息应根据不同的运输方式，如公路、铁路、海运和空运进行区分。应包含以下信息：联合国危险货物编号(UN号)；联合国运输名称；联合国危险性分类；包装组；海洋污染物等，使用者需要了解或遵守的其他运输或运输工具有关的特殊防范措施。

⑮ 法规信息：标明该化学品的安全生产、环境保护及职业健康等法规名称。提供与法律相关的法规信息和化学品标签信息。

⑯ 其他信息：进一步提供上述各项未包括的其他重要信息。例如：表明需要进行的专

业技术培训和限制用途等。

(2) 化学品安全技术说明书的获取途径

① 向供应商索取相关化学品的 SDS；

② 企业自行建立的 SDS 数据库；

③ 委托第三方机构建立的 SDS 数据库；

④ 查询在线 SDS 数据库等。

1.3.1.2.2 危险化学品活性危害与混储危险性信息

化学品活性反应指两种或两种以上物质相互接触或混合发生的化学反应，同时也包括化学品单独存放时，受热、光照、摩擦或接触空气等外界条件引发的分解、爆炸、聚合反应，与水或其他禁忌物接触时，产生的放热、燃烧、爆炸、释放出有毒气体等反应。

混配危险性是指化学品与其他在化学性质上相抵触的物质混合、混储、混放或接触时，可能发生的燃烧、爆炸或其他化学反应，有酿成灾害事故的危险。

对于化学品安全技术说明书上未标明，但在实际生产活动中经常发生的危险，可以采用矩阵、数据表格等方式，以方便查阅并确认化学品之间的相容性。

(1)操作处置中由活性反应引发事故的重要环节

由于活性物质本身所处的能级较高，在一些生产、操作或处置过程中，随着活性物质被浓缩、受热、增压、快速压缩、摩擦或撞击，会引发活性物质内在能量的集中爆发，引发意外的火灾爆炸事故。常见的事故环节有蒸馏、过滤、蒸发、过筛、萃取、结晶、再循环、放置、回流、凝结、混合、搅拌、深冷、冷却、升温、销毁、泄漏和撒落等。

(2)活性反应易引发的事故类型

① 生成不稳定或具有爆炸性的过氧化物引发的事故；

② 生产或储存过程中的聚合反应事故；

③ 自由基聚合失控引发的爆聚事故；

④ 微量杂质存在降低活性物质稳定性导致的事故；

⑤ 放热反应中压力快速升高导致的事故；

⑥ 密闭容器中生成气体超压引发的事故；

⑦ 缩聚反应引发的事故；

⑧ 不稳定吸热化合物的爆炸性分解；

⑨ 反应诱导期发生失控引发的事故；

⑩ 可过氧化的溶剂、中间体等化合物引发的事故；

⑪ 过氧化事故；

⑫ 冷焰引发的事故；

⑬ 中和反应事故；

⑭ 失控反应导致的火灾爆炸事故等。

1.3.1.3 典型事故案例

案例 1 深圳清水河某危险品仓库火灾爆炸事故

1993 年 8 月 5 日，深圳市清水河某公司危险品仓库，因 4 号仓内混存的氧化剂与还原剂发生接触，发热自燃，于当日 13 时 27 分发生了特大爆炸事故。具体情况为 4 号仓内储有过硫酸铵 20t、多孔硝酸铵 65t、高锰酸钾 10t、硫化碱 60t、碳酸钡 60t、火柴 3000 箱。因严重缺水，猛烈的火势难以得到有效的控制，所以 1h 后，即 14 时 28 分，在 6 号仓又发生了第二次特大爆炸。6号仓内当时存有亚硝酸钠1200袋、氢氧化钾1600袋、多孔硝酸铵1200袋、碳酸钡2400袋、硫化钠2400袋、硫黄314桶等大量易燃易爆物品。第二次特大爆炸是高温作用引起的。两次特大爆炸，除8号仓和双氧水罐库房外，整个危险品库区被夷为平地，两个爆炸地点被掀起了两个直径24m、深10m的大坑。1km之内的建筑物受到严重破坏，4km范围内的房屋玻璃不同程度受损，天花板脱落。广深线上一列北上特快列车在行驶中被震碎了51块玻璃。香港大部分地区居民感到地面震动。爆炸还同时引燃了14幢仓库、2幢办公楼、2个露天堆场和8片山林，烧毁建筑面积39000m^2，经济损失2.5亿人民币，18人在火灾中丧生，300多人受伤。

事故原因：硫化钠吸湿后变成粉红色黏稠液体流向与之毗邻的过硫酸铵堆垛，并与散落在地面上的过硫酸铵接触，发生剧烈化学反应。硫化钠(Na_2S)纯净时为白色粉末，含杂质时为棕红色块状结晶体，易溶于水、易吸收空气中的水蒸气，属还原剂。过硫酸铵[$(NH_4)_2SO_8$]为白色结晶体，受冲击或高温即发生爆炸，属强氧化剂。因氧化剂与还原剂接触，发热自燃，引起爆炸。

案例2　美国某公司爆炸事故

1995年4月21日美国某公司发生爆炸事故，造成5人死亡，工厂绝大多数设备遭到损坏，周围其他一些单位也遭到严重破坏。经过调查组深入研究确定事故原因如下：

此次爆炸的物质是该公司生产的一种金沉淀剂(Gold Precipitating Agent，GPA)，生产GPA的主要原料连二硫酸钠与铝粉都是亲水性物质。连二硫酸钠遇水反应释放大量的热，同时产生有毒气体二氧化硫和水；铝粉也与水反应释放出热量和氢气，使混合器压力上升，最终由于混合器中的反应失控引起了严重的爆炸和火灾事故。

案例3　京珠高速公路大巴火灾爆炸事故

2011年7月22日3时53分，山东省威海市某交通运输公司一辆卧铺大客车，核载35人，实载47人，自山东省威海市开往湖南省长沙市，行至河南省信阳市境内京港澳高速938km处时，车辆后部突然起火并迅速燃烧。事故造成41人死亡、6人受伤。经过事故调查组调查，确定事故原因如下。

(1) 直接原因：大型卧铺客车违规运输15箱共300kg危险化学品——偶氮二异庚腈，并堆放在客车舱后部，偶氮二异庚腈在挤压、摩擦、发动机放热等综合因素作用下受热分解并发生燃烧。

(2) 间接原因：偶氮二异庚腈生产企业危险化学品安全管理混乱，未认真执行危险化学品安全生产管理制度，多次违规运输危险化学品；销售的偶氮二异庚腈没有化学品安全技术说明书，产品外包装也未按规定加贴或者拴挂化学品安全标签，不符合危险化学品包装标识的要求。

1.3.2　工艺技术信息

1.3.2.1　工艺技术信息的主要内容

(1) 流程图或简化工艺流程图；

(2) 工艺化学原理资料；

(3) 预计最大库存量；

(4) 安全操作范围(如温度、压力、流量、液位或组分等安全上限和下限)；

(5) 偏离正常工况的后果评估，包括对员工的安全和健康影响；

(6) 关键工艺点。

工艺技术信息内容见表1-1。

表1-1 工艺技术信息内容

工艺技术信息名称	工艺技术信息内容
方框式流程图或简化工艺流程图	方框式流程图和化学反应式保存在技术手册中，或公用驱动盘上的共享文件夹中
工艺化学原理	反应器化学反应表述，关键词：放热或吸热
预计最大库存量	容器容量、计量表，依据流程工业实践协会标准(PIP)的PIC001规范绘制工艺仪表流程图，设备注释要注明塔器容量。定期对罐区进行巡检，记录储容量。采用储罐存量表进行记录，在这些表中还应记录储罐容量信息

1.3.2.2 工艺技术信息的获取方法

(1) 从项目工艺包提供商或工程项目总承包商处可以获得基础的工艺技术信息；

(2) 从设计单位获得详细的工艺系统信息，包括各专业的详细图纸、文件和计算书等。

1.3.2.3 典型事故案例

案例 某公司炼油厂爆炸事故

2005年3月23日早上，某公司炼油厂的一套异构化装置的抽余油塔在经过2周的短暂维修后，重新开车。开车过程中，操作人员将可燃的液态烃原料不断泵入抽余油塔。抽余油塔是一个垂直的蒸馏塔，内径3.8m，高51.8m，容积约586.1m^3，塔内有70块塔板，用于将抽余油分离成轻组分和重组分。在3个多小时的进料过程中，因塔顶馏出物管线上的液位控制阀未开，而报警器和控制系统又发出了错误的指令，使操作者对塔内液位过高毫不知情。液体原料装满抽余油塔后，进入塔顶馏出管线。塔顶的管线通往距塔顶以下45.1m的安全阀。管线中充满液体后，压力迅速从144.8kPa上升到441.3kPa，迫使3个安全阀打开了6min，将大量可燃液体泄放到放空罐里。液体很快充满了34.4m高的放空罐，并沿着罐顶的放空管，像喷泉一样洒落到地面上。泄漏出来的可燃液体蒸发后，形成可燃气体蒸气云。在距离放空罐7.6m的地方，停着一辆没有熄火的小型敞篷载货卡车，发动机的火花点燃了可燃蒸气云，引发了大爆炸，导致正在离放空罐6.4m远处工作的15名承包商雇员死亡。

事故原因：

(1) 尽管炼油厂的许多基础设施和工艺设备已经年久失修，但该公司仍继续削减成本，造成安全投入不足。1999年预算缩减25%，2005年再度减少25%。

(2) 该公司及其炼油厂的管理人员没有履行有效的领导和监督责任。管理层没有配备足够的安全监督力量，没有提供足够的人力和财力，也没有建立一套安全管理模式用于执行安全法规和操作规程。

(3) 没有建立良好的事故调查管理系统，以便更好地汲取事故教训，对工艺进行必要的改进。1994~2004年，该公司这套加氢装置的放空罐已经发生了8次严重的事故，但只对3起事故进行了调查。

1.3.3 设备安全信息

1.3.3.1 设备安全信息的主要内容(表1-2)

(1) 材质；

(2) P&ID图；

(3) 电气设备危险等级区域划分图；

(4) 泄压系统设计和设计基础；

(5) 通风系统设计图；

(6) 设计标准或规范；

(7) 物料平衡表、能量平衡表；

(8) 计量控制系统；

(9) 安全系统(如联锁、监测或抑制系统)等。

表1-2 设备安全信息的主要内容

设备安全信息名称	设备安全信息内容
结构材质	既可在设备文件夹中注明，也可以加注在配管仪表图上的配管规范中
P&ID图	有问题的部分必须时时更新； 必须指定持有人，通常是指生产方； 确定图纸正式版本存放位置，通常存放在主控室图纸架上； 在需要时或如果项目属于分类区域，应根据项目进展随时更新图纸
按要求划分电气等级	例如，我国采用《爆炸性环境第1部分：设备　通用要求》(GB 3836.1)，美国采用国家电气法规(NEC)，欧洲采用防爆指令(ATEX)； 标注在平面图和俯视图上； 用不同的剖面线标注具体区域划分
通风系统设计规范换热图纸在设备文件中和/或配管仪表图上可查到	控制室：增压、进风口检测器、自动关停等； 工艺厂房：换气与污染物排放率的关系； 蒸汽/粉尘/烟尘区域控制：象鼻状抽排风装置
物料与能量平衡	采用流程模拟软件模拟工艺过程，得到物料与能量平衡的计算结果； 对于批量生产工艺，应建立相应的“配方”
监检测和控制系统文件管理	仅限于工艺危害分析中标识的功能安全如工艺联锁/报警等； 绝大多数基本工艺控制系统对工艺安全都没有的重大影响； 绝大多数的质量控制、P&ID控制和顺序控制； 要求关注会引发不同工艺安全事故的设备； 包括所有计量控制系统，这些设备都直接关系到工艺安全

1.3.3.2 工艺设备信息的获取方法

(1) 从设备供应商处获取主要设备的资料，包括设备手册或图纸、维修和操作指南、故障处理的相关信息；

(2)从机械完工报告、单机和系统调试报告、监理报告、特种设备检验报告、消防验收报告等文件和资料中获取相关信息。

1.3.3.3 案例分析

案例1 某公司泵泄漏事故

2010年3月18日，某公司800×10^4t/a常减压装置减压塔减三线抽出泵P2117B(介质为重蜡油、操作温度320℃)自停。8时37分切换至A泵运行。15时33分40秒，A泵发生泄漏，33分50秒，溢出的高温蜡油自燃起火。泵进出口管线法兰受火烘烤，泄漏增加。大火将上方燃料油、瓦斯、污油等5根管线烧破，火势进一步扩大。火势在20时左右得到控制，20时45分彻底扑灭。事故中没有人员伤亡。

事故原因：

(1) 直接原因。A泵端密封投用蒸汽背冷后，蒸汽系统和泵的冷却水系统相连，由于阀门关闭不严等原因，蒸汽串入冷却水系统，使轴承箱、泵大盖、支座温度升高，对中不良，泵振动加剧，从而导致机械密封泄漏，泄漏的高温蜡油遇空气自燃起火。

(2) 主要原因。设备管理存在漏洞。对端密封投用蒸汽背冷前没有进行相应风险分析，没有认识到蒸汽串入冷却水系统的风险。投用蒸汽背冷后没有对相应操作规程进行修订，没有对操作人员进行相应培训和技术交底。在泵的垂直震动烈度超过最大允许值后没有果断停泵，也没有加强监护。

事故同时暴露出应急处置还存在薄弱环节，火灾发生后没有及时关闭减三线的抽出阀门。现场设备密集、空间狭小，给火灾扑救也造成了很大困难。

可引起的其他后果：冷却不充分通常会导致加热系统如蒸馏塔和放热反应器(视工艺而定)的压力激增，结果会使安全阀泄放物料，一旦安全阀出现故障，容器就会爆裂，存在严重危及员工安全的危险。动设备如蒸汽透平都有转速限值，一旦超出限值，设备就会出现灾难性事故，存在危及员工健康与安全的潜在危险。排气阀、排放阀或放空阀始终处于打开状态，通常会导致直接排放，很可能造成对员工的伤害。

案例2　某公司输油管道破裂事故

1988年1月12日20时45分，某公司埋地长距离输油管道破裂喷油，喷出的原油被路过的汽车引燃着火。当日21时，输油管某站当班操作工巡检时，发现进站压力由3.35MPa下降到1.6MPa，感到输油不正常，立即向管道处调度报告。管道处调度立即打电话查询首站出站压力及电机电流情况，了解到出站压力由原来的4.37MPa下降到2.0MPa，电机电流也上升。调度误认为是换罐引起泵抽空，或系统电压低所致，而未及时作出处理。而实际情况是由于距转油站14.3km处，输油管线破裂跑油，溢出的原油流淌到公路上。20时40分，当一辆东风车通过时，引燃着火。21时40分，首站报告该油库着火。事故发生后，于22时5分和15分，分别停下4#和5#泵。22时30分，将大火扑灭。火场面积达12242m^2，跑损和烧掉原油145t，17.25亩的农作物被原油污染和烧毁，烧坏周围部分房屋、设备、围墙等，影响输油23h。直接经济损失15.57万元。

事故原因：

(1) 管线制造质量差，该管线于1975年制造，规格为ϕ529×7mm，材质为16Mn螺纹钢管。此次管线破裂处属脆断后撕裂，焊口破裂总长为680mm、宽约5mm。裂缝径向错位5mm、裂口位于焊缝宽度20%~30%处，有明显的偏焊和未焊透缺陷。

(2) 指挥不力，处理不果断。在输油管线破裂着火后，两级调度人员、当班操作工业务素质差，工作不负责任，没有及时果断停泵，致使原油跑损时间长，跑油量大，扩大了事故。

事故教训：埋地管线管理存在薄弱环节，没有制定长输埋地管线的维护、检修工作标准和管理细则，对管线焊缝未进行无损探伤检验，对存在的缺陷心中无数，成为事故重大隐患。

1.4　工艺安全信息的使用

企业应评估工艺条件变化可能造成的火灾爆炸危险，并设置必要的工艺控制措施、报警和联锁，提升装置的本质安全度，至少应满足以下要求：

（1）掌握工艺参数偏离正常工况可能导致的后果，设置必要的温度和压力等关键参数的报警、联锁或物料紧急切断措施；

（2）掌握加料错误、催化剂失效、搅拌失效、冷却失效、温度波动等工况条件下可能引发的危险，设置进料流量、物料配比等方面的报警和联锁，必要时应设置紧急切断系统；

（3）掌握温度、压力、流量、液位等工艺参数的安全操作范围，合理设计安全泄压系统；

（4）针对强放热反应工艺，应设置紧急冷却系统、反应抑制系统；

（5）对于有氧化性气体存在的工艺过程，根据需要设置惰性气体保护措施和氧含量监测措施；

（6）对装置进行技术改造时，应评估自动化控制措施是否能满足安全控制要求等。

1.5 工艺安全信息的管理要求

1.5.1 文档分类与归档

属于工艺安全信息的技术文件须加注明确的唯一性标识，以便于识别。属于工艺安全信息的技术文件统一编制目录索引，并注明保存地点、责任人、最新的修订日期或版本号。目录索引和工艺安全技术文件以电子文档或纸印本形式进行存档。须确保所有可能接触有害物质的员工(包括承包商员工)都能便捷地获取工艺安全信息。

1.5.2 维护更新与安全保护

要根据变更管理(MOC)的要求定期更新工艺安全信息，以防止误使用过期或失效版本的文件。工艺安全信息的主要用途是对工艺进行工艺危险分析(PHA)，每次在进行工艺危险分析之前，分析工作组都要对工艺安全信息进行验证。在新修订版本的工艺安全信息中需要给出相对上一版的修订内容概要。完整的工艺安全信息档案至少保留一个冗余备份，并存放在安全地点。建立控制程序，防止文档(文本或电子版)丢失、被篡改或不当传发。

1.5.3 培训、审核

应利用工艺安全信息对工艺生产、操作、维护和管理人员进行培训。工艺安全信息档案一般每年审核一次，并针对审核结果提出审核意见，审核记录和审核结论应归档管理。

1.6 检查清单

附表一：工艺安全信息清单

附表二：工艺过程关键设备清单

附表三：关键性设备识别表

附表四：工艺安全信息文件目录索引

附表一　工艺安全信息清单

分类	文件/信息		是	否
化学品危害信息	物料清单			
	化学品安全技术说明书（SDS）	原料		
		中间产品		
		添加剂		
		产品		
		废弃品		
	物料反应相容性矩阵表			
	工艺条件下的物料危害分析表			
	其他需要信息：			
工艺设计信息	项目建议书			
	可行性研究报告			
	初步设计			
	施工图(含地下管网、系统管网、消防管网等)			
	竣工资料			
	工艺流程示意图			
	P&ID 图			
	厂区平面布置图			
	紧急停车系统(ESD)逻辑关系示意图			
	自控系统控制逻辑图			
	排污放空系统示意图			
	联锁逻辑图			
	热量平衡和物料平衡			
	工艺操作参数(最大值、最小值和设定值)			
	以往工艺安全分析报告			
	盲板安装点清单			
	电力系统安装图			
	通风系统设计			
	消防设施平面布置图			
	消防档案			
	安全区域等级划分图			

续表

<table>
<tr><th>分类</th><th colspan="2">文件/信息</th><th>是</th><th>否</th></tr>
<tr><td rowspan="5">工艺设计信息</td><td colspan="2">电气防爆区域划分图</td><td></td><td></td></tr>
<tr><td colspan="2">危险品最大库存量(现有防护措施所允许的危险品最大存储量)</td><td></td><td></td></tr>
<tr><td colspan="2">危险品安全库存量(能满足现有工艺生产的最小库存量)</td><td></td><td></td></tr>
<tr><td colspan="2">危险物料实际储存量</td><td></td><td></td></tr>
<tr><td colspan="2">其他需要信息:</td><td></td><td></td></tr>
<tr><td rowspan="22">设备设计信息</td><td colspan="2">设备技术规格书(设备设计依据、设备制造标准、设备计算)和/或设备蓝图</td><td></td><td></td></tr>
<tr><td rowspan="7">供应商的资料和设备蓝图</td><td>设备操作维护手册或说明书</td><td></td><td></td></tr>
<tr><td>通用设备出厂检验报告(探伤、气密、强度、重力试验等)</td><td></td><td></td></tr>
<tr><td>设备出厂合格证明</td><td></td><td></td></tr>
<tr><td>P&ID 图</td><td></td><td></td></tr>
<tr><td>设备结构图</td><td></td><td></td></tr>
<tr><td>性能曲线(低温设备等)</td><td></td><td></td></tr>
<tr><td>设备安装图</td><td></td><td></td></tr>
<tr><td>监造方提供资料</td><td>监造报告</td><td></td><td></td></tr>
<tr><td colspan="2">设备投运前记录</td><td></td><td></td></tr>
<tr><td colspan="2">压力容器出厂检验报告</td><td></td><td></td></tr>
<tr><td colspan="2">压力容器投运前检测报告</td><td></td><td></td></tr>
<tr><td colspan="2">设备平面布置图</td><td></td><td></td></tr>
<tr><td colspan="2">设备施工图</td><td></td><td></td></tr>
<tr><td colspan="2">管道系统布置图(配管图)</td><td></td><td></td></tr>
<tr><td colspan="2">设备台账(包括设备设计压力、设计温度、腐蚀余量、壁厚等设计参数)</td><td></td><td></td></tr>
<tr><td colspan="2">设备以往安全分析报告</td><td></td><td></td></tr>
<tr><td colspan="2">设备修保计划</td><td></td><td></td></tr>
<tr><td colspan="2">电气防爆区域划分图</td><td></td><td></td></tr>
<tr><td colspan="2">仪表环路或校准图表</td><td></td><td></td></tr>
<tr><td colspan="2">安全阀、控制阀计算书和相关文件</td><td></td><td></td></tr>
<tr><td colspan="2">安全设施台账(包括安全阀、消防栓、消防炮、安全防护器具、安全检测仪器、防雷防静电接地等)</td><td></td><td></td></tr>
<tr><td colspan="2">其他需要信息:</td><td></td><td></td></tr>
</table>

填写说明:1. 在已列出的项目选择“是”或“否”。

2. 需要补充的信息请在“其他需要信息”栏中填写。

3. 对于项目表述有异议或有其他表述形式的请额外填写,并说明。

附表二　工艺过程关键设备清单

单位：　　　　　　　　　　制表人：　　　　　　　　　　更新日期：

序号	设备、设施、装置类型	名　称	编号/位号	图纸号	与工艺安全相关的特性	所在区域	数量	备　注
1								
2								
3								
4								
5								
7								
8								
9								

附表三　关键性设备识别表

设备/装置/设施	含有害物质的设备	保障密封性的设备	停车/停机控制	保障受控排放的设备或系统	安全监测和应急通信系统	触发/启动后起效的缓解系统	无需启动的预防和缓解系统	服务和公用系统
工艺、压力容器，储槽等								
工艺设备（换热器等）								
泵、压缩机								
管道、管架、软管等								
仪器仪表感应管								
泄压阀、爆破片及相关管线								
放空系统								
止回阀								
伴热、保温系统，冷却、保冷系统								
防腐系统（阴极保护等）								
安全联锁系统，包括逻辑回路中各元件								
紧急停车系统								
工艺警报及相关控制								
火灾隔断阀								
缓冲罐、溢流罐								

续表

设备/装置/设施	含有害物质的设备	保障密封性的设备	停车/停机控制	保障受控排放的设备或系统	安全监测和应急通信系统	触发/启动后起效的缓解系统	无需启动的预防和缓解系统	服务和公用系统
洗气塔、焚烧/氧化炉								
火炬								
烟感、火焰探测器、气体探测								
管道泄漏探测系统								
安全警报系统、应急通讯设施								
工艺区消防水系统								
防火门								
通风系统								
围堰、防火提								
集液池								
双层套管								
防火墙、防爆墙								
防静电防雷系统								
电气设备的防爆设计								
氮气供应系统								
仪表风供应系统								
后备电源，包括不间断电源(UPS)、应急发电机、应急电源等								

附表四　工艺安全信息文件目录索引

单位：　　　　作业区　　　　制表人：　　　　更新日期：

信息分类	序号	版本号	文件名称	保存地点	保存形式	保管责任人	更新条件	更新责任人	查找方式	限制条件(更改、借阅、复制)	备　注
工艺											
设备											
化学品											

第2章 工艺过程风险管理

任何化工装置运行过程中都存在一定的危险，但并不是所有的危险都会演变成事故。工艺危险分析(Process Hazard Assessment，PHA)就是通过系统方法识别、评估和控制工艺操作中的危险因素，预防工艺过程火灾爆炸事故的发生。危险演变成事故的可能性就是危险发生的频率。对于危险来说，其危害后果与发生频率的乘积就是实施该过程的风险。风险管理程序是指建立明确的风险识别与评价管理制度，明确工艺危险分析的范围，选择合适的人员和评价方法，制定风险评价准则，并根据风险评价结果及企业经营运行情况，对生产的整个运行周期中遇到的或因运作而产生的危害、威胁、潜在危险事件和影响进行系统分析的过程(见图2-1)。

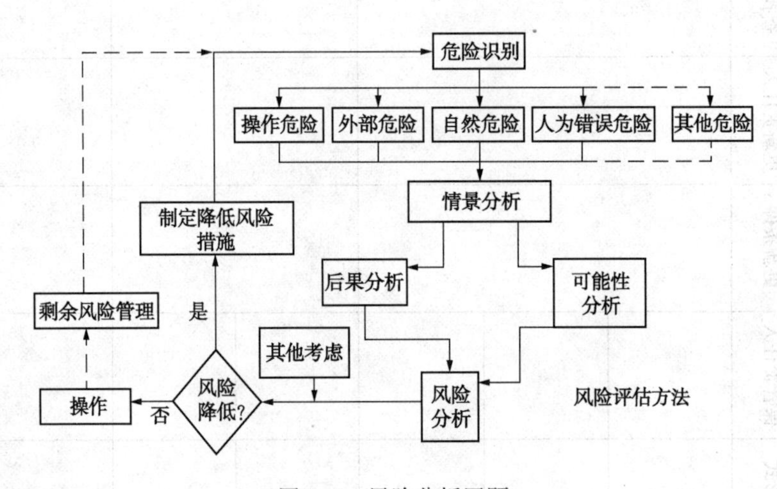

图2-1 风险分析回顾

2.1 工艺危险分析

工艺危险分析是有组织、系统化的工艺分析团队所承担的工作，旨在查找工艺中尚未发现的危险。工艺危险分析的各个阶段都是集思广益、创造性的阶段。工艺安全信息是工艺危险分析的基础和关键，如果工艺安全信息不能得到全面收集和管理，工艺危险分析也必将无法深入全面地进行。

2.1.1 工艺危险分析启动

工艺危险分析一般每三年进行一次，由来自工艺、设备、仪表等专业的技术人员组成的工艺危险分析团队完成，主要进行以下工作：

(1) 制定风险分析目标与预期结果；

(2) 选拔团队成员，对其贡献进行预估；

(3) 对于PHA的执行情况，要求详细审核工艺安全信息，评定工艺安全信息的准确性；

（4）选定工艺危险分析方法或选择所用指标；

（5）确定需要进行分析的范围；

（6）编制工艺危险分析程序。

2.1.2 工艺危险分析的范围

（1）规划、设计和建设、投产、运行等阶段；

（2）常规和非常规活动；

（3）事故及潜在的紧急情况；

（4）所有进入作业场所人员的活动；

（5）原材料、产品的运输和使用过程；

（6）作业场所的设施、设备、车辆、安全防护用品；

（7）丢弃、废弃、拆除与处置；

（8）企业周围环境；

（9）气候、地震及其他自然灾害等。

2.1.3 工艺危险分析的内容

（1）工艺技术的本质安全性及风险程度；

（2）工艺系统可能存在的风险；

（3）对发生过的、可能导致严重后果的事件的审核情况，控制风险的工程措施、管理措施及其失效可能引起的后果；

（4）现场设施、人为因素失控后可能对人员安全和健康造成影响的范围；

（5）对在役装置的风险分析还应重点审核发生的变更、本企业或同行业发生的事故和严重事件等。

2.1.4 开展工艺危险分析的时机

工艺装置基础设计、详细设计或投产后，均需要与设计阶段的危害分析相比较，定期进行全面的工艺危险分析。对于复杂的变更或者变更可能增加危害的情形，需要对发生变更的部分及时进行危害分析。生产运行过程中，可根据装置运行状况、事故、非计划停车等具体情况，根据需要及时开展危害分析工作。

2.1.5 工艺危险分析方法

工艺危险分析有很多种方法，所有方法都鼓励集思广益。在各种方法中，并不存在一种方法比另一种方法“更好”，唯一的不同是分析方法特点不同。分析方法的系统化程度越高，越能弥补分析团队的经验欠缺(例如，危险与可操作性分析法)。分析方法的系统化程度越低，就需要经验更加丰富的分析团队完成既定任务(例如：“假设分析”法)。

工艺危险分析有多种方法，可归纳为定性分析、半定量分析及定量分析方法三个层次。在实际应用中，需要根据分析的目的不同而选择合适的分析方法。根据改进措施的优先等级，评估控制方法的有效性，一般由定性到定量，由简单到复杂，见图2-2。

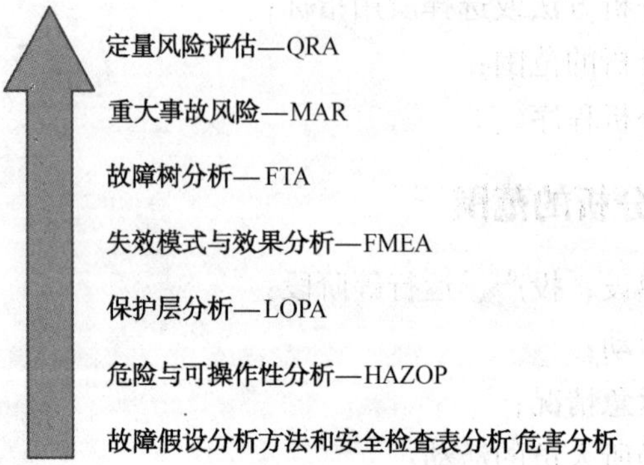

定量风险评估—QRA

重大事故风险—MAR

故障树分析— FTA

失效模式与效果分析—FMEA

保护层分析—LOPA

危险与可操作性分析—HAZOP

故障假设分析方法和安全检查表分析 危害分析

图 2-2　风险分析顺序

（1）定性分析

定性分析通常用于危险以及事故场景的辨识，并定性判断风险是否可以容忍。如事故案例分析、安全检查表(Checklist)、活性化学品/工艺危险分析(RC-PHA)、危险和可操作性分析(HAZOP)、故障假设分析法(What-if)、事故树(或故障树)分析法、失效模式与效果分析(FMEA)及故障假设和安全检查表法等。

重点监管的危险化工工艺装置及其新、改、扩建项目的风险辨识、控制和管理，应采用 HAZOP 分析；针对需要深度分析火灾爆炸事故影响因素的工艺单元，可再用事故树(或故障树)分析；对于过程控制系统复杂，含各类检测仪表较多的工艺过程，进行故障类型和影响分析(FMEA)后，还可进行 HAZOP 分析；对于危险性较低的化工过程可选用安全检查表、作业危害分析、预先危险性分析等方法；如果节点有很多仪表，在进行 FMEA 分析后，可采用 HAZOP 法；针对专项调研(例如，厂址选定、人为因素、固体处理系统、筛选等)，可采用具体的“假设分析”检查清单；针对没有危险物料的节点(例如，水管、空气总管、氮气管线)，可采用“假设分析”。

（2）半定量分析

半定量分析可以用于评估风险数量级的大小，如火灾爆炸危险指数(F&EI)、化学暴露指数(CEI)、保护层分析(LOPA)、仪表安全完整性等级(SIL)评估等。

火灾爆炸危险指数(F&EI)和化学暴露指数(CEI)分析方法是道化学公司开发的工艺危险分析工具，常用于新建项目初始工艺危险分析、总平面布置评估和危险区域预测。

LOPA 是一种半定量的风险评估技术，通常使用初始事件后果。

SIL 等级评估在 LOPA 分析基础上，常被应用于联锁系统的安全完整等级确定。

（3）定量分析

定量分析可以分析更为复杂的场景，对风险进行定量评估，并将其结果用于风险比较和风险决策。定量分析在危险辨识、风险评估的基础上消除和减少工艺过程中的危险、减轻事故后果，提出风险控制措施及成套解决方案，从而将企业的风险控制在可接受的范围内。分析方法主要包括 SIL 等级评估、定量风险评估等。

典型工艺危险分析方法有如下 6 种：

2.1.5.1　危害分析表

用来进行初始危害和现场危险源辨识，典型内容详见表 2-1。

表 2-1　危害分析表

危险源辨识与风险评估													
部门/车间/装置		组长：						参加人：					
编号	基本业务或工艺流程	问题分析						根本原因	最坏后果	风险评估值			预防/控制措施/执行人
		人	物	能量	环境	正常	异常			严重性 S	可能性 P	风险值 R	
1	化学品、油品存放							易燃、易爆品存放	火灾、爆炸				
2	化学品、油品管理、转运							化学品有毒/易挥发	人员中毒				
3	货物搬运							搬运车上货物过高	砸伤				
4	货物搬运							电器短路	火灾、爆炸				
5	设备和仪表检修、维护							未达到检修质量标准	火灾、爆炸、物体打击				
6	机加工							误动作、个体防护用品使用不当	人体伤害				

2.1.5.2　故障假设和安全检查表分析

将故障假设分析方法(What-if)和安全检查表分析方法(Checklist)结合起来应用。

2.1.5.3　危险及可操作性分析(HAZard and Operability，HAZOP)

HAZOP 分析方法是由 T. A. Kletz 提出并发展。该方法是危害辨识的重要应用技术之一，也是国际上工艺过程危险性分析中应用最广泛的技术。HAZOP 技术的全面、系统、科学等性能优势决定了其在工艺过程危险辨识领域的领先地位。

HAZOP 分析的本质就是通过系列的分析会议，对工艺图纸和操作规程进行分析。在这个过程中，由各专业人员组成的分析小组按照既定的方式系统地分析偏离设计工艺条件的偏差，因此 HAZOP 分析方法明显不同于其他分析方法。其他分析方法可由一个人单独完成，而 HAZOP 分析必须由不同专业人员组成的分析小组相互配合方能顺利开展工作。

HAZOP 分析对工艺或操作的特殊点进行分析，这些特殊点称为“分析节点”“工艺单元”或“操作步骤”。HAZOP 分析小组分析每个节点，识别出那些具有潜在危险的偏差，并对偏差原因、后果及控制措施等进行分析，最终形成 HAZOP 分析报告。

(1) HAZOP 分析的引导词及其意义

空白(NONE)：设计或操作要求的指标和事件完全不发生，如无流量、无催化剂。

过量(MORE)：同标准值相比，数值偏大，如温度、压力、流量等数值偏高。

减量(LESS)：同标准值相比，数值偏小，如温度、压力、流量等数值偏低。

伴随(AS WELL AS)：在完成既定功能的同时，伴随多余事件发生，如物料在输送过程中发生组分及相变化。

部分(PART OF)：只完成既定功能的一部分，如组分的比例发生变化，无某些组分。

相逆(REVERSE)：出现和设计要求完全相反的事或物，如流体反向流动，加热变为冷却，反应向相反的方向进行。

异常(OTHER THAN)：出现和设计要求不相同的事或物，如发生异常事件或状态、开停车、维修、改变操作模式。

(2) 常用 HAZOP 分析工艺参数

HAZOP 分析的常用工艺参数包括流量、温度、时间、pH 值、频率、电压、混合、分离、压力、液位、组成、速度、黏度、添加剂和反应等。

(3) 偏差的构成

偏差为引导词与工艺参数的组合，一般表示如下：

引导词+工艺参数=偏差

例如：

空白+流量=无流量

过量+压力=压力高

伴随+一相=两相

异常+操作=维修

根据节点类型不同，建立的偏差库实例见表 2-2。

表 2-2　根据节点类型建立的偏差库实例

偏　差	节点类型				
	塔	储槽/容器	管线	热交换器	泵
高流量			√		
低/无流量			√		
高液位	√	√			
低液位	√	√			
高界面		√			
低界面		√			
高压力	√	√			
低压力	√	√			
高温度	√	√			
低温度	√	√	√		
高浓度	√	√			
低浓度	√	√			
逆/反向流动			√		
管道泄漏				√	
管道破裂				√	
泄漏	√	√	√	√	√
破裂	√	√	√	√	√

(4) 分析步骤

用框图表示的 HAZOP 分析步骤如图 2-3 所示。

① 分析的准备

a）确定分析的目的、对象和范围。

b）分析组的组成。危险分析组的组织者应当负责组成有适当人数且有经验的HAZOP分析组。分析组的构成一般包括装置的设计、操作、维修、工艺、工程和仪表等方面的人员。HAZOP分析组最少由4人组成，包括组织者、记录员、两名熟悉过程设计和操作的人员。

c）获得必要的资料。最重要的资料就是各种图纸，包括PI&D图、工艺流程图（PFD）、布置图、操作规程、仪表控制图、逻辑图和计算机程序等。

d）拟定分析顺序。有时组织者也可以提出一个初步的偏差目录提交会议讨论，并准备一份工作表作分析记录用，但是这个初步偏差目录不能作为“唯一”进行分析的内容，在分析过程中应该发挥集体的智慧，相互学习。

e）安排会议的次数和时间。一旦有关数据和图纸收集整理完毕，组织者开始着手制定会议计划。

② 分析流程（图2-4）

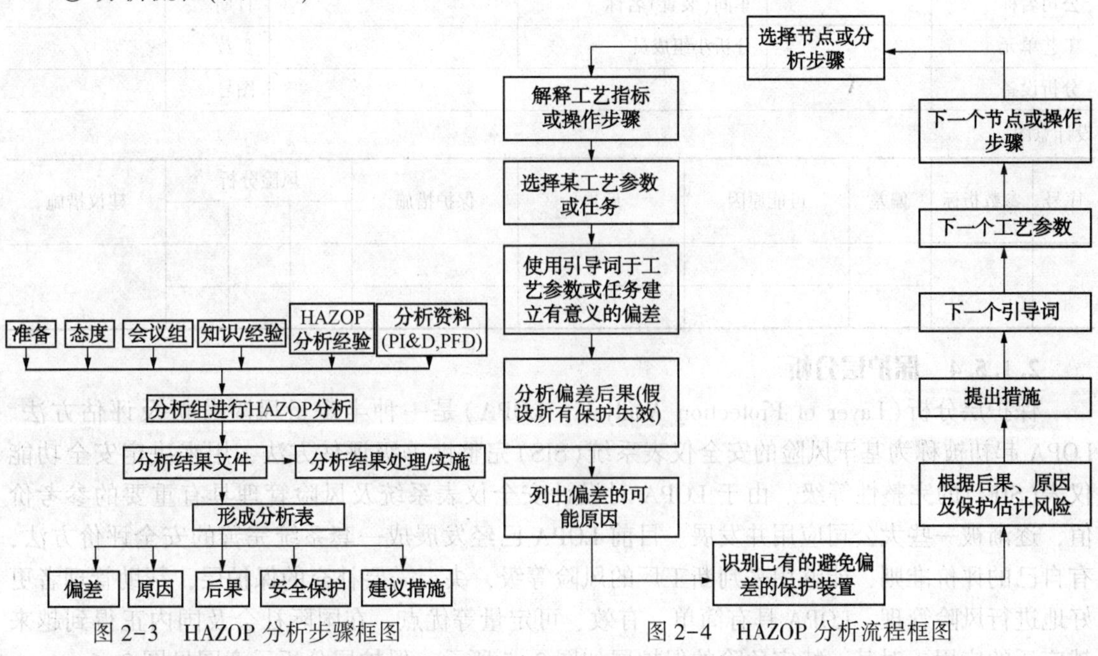

图2-3　HAZOP分析步骤框图

图2-4　HAZOP分析流程框图

HAZOP分析的组织者应把握分析会上所提出问题的解决程度至关重要，为尽量减少那些悬而未决的问题，一般原则为：

a）每个偏差的分析及建议措施完成之后，再进行下一偏差的分析。

b）在考虑采取某种措施以提高安全性之前，应对与分析节点有关的所有危险进行分析。

HAZOP分析涉及过程的各个方面，包括工艺、设备、仪表、控制和环境等，HAZOP分析人员的知识及可获得的资料总是与HAZOP分析方法的要求有差距，因此对某些具体问题的解决可听取专家的意见。

③ 编写分析结果文件

编写HAZOP分析结果文件有以下几种形式：

a）偏差到偏差的HAZOP分析表。在偏差到偏差的方法中，所有原因、后果、保护装置及建议措施都与一个特定偏差联系在一起，但该偏差下单个原因、后果、保护装置之间没有联系，因此对某个偏差所列出的所有原因并不一定产生所列出的所有后果，即某偏差的原因/后果/保护设施之间没有对应关系。该方法的特点是省时、文件简短。

b）原因到原因的HAZOP分析表。在原因到原因方法中，表中原因、后果、保护设施及建议措施之间有准确的对应关系。分析组可以找出某一偏差的各种原因，每个原因对应着某个（或几个）后果以及保护设施。该方法的特点是分析准确，减少歧义。

c）只有异常情况的HAZOP分析表。在这种方法中，表中包含那些分析组认为原因可靠、后果严重的偏差。优点是分析时间及表格长度大大缩短，缺点是分析不完整。

d）只有建议措施的HAZOP分析表。只记录分析组作出的提高安全的建议措施，这些建议措施可供风险管理决策使用。这种方法能最大地减少HAZOP分析文件的长度，节省大量时间，但无法显示分析的质量。

HAZOP记录表参见表2-3。

表2-3　HAZOP记录表

公司名称		车间（装置）名称		日期	
工艺单元		分析小组成员		页数	
分析设备				图号	
设计意图					

序号	参数指标	偏差	可能原因	后果	保护措施	风险分析			建议措施

2.1.5.4　保护层分析

保护层分析（Layer of Protection Analysis，LOPA）是一种半定量风险分析及评估方法。LOPA起初被称为基于风险的安全仪表系统（SIS）完整性等级评估方法，用来决定安全功能仪表（SIFs）的完整性等级。由于LOPA对设计安全仪表系统及风险管理具有重要的参考价值，逐渐被一些大公司应用并发展。目前LOPA已经发展成一套系统完善的安全评价方法，有自己的评价准则，能够用来判断工厂的风险等级，决定需要补充的保护层，帮助管理者更好地进行风险管理。LOPA具有简单、有效、可定量等优点，在国际社会及国内正得到越来越广泛的应用。对某一特定危险的保护层如图2-5所示，保护层分析示意图见图2-6。

LOPA能应用于工厂运作各个阶段的风险分析，包括工艺开发、工艺设计、操作、维护、改造、废弃等阶段，最主要用于：PFD及P&ID完成之后的设计阶段，已有工艺过程的控制或安全系统需要改造时。LOPA分析之前，首先要制定一系列的单个"原因-后果"场景。这些场景通常是通过定性风险分析获得的，通过确定场景中初始事件频率、后果严重性、独立保护层（IPLs）和失效概率等，来评估特定场景的风险。若风险不能承受，则要求增加一定可靠度的独立保护层。LOPA一般由安全评价人员、工艺工程师、生产专家等共同完成。

（1）LOPA常见术语

基本过程控制系统（BPCS）：一个系统的传感器，逻辑处理器及最终执行机构，能够自动的控制过程在正常的范围内；或系统从工艺或者操作者那里接收输入信号并且对其作出响应，然后输出信号使现场操作向设定的方向发展。

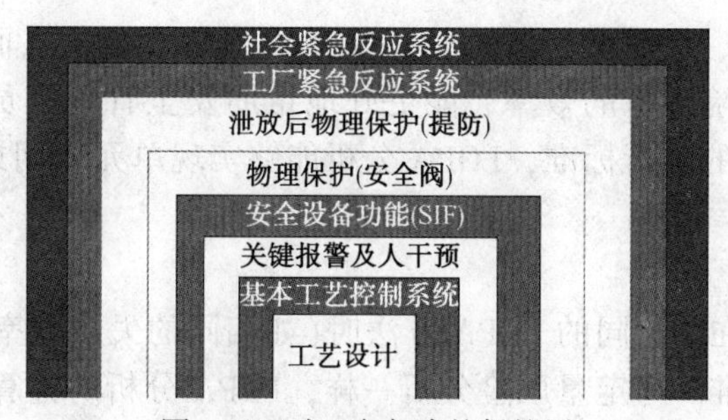

图 2-5　对一个危险的保护层

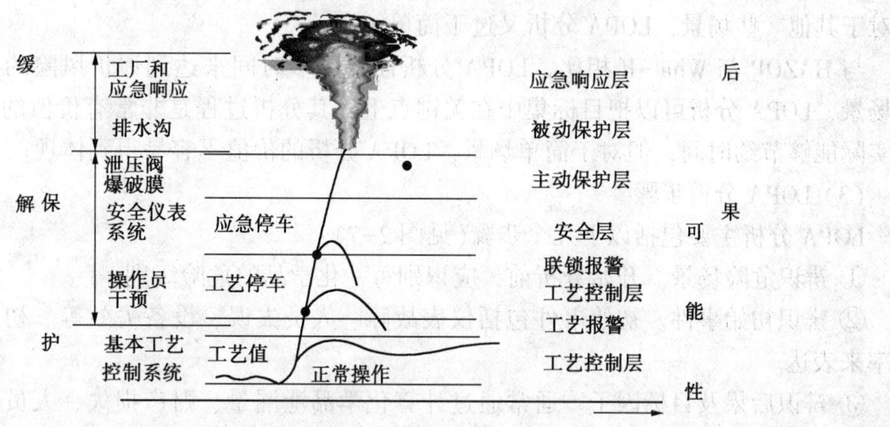

图 2-6　保护层分析示意图

场景：导致危险后果的事件序列。

初始事件：导致不期望后果的事件序列的开始事件。这个事件导致了场景的开始或者决定这个危险事件发生的频率。

促发事件：促使场景朝后果进行的事件。

独立防护层(IPL)：不管初始事件或者其他防护层动作是否执行，都能独立防止场景向不期望后果继续蔓延的设备、系统或动作发展。

需要响应时的失效概率(PFD)：当需要响应时，系统不能执行相应功能的概率。

安全功能仪表(SIF)：包括传感器，逻辑处理器，终端处理元素。有相应的安全完整性等级，能够检测异常条件，不需要人员干涉下启动联锁或报警。

安全仪表系统(SIS)：由多个安全功能仪表组成的安全系统。

安全完整性等级(SIL)：是描述 SIF 失效概率的一个参数(见表 2-4)。

表 2-4　安全完整性等级

安全完整性等级	平均失效概率	减少风险
1	$10^{-2} \sim 10^{-1}$	10~100
2	$10^{-3} \sim 10^{-2}$	100~1000
3	$10^{-4} \sim 10^{-3}$	1000~10000
4	$10^{-5} \sim 10^{-4}$	10000~100000

(2) LOPA 分析特点

LOPA 分析的优点：

LOPA 分析相比定量风险分析需要的时间较少；能够解决做决定时主观和感性的问

题，提供了一种一致的、简单的构架来评估场景的风险水平，从而在讨论风险时提供了一致性；能提高定性风险分析的效率，能更好地帮助安全管理人员理解原因-后果场景。如果在整个公司用相同的分析标准，LOPA 分析能够实现单元之间或工厂之间风险大小的比较。

LOPA 有如下局限：

场景的风险比较只在用相同的 LOPA 方法时(如相同的失效概率数据)才有效，并且应基于相同的风险评价标准。与定量风险分析一样，LOPA 分析所计算的概率也是不精确的。LOPA 分析是个简单的工具，不能应用于所有场景。对于部分场景，LOPA 分析太过复杂，而对于其他一些场景，LOPA 分析又过于简单。

与 HAZOP 与 What-If 相比，LOPA 分析需要更多时间来达到评价风险的目的。对于复杂场景，LOPA 分析可以把目标集中在关键点上，其分析过程是非常有价值的，它比定性方法实际能够节约时间；但对于简单场景，LOPA 分析的价值不容易得到体现。

(3) LOPA 分析步骤

LOPA 分析主要包括以下几个步骤(见图 2-7)：

① 辨识危险场景。开始分析前，应识别每一化学品的危险级别。

② 辨识初始事件。初始事件包括仪表故障、人员失误、设备失效等。初始事件可以用频率来表达。

③ 辨识后果及目标因子。通常通过计算化学品泄漏量、财产损失、人员伤亡和环境影响等，确定某场景的目标因子。

④ 辨识非 SIS 独立保护层。通过报警及操作响应、泄压设施、管理措施、人员响应、机械防护系统等方面辨识非 SIS 独立保护层。

⑤ 添加需要的 SIS 保护层。如果确定的频率因子与目标因子存在缺口，则需要利用安全仪表系统来关闭防护缺口。缺口越大，需要安全仪表系统的安全完整性等级越高。

⑥ 得出风险结论。

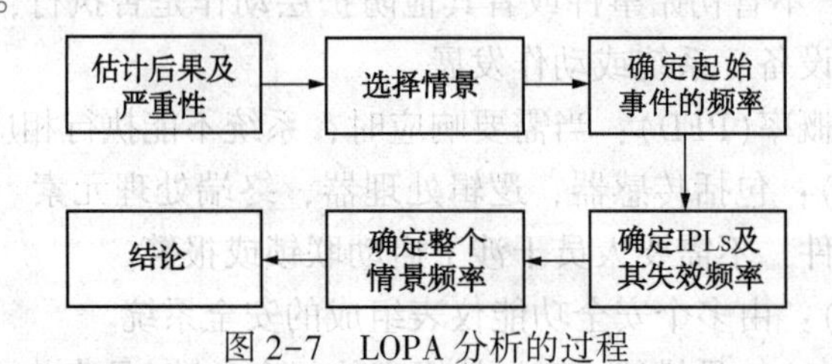

图 2-7　LOPA 分析的过程

2.1.5.5　失效模式与效果分析(FMEA)

采用可靠性模式及影响分析方法，通过对工艺各个组成部分进行检查，识别影响系统性能、产生重大后果的故障，实现对整个工艺系统性调研的方法。对每一组成部分进行检查是为了确定是否会出现故障、如何出现故障以及故障的后果。FMEA 可应用于电气维护和新建电气系统的风险分析，分析样表见表 2-5。

2.1.5.6　故障树分析

故障树分析法简称 FTA(Fault Tree Analysis)，由美国贝尔电话研究室的华特先生于 1961 年首先提出，其后在航空和航天的设计、维修、原子反应堆、大型设备及大型电子计算机系统的风险分析中得到了广泛应用。目前，故障树分析法虽还处在不断完善的发展阶段，但其应用范围正在不断扩大，是一种很有前途的故障分析法。

表 2-5　电动机控制系统 FMEA 分析记录

系统：电动机控制系统				故障模式与影响分析			日期：				
子系统：							制表：				
							项目组长：				
							组员：				
序号	分析项目	功能	故障模式	推断原因	对系统影响	故障检测方法	故障等级	发生频率	风险优先度 R	备注	建议措施

故障树分析是系统安全工程中重要的分析方法之一。顾名思义，故障树是树形结构，它是依照演绎法的原理从顶上事件(事故)开始逐层次分析每一事件的直接原因直到基本事件为止，将既定的生产系统中可能导致的灾害后果与可能出现的事故条件，诸如设备、装置的故障及误动作，作业人员的误判断、误操作以及毗邻场所的影响等用一个逻辑关系图表达出来。在故障树分析中，与事故有关的三大因素“人-机-环境”都被涉及，因此分析全面、透彻而又有逻辑性。

(1) 故障树分析法的特点

① 它是一种从系统到部件，再到零件，按“下降形”分析的方法。它从系统开始，通过由逻辑符号绘制出的一个逐渐展开成树状的分枝图，来分析故障事件(又称顶端事件)发生的概率。同时也可以用来分析零件、部件或子系统故障对系统故障的影响，其中包括人为因素和环境条件等。

② 它对系统故障不但可以做定性分析还可以做定量分析；不仅可以分析由单一构件所引起的系统故障，而且可以分析多个构件不同故障模式产生的系统故障情况。因为故障树分析法使用的是一个逻辑图，不论是设计人员或使用和维修人员都容易掌握和运用，并且由它可派生出其他专门用途的“树”。例如，可以绘制出专用于研究维修问题的维修树，用于研究经济效益及方案比较的决策树等。

③ 由于故障树是一种逻辑门所构成的逻辑图，因此适合于用电子计算机来计算；而且对于复杂系统的故障树构成和分析，也只有在应用计算机的条件下才能实现。

(2) 故障树分析的用途

① 复杂系统的功能逻辑分析；

② 分析同时发生的非关键事件对顶事件的综合影响；

③ 评价系统可靠性与安全性；

④ 确定潜在设计缺陷和危险；

⑤ 评价采用的纠正措施；

⑥ 简化系统故障查找。

(3) 故障树分析的主要步骤

建立故障树分析的主要步骤包括：建树、故障树的规范化、简化和模块分解、故障树的定性分析和故障树的定量分析。

① 建树步骤

某一影响最大的系统故障作为顶事件；将造成系统故障的原因逐级分解为中间事件，直至底事件—不能或不需要分解的基本事件，构成一张树状的逻辑图就是故障树。

② 定性分析

定性分析的目的是弄清系统(或设备)出现某种故障(顶事件)的可能性大小，分析哪些因素会引发系统的某种故障。

③ 定量分析

定量分析的目的是在底事件互相独立和已知其发生概率的条件下，得到顶事件发生概率和底事件重要度等定量指标(GJB 768)。常用的指标是顶事件发生的概率、底事件重要度等。

2.2 风险评估

2.2.1 风险评估方法

在过程风险分析时，一般采用半定量和定量的分析方法，主要有 HAZOP 风险分析、保护层分析(LOPA)和定量风险分析(QRA)等方法。HAZOP 风险分析以传统的 HAZOP 分析为基础，结合风险矩阵计算事故的风险等级；LOPA 分析与工艺特性结合紧密，比较直观，但需要大量的经验数据积累；QRA 分析的基本运行是建立在“假设”基础之上，而这些假设是否可靠、可信，主要依据所输入模型中数据的有效性，通过对基础数据进行深入的数学分析，辅助以计算机技术，过程繁琐。

2.2.1.1 HAZOP 风险分析

传统的 HAZOP 分析内容包括：偏差、原因、后果、保护措施、建议措施。作为隐患辨识的主要方法，HAZOP 分析可以找出设计中存在的安全隐患。而随着风险评估技术发展，将风险矩阵应用于 HAZOP 分析成为可能，并形成一种新的分析方法——HAZOP 风险评估。与传统的 HAZOP 相比，HAZOP 风险评估在传统的分析基础上，结合风险矩阵，利用事故的后果严重等级和事故发生频率等级在 5×7 风险矩阵中计算事故的风险等级。

HAZOP 风险分析表格形式见表 2-6。

表 2-6 HAZOP 风险分析表

公司名称		车间(装置)名称		日期	
工艺单元		分析小组成员		页数	
分析节点				图号	

设计意图：

偏差	原因		后果		促成后果出现的条件		潜在事故风险			独立安全保护层				剩余事故风险			建议措施	*RS*. No
	描述	F	描述	S	描述	P	F_u	L_u	RR_u	描述	类型	PFD	$TPFD$	F_m	L_m	RR_m		

F——初始原因事件频率(次/年)；

P——条件事故概率；

S——事故后果严重等级；

F_u——潜在事故频率(没考虑安全预防措施)(次/年)；$F_u = F * P1 * P2 *$

L_u——潜在事故频率等级；

RR_u——潜在事故风险等级；

PFD——安全保护层失效概率；

$TPFD$——多层安全保护总失效概率；$TPFD = PFD1 * PFD2 * \cdots$

F_m——剩余事故频率(次/年)；

L_m——剩余事故频率等级；

RR_m——剩余事故风险等级；

RS. No——风险分析表号。

2.2.1.2 保护层分析(LOPA)

详见 2.1.5.4 保护层分析。

2.2.1.3 QRA 定量风险评估

风险概率分析提出已经有 40 多年历史，但定量化方法应用还是近 20 年的事情，近 10 年是 QRA 发展最快的时期，并且公众对其信任度也在不断提高。进入 90 年代后期，QRA 已从单项的定量化事故树分析和连续系统模拟，逐渐发展到复杂系统运算和重大社会经济发展决策的支持。

目前在美、英、日和欧盟等工业发达国家，几乎对所有重大工程项目和建设规划都需要事先做定量风险评价和安全建议，其目标：一是认识重大工程或规划自身的风险；二是附近居民所承受的风险等级；三是辅助安全监督管理部门确定工程规划是否符合审批条件。20 世纪 80 年代前，这些评价和建议主要依靠专业与经验的判断。这些判断是通过对假设释放出的危险化学品进行离散计算，然后据此进行预测得出的。现在看来，其评估的方法与其说基于风险，还不如说是基于后果。在 80 年代后期，在数字化技术推动下，QRA 的研发在技术上有了重大突破，数字化的个人风险等值线和社会风险曲线(F-N 曲线)等技术不断更新、完善，技术方法和评估模型逐渐应用于工程设计和社区规划。

(1) 定量风险评估

定量风险评估(QRA)是对某一设施或作业活动中发生事故的频率和后果进行表达的系统方法，也可以讲它是一种对风险进行量化管理的技术手段。定量风险评估在分析过程中，不仅要求对事故的原因、过程、后果等进行定性分析，而且要求对事故发生的频率和后果进行定量计算，并将计算出的风险与风险标准相比较，判断风险的可接受性，提出降低风险的建议措施。在定量风险评估中风险的表达式为：

$$R=\sum(F_i\times c_i)$$

式中 F_i——事故发生的频率；

c_i——该事件产生的预期后果。

(2) 定量风险表征

在风险评估过程中，衡量风险通常主要考虑以下三个方面：人员风险(包括：团体风险和个人风险)、环境风险和财产风险。目前，在安全方面的评估中对于定量风险评估一般采用人员风险作为衡量指标。

人员风险一般表示为人员伤亡的风险。团体风险衡量的是作业过程对公司、行业或者社会的风险。社会风险的表述有多种方式，对于一般设施来讲，最经常用的是“潜在丧生的可能性(Potential Loss of Life，PLL)”。PLL 定义为每年死亡人数的长期评价值，用数学表达式表示为：

$$PLL=\sum(F_i\times N_i)$$

式中 F_i——事故发生的频率；

N_i——事故发生造成死亡的人数。

PLL 衡量的是作为一个整体的一群人所面临的风险，它并不能够详细地指出哪类人员更有可能遭遇风险。在对不同风险消减措施的有效性进行评价时，最恰当的方法是对它们的 PLL 值进行比较。

个人风险指的是“个人每年的风险”(Individual Risk Per Annum，IRPA)。这一指标考虑了个人暴露于风险的平均时间，基于过程中的配员水平，IRPA 值的估算如下：

$$IRPA = (PLL/POB) \times (T/8760)$$

式中　T——每个人在过程中停留的平均时间，以小时计；

POB——过程中人员的配备数。

(3) 定量风险评估过程

定量风险评估作为一种工程技术手段，很好地揭示了意外事故发生的机理和各种防护措施在事故发生过程中的作用。定量风险评估作为最为复杂的风险评估技术之一，其基本过程见图 2-8。

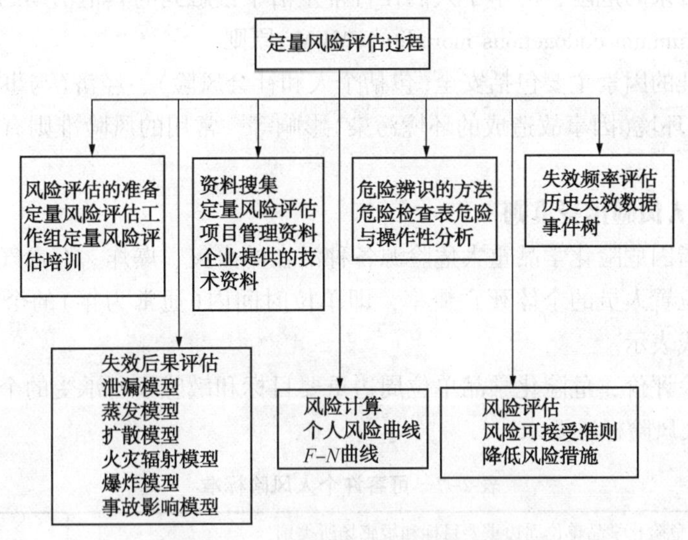

图 2-8　定量风险评估的基本过程

基本过程包括调研、资料收集、危险辨识、对危险发生频率的评估、对危险产生后果的评估和风险评估等步骤。通过定量风险评估，把每一类相关危险的计算综合最初事件所有可能结果的发生频率和后果两个方面。如果一个事件可能导致多个结果，则采用事件树的方法来进行风险计算。风险的最终结果用人员风险来量化最终的风险值。最后根据风险评估结果提出合理的建议措施。

2.2.2　风险可接受准则

定量风险评估的一个重要特点是引入了评价准则，以便于专家、决策者、公众之间的意见交流。

目前，普遍接受的风险标准一般可分为上限、下限和上下限之间的“灰色”区域 3 个部分，见图 2-9。“灰色”区域内的风险，需要采用包括成本-效益分析等手段进行详细分析，以确定合理可行的措施来尽可能地降低风险。

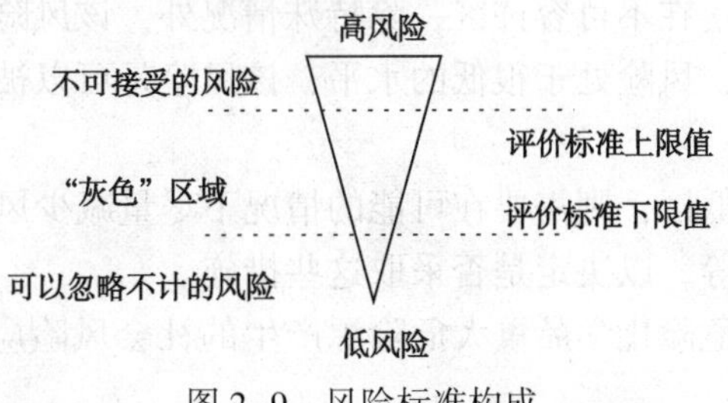

图 2-9　风险标准构成

确定风险标准可遵循如下基本原则：

（1）应该采取措施，将任何风险降低到合理和可接受的水平。

（2）若一个事故可能造成较严重的后果，应努力降低该事故发生的概率，达到降低风险的目的。

（3）新系统的风险与已经接受的现存系统的风险相比较，新系统的风险水平至少要与现存系统的风险水平大体相当，也就是符合比较原则。

（4）新活动带来的危险，应小于人们在日常生活中接触到的其他活动的风险，这就是最低危险死亡率（Minimum endogenous mortality，MEM）原则。

影响风险标准的因素主要包括安全（包括个人和社会风险）、经济（与事故有关的直接和间接经济损失）及环境（因事故造成的环境污染）影响等。常用的风险准则有个体风险准则和社会风险准则等。

2.2.2.1 个人风险接受准则

个人风险是指因危险化学品重大危险源各种潜在的火灾、爆炸、有毒气体泄漏事故造成区域内某一固定位置人员的个体死亡概率，即单位时间内（通常为年）的个体死亡率。通常用个人风险等值线表示。

通过定量风险评价，危险化学品单位周边重要目标和敏感场所承受的个人风险应满足表2-7中可容许个人风险标准要求。

表2-7 可容许个人风险标准

危险化学品单位周边重要目标和敏感场所类别	可容许风险/年
1. 高敏感场所（如学校、医院、幼儿园、养老院等）； 2. 重要目标（如党政机关、军事管理区、文物保护单位等）； 3. 特殊高密度场所（如大型体育场、大型交通枢纽等）	$<3\times10^{-7}$
1. 居住类高密度场所（如居民区、宾馆、度假村等）； 2. 公众聚集类高密度场所（如办公场所、商场、饭店、娱乐场所等）	$<1\times10^{-6}$

2.2.2.2 可容许社会风险标准

社会风险是指能够引起大于等于 N 人死亡的事故累积频率（F），也即单位时间内（通常为年）的死亡人数。通常用社会风险曲线（F-N 曲线）表示。

可容许社会风险标准采用最低合理原则（As Low As Reasonable Practice，ALARP）原则作为可接受原则。ALARP 原则通过两个风险分界线将风险划分为 3 个区域，即不可容许区、尽可能降低区和可容许区。

（1）若社会风险曲线落在不可容许区，除特殊情况外，该风险无论如何不能被接受。

（2）若落在可容许区，风险处于很低的水平，该风险是可以被接受的，无需采取安全改进措施。

（3）若落在尽可能降低区，则需要在可能的情况下尽量减少风险，即对各种风险处理措施方案进行成本效益分析等，以决定是否采取这些措施。

通过定量风险评价，危险化学品重大危险源产生的社会风险应满足图2-10中可容许社会风险标准要求。

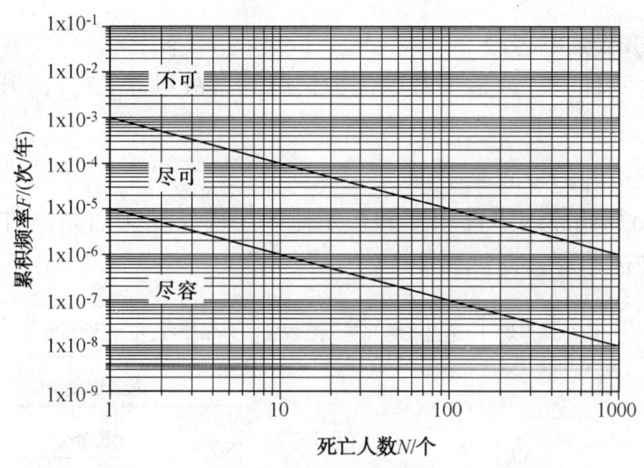

图 2-10　可容许社会风险标准(F-N)曲线

2.2.3　风险评估过程

2.2.3.1　确定事故后果等级

风险评估中，只对能产生下列后果的事故进行风险分析，主要有人员(职工、公众)伤害、环境破坏、财产损失三个方面。事故后果等级的一般分类见表 2-8。企业编制后果等级时，可根据事故后果的人员、设备和环境损失可容忍情况，自行确定临界值。

表 2-8　后果等级(S)分类表

等级	严重程度	说　明
1	微后果	职员——无伤害 公众——无任何影响 环境——事件影响未超过界区 设备——最小的设备损害，估计损失低于 10000 元，没有产品损失
2	低后果	职员——很小伤害或无伤害，无时间损失 公众——无伤害、危险 环境——事件不会受到管理处的通告或违反允许条件 设备——最小的设备损害，估计损失大于 10000 元，没有产品损失
3	中后果	职员——一人受到伤害，不是特别严重，可能会损失时间 公众——因气味或噪声等引起公众的报怨 环境——释放事件受到管理处的通告或违反允许条件 设备——有些设备受到损害，估计损失大于 100000 元或有小量的产品损失
4	高后果	职员——一人或多人严重受伤 公众——一人或多人受伤 环境——重大泄漏，给工作场所外带来严重影响 设备——生产过程设备受到损害，估计损失大于 1000000 元或损失部分产品
5	很高后果	职员——人员死亡或永久性失去劳动能力的伤害 公众——一人或多人严重受伤 环境——重大泄漏，给工作场所外带来严重的环境影响，且会导致直接或潜在的健康危害 设备——生产设备严重或全部损害，估计损失大于 10000000 元或产品严重损失

2.2.3.2 确定事故频率等级

事故的频率分为两种，一种是不考虑保护措施的事故频率(F_u)；另一种是考虑保护措施的事故频率(F_m)。

(1) 不考虑保护措施的事故频率(F_u)

事故频率(F_u)由初始原因事件频率和初始原因事件发展为后果事件的条件事件发生的概率决定。参考事件树原理，详见图 2-11。

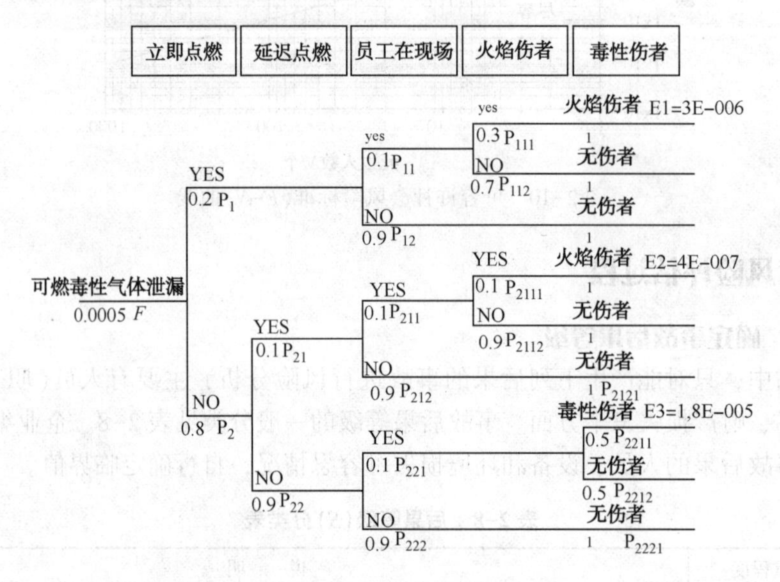

图 2-11 可燃毒性气体泄漏事件树

事故频率(F_u)计算如下：

$$F_u = F \times P_1 \times P_2 \times \cdots$$

式中 F_u——事故发生的频率；

F——初始原因事件频率；

P_1、P_2——条件事故发生的概率，(条件 1，条件 2，…)。

(2) 考虑保护措施的事故频率(F_m)

保护措施是指可以独立的行使安全保护功能而不受其他保护措施失效影响的安全保护措施。

保护措施一般包括以下内容：

① 自动运行的安全联锁系统；

② 基本控制、报警系统；

③ 安全仪表系统；

④ 本质安全设计特征；

⑤ 操作人员的干预能力；

⑥ 压力泄放系统；

⑦ 公众紧急响应；

⑧ 工厂紧急响应。

常用的保护措施及失效概率统计数据见表 2-9。

表 2-9　常用的保护措施及失效概率统计数据

独立的保护措施种类	失效概率（*PFD*）	独立的保护措施种类	失效概率（*PFD*）
阀门	0.1	爆破片	0.001
止逆阀	0.001	冷冻水	0.001
安全阀	0.001	电	0.001
静电保护	0.001	报警	0.001
减压阀	0.001	呼吸阀	0.001

保护措施总失效概率（*TPFD*——*Total PFD*）为已有各保护措施失效概率的乘积。即

$$TPFD=PFD_1 \times PFD_2 \times \cdots$$

事故频率（F_m）计算如下：

$$F_m=F_u \times TPFD$$

式中　F_m——考虑保护措施的事故频率；

F_u——不考虑保护措施的事故频率；

TPFD——保护措施总失效概率。

（3）事故频率等级分类（表 2-10）

表 2-10　事故频率等级（*L*）分类表

频率等级（*L*）	频率说明（*F*）	频率等级（*L*）	频率说明（*F*）
1	后果频率 $=10^{-6} \sim 10^{-7}$/年	5	后果频率 $=10^{-2} \sim 10^{-3}$/年
2	后果频率 $=10^{-5} \sim 10^{-6}$/年	6	后果频率 $=10^{-1} \sim 10^{-2}$/年
3	后果频率 $=10^{-4} \sim 10^{-5}$/年	7	后果频率 $=1 \sim 10^{-1}$/年（或更高）
4	后果频率 $=10^{-3} \sim 10^{-4}$/年		

2.2.3.3　确定事故风险等级

风险是事故后果严重程度与发生频率的结合。事故风险评估包括两个方面：

（1）只考虑被动安全防护的潜在风险（RR_u）；

（2）同时考虑保护措施和被动安全防护的剩余风险（RR_m）。

潜在风险和剩余风险的区别在于潜在风险没有考虑保护措施，是对固有危险程度的评估，而剩余风险考虑了保护措施，是对目前真实危险程度的评估。两种风险的后果是一致的，只是在频率上有所不同，潜在风险考虑的事故频率为 F_u，剩余风险考虑的事故频率为 F_m。

结合确定的事故后果等级和事故频率（F_u 或 F_m）等级，在如表 2-11 所示 5×7 风险矩阵中就可以查出事故的潜在风险和剩余风险。

表 2-11　风险等级矩阵图

后果等级	5	None	Opt	Opt	Next	Next	Immed	Immed
	4	None	None	Opt	Opt	Next	Next	Immed
	3	None	None	None	Opt	Opt	Opt	Next
	2	None	None	None	None	Opt	Opt	Opt
	1	None	None	None	None	None	Opt	Opt
		1	2	3	4	5	6	7
		频率等级						

None——不需采取行动；　　Opt——可选择性的采取行动；

Next——选择合适的采取行动；　Immed——立即采取行动。

2.2.3.4 风险分析

根据确定的事故风险等级，按照表2-12来进行风险管理。风险等级为Next和Immed应通知企业管理部门按照建议措施进行整改。经过风险分析，如果现有保护措施下事故的风险仍不能接受(事故的风险等级为Next或Immed)，就应对该事故编制单独的事故风险分析表(见表2-13)，制定出事故的预防、保护措施，并对提出的措施再实施风险评估程序，评估其剩余风险，最终使风险降至可接受的水平。对于风险等级较高，且一定时间内无法实施有效预防保护措施的风险，可以将其列入隐患项目进行管理。

表2-12 风险等级说明

风险等级(*RR*)	说明
None	不需采取行动
Opt	可选择性的采取行动(评估可选择的方案)
Next	选择合适的时机采取行动(通知企业管理部门)
Immed	立即采取行动(通知企业管理部门)

表2-13 事故风险分析表

<table>
<tr><td colspan="6">风险分析表号：</td></tr>
<tr><td colspan="3">参考资料(P&ID)号：</td><td colspan="2">版次：</td><td>日期：</td></tr>
<tr><td colspan="3">工厂名称：</td><td colspan="3">装置名称：</td></tr>
<tr><td colspan="3">工艺单元：</td><td colspan="3">分析节点：</td></tr>
<tr><td>要避免的事故</td><td colspan="5"></td></tr>
<tr><td rowspan="3">事故后果</td><td>人员</td><td colspan="4"></td></tr>
<tr><td>环境</td><td colspan="4"></td></tr>
<tr><td>财产</td><td colspan="4"></td></tr>
<tr><td>事故的必要引发事件</td><td colspan="4">1-
2-
3-
4-</td><td>F =
P_1 =
P_2 =
P_3 =</td></tr>
<tr><td>事故频率</td><td colspan="5">$F_u = F * P_1 * P_2 * P_3$</td></tr>
<tr><td colspan="6">由初始原因事件到事故发生及造成事故后果的过程描述</td></tr>
<tr><td colspan="6">描述：</td></tr>
<tr><td colspan="6">事故的严重等级：　　人员：
环境：
财产损失：</td></tr>
<tr><td colspan="3"></td><td>后果等级</td><td>概率等级</td><td>风险等级</td></tr>
<tr><td colspan="3">不考虑安全预防措施时事故的危险程度：</td><td></td><td></td><td></td></tr>
<tr><td colspan="5">预防措施：降低事故发生的频率</td><td>TPFD</td></tr>
<tr><td colspan="5">安全保护层1：
安全保护层2：</td><td></td></tr>
<tr><td colspan="6">防护措施：降低事故后果的严重程度</td></tr>
<tr><td colspan="3" rowspan="2">考虑安全预防措施时事故的危险程度：</td><td>后果等级</td><td>概率等级</td><td>风险等级</td></tr>
<tr><td></td><td></td><td></td></tr>
</table>

续表

<table>
<tr><td colspan="4">提高安全水平的建议措施：
1.
2.</td></tr>
<tr><td rowspan="2">考虑添加新安全防、护措施后事故的危险程度：</td><td>后果等级</td><td>概率等级</td><td>风险等级</td></tr>
<tr><td></td><td></td><td></td></tr>
<tr><td colspan="4">关键安全参数：</td></tr>
</table>

2.3 事故隐患排查与治理

安全生产事故隐患是指生产经营单位违反安全生产法律、法规、规章、标准、规程和安全生产管理制度的规定，或者因其他因素在生产经营活动中存在可能导致事故发生的物的危险状态、人的不安全行为和管理缺陷。主要包括：

(1)作业场所、设备设施、人的行为及安全管理等方面存在的不符合国家安全生产法律法规、标准规范、规章制度规定的情况。

(2)作业场所、设备设施、人的行为及安全管理等方面存在的可能导致人身伤亡、重大泄漏、火灾爆炸、财产损失等事故的缺陷。

2.3.1 隐患排查治理的原则

安全生产事故隐患排查治理是企业安全管理的重要内容，应按照“谁主管、谁负责”和“全员、全过程、全方位、全天候”的原则，明确责任主体，建立健全企业隐患排查治理的体制和制度，实现企业隐患的闭环管理和持续改进。

建立明确的事故隐患排查体制机制主要包括以下内容：

(1) 企业主要负责人对本单位事故隐患排查治理工作全面负责。企业应逐级建立并落实从主要负责人到每个从业人员的隐患排查治理和监控责任制。

(2) 明确企业隐患排查、登记管理、治理、上报等管理机构或专、兼职工作人员及其职责。

(3) 建立健全隐患排查、登记建档、隐患治理、隐患上报及隐患治理专项资金使用等各项制度。

2.3.2 隐患排查治理的基本要求

(1) 企业应当按照确定的隐患排查频次定期组织相关人员进行隐患排查；对排查出的事故隐患，按照隐患分级标准，进行评估分级；并建立事故隐患信息档案。

(2) 对排查出的事故隐患，企业应当立即采取治理措施予以消除；对短期内难以消除的事故隐患，应当确定治理计划并按照职责分工实施监控管理，适时进行治理排除。

(3) 企业应当按照安全生产监督管理部门的要求，建立可与安全生产监督管理部门隐患信息管理系统通信的“隐患排查治理信息系统”，并定期进行隐患上报。

2.3.3 隐患排查的主要方式

2.3.3.1 日常隐患排查

日常隐患排查指班组、岗位员工的交接班检查和班中巡回检查，以及基层单位领导和工艺、设备、电气、仪表、安全等专业技术人员的经常性检查。企业各岗位应严格履行日常检查制度，特别应对重大危险源的危险点进行重点检查和巡查。

2.3.3.2 综合性隐患排查

综合性隐患排查是以落实安全基础管理和危险化学品管理为重点，各专业共同参与的全面检查。

2.3.3.3 专项隐患排查

（1）专业隐患排查　主要是对区域位置及总图布置、工艺、设备、电气、仪表、储运、消防和公用工程等系统分别进行的专业检查。各专业隐患排查应建立一个隐患排查小组，制定排查标准，明确负责人，排查小组人员应有相应的专业知识和生产经验，熟悉有关标准和规范。

（2）季节性隐患排查　是根据各季节特点开展的专项隐患检查，主要包括：

① 春季以防雷、防静电、防解冻跑漏为重点；

② 夏季以防雷暴、防暑降温、防台风、防洪防汛为重点；

③ 秋季以防雷暴、防火、防冻保温为重点；

④ 冬季以防火、防爆、防冻防凝、防滑为重点。

（3）重要活动及节假日前隐患排查　主要是指节前对安全、保卫、消防、生产准备、备用设备、应急预案等进行的检查，特别是应对节日期间干部、检维修队伍值班安排和原辅料、备品备件、应急预案落实情况进行重点检查。

（4）事故类比隐患排查　是通过对已发生事故的系统分析，排查企业存在的同类事故隐患。

2.3.4 隐患排查的频次

2.3.4.1 隐患排查频次确定的基本要求

（1）基层单位至少每月组织一次日常隐患排查，并和交接班检查和班中巡回检查中发现的隐患一起进行汇总；

（2）企业应根据季节性特征及本单位的生产实际，每季度开展一次针对性的季节性隐患排查；

（3）企业至少每半年组织一次，基层单位至少每季度组织一次综合性隐患排查和专业隐患排查，两者可结合进行；

（4）当发生重大泄漏、火灾爆炸等工艺安全事故时，如果企业本身涉及到事故中相同或相似的生产设施时，应及时进行事故类比隐患专项排查；

（5）对于区域位置、工艺技术等不会经常发生变化的专业，可依据实际变化情况确定排查间隔。但应确保实际发生变化时及时进行隐患排查。

2.3.4.2 其他应进行隐患排查的时机

当发生以下情形之一，企业应及时组织进行相关专业的事故隐患排查：

（1）新法律法规、标准规范颁布实施或原有适应性法律法规、标准规范重新修订后颁布实施；

（2）组织机构发生大的调整；

（3）操作条件或工艺改变；

（4）外部环境发生重大变化；

(5) 发生事故或对事故、事件有新的认识；
(6) 气候条件发生大的变化或预期会发生重大自然灾害。

2.3.5 隐患排查的类型

根据危险化学品企业的特点，隐患排查分类包括但不限于以下专业：
(1) 安全基础管理；
(2) 区域位置和总图布置；
(3) 工艺；
(4) 设备；
(5) 电气系统；
(6) 仪表系统；
(7) 危险化学品管理；
(8) 储运系统；
(9) 消防系统；
(10) 公用工程。

2.3.6 不同类型隐患排查的重点内容

2.3.6.1 安全基础管理隐患排查重点内容

(1) 安全生产管理机构、安全生产责任制和安全管理制度情况；
(2) 企业依照国家相关规定提取与使用安全生产费用以及参加工伤保险的情况。
(3) 安全培训与教育情况，主要包括：
① 企业主要负责人、安全管理人员的培训及持证上岗；
② 特种作业人员的培训及持证上岗；
③ 其他从业人员的教育培训。
(4) 企业开展风险评价与隐患管理的情况，主要包括：
① 法律、法规和标准的识别和获取；
② 定期和及时对作业活动和生产设施进行风险评价；
③ 风险评价结果的落实、宣传及培训；
④ 企业隐患项目的治理、建档与上报。
(5) 事故管理、变更管理及承包商的管理。
(6) 危险作业和检维修的管理情况，主要包括：
① 从业人员劳动防护用品和器具的配置、佩戴与使用；
② 危险性作业活动作业前的危险有害因素识别与控制；
③ 动火作业、进入受限空间作业、破土作业、临时用电作业、高处作业、断路作业、吊装作业、设备检修作业和抽堵盲板作业等危险性作业的作业许可管理。
(7) 危险化学品事故的应急管理，主要包括：
① 各级应急组织及其相关的职责建立；
② 应急救援物资和企业应急救援队伍的配备；
③ 应急救援预案制定、培训、演练与评估、发布及备案等管理情况。

2.3.6.2 区域位置和总图布置隐患排查重点

（1）危险化学品生产装置和重大危险源储存设施与《危险化学品管理条例》中规定的重要场所的安全距离。

（2）可能造成水域环境污染的危险化学品危险源的防范情况：

① 邻近江河、湖、海岸布置的危险化学品装置和罐区，泄漏的危险化学品液体和受污染的消防水直接进入水域的隐患；

② 泄漏的可燃液体和受污染的消防水流入区域排洪沟或水域的隐患。

（3）企业周边或作业过程中存在的易由自然灾害引发事故灾难的危险点排查、防范和治理情况：

① 破坏性地震；

② 洪汛灾害(江河洪水、渍涝灾害、山洪灾害、风暴潮灾害)；

③ 气象灾害(强热带风暴、飓风、暴雨、冰雪、海啸、海冰等)；

④ 由于地震、洪汛、气象灾害而引发的其他灾害。

（4）企业内部重要设施的平面布置以及安全距离，主要包括：

① 控制室、变配电所、化验室、办公室、机柜间以及人员密集区或场所；

② 消防站及消防泵房；

③ 空分装置、空压站；

④ 点火源(包括火炬)；

⑤ 危险化学品生产与储存设施等；

⑥ 其他重要设施及场所。

（5）其他总图布置情况，主要包括：

① 建构筑物的安全通道；

② 厂区道路、消防道路、安全疏散通道和应急通道等重要道路(通道)的设计、建设与维护；

③ 安全警示标志的设置情况；

④ 其他与总图相关的安全隐患。

2.3.6.3 工艺隐患排查重点

（1）工艺的安全管理，主要包括：

① 工艺安全信息的管理；

② 工艺风险分析制度的建立和定期执行；

③ 操作规程的编制、审核、使用与控制；

④ 工艺安全培训程序、内容、频次及记录的管理。

（2）工艺技术及工艺装置的安全控制，主要包括：

① 装置可能引起火灾、爆炸等严重事故的部位是否设置超温、超压等检测仪表、声和(或)光报警、泄压设施和安全联锁装置等设施；

② 针对温度、压力、流量、液位等工艺参数的安全操作范围，设计合理的安全泄压系统以及安全泄压措施的完整性；

③ 危险物料的泄压排放或放空的安全性；

④ 按照《首批重点监管的危险化工工艺目录》和《首批重点监管的危险化工工艺安全控制要求、重点监控参数及推荐的控制方案》(安监总管三[2009]116号)的要求进行危险化工

工艺的安全控制情况；

⑤ 火炬系统的安全性；

⑥ 其他工艺方面的隐患。

(3) 现场工艺安全状况，主要包括：

① 工艺卡片的管理，包括工艺卡片的建立和变更，以及工艺指标的现场控制；

② 现场联锁的管理，包括联锁管理制度及现场联锁投用、摘除与恢复；

③ 工艺操作记录及交接班情况；

④ 剧毒品部位的巡检、取样、操作与检维修的现场管理。

2.3.6.4 设备隐患排查重点

(1) 设备管理制度与管理体系的建立与执行情况，主要包括：

① 按国家相关法规制定修订本企业的设备管理制度；

② 有健全的设备管理体系，设备管理人员按要求配备；

③ 建立健全安全设施管理制度及台账。

(2) 设备现场的安全运行状况，包括：

① 大型机组、机泵、锅炉、加热炉等关键设备装置的联锁自保护及安全附件的设置、投用与完好状况；

② 大型机组关键设备特级维护是否到位，备用设备是否处于完好备用状态；

③ 转动机器的润滑状况，设备润滑的“五定”(即定点、定质、定量、定期、定人)、“三级过滤”(即润滑油入库过滤、发放过滤和加油过滤)；

④ 设备状态监测和故障诊断情况；

⑤ 设备的腐蚀防护状况，包括重点装置设备腐蚀的状况，设备腐蚀部位，工艺防腐措施，材料防腐措施等。

(3) 特种设备、压力容器及压力管道的现场管理：

① 特种设备(包括压力容器、压力管道)的管理制度及台账；

② 特种设备注册登记及定期检测检验情况；

③ 特种设备安全附件的管理维护。

2.3.6.5 电气系统隐患排查重点

(1) 电气系统的安全管理，主要包括：

① 电气特种作业人员资格管理；

② 电气安全相关管理制度、规程的制定及执行情况。

(2) 供配电系统、电气设备及电气安全设施的设置，主要包括：

① 用电设备的电力负荷等级与供电系统的匹配性；

② 消防泵、关键装置、关键机组等以及负荷中的特别重要负荷的供电；

③ 重要场所事故应急照明；

④ 电缆、变配电相关设施的防火防爆；

⑤ 爆炸危险区域内的防爆电气设备选型及安装；

⑥ 建筑、工艺装置、作业场所等的防雷防静电。

(3) 电气设施、供配电线路及临时用电的现场安全状况。

2.3.6.6 仪表系统隐患排查重点

(1) 仪表的综合管理，主要包括：

① 仪表相关管理制度建立和执行情况；

② 仪表系统的档案资料、台账管理；

③ 仪表调试、维护、检测、变更等记录；

④ 安全仪表系统的投用、摘除及变更管理等。

(2) 系统配置，主要包括：

① 基本过程控制系统和安全仪表系统的设置是否满足安全稳定生产需要；

② 现场检测仪表和执行元件的选型、安装情况；

③ 仪表供电、供气、接地与防护情况；

④ 可燃气体和有毒气体检测报警器的选型、布点及安装；

⑤ 安装在爆炸危险环境仪表是否满足要求等。

(3) 现场各类仪表完好有效，检验维护及现场标识情况，主要包括：

① 仪表及控制系统的运行状况是否稳定可靠，是否满足危险化学品生产需求。

② 是否按规定对仪表进行定期检定或校准；

③ 现场仪表位号标识是否清晰等。

2.3.6.7 危险化学品管理隐患排查重点

(1) 危险化学品分类、登记与档案的管理，主要包括：

① 按照标准对产品、所有中间产品进行危险性鉴别与分类，分类结果汇入危险化学品档案；

② 按相关要求建立健全危险化学品档案；

③ 按照国家有关规定对危险化学品进行登记。

(2) 化学品安全信息的编制、宣传、培训和应急管理，主要包括：

① 危险化学品安全技术说明书和安全标签的管理；

② 危险化学品“一书一签”制度(即安全技术说明书和安全标签)的执行情况；

③ 24h 应急咨询服务或应急代理；

④ 危险化学品相关安全信息的宣传与培训。

2.3.6.8 储运系统隐患排查重点

(1) 储运系统的安全管理情况，主要包括：

① 储罐区、可燃液体、液化烃的装卸设施、危险化学品仓库储存管理制度以及操作、使用和维护规程制定及执行情况；

② 储罐的日常和检维修管理。

(2) 储运系统的安全设计情况，主要包括：

① 易燃、可燃液体及可燃气体的罐区，如罐组总容、罐组布置；防火堤及隔堤；消防道路、排水系统等；

② 重大危险源罐区现场的安全监控装备是否符合重大危险源安全生产要求；

③ 天然气凝液、液化石油气球罐或其他危险化学品压力或半冷冻低温储罐的安全控制及应急措施；

④ 可燃液体、液化烃和危险化学品的装卸设施；

⑤ 危险化学品仓库的安全储存。

(3) 储运系统罐区、储罐本体及其安全附件、铁路装卸区、汽车装卸区等设施的完整性。

2.3.6.9 消防系统隐患排查重点

(1) 建设项目消防设施验收情况；企业消防安全机构、人员设置与制度的制定，消防人员培训、消防应急预案及相关制度的执行情况；消防系统运行检测情况。

(2) 消防设施与器材的设置情况，主要包括：

① 移动灭火设备，如消防站、消防车、消防人员、移动式消防设备、通信等；

② 消防水系统与泡沫系统，如消防水源、消防泵、泡沫液储罐、消防给水管道、消防管网的分区阀门、消火栓、泡沫栓，消防水炮、泡沫炮、固定式消防水喷淋等；

③ 油罐区、液化烃罐区、危险化学品罐区、装置区等设置的固定式和半固定式灭火系统；

④ 甲、乙类装置、罐区、控制室、配电室等重要场所的火灾报警系统；

⑤ 生产区、工艺装置区、建构筑物的灭火器材配置；

⑥ 其他消防器材。

(3) 固定式与移动式消防设施、器材和消防道路的现场状况

2.3.6.10 公用工程隐患排查重点

(1) 给排水、循环水系统、污水处理系统的设置与能力是否满足各种状态下需求。

(2) 供热站及供热管道设备设施、安全设施是否存在隐患。

(3) 空压站、空压站位置的合理性及设备设施的安全隐患。

2.3.7 隐患级别

事故隐患可按照整改难易及可能造成的后果严重性，分为一般事故隐患和重大事故隐患。

(1) 一般事故隐患，是指能够及时整改，不足以造成人员伤亡、财产损失的隐患。对于一般事故隐患，可按照隐患治理的负责单位，分为班组级、基层车间级、基层单位(厂)级直至企业级。

(2) 重大事故隐患，是指无法立即整改且可能造成人员伤亡、较大财产损失的隐患。

企业可结合自身的生产经营实际情况和风险可接受标准，从事故隐患的危害大小、整改难易程度等方面明确量化分级标准。

2.3.8 隐患评估与治理

2.3.8.1 隐患评估与治理机制

企业应建隐患评估、治理及关闭机制，按照“排查—评估—报告—治理(控制)—验收—关闭”的流程形成闭环管理。对排查出的各级隐患，应做到“五定”(定整改方案、定资金来源、定项目负责人、定整改期限、定控制措施)，并将整改落实情况纳入日常管理进行监督，并及时协调在隐患整改中存在的资金、技术、物资采购、施工等各方面问题。

2.3.8.2 隐患治理方案

隐患一经确定，隐患所在单位应立即采取控制措施，防止事故发生，同时编制治理方案。重大事故隐患治理方案应包括：

(1) 事故隐患的现状及其产生原因；

(2) 事故隐患的危害程度和整改难易程度分析；

(3) 治理的目标和任务；

（4）采取的方法和措施；

（5）经费和物资的落实；

（6）负责治理的机构和人员；

（7）治理的时限和要求；

（8）防止隐患进一步发展的安全措施和应急预案。

2.3.8.3　隐患治理注意事项

（1）隐患排除前或者排除过程中无法保证安全的，应当从危险区域内撤出作业人员，并疏散可能危及的其他人员，设置警戒标志，暂时停产停业或者停止使用。

（2）对暂时难以停产或者停止使用的相关生产储存装置、设施、设备，应当加强维护和保养，提出充分的风险控制措施，并落实相应的责任人和整改完成时间。

2.3.8.4　事故隐患档案

事故隐患治理方案、整改完成情况、验收报告等应及时归入事故隐患档案。隐患档案应包括以下信息：

隐患名称、隐患内容、隐患编号、隐患所在单位、专业分类、归属职能部门、评估等级、整改期限、治理方案、整改完成情况、验收报告等。

事故隐患排查、治理过程中形成的传真、会议纪要、正式文件等也应归入事故隐患档案。

2.3.9　隐患上报

2.3.9.1　日常隐患统计上报

企业应当定期通过“隐患排查治理信息系统”向属地安全生产监督管理部门和相关部门上报隐患统计汇总情况，并同时报送书面隐患统计汇总表。统计汇总表应当由企业主要负责人签字。

2.3.9.2　重大事故隐患上报

对于重大事故隐患，危险化学品企业除依照前款规定报送外，应当及时向安全生产监督管理部门和有关部门报告。重大事故隐患报告内容应当包括：

（1）隐患的现状及其产生原因；

（2）隐患的危害程度和整改难易程度分析；

（3）隐患的治理方案。

附表一：工艺安全信息

附表二：人员因素清单示例

附表三：设施选址清单

附表一　工艺安全信息

工艺安全信息因素	注　　解	最新的(是/否)
(1) 危害相关信息		
a. 毒性信息		
b. 可允许的最大限值		
c. 物理数据		
d. 反应特性数据		
e. 腐蚀性数据		
f. 热化学稳定性数据		
g. 无意混合后的危害		
(2) 技术相关信息		
a. 工艺流程图		
b. 工艺化学		
c. 最大存量		
d. 安全控制上限/下限		
e. 偏差后果		
(3) 设备相关信息		
a. 建筑材料		
b. 管道和仪器图		
c. 电气分类		
d. 泄压系统设计与基础		
e. 通风系统设计		
f. 设计准则与标准		
g. 物质与能源平衡		
h. 安全系统		

附表二　人员因素清单

研究名称		小组组长		第　页，共　页
节点		小组成员		
日期				
参考资料				

清单问题	是/否/不适用	参考/注解
工序问题		
测试方法不当、不起作用或指向错误		
知识不足		
优先级混乱		
标记不当		
反馈不当		
政策/实施差异		
设备不灵		
沟通不畅(例如，交接班)		
布局不当		
违背人员惯常情况(例如，左手穿线)		
过度敏感的控制		
过度脑力劳动		
失误机会过大		
工具不当		
家政不当		
警惕性过高或过低		
备份控制实施不当		
物理限制不当(例如，空气与氮配件相同)		
功能为代价的外观(例如，禁用有助于操作人员的标尺、标记)		

附表三　设施选址清单

研究名称		小组组长	
节点		小组成员	
日期			
参考资料号			

	是/否/不适用	参考/注解
1. 工艺安全信息		
a. 工艺涉及材料的工艺安全信息是否已采集？毒害性、燃烧极限、化学相互作用、工艺条件下的属性、泄压条件下的属性？		
b. 是否有“最坏案例”和“近似案例”发生后果？毒气云、超压？		
c. 是否有流程和周围设施的配置图？电气分类？接地式样？		
d. 是否有该地址的气象数据？		
2. 是否有因工艺位置产生特别的危害？		
a. 该工艺位置与人员现有位置的相对关系？		
b. 该工艺位置与人员应在位置的相对关系？		
c. 是否有紧急安全出口？		
d. 是否有紧急反应入口？是否有灭火器？		
e. 该工艺与周边工艺有互相危害性影响？多米诺效应？液体流动？因浮动阀产生的蒸气释放？因裂缝发生蒸气释放？		
f. 该工艺位置是否产生其他危害？ ——天气因素 ——季节性因素 ——湿地或水道 ——警戒线外周边		

第3章　操作规程

3.1　概述

在生产实践过程中，通常采用多重保护措施或策略来预防和控制工艺安全风险，防止发生事故。按照LOPA的顺序，依次是本质安全、工程控制、管理控制和防护装备。操作规程环节，是属于通过对操作和技术人员的管理控制，确保人员能够按照审查有效的操作环节进行操作和控制，防止或减少人为操作失误。有效的操作规程虽然不能防止出现工艺安全事故，但可以在很大程度上减少人为因素相关的工艺安全事故。

据不完全统计，违章事故约占事故总量的80%，操作规程可以有效避免人为失误，减少事故的发生。《安全生产法》规定生产经营单位主要负责人要组织制定安全生产规章制度和操作规程，从业人员在作业过程中应严格遵守操作规程，确保行为安全。操作规程应妥善存放，随时供装置管理和操作人员查阅。企业应建立起与之相适应的企业文化，确保所有操作有规程可依，并严格按照操作规程执行。

标准操作规程(Standard Operating Procedures，SOP)是过程安全管理的重要环节。完整准确的操作规程是安全高效操作工艺系统的指导性文件。一方面它能保证操作人员按照经过正式批准的、统一的标准完成所有的操作；另一方面，在编写和修订操作规程的过程中，通过对工艺过程的仔细分析和操作经验的积累，有利于加深对工艺系统的理解和认识，使生产操作和运行维护更加安全合理。使用合适有效的操作规程，有利于安全生产、提高产品质量和稳定度、减少不必要的非计划停车。

3.2　相关术语和定义

3.2.1　工艺技术手册

说明工艺技术的基础和工艺安全要求的文件。一般称为工艺技术规程、工艺技术手册或工艺手册等，为操作规程的制定提供相关工艺安全信息。

3.2.2　操作规程

提供操作人员使用的书面生产操作指南，操作人员依据其各项规定进行工艺系统相关操作。一般称为操作规程、操作指南、作业指南等。

3.2.3　操作指令

操作指令(也被称作作业指令)，是在实际生产过程中，要求操作人员完成的一些具体的操作指令或要求。操作指令一般是主管人员根据操作规程和生产工艺、设备设施状况提出的。

3.3 操作规程的编制

3.3.1 操作规程编写的基本要求

石化企业中，与工艺技术和生产操作密切相关的文件通常有工艺技术手册、操作规程、操作指令。正确使用操作规程有助于实现预期操作，减少非正常工况，使工艺系统在设计要求的状态下稳定运行。有效的操作规程有助于排除操作人员凭经验操作的不良习惯，还能针对可能存在的风险进行提示和预警，帮助操作人员了解面临的危害，采取正确的处理方式，减少人为因素的相关事故。编制有效的操作规程要求：

(1) 操作规程必须以工程设计和行业生产实践为依据，确保技术指标、技术要求、操作方法科学合理；

(2) 操作规程必须总结自身生产实践中的操作经验，保证同一操作的统一性，成为人人严格遵守的操作行为指南；

(3) 操作规程必须保证操作步骤的完整、细致、准确、量化，有利于操作人员在实际操作过程中的掌握和使用；

(4) 操作规程必须与优化操作、节能降耗、降低损耗、提高产品质量、安全、环保等有机地结合起来，有利于提高装置安全稳定运行和生产效率；

(5) 操作规程必须明确岗位操作人员的职责，做到分工明确、配合密切；

(6) 操作规程必须在生产实践中及时修订、补充和不断完善，定期审查和评审；

(7) 操作规程必须考虑操作人员的教育和知识水平以及操作技能，确保操作人员能够完整准确地理解规程的要求。

3.3.2 操作规程编写小组组成

新装置、新工艺试生产前，应成立操作规程编制小组。工厂工艺技术、设备管理和生产管理等部门负责抽调相关人员，成立工艺规程编制小组。

编制小组成员至少包括管理、技术、操作三个层次的人员：装置生产主管、技术主管、电仪主管、安全主管、岗位操作人员以及对装置生产熟悉的工艺安全专家等。

规程编写人员需具备书写规程的技能，应经过特殊培训或教育。编制操作规程时，应由主管部门组织讨论确定规程框架、内容要求和编制风格和深度等相关事宜，如操作规程编制应包含一些最基本内容，具有可读性，明确范围、任务或步骤描述、说明和指示等。

编制过程中，必须坚持由编制小组具体讨论，在讨论过程中不断修改完善，充分征求操作人员意见，并经过正式审批后才能最终确定。

3.3.3 操作规程的主要内容

3.3.3.1 操作范围

首先要确定操作规程适用的范围，写明规程范围是保证明确识别并理解规程的要求。操作规程范围的良好界定能让管理人员了解是否所有操作都适当地被涵盖其中。一般包括：

(1) 正常工况

应指明正常工况控制范围、偏离正常工况的后果。

(2) 开停车

明确开车、停车(设备的启动和停止)的条件，以及纠正或防止偏离正常工况的步骤。

(3) 异常工况

明确可能出现的异常或紧急工况(设备的异常运行状况)，员工在出现异常工况时应采取的确认和操作步骤。包括借助在线安全监控、自动检测或人工分析数据等信息，及时判断工艺过程中异常工况产生的根源，评估可能产生的不利后果及安全处置方法。

3.3.3.2 装置(设备)概况

(1) 生产设计规模、实际能力、建成时间和历年技术改造情况；

(2) 生产原理与主要工艺流程描述；

(3) 工艺指标，包括原料和生产辅料指标、半成品和成品指标、公用工程指标、主要操作条件、物料平衡、原材料消耗、公用工程消耗及能耗指标等；

(4) 设备操作参数，包括功率、压力、温度、转速、振动值等；

(5) 工艺流程图、工艺管线和仪表控制图、工艺流程图说明。流程图的画法及图样中的图形符号应符合国家标准或行业标准的规定。

3.3.3.3 各个操作阶段的操作步骤

(1) 首次开车(或设备的初次试运)；

(2) 正常运行；

(3) 临时操作(包括技术路线、设备变更情况下的操作)；

(4) 紧急停车(应说明在什么情况下需要紧急停车，指定合格的操作人员负责紧急停车工作，确保安全、及时实现紧急停车)；

(5) 应急操作(说明应急的不同情形，以及对应的应急处置措施)；

(6) 正常停车(设备的停运)；

(7) 大修完成后开车或者紧急停车后重新开车，或设备大修理后的试运行。

3.3.3.4 安全和健康相关的注意事项

(1) 工艺系统使用或储存化学品的物性与危害；可参照工艺安全文件的相关信息和化学品的 SDS；

(2) 防止化学品泄漏、能量释放等情况的必要措施，包括工程控制、管理和个人防护要求，可参照工艺安全文件、工程设计资料等；

(3) 发生身体接触或暴露后的对策，即应急处置措施、人员急救等；

(4) 原料质量控制和危险化学品的储存量控制，包括由于原料成分或物性变化或储存量变化可能带来的危害；

(5) 可能出现的引起人身伤害、健康损害、设备损坏和环境破坏的注意事项，可参考自身生产运行和设备操作经验、行业操作经验和事故数据。

3.3.3.5 安全系统及其功能

安全标识、安全报警、安全联锁的设置位置和功能。

3.3.3.6 设备操作规程

基础操作规程主要描述机、泵、换热器、罐、塔等通用设备的开停和切换规程。主要内容包括：各种机泵和风机的开、停与切换，中、低压冷换设备的投用与切除，关键部位取样等操作程序和注意事项。正常操作的基础操作规程是操作规程的一个大部分。通常情况下，这些规程是基于正常操作限值内的操作/设备说明书开发的。操作规程的设计应保持工艺在正常条件下运行。

具体的设备操作规程可放在操作规程中，也可单独成册。一般大型设备和特种作业或特殊危险设备均应编制单独的操作规程。

3.3.3.7 操作指令

操作指令是正常生产期间操作参数调整方法和异常处理的操作要求，一般单独出现，由于其使用的期限和范围的短暂，一般不出现在操作规程中。

操作指令以生产期间操作波动的调整为对象，以控制稳定为目标，防止异常波动引起生产事故的发生，应以正式的文件出现，并经过相关审批。

3.3.3.8 工艺卡片

工艺卡片是将工艺操作中的主要控制参数利用卡片的形式表达。它突出需要主要控制的装置或设备参数，便于企业在实际运行中的分级控制，便于修订工艺控制指标的相关参数。

工艺卡片也应经过正式审批，并确定定期评审的时间间隔。

3.3.3.9 事故处理措施

事故处理是发生工艺安全事故情况下的处理措施，避免扩大事故范围。操作规程中应明确事故处理的基本原则和要求，以及可能出现的事故情况下的处理步骤和上报要求。

3.3.3.10 事故应急预案

根据企业重大危险源编制事故处理预案的要求，以及企业重大风险情况，编制事故应急预案，分总体预案和专项预案，一般单独编制。

3.3.3.11 管理要求

为了控制操作过程的危害，企业还应该编制并落实安全作业准则。例如，能量隔离(上锁/挂牌)规定、受限空间进入规定、工艺设备开启规定、进入工艺区域的控制等，以及安全标识、安全报警、安全联锁的设置和管理规定等。

3.4 操作规程的审核

企业应制定操作规程审核的步骤和内容要求，对编制的操作规程进行正式的审核，确保反映当前的操作状况，包括化学品、工艺设备和设施的变更，以及操作的控制要求。

企业应确定操作规程定期审查的时间间隔，以确认操作规程的符合性和有效性，一般每3年修订一次。工艺技术、生产方式、原辅材料、设备设施等发生重大变更，应及时修订操作规程。企业应明确何种情况下应及时修订操作规程。

工艺卡片作为操作规程的相关文件，其修订的间隔应短于操作规程，并应明确修订的时间间隔和职能。某企业操作规程内部审核计划详见表3-1。

表3-1 操作规程内部审核计划

<table>
<tr><td>审核目的</td><td colspan="3">评价标准操作程序符合性及有效性</td></tr>
<tr><td>审核范围</td><td colspan="3">生产部相关工厂</td></tr>
<tr><td>审核准则</td><td colspan="3">企业管理体系相关要求</td></tr>
<tr><td>审核日期</td><td></td><td>小组审核报告日期</td><td></td></tr>
<tr><td rowspan="2">审核组名单</td><td>组长</td><td colspan="2"></td></tr>
<tr><td>组员</td><td colspan="2"></td></tr>
</table>

续表

分组安排	
审核单元	审核内容
单元1	标准操作程序的更新情况
单元2	标准操作程序的放置情况
单元3	标准操作程序的使用与遵守情况
单元4	标准操作程序的内容完整性
单元5	标准操作程序的培训情况
……	……

3.5 操作规程的控制

3.5.1 操作规程的使用

企业应确保操作人员在生产操作和设备操作中可以方便地获得书面的操作规程。应有保证工艺和设备的操作规程有效的文件控制要求，并将操作规程的有效性作为内部检查或审核的内容之一。通过课堂培训、实际操作培训等形式，帮助操作人员掌握正确使用操作规程，并且使其认识到操作规程是强制性的。

3.5.2 操作规程的授权与控制

企业应明确操作规程编写、审查、批准、分发、修改以及废止的程序和职责，确保使用最新版本的操作规程。对操作规程的控制要求应形成书面文件。

3.6 典型事故案例

案例1 某公司柴油罐泄漏爆炸事故

2006年1月20日，某公司储运部操作人员在巡检过程中，发现柴油罐区802#罐(拱顶罐，容积为10000m^3)罐体及附属管线震动并伴有明显的异响，随后罐顶爆裂并着火。10时06分火被扑灭。事故造成罐顶与罐壁间焊缝撕开一条长约2m的裂缝，罐顶两只呼吸阀损坏。事故中没有人员伤亡。

事故直接原因是Ⅱ加氢装置原料系统向802#罐退油作业时，没有严格执行“流程改动三级确认制度”，反应系统至退油线之间的阀门处于开启状态，加上工艺单向阀内漏等原因，反应系统约1600m^3 含氢气体经不合格柴油线进入802#罐，致使罐超压、罐顶撕裂引起闪爆。

案例2 某厂罐区泄漏爆炸事故

2003年4月19日，某车间分馏岗位操作员，在将不合格稳定汽油改进污油罐的过程中，误开阀门，使吸收塔内压力较高的贫气倒串，进入常压储罐，引发火灾爆炸事故。

该厂催化车间由常压、催化、精制、气分等装置联合组成。2003年4月19日凌晨0时10分左右，分馏塔催化柴油流量急剧下降，装置技术员判断是分馏塔内铵盐结晶，当班人员即按“分馏塔结晶水洗方案”进行水洗。2时35分，催化柴油改走不合格油线，进入3号轻污油罐，进料前3号罐内储存有0.43m高的瓦斯凝缩油。4时43分，稳定汽油分析结果不合格，调度通知改走不合格油线，分馏岗位操作员蔡某接到指令后，到现场改流程，将稳定汽油改走不合格油线，进入5号污油罐，进料前5号罐液位为1.62m。

4时48分，罐区操作室内5号、3号两罐可燃气体报警器接连报警，罐区操作员立即前往现场察看，刚走出操作室10m远(离火灾现场约60m)，即发现污油罐组内发生闪爆，约10s后又发生了第2次爆炸，整个罐组一片火海，罐区操作员立即返回操作室，打电话通知调度，打119报火警。大火燃烧了1个多小时才被扑灭。事故造成3号、5号两罐完全报废，邻近的4号、7号两罐严重受损，直接经济损失30多万元。

事故原因：分馏岗位操作员蔡某对现场流程不熟悉，在将稳定汽油改走不合格油线流程时，误将粗汽油阀组当成稳定汽油阀组，错误地打开了粗汽油阀组不合格油线阀门，并且未关闭粗汽油进吸收塔阀门，使吸收塔内压力为1.08MPa的贫气倒串，进入5号污油罐。5号罐为常压拱顶储罐，贫气进入使5号罐严重超压，从底部撕裂，罐内汽油及油气外泄，遇撕裂过程中产生的火花发生爆炸，并引燃了挡火堤内的汽油，汽油在挡火堤内燃烧时对3号污油罐不断加热，使3号罐内储存的瓦斯凝缩油急剧挥发、膨胀，导致3号罐超压，引发第2次爆炸。

事故调查时发现，设计上存在缺陷。粗汽油进吸收塔管线与不合格油线并联，流程上存在吸收塔内贫气倒串，进入不合格油线的可能。工艺设计时又没有考虑安装止回阀等防止贫气倒串的设施，致使操作人员发生误操作时没有可靠设施防止事故发生。

3.7 操作规程编制实例

每个企业、每套工艺、每台设备都各不相同，因此没有一个统一的、唯一正确的编写操作规程的标准。工厂应很据自己的实际情况制定编写标准，确定审核和评审的程序要求。

应按照为操作人员提供清晰的操作指导，确保操作安全的原则，使用操作人员熟悉的语言，准确反映如何完成操作过程，并且编制时要充分听取工艺技术、生产操作、设备维修、安全技术等人员的意见。

在编写操作规程时，需要综合考虑三个要求：描述准确、易于理解和便于使用。具体的表现可能是：标题与内容的一致和准确，规程的格式统一规范，使用必要的图表等。

例1　某炼化公司汽油催化装置操作规程

1　范围

本规程规定了某公司催化汽油加氢装置的工艺流程、工艺指标、主要设备、开停工方案、岗位操作法、事故处理方法和安全规程等要求。

本规程适用于某公司加氢重整车间催化汽油加氢装置的生产和管理。

2　规范性引用文件

下列文件中的条款通过本操作规程的引用而成为本操作规程的条款。凡是注日期的引用文件，其随后所有的修改单(不包括勘误的内容)或修订版均不适用于本操作规程，然而，鼓励根据本操作规程达成协议的各方人员研究是否可使用这些文件的最新版本。凡是不标注日期的引用文件，其最新版本适用于本操作规程。

① 催化汽油加氢装置生产工艺卡片；

② 突发事件应急程序文件。

3 工艺原理概述

催化汽油加氢技术可以有效降低其硫和烯烃含量，因而在汽油质量升级过程中占有重要地位。但是，烯烃饱和会导致汽油辛烷值降低。催化汽油加氢脱硫及芳构化工艺(Hydro-GAP)技术为解决催化裂化汽油加氢后辛烷值降低的问题，将催化剂的加氢催化功能和酸催化功能有机地结合起来，通过将部分烯烃转化为高辛烷值的芳烃、将辛烷值很低的正构烃类选择性裂化、提高烯烃和烷烃的支链度等措施，实现了催化裂化汽油加氢脱硫，同时维持了汽油辛烷值不降低。

Hydro-GAP 技术将来自催化裂化分馏塔的粗汽油切割成轻、重馏分，切割点的选择应根据催化汽油的性质和加氢产品的要求而定，本工艺的轻、重馏分切割温度为70℃。重馏分首先通过预加氢脱除二烯烃、胶质等易生焦物质，然后进入加氢脱硫及芳构化反应器，生成油与轻馏分混合，经过吸收稳定、碱抽提-氧化脱硫醇处理，最后作为汽油产品出装置，Hydro-GAP 技术原则流程见图 3-1。

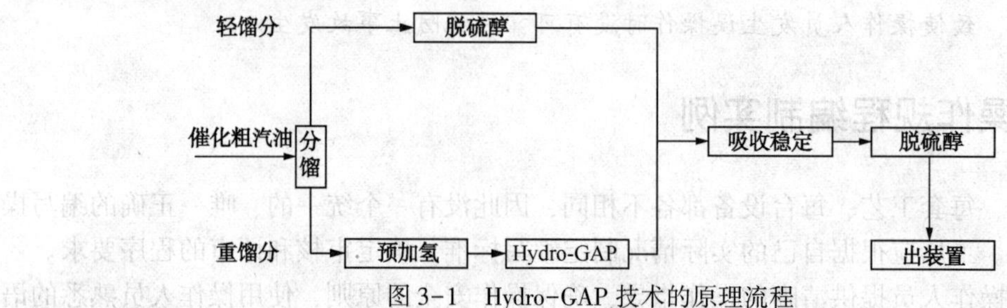

图 3-1 Hydro-GAP 技术的原理流程

Hydro-GAP 工艺采用串联工艺流程，一反为脱除二烯烃反应器，确保装置长周期运转。二反进行加氢脱硫及芳构化反应，从而达到降低催化汽油烯烃和硫含量，同时辛烷值不降低的目的。二反采用加热炉加热，氢气在一反换热器前混入。

3.1 加氢反应过程及主要化学反应

(1) 预加氢反应器

预加氢反应器的目的是脱除二烯烃、胶质等易生焦物质，确保装置长周期运转。同时，也发生少量的烯烃饱和以及加氢脱硫反应。

二烯烃加氢 $R—CH=CH—CH=CH_2+H_2 \longrightarrow R—CH_2—CH_2—CH=CH_2$

加氢脱硫 $RSH+H_2 \longrightarrow RH+H_2S$

$$\text{R—(thiophene ring, S)} + H_2 \longrightarrow R—C_4H_9+H_2S$$

烯烃饱和 $R_1—CH=CH—R_2+H_2 \longrightarrow R_1—CH_2—CH_2—R_2$

(2) 加氢脱硫及芳构化反应器

加氢脱硫及芳构化反应器的主要功能是加氢脱硫及辛烷值恢复。辛烷值恢复包括芳构化、选择性裂化、烷基化、异构化等反应。

加氢脱硫 $RSH+H_2 \longrightarrow RH+H_2S$

$$\text{R—(thiophene ring, S)} + H_2 \longrightarrow R—C_4H_9+H_2S$$

烯烃饱和 $R_1—CH=CH—R_2+H_2 \longrightarrow R_1—CH_2—CH_2—R_2$

芳构化 $C_7H_{14} \longrightarrow$ 甲苯 $+H_2$

选择性裂化 $C_8H_{16} \longrightarrow C_3H_6+C_5H_{10}$

异构化 $CH_3CH_2CH_2CH_2CH_2CH=CH_2 \longrightarrow CH_3CH_2CH_2CH_2CH=CHCH_3$

烷基化 C_3H_6+苯$\longrightarrow$异丙苯

3.2 加氢过程的影响因素

(1)反应温度

反应温度对预加氢效果的影响：随反应温度提高，二烯烃值的脱除率提高，烯烃含量和硫含量下降，硫含量的降低有利于减轻二反的脱硫压力，但同时烯烃含量降低，不利于芳构化反应，不利于产品的辛烷值恢复。在反应初期，预加氢反应温度控制在160~180℃，随着反应的进行，逐步提高反应温度，到反应后期，预加氢反应温度需要提高至260℃左右。二烯烃控制指标：一反出口控制二烯值小于0.5gI/100g。

反应温度对催化汽油加氢脱硫及芳构化的影响：随着反应温度的提高，脱硫率提高，但提高幅度不大。芳构化反应活性随反应温度的升高而增加，在390℃以上芳烃含量提高6个百分点以上，有利于提高汽油的辛烷值。随着运转的进行，催化剂上结焦增加，反应温度需提高，但过高的反应温度，一方面使裂化反应增加，汽油收率下降，另一方面也加速了催化剂的结焦失活，不利于催化剂的长周期稳定运转。因此反应温度的选择以改质后催化汽油的辛烷值不降低为原则。

(2) 压力

提高压力对催化汽油的脱硫降烯烃有利，随着氢分压升高，生成油的硫含量和烯烃含量均降低。然而，提高氢分压对芳构化反应不利，随着氢分压的提高，生成油中的芳烃含量降低，辛烷值也略有降低。当然，操作压力过低不利于催化剂长周期运转，因此，应综合考虑各种因素，选择适宜的氢分压。一般而言，在保证改质汽油的辛烷值不降低的前提下，应尽量采用较高的反应压力。本工艺氢分压控制在3.0MPa。

(3) 空速

提高进料空速，相当于缩短了反应时间，不利于反应的进行。在试验条件下，提高进料空速，生成油的硫含量增加，烯烃含量增加，芳烃含量减少，对加氢脱硫、降烯烃及芳构化反应都有不利影响。但进料空速太低会影响装置的处理量，在满足改质汽油产品质量的前提下，应尽量提高进料空速，降低装置的投资和操作费用。本工艺预加氢反应液时空速为 $3.0h^{-1}$，加氢脱硫及芳构化反应的液时空速为 $0.7h^{-1}$。

(4) 氢油比

氢油体积比对催化汽油加氢脱硫及芳构化的影响，氢油体积比对反应的影响较小，随着氢油体积比的增加，硫含量稍有降低，其他性质变化不大。本工艺氢油体积比为350：1。

4 工艺流程简述

自二套催化来的原料油混合后经换707壳程与塔702底油换热后，经换710加热进入塔702，拔头油自塔顶馏出，经空冷702，换709/1，2冷却至40℃后，进入回流罐容704，容704气相去低压瓦斯系统，液相用泵702/1，2抽出后，一部分作为塔702回流打回塔顶以控制塔顶温度，一部分作为拔头油出装置。

分馏塔702塔底油由泵703/1，2抽出，经换707管程与原料油换热降温，再经滤701/1，2

过滤进入容 709 缓冲。重汽油经泵 701/1，2 抽出升压后经换 701 管程，换 703 壳程进入反 701。反 701 设有急冷氢控制床层温度。反 701 出来的生成油经过换 722 管程与反 721 出来的生成油换热，然后进入炉 701 进一步加热，控制反应温度进入反 721。反 721 设有急冷氢和冷油控制床层温度，防止反应器超温。生成油自反 721 出来，分别经过换 722 壳程，换 703 管程，换 701 壳程，换 702 管程降温后进入空冷 701，再经过水冷换 704、705，水冷换 711 进一步冷却后进入高压分离器容 701。在这里，生成油与氢气进行分离，氢气经循环机分液罐容 703 脱油后进入循环机 702/1，2，增压后与来自新氢机 701/1，2 的氢气或润加氢的尾氢混合后进入反应系统循环使用。

为了降低油品中的硫含量，在进入空冷 701 前注入由泵 705/1、2 注水。

容 701 的生成油经液控减压进入低压油气分离器容 702。污水自容 702 水包分出，再进入沉降罐容 711 进一步沉降分离，经泵 707/1，2 送出装置。

容 702 出来的生成油分两部分。一部分经过泵 721/1、2 抽出，作为冷油控制反 721 的床层温度。还有一部分经过换 702 壳层取热后进入气提塔 701。从气提塔塔底吹入氢气气提，与生成油逆流接触，H_2S、NH_3、H_2O 等有害气体降低分压后从塔顶排出，经过水冷换 706 冷却后进入塔顶油气分离器容 707，分离出的气体进入瓦斯管网，液相由泵 722/1，2 抽出打回流，控制塔顶温度。含硫污水由脱水包去含硫污水管线。塔 701 底油经泵 704/1，2 抽出经换 708 冷却至 45℃左右出装置。

5 主要生产设备

(1) 塔类设备

序号	流程编号	名称	介质	规格(直径×高×厚度)/mm	塔盘形式	塔盘距/mm	塔盘数
1	塔 701	气提塔	生成油 氢气	φ600×8690×8 φ1800×5800×10	填料	—	2 段
2	塔 702	分馏塔	汽油	φ1200×21260×12	浮阀	600	24 层

(2) 反应器设备

序号	流程编号	名称	介 质	温度/℃		压力/MPa		材质	规格(直径×高×厚)/(mm×mm×mm)
				设计	操作	设计	操作		
1	反 701	反应器	汽油、氢气、氮气、催化剂	425	250~315	4	1.2~2.5	—	φ1600×17198×72
2	反 721	反应器	汽油、氢气、氮气、催化剂	425			~3.2	—	φ1800×19390×94 [φ1600×13730(T.L)]

(3) 容器类设备

序号	流程编号	名称	介质	温度/℃	压力/MPa	规格(直径×长度×厚度)/(mm×mm×mm)	容积/m³	备注
1	容 701	高压油气分离器	生成油、循环氢	<40	8.0	φ1600×7374×52	15	卧式
2	容 702	低压油气分离器	生成油、瓦斯	<40	2.5	φ1400×6844×20	12	卧式
3	容 703	循环氢分液罐	循环氢	<40	8.0	φ1200×5598×36	6	立式

续表

序号	流程编号	名称	介质	温度/℃	压力/MPa	规格(直径×长度×厚度)/(mm×mm×mm)	容积/m^3	备注
4	容 704	分馏塔回流罐	汽油	<30	常压	ϕ1400×6804×8	10	卧式
5	容 705	低压瓦斯罐	瓦斯	<40	0.4	ϕ1000×4900×12	4	立式
6	容 707	气提塔顶油气分离器	瓦斯、轻汽油	30	0.3	ϕ1400×6804×8	10	卧式
7	容 709	进料缓冲罐	汽油、水	40	0.45	ϕ1400×4800×12	7.4	立式
8	容 710	新氢分液罐	氢气、水	40	2.5	ϕ800×3966×15	2	立式
9	容 711	污水沉降罐	含乙醇胺富液	40	0.67	ϕ1000×4492×10	3.5	立式
10	容 501	高瓦分离器	瓦斯	70	0.4	ϕ1200×5550×12	6	立式
11	滤 701/1、2	重质汽油过滤器	重质汽油	40	1.2	ϕ800×2218	1.1	立式

(4) 冷换类设备(略)

(5) 机泵类设备(略)

(6) 风机类设备(略)

(7) 加热炉类设备(略)

(8) 安全阀

序号	编号	名称	型号	操作条件		介质
				温度/℃	压力/MPa	
1	空冷 701 风机	风机	GSF36—TW4	40	常压	空气
2	空冷 702 风机	风机	GSF36—TW4	40	常压	空气
3	机 701/1 风机	风机	B4—72—11	40	常压	空气
4	机 701/2 风机	风机	B4—72—11	40	常压	空气
5	机 701/1 风机	风机	B4—72—11	40	常压	空气
6	机 701/2 风机	风机	B4—72—11	40	常压	空气

6 装置工艺控制指标

(1) Hydro-GAP 工艺参数表

项目	预加氢反应段		加氢芳构化反应段	
	初期	末期	初期	末期
进料体积空速	3.0h^{-1}	3.0h^{-1}	0.7h^{-1}	0.7h^{-1}
氢分压	3.5MPa	3.5MPa	3.5MPa	3.5MPa
氢油比	450	450	450	450
一段反应器入口/℃	160	250	355	400
一段反应器出口/℃	180	280	385	420
一段反应温升/℃	20	30	30	20
二段反应器入口/℃	—	—	355	400

续表

项目	预加氢反应段		加氢芳构化反应段	
	初期	末期	初期	末期
二段反应器出口/℃	—	—	385	420
二段反应温升/℃	—	—	30	20
三段反应器入口/℃	—	—	360	395
三段反应器出口/℃	—	—	380	425
三段反应温升/℃	—	—	20	30
总温升/℃	20	30	80	70

（2）催化汽油的性质

项目	FDFCC 汽油	DCC 汽油	混合汽油
密度/(kg/m^3)	728.6	702.9	718.5
硫/(μg/g)	430	400	420
硫醇/(μg/g)	—	54	—
馏程/℃			
IBP/10%	34/58	29.8/43.9	31.2/52.5
50%/90%	85/166	59.8/142.6	75.3/156.6
FBP	195	178.7	190.4
烷烃/%(体积分数)	53.5	54.8	54.0
烯烃/%(体积分数)	17.2	33.7	23.7
芳烃/%(体积分数)	29.3	11.5	22.3
苯/%	1.35	0.94	1.19
RON	95.5	88.7	92.74

（3）催化剂、化学药剂及消耗

型号	Hydro-GAP 催化剂	预加氢催化剂
	LHA	LPH-3
堆密度/(kg/cm^3)	800~900	600~700
比表面/(m^2/g)	>200	>200
孔容/(cm^3/g)	>0.18	>0.3
强度/(N/cm)	>100	>100
形状	圆柱	三叶草
催化剂单程寿命/年	1.5	1.5
催化剂总寿命/年	4~5	4~5

（4）催化剂、化学药剂及消耗

序号	名称	型号及规格	数量/m^3	堆密度/(kg/m^3)	数量/t
1	保护剂	PHT-201(七孔球)	0.8	930	0.75
		PHT-202(拉西环)	1.41	500	0.71

续表

序号	名　　称	型号及规格	数量/m^3	堆密度/(kg/m^3)	数量/t
2	预加氢催化剂	LPH-3	6.03	660	4
3	芳构化催化剂	LHA	18.4	898	16.5
4	瓷球	φ3	2.31	1800	4.2
5	瓷球	φ6	2.52	1700	4.3
6	瓷球	φ13	10.5	1500	15.8
7	硫化剂	DMDS			3.5

7　装置开工操作

在开工过程中，由工艺、设备技术员编写开工方案，车间领导审核，再上交生产处、环安处审批后，交由班组认真学习。班组各岗位操作员根据本岗位职责对所负责的工作负责。班长根据要求安排各操作员的工作，对工作进行检查、确认，并向车间技术员、领导汇报相关情况。

7.1　开工前的准备工作

- 检修、改造项目全部完成，经过检修的设备试压检测合格。
- 所有机泵和固静设备处于良好的备用状态，准备好各种润滑油。
- 机、泵经调试正常，都能达到开机条件。
- 详细的检查管线焊口、法兰、螺栓、垫片、盲板、阀门、安全阀、采样器、抽空器以及压力表导管、温度计插口和液面计，发现问题及时处理。
- 装好催化剂。
- 对常规仪表和在线仪表调试完毕，热偶校验完毕。
- 安全消防设备齐全，装置内易燃易爆物品及杂物清理完毕，通道畅通无阻，装置内应停止动火。
- 有关工艺流程，设备和仪表等修改项目要人人清楚，有关操作规程以及学习资料发放到岗位操作人员手中，工艺设备改造交底已完，职工培训完成，达到上岗条件。
- 新的开工方案要通过讨论并报有关部门批准。
- 与调度联系，装置引进水、电、汽、风、瓦斯、N_2 等。
- 联系好相关车间做好配合工作。
- 联系调度、催化车间，改通流程，引油入装置边界。产品出装置流程改通。

7.2　贯通、吹扫、试压

7.2.1　分馏部分吹扫试压及注意事项：

进汽路线为由塔 701、塔 702 给汽吹扫。

塔 701 顶线：

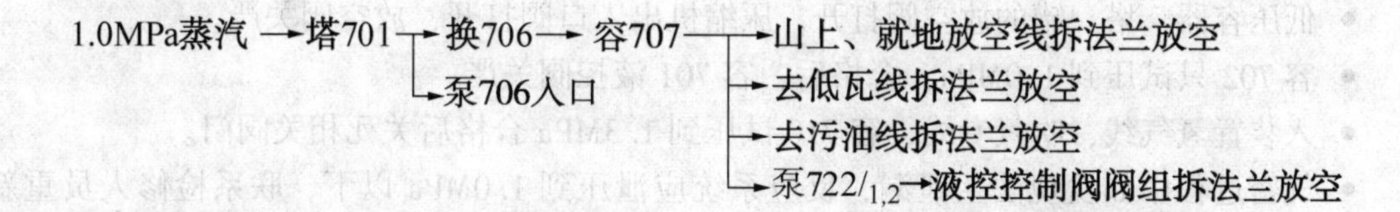

塔 701 回流：（略）

塔 701 进料线：（略）

塔 701 底线：（略）

塔 701 吹氢线：（略）

塔 702 顶线：（略）

塔 702 回流线

7.2.2　试压吹扫注意事项

进蒸汽前，塔 701、塔 702、容 701、容 702 安全阀截止阀关死。

进汽前，换 706、换 708、换 709/1，2 循环水线上的放空阀打开，上、下水阀关闭。

塔 701、塔 702 吹氢阀关闭。

油泵、水泵不进行贯通试压，各调节阀前后截止阀关死，蒸汽走复线。各低点放空打开，只试压不吹扫时法兰不拆。

蒸汽吹扫贯通后，将拆开的法兰上好，充汽压力达到 0.5MPa 后，半小时没见漏汽即为合格。

有专人负责记录，吹扫试压结束后将存水放净。

7.2.3　临氢系统 N_2 气密

气密介质：N_2；介质纯度不低于 99.8%(体积分数)。

气密过程：

气密分为 0.6MPa，1.0MPa，3.0MPa 三个阶段，要求如下：

气密阶段	单位	1	2	3
气密压力	MPa	0.6	1.0	3.0
升降压速度	MPa	1.0	1.0	1.0
允许最大压降	MPa	≯0.005	≯0.02	≯0.02
恒压时间	h	2	2~4	2~4

气密进气路线及 N_2 置换路线：

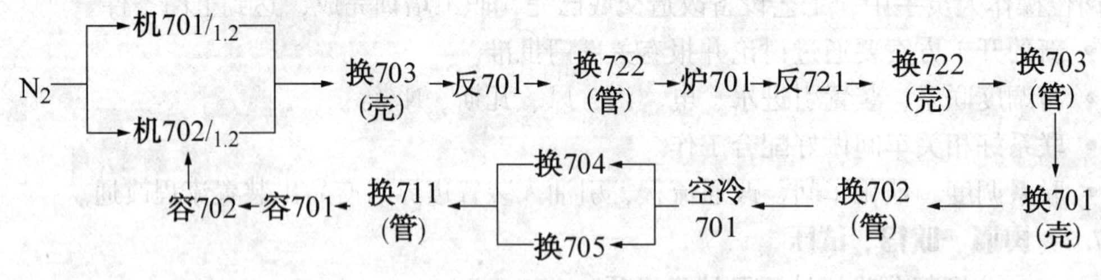

注意事项：

• 进气前泵 701/1、2 出入口阀，容 702、容 703 低点放空阀关严，安全阀前截止阀关死。

• 低压容器、塔、罐的放空阀打开，压缩机出入口阀打开，放空阀关严。

• 容 702 只试压到 1.0MPa，合格后，容 701 液控阀关严。

• 入装置氢气线，吹氢专线，容 710 试压到 1.3MPa 合格后关死相关阀门。

• 气密过程中如发现法兰泄漏，反应系统应泄压到 1.0MPa 以下，联系检修人员重新把紧法兰，反应系统再按规定升压气密，直到合格为止。

7.3 催化剂装填

7.3.1 催化剂装填准备工作

● 清扫好场地，保持反应器周围的洁净和干燥。

● 临氢系统内不准有水或油，系统干燥，置换合格。

● 仔细检查反应器内部情况，确定热偶管、反应器衬里和各种附件无损，内壁无铁锈和其他对催化剂有害的物质，检查结果应有详细记录。

● 准备好催化剂装填所用的各种工具，如帆布袋、软梯、皮尺、装料斗及装剂人员的劳保用具。

● 催化剂和瓷球运到现场，如催化剂粉尘较多则应进行过筛。

● 反应器催化剂装填图及数据记录表格已准备好，人员就位。

● 电葫芦灵活好用，吊车在装填现场待命。

● 催化剂装填前，检好反应器空尺，按设计装填尺寸测量并做好标记。

7.3.2 催化剂装填步骤

● 按规定的数量、规格、尺寸装填好反应器下床层底部的瓷球，装填高度应高于反应器出口集合管，扒平后记录实际装填数据。

● 反应器下床层按规定数量装入催化剂，每隔 lm 左右检查扒平一次，测量并记录实际装填数据。

● 反应器下床层顶部装填好规定数量、规格的瓷球，检查测量并记录实际装填数据。

● 联系检修人员装好导管，冷氢盘及上床层的支持盘，导管内装满 ϕ18 瓷球。

● 在反应器上床层的底部装入规定数量、规格、尺寸的瓷球，扒平并记录实际装数据。接着加入催化剂，每 1m 左右扒平一次，装填完催化剂后记录实际装填数据。

● 在反应器上床层顶底部装填规定数量、规格、尺寸的瓷球，扒平并记录实际装数据。

● 联系检修人员固定好积垢管，装配分配盘和入口分配器，安装好反应器头盖并打紧法兰。

● 及时核对催化剂及瓷球装填数据。

7.3.3 催化剂装填注意事项

● 装填应在晴天进行，严禁催化剂受潮。

● 催化剂搬运过程中应轻装轻放，防止催化剂破碎，必须开盖检查每个桶装催化剂，检查催化剂的破碎情况，决定是否过筛。如果催化剂中小于 ϕ1.0mm 的筛分占 3%，就应过筛，过筛与装填可同时进行。

● 装填过程中，无论是瓷球还是催化剂，必须每层扒严后再装下一层。

● 装催化剂时，要使用专用缝制的帆布袋，控制催化剂下落速度，自由落下高度应小于 1m，尽量减少装剂时催化剂破碎或架桥。

● 保持装填过程整洁，防止异物掉入催化剂中。

● 操作人员进入反应器内扒平催化剂时，必须站在预先备好的木板上，防止踏碎催化剂。

● 催化剂及瓷球的装填高度以检空尺为准。

● 有专人负责计量，记录及采样工作。

7.3.4 干燥过程工艺条件

高分压力：1.0MPa

干燥介质：N_2

床层温度：300℃

循环氮气量：循环压缩机全量循环

催化剂装填完毕后，对反应系统进行氮气置换至氮气纯度达到99.5%，进行氮气气密，气密合格后，降压至高分压力1.0MPa。

系统气密合格后缓慢降压到1.0MPa，建立N_2循环。干燥流程为：

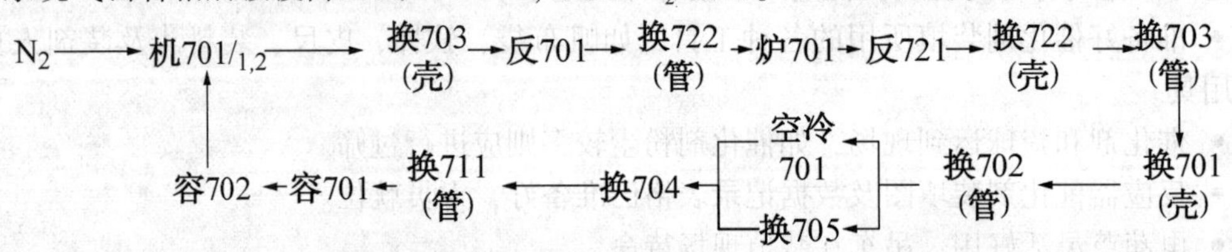

循环压缩机全量循环，加热炉点火，以10~15℃/h的升温速度将反应器入口温度升至150℃，开始恒温2h，以5~10℃/h的升温速度，使催化剂床层温度逐步达到250℃恒温脱水。如果二反催化剂床层最低点温度达不到250℃，可适当提高反应器入口温度，但反应器入口温度不大于300℃。由于一反前没有加热炉，一反温度只能靠换热。经初步计算，二反入口温度在300℃，一反温度只能达到200℃左右。为保证一反干燥彻底，需要在该条件下继续恒温10h。干燥脱水过程是吸热过程，催化剂床层的温度会低于反应器入口温度，数小时后才能达到或接近相应的入口温度。

在干燥过程中，每小时从低分放水一次并计量。

在催化剂干燥操作曲线图上，画出催化剂脱水干燥的实际升、恒温工作曲线图。

恒温干燥至低分生成水位无明显上升，且连续放水量小于催化剂重量的0.01%/h(大约2km/h)即可认为催化剂干燥结束。图3-2为反721干噪曲线。

干燥达到结束标准后，以≯25℃/h的降温速度将反应器床层温度降至150℃准备引氢。

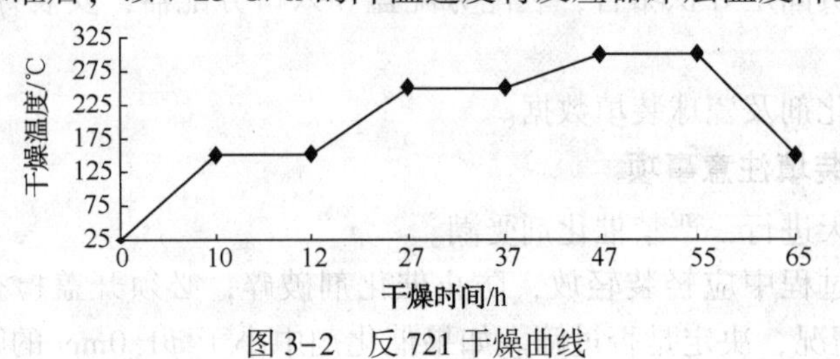

图3-2 反721干燥曲线

7.4 催化剂预硫化

(1)预硫化的工艺条件

高分压力：2.3MPa

硫化油：直馏煤油

循环氢量：5600Nm^3/h

循环氢纯度：≮85%

进油量：9.5t/h

硫化剂：二甲基二硫(DMDS)

(2)预硫化步骤

氢气气密合格后，容701压力降到操作压力，建立H_2循环，加热炉按规定程序点火升温。

氢气循环 2h 后，反应床层最高点温度<120℃以下，启动原料泵引入硫化基础油及 DMDS，新氢可继续走炉前，预硫化流程：

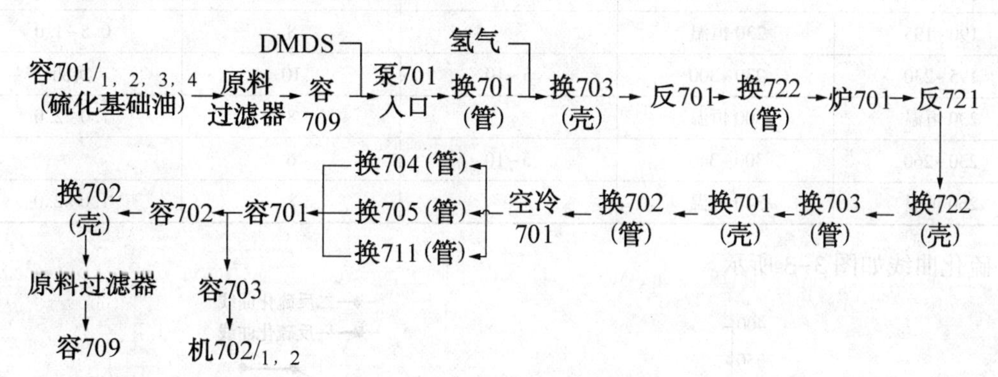

气密合格后，进行泄压试验。氢气建立循环后，循环氢量为 5600Nm^3/h，加热炉重新点火升温，升温速度为 15~20℃/h。当反应器入口温度升到 150℃后，启动进料泵，以 9.5t/h 的流量向系统进硫化用煤油。高分建立液面后，煤油开路 3h，再进行煤油闭路循环。以 10~15℃/h升温至 175℃，以 45kg/h 的速度向原料油泵入口匀速注入 DMDS。

以 10~15℃/h 速度提升反应器入口温度至 190~195℃，恒温等待硫化剂穿过二反催化剂床层。

当二反反应器出口循环氢中 H_2S 浓度大约为 0.1%时，调整反应器入口温度，以 8~10℃/h 的升温速度将二反入口温度升到 230℃，恒温硫化 8h。恒温硫化期间循环氢中硫化氢浓度应维持在 0.5%~1.0%。若循环氢中硫化氢浓度达不到 0.5%~1.0%，则适当提高注硫量或延长恒温时间。升温过程中，控制催化剂床层温升≯25℃。若温升大于 25℃，则应适当降低注硫速度。

在二反升温至 230℃过程中，应严密监视一反床层温度不能大于 195℃。若一反床层温度大于 195℃，通过换 722 副线阀开度调节一反入口温度。维持二反入口温度在 230℃，一反入口温度在 190-195℃，等待硫化剂穿过一反催化剂床层。恒温 8h。

当硫化剂穿透一反催化剂床层后，调整反应器入口温度，以 8~10℃/h 的升温速度将二反反应器入口温度升到 300℃左右，同时一反入口温度控制在 230℃。若一反床层温度大于 230℃，通过换 722 副线阀开度调节一反入口温度。在一反入口温度 230℃，二反反应器入口温度 300℃，恒温硫化 8h。

一反在 230℃恒温结束后，以 5~10℃/h 的升温速度将一反入口温度升到 260℃，对应的二反入口温度约 340℃。调整注硫量，使循环氢中硫化氢浓度达到 1.0%~2.0%，恒温硫化 8h。预硫化升温程序见表 3-2。

表 3-2 Hydro-GAP 催化剂硫化条件

一反入口温度/℃	二反入口温度/℃	升温速度/(℃/h)	升、恒温时间/h	硫化氢控制/%
	150		3	
	150~175	10~15	2	进硫化剂
	175~190	10~15	2	
	190 恒温		2~3	等待硫化剂穿透
≯195	190~230	8~10	4	实测

续表

一反入口温度/℃	二反入口温度/℃	升温速度/(℃/h)	升、恒温时间/h	硫化氢控制/%
190~195	230 恒温		8	0.5~1.0
195~230	230~300	5~10	10	实测
230 恒温	300 恒温		8	1.0~2.0
230~260	300~340	5~10	6	
260 恒温	340 恒温		8	1.0~2.0

硫化曲线如图 3-3 所示。

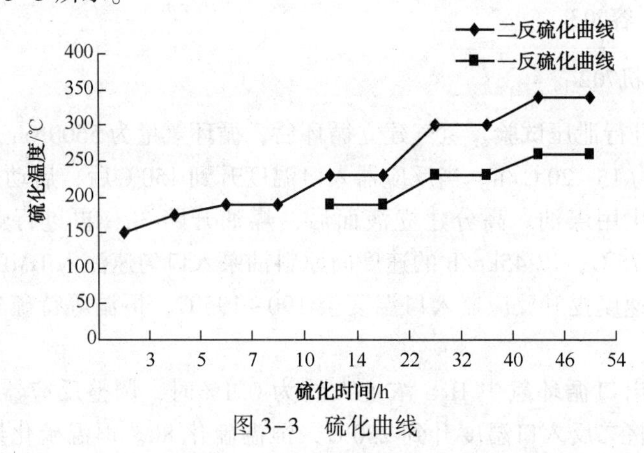

图 3-3　硫化曲线

预硫化过程中有水生成，230℃、260℃、290℃恒温阶段结束后各切水一次，称重并记录。

(3) 预硫化结束的标志

硫化剂 DMDS 已注入理论量的 120%~130%。

循环氢中硫化氢浓度达到 1.0%~2.0%，2h 不再下降。床层最高点温度已移到反应器底部。

高分连续三个点脱不出水。

(4) Hydro-GAP 催化剂硫化过程估算(表 3-3)

表 3-3

催化剂化学组成/%(质量)	LPH-3	LCA
MoO_3	≥10.0	≥10.0
CoO	≥3.0	≥3.0
硫化 1t 催化剂理论需要 DMDS 量/kg	93.1	86.6
硫化 1t 催化剂 DMDS 储备量/kg	167.6	158.5
催化剂预计装填重量/t	4.0	14.72
硫化过程 DMDS 储备量/kg	670	2400
硫化 1t 催化剂理论生成水量/kg	53.4	49.6
硫化催化剂理论生成水	213.6	730

(5) 预硫化过程注意事项

开始向系统注入 DMDS 2h 后，半小时检测一次循环氢中硫化氢浓度。循环氢中硫化氢浓度大于0.1%后，每小时检测一次。

准确计量DMDS注入量，定期排放高分硫化生成水并计量。预硫化产生的酸性水应密闭排放，可采用低压分离器液位定期排放计量或其他密闭方式计量。

因故中断硫化剂注入，要把反应器床层温度降至230℃以下。如中断时间较长1~2d，需把反应温度降至175℃以下。

调整温度：硫化结束后，将反应器R1入口温度降为160℃恒温；以10℃/h升温速度将反应器R721入口温度升到300℃恒温。将进料量提高至设计值的100%，平稳操作。准备切换原料油。

DMDS有毒，易燃，接触它要戴防毒面具、护目镜、戴手套，注意防火。

（6）进油的具体步骤

分馏部分进油：

引催化油进塔702，塔液面达到70%，投用换710加热进料，塔底重汽油经泵703跨不合格油线出装置，容704液面达到50%，启动泵702，建立回流，轻汽油与重汽油一起经不合格油线出装置。调节塔的操作，达到正常生产条件，准备向反应系统进油。

切换原料油步骤

容709从高瓦窜入部分压力，控制压力0.2MPa左右，将塔702油改入，切入新鲜原料。由石脑油到换进100%的新鲜原料油，分四步进行。每步更换25%新鲜原料油，并保持总进料量不变。每次换油应有足够的时间间隔(视床层温升情况，不少于5h)，以保持开工换油平稳操作。换油过程中，反应器R721入口温度每升高1℃，待床层温度稳定后再提温；同时，必须严格控制R721一床层温升不应超过30℃，若高于此值，应及时调整R721入口温度。

换进新鲜原料油后，必要时使用冷油调节R721催化剂各床层的温升，使之控制在允许的范围内。

分步换进原料油过程中，要求循环氢纯度不低于85%。

换进100%新鲜原料油后，根据R721床层温升情况调整入口温度，至生成油性质达到指标要求。升温过程中，反应器R721入口温度每升高1℃，待床层温度稳定后再提温；同时，必须严格控制R721一床层温升不应超过30℃，若高于此值，应及时调整R721入口温度，并用冷油调节R721反应器催化剂床层温度。

切换过程中油进塔701，由泵704经不合格油线(611#)出装置，直至切入100%新鲜原料油后，外送2h，待分析合格后改去催化。

切换原料油流程：

催化原料→换707(壳)→换710(壳)→塔702→泵703→换707(管)→滤701→容709→泵701→换701(管)→换703(壳)
容706/3，4→滤701

→反701→换722(管)→炉701→反721→换722(壳)→换703(管)→换701(壳)→换702(管)→空冷701→换704(管)/换705(管)/换711(管)

→容701→容702→换702(壳)→塔701→泵704→换722(壳)→611#去中转 / 柴油加氢罐1、2

汽提部分进油：

塔液面60%后，开泵704，产品合格改去催化装置。容707液面50%启动泵722建立回流，控制塔顶温度，部分轻油改入混合油去催化装置，控制容704液面。

逐步调整操作，直至达到正常操作条件。

项　　目	进料温度/℃	塔顶温度/℃	塔底温度/℃	回流罐压力/MPa
塔701	125	73	107	0.25
塔702	107	77	126	0.08

8　岗位操作

8.1　外操(加氢)岗位操作

正常生产过程中，工艺技术员根据生产的实际情况，负责工艺指令的下达和工艺参数的调整。班组岗位操作员负责现场的调节，班长则对所完成的工作进行检查、确认，并将情况反馈给车间。

8.1.1　正常调节

(1) 反应器(721)入口温度的调节

波动因素：

a) 进料量波动；

b) 进料带水；

c) 循环氢、新氢流量变化；

d) 燃料压力、流量、组分变化；

e) 阻火器堵。

处理方法：

a) 找出进料波动的原因，如控制阀卡、油表堵、泵故障、阀门堵，罐抽空等等。维持进料稳定；

b) 应经常检查，掌握原料脱水情况，联系催化保证进料不带水；

c) 应保证压缩机正常运转，新氢压力下降时及时联系调度室，保证新氢的正常供应；

d) 应经常检查，稳定瓦斯罐的压力，注意脱油；

e) 瓦斯压力下降时应及时联系瓦斯班提压；

f) 每次停工检修时，要清扫阻火器。

(2) 床层温度调节

波动因素：

a) 反应器入口温度变化；

b) 系统压力波动；

c) 催化剂活性降低；

d) 进料油性质改变；

e) 进料油带水。

处理方法：

a) 找出反应器入口温度变化的原因进行调节；

b) 查明系统压力波动的原因，并进行处理，保持系统压力稳定；

c）催化剂活性降低可适当降低空速或提高反应温度；

d）当原料油烯烃含量高时，应适当降低炉出口温度，当原料油烯烃含量低时，应适当提高炉出口温度；

e）加强原料油脱水，保证进料油不带水。

（3）反应压力调节

波动因素：

a）循环氢或新氢流量波动；

b）进料量波动；

c）反应温度变化；

d）高分压控失灵。

处理方法：

a）压缩机出现故障，应及时启动备用机，如果是新氢压力下降，应及时向调度汇报；如果是蜡油加氢机1/1送氢，检查流程、压缩机运行情况；

b）找出进料波动的原因，如控制阀卡、油表堵、泵故障、阀门堵、罐抽空等，维持进料稳定；

c）找出反应温度波动原因，按反应温度调节方法调节；

d）及时找仪表工校正仪表，必要时改副线操作，压力上升较快可紧急放空。

（4）反应空速的调节

波动因素：

a）进料泵故障；

b）油表堵；

c）容709抽空；

d）原料油过滤器堵；

e）控制阀失灵。

处理方法：

a）启动备用泵；

b）改走油表副线；

c）联系催化，控制好来本装置的汽油量；

d）切换原料油过滤器；

e）联系仪表处理控制阀，必要时改副线控制。

（5）提高加氢深度的措施

目标：生成油硫含量达到质控要求，按照计划，辛烷值损失不超标。

提高反应器入口温度；

降低空速；

提高氢油比；

提高氢分压；

更换或再生催化剂。

（6）催化剂维护的要点

严格控制原料油干点不超标；

保证足够的氢油比和一定的空速；

在保证质量的情况下严格控制床层温度，做到不超温。

在任何情况下都不能中断反应器床层气体正向流动。

(7) 冷氢、冷油的使用

反 701 冷氢是调整床层反应温度的主要手段，冷氢设在反应器中部，对反应器下部床层温度进行调节，床层温升较大时，可打入冷氢降温，反 721 冷油设两段，对反应器床层温度进行调节，床层温升较大时，可打入冷油降温，从而保持温度平稳，保护催化剂不被烧坏和产品质量合格。

8.1.2 不正常情况的调节

(1) 温升上升

现象：在反应器入口温度不变的情况下，床层最高温度上升。

原因：

a）原料变轻；

b）进料量增大；

c）循环氢量下降；

d）反应压力上升；

e）反应器局部结焦；

f）床层产生沟流现象；

g）原料油性质改变；

h）杂质含量高。

处理：

a）根据原料性质，如原料溴价及氧、氮、硫含量较高，可先将反应器入口温度降低 2~3℃；

b）原料变化后密切注视床层温度变化，及时调节；

c）找出循环氢量下降的原因，控制好高分压力

d）正常运转中催化剂床层温度急升，采取加大冷氢量及降低炉出口温度的方法，直到温度恢复正常，如温度继续上升可降量处理。

(2) 温升下降

要适当控制进料中的循环油量，适当提高反应器入口温度。

(3) 差压变化

现象：在系统压力不变的情况下，循环机出口压力和原料泵出口压力上升，循环机出入口压差上升，反应器出入口压差上升。

原因：

a）催化剂粉碎或结焦；

b）加热炉管结焦；

c）冷换设备及管线堵塞；

d）进料带水或进料中铁粉等机械杂质含量高；

e）压缩机带油。

处理：

a）立即检查各设备、压力表；

b）找出差压上升的具体部位和原因，同时可适当地提高反应温度、加大冷氢注入量，

降低空速；

c）如属于催化剂结焦引起，可以对催化剂进行再生；如设备、管线故障或找不出原因而又严重危胁生产时，请求上级停工处理。

（4）原料油带水

现象：炉出口温度下降，反应器入口温度下降，床层温升下降，泵701出口压力上升，反应器差压增大，系统差压上升，生成油颜色变深，严重时会导致油气外泄发生着火爆炸事故。

处理：

a）加强塔702的操作，尽量在分馏塔中把水脱干净，注意容704、707、709脱水，控制系统压力不要超高，如大量带水，则应将反应系统做停料处理，待原料无水时，恢复正常生产；

b）提高炉出口温度，但要缓慢，以免无水时温度超高；

c）出现事故立即紧急停工。

（5）进料中断

现象：

a）原料流量无指示；

b）炉出口和反应器入口温度波动，快速上升；

c）系统压力波动；

d）高、低分液面波动，快速下降。

原因：

a）原料泵停运或抽空；

b）容709液位过低，油表或过滤器堵；

c）调节阀卡；

d）催化车间过来的汽油量减少或中断。

处理：

a）立即换到备用泵运行；

b）立即联系催化装置，进料走副线，同时注意防止超温；

c）关调节控制阀前后截止阀，用副线来调节进料流量，联系仪表进行处理；

d）联系催化车间尽快恢复进料或增大送过来的量，如不能恢复，则改装置内循环。

（6）新氢流量减少

现象：

a）新氢流量指示下降；

b）系统压力下降，反应器压差波动；

c）反应器入口及床层温度波动；

d）换703壳程出口温度波动。

原因：

a）新氢压缩机故障；

b）新氢中断供应；

c）新氢压力过低。

处理：

a）换备用压缩机运行；

b）系统缓慢降压，引 N_2 补压，保持反应器有气体正向流动，适当降低炉出口温度，避免床层超温。如果反应系统压力下降不是很多就不必引 N_2 补压；

c）联系调度提高新氢压力。

（7）循环氢中断

现象：

a）循环氢流量指示下降；

b）反应器入口和床层温度波动；

c）换 703 壳程出口温度上升；

d）系统压力下降，差压减少。

原因：

a）循环机故障；

b）管路堵塞。

处理：

a）迅速启动备用机；

b）利用新氢机使系统继续保持气体流动，如不能维持正常生产则反应系统按停工处理，分馏系统维持两塔循环；

c）找出管路堵塞的部位及原因，如堵塞严重则按停工处理。

（8）压缩机停运

现象：

a）新氢、循环氢流量无指示；

b）励磁柜开关、指示灯、表无显示。

原因：

a）电网电压低；

b）变电所或配电间故障；

c）励磁柜有故障。

处理：

a）容 701 紧急放空，缓慢放压，保持气体正向流动；

b）切断进料，加热炉灭火；

c）压力若降得太快，可向系统补入 N_2。

（9）系统超压

现象：

a）压缩机出口、系统压力指示升高；

b）原料油、新氢流量指示下降。

原因：

a）容 701 压控失灵；

b）原料严重带水。

处理：

a）减少新氢量或原料油量。用副线调节压力，尽快找仪表工修理仪表；

b）注意分馏系统操作，加强容 704、707、709 脱水，压力急升可紧急放空，同时联系催化进行处理。

(10) 高分循环氢带油

现象：

a）容 701 液面满；

b）容 703 液面上升；

c）严重时，油被带入氢压机，差压上升。

原因：

a）液控 701 失灵，控制阀卡；

b）容 701 液位指示失灵；

c）换 704、705、711 冷却效果差。

处理：

a）容 701 改副线尽快降低液面；

b）容 702 维持正常液面；

c）联系仪表处理高分液控；

d）对换 704、705、711 进行清理。

(11) 高分串压

现象：

a）容 701 液面空；

b）容 702 压力指示增大，安全阀跳。

原因：

容 701 液控失灵，控制阀关不严，或仪表指示有误。

处理：

a）关闭控制阀前后截止阀，提高高分液面至正常；

b）立即找仪表工修理液控调节阀或仪表。

8.2 外操（分馏）岗位操作（略）

8.3 加热炉岗位操作（略）

8.4 外操（泵）岗位操作（略）

8.5 压缩机岗位操作法（略）

9 装置停工操作

在停工过程中，由工艺、设备技术员编写停工方案，车间领导审核后，交由班组认真学习。班组各岗位操作员根据本岗位职责对所负责的工作负责。班长根据要求安排各操作员的工作，并对工作进行检查、确认，并向车间技术员、领导汇报相关情况。

9.1 准备工作

与调度、中转联系退油。

与空压站联系供应足够的 N_2。

9.2 降温退油

正常停工时，首先将 R721 反应器的催化剂床层温度降低 20℃（降温速度不大于 15℃/h），然后逐渐将新鲜进料流率降低到设计值的 50%；当 R721 反应器各床层温度较正常温度低 45℃以上时，逐步停止进新鲜原料。

如催化剂还需继续使用，则在停止进料后，以最大流率继续氢循环，并以 25℃/h 的速度冷却催化剂床层或用反应生成油循环冷却。待反应器温度降到65℃以下后，停止氢气循环，然后逐渐降至低压保存。

催化剂准备再生或卸出时，停油后保持反应压力，R721同时将反应器入口温度调到400℃，用最大的循环氢量吹扫8h。此时，循环氢纯度应维持在80%(体积)以上。然后以最大循环氢流率，按25℃/h的速度将反应器冷却到100℃以下，并逐渐将压力降到0.7MPa后，停止氢循环。之后继续降压，并用氮气吹扫置换，直到系统气体中氢和烃蒸气的浓度低于1%(体积)。吹扫用氮气的纯度应大于99.9%(体积)，氧含量低于0.1%(体积)。

9.3 装置蒸汽吹扫

(1) 准备工作

准备一些常用的各种规格的盲板、螺栓、扳手。

准备好足够的铁皮、胶带、口罩、帆布手套。

(2) 吹扫路线

a)

山上放空　就地放空　放空

塔701给汽→塔701顶→换706(壳)→容707→容705→炉701放空

放空　地下池→低瓦边界阀卡法兰放空

b) 塔-701给汽→上段进料→控制阀副线→泵702/1，2出口

c)

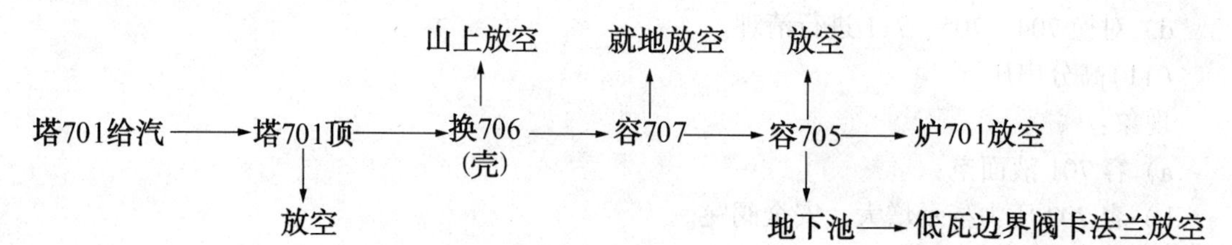

d) 塔-701给汽→塔-701底→泵704/1，2出入口跨线→换708(壳)→汽油出装置拆法兰放空

e)

就地放空

塔702给汽→塔702顶→空冷702→换706(壳)→容704→泵702出入口跨线→拔头油跨汽油线卡法兰放空

放空

f) 塔-702给汽→塔-702回流→副线→不合格油线→611[#]

g) 塔-702给汽→塔-702进料线→换-702→换-701→原料油进装置控制阀副线卡法兰

h) 塔-702给汽→塔-702底→泵703/1，2→换-707(壳)→过滤器701/1，2→容-709→泵-701/1，2入口阀卡法兰放空

i) 泵-701入口给汽→CS_2线→流量计处拆法兰放空

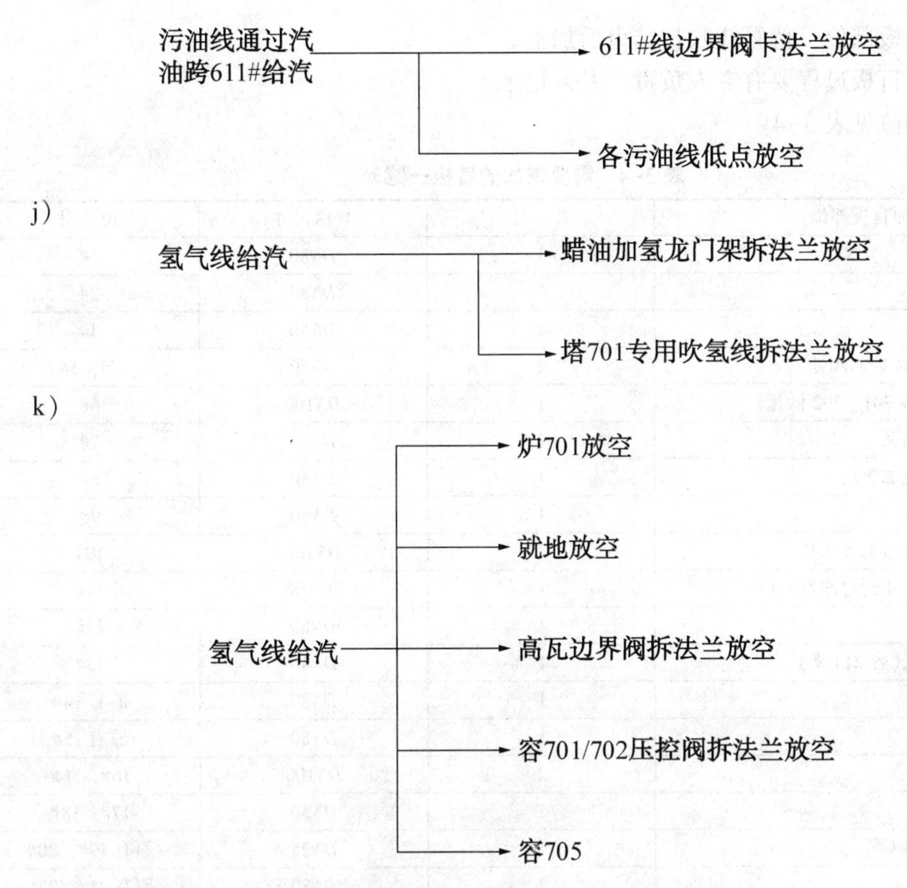

需注意的是塔-702专用吹汽线也要进行吹扫。

（3）吹扫注意事项

吹扫开始前，应先关闭各冷却器上、下水阀门，打开上下放空阀，以免憋压。

各塔、容器引汽前应先将塔顶、容器顶放空阀打开，关闭安全阀下截止阀，吹扫时应将各液面上下放空阀打开，各仪表放空阀打开。

引汽时要先排净凝结水，然后慢慢打开阀门引汽。

吹扫管线时，应先将放空处的法兰卡开，然后再引汽，引汽时至少两人以上配合，有专人控制汽源以免蒸汽伤人。

吹扫时，各调节阀截止阀关闭，蒸汽走副线。

吹扫塔、容器时原则上从内往外吹，吹扫蒸汽不能进入临氢系统。

若蒸汽进入泵内，应关闭一边的阀门，吹扫完后将泵体低点放空丝堵打开，排净泵内积水。

瓦斯管线吹扫时，应在火嘴前卡法兰放空。

油不能乱排乱放，要接胶带经地漏送出装置。

在吹扫过程中，若发现有堵塞情况，应先切断汽源，然后检查处理，处理完后再行引汽。

吹扫时，管线、控制阀处不能留有死角，有低点的低点放空，该卡法兰的要卡开。各条管线吹扫不少于24h。

管线吹扫完后，应将各低点放空阀打开，放净存水。

管线加盲板部位，待管线吹扫结束后加上。

吹扫、加盲板过程要有专人负责，专人记录。

加盲板部位见表3-4。

表3-4　需要增加的盲板一览表

加盲板部位	数　目	规格尺寸	说　明
汽油出装置	1	*DN*80	1#
611#出装置	1	*DN*80	2#
炉701高瓦火嘴	1	*DN*50	3#
容705低瓦串高瓦控制阀处	2	*DN*50	4#，5#
容705去低瓦(容701，702低瓦)	1	*DN*100	6#
容701，702去高瓦	1	*DN*80	7#
容701，702去大加氢塔4	1	*DN*80	8#
容701去大加氢塔7	1	*DN*50	9#
罐1，2到小加氢过滤器入口	1	*DN*100	10#
容706/1，2，3，4到过滤器入口	1	*DN*100	11#
污油回原料罐	1	*DN*80	12#
塔701，702吹氢(容214来)	1	*DN*40	13#
611#跨250#	1	*DN*80	原有14#
机1/1去小加氢	1	*DN*80	原有15#
原料油入装置	2	*DN*100	16#，36#
含硫污水出装置	2	*DN*50	17#，18#
泵701/1，2入口CS_2	2	*DN*25	原有19#，20#
塔701进料	2	*DN*80	原有21#，22#
塔701，702连通线	1	*DN*80	原有23#
塔701垫油线	1	*DN*80	原有24#
塔702顶去原过滤器	2	*DN*250	原有25#，26#
塔702顶去换702	2	*DN*100	原有27#，28#
新氢压控山上放空	1	*DN*80	29#
容701，702放空	1	*DN*50	30#
容707气体放空	1	*DN*50	31#
容704，707污油去大加氢	2	*DN*50	32#，33#
容711含硫污水去地下井	2	*DN*80；*DN*40	34#；35#
预加氢、重整跨含硫污水线	1	*DN*50	原有37#
容701去蜡油加氢计量表处	2	*DN*80	38#，39#
反701出入口	2	*DN*200	40#，41#
总计	41	—	—

10　事故应急预案

10.1　事故处理应遵循的原则

发现设备隐患或事故苗头后，班长可立即组织检查并汇报车间和厂调度，情况严重时应紧急停工。

发生一般事故，危害性不大时，不能停工，更不能停压缩机。

发生重大事故时，在紧急情况下，班长有权采取紧急停工措施，再向车间和厂调度汇报。

(1) 当发生下列情况时，当班者立即将加热炉熄火：

反应器、炉区着火情况严重时；

炉管破裂；

装置发生事故，瓦斯从地面或下水井向反应区及炉区扩散时；

循环氢中断；

反应进料中断；

床层温升严重超标，打床层冷氢措施失效后。

(2) 当发生下列情况时，当班者立即停氢压机：

氢压机突然严重带油，电流、压力大幅度波动时；

氢压机出口温度超高处理无效时；

氢压机发生重大设备事故，造成氢气外漏、爆炸、着火时。

(3) 发生下列情况时，当班者可以停止进料：

电机着火、抱轴，进料泵发生严重漏油，并且备用泵不能启动时；

发生停水、停电及加热炉、反应器着火时。

(4) 出现事故时应重点考虑的准则：

防止着火、爆炸和反应器床层超温烧坏催化剂，必须保持反应器床层有气体正向流动；

严防高压串低压；

严防 H_2S 中毒。

10.2 装置事故处理步骤

由工艺、设备技术员编写事故预案，车间领导审核，再上交生产处、环安处审批后，交由班组认真学习。事故处理过程中，班长按照事故预案及事故处理原则进行处理，及时向生产调度、车间值班干部、车间领导汇报情况。指挥各岗位操作人员进行处理。

重大事故按《突发事件应急程序文件》处理。

(1) 瞬时停电的处理

现象：

a) 照明电灯闪灭后复明，电子仪表工作正常；

b) 部分机泵停运。

原因：

供电系统或电路发生故障。

处理：

a) 班长指挥全班处理，立即向调度、车间汇报；

b) 外操紧急启动停运机泵或启动备用机泵；

c) 要求内操对加热炉严格控制出口温度不得超高，必要时联系司炉降温至熄火。

(2) 长时间停电的处理

现象：

a) 照明全部熄灭，所有电动仪表停止工作；

b) 机泵设备全部停止运转，流量指示回零；

c) 停电的同时，冷却水、仪表风中断。

原因：

a) 供电系统或电路发生故障；

b）系统电压过低。

处理：按岗位进行。

班长岗位：

班长及时向调度、车间进行汇报，联系仪表安装临时电子电位计，监视反应器床层温度，查明停电原因和来电时间，指挥全班处理事故。

外操(加氢)岗位：

a）仪表改手动；

b）关死高分压控阀，手动放空，降压速度<1.0MPa/h，系统压力低于1.0MPa时，向系统引入氮气，保持气体正向流动，床层温度<200℃时停止放空；

c）控制低分压力不大于0.5MPa，压力<0.5MPa时关截止阀；

d）保持高、低分液面，关死前后截止阀；

e）停塔701、702吹氢；

f）关闭产品出装置阀门，保持两塔液面，关塔701液控阀门。

司炉岗位：

a）加热炉熄火，炉膛吹入蒸汽；

b）关闭瓦斯进装置总阀；

压缩机岗位：

a）关电源开关；

b）关死出入口阀门；

c）打开压缩机旁路阀和放空阀，放净机内压力。

外操(司泵)岗位：

a）关电源开关；

b）关泵出入口阀门。

(3) 停循环水的处理

现象：

各冷却器冷却水中断，冷后温度上升，各塔、容器压力升高，瓦斯量急剧上升，加热炉炉温上升，氢纯度下降。

原因：

供水系统故障。

处理：

a）停循环水未停新鲜水时，联系调度和供水部门将新鲜水串入循环水系统，装置降低处理量以维持正常生产；

b）循环水和新鲜水全停不能维持生产时，按紧急停工处理；

c）联系总厂调度，询问停水原因和来水时间。

(4) 停仪表风的处理

现象：

a）仪表风低压报警；

b）控制仪表无风压，仪表指示变化；

c）各塔、容器的液面、温度、压力、界面、流量同时发生波动；

原因：

a）空压站故障；

b）仪表风罐过滤器堵；

c）风管线故障。

处理：

a）内操将仪表由自动改为手动，用副线控制，使各操作参数控制在工艺指标范围内；

b）外操尽快串工业风维持正常生产；

c）如长时间停仪表风，则按紧急停工处理。

（5）氢压机入口带油

现象：

压缩机出口压力上升，电流、差压增大，出口温度突然降低，机体振动，气缸有撞击声。

原因：

a）容-701 液面过高；

b）容-701 温度过高，氢气带油严重；

c）容-703 液面高，脱油不及时；

d）仪表故障。

处理：

a）内操注意高分液面，将液面降至正常值；

b）外操加大高分减油，控制实际液面至正常位置，注意排除仪表故障；

c）外操加大换 704、换 705、换 712 冷却水量，降低容 701 入口温度；

d）压缩机岗位加强容 703 脱油；

e）压缩机岗位必要时切换备用机；

f）如带油严重时，威胁装置安全生产时按紧急停工处理。

（6）加热炉炉管破裂

现象：

a）系统压力下降；

b）炉出口温度急剧上升；

c）炉膛温度上升；

d）烟囱冒黑烟或着火；

e）原料油进料流量增大。

处理：

a）班长立即通知总调和消防队；

b）外操及司炉岗位进行加热炉立即熄火，关闭加热炉瓦斯线上所有阀门，关闭一、二次风门，开大烟道挡板，炉膛吹蒸汽降温，赶瓦斯；

c）外操及压缩机岗位进行停止进料，停压缩机，系统引 N_2 置换，按紧急停工处理。

（7）催化装置生产不正常、停工(原料中断)

现象：

a）进装置原料无显示；

b）塔 702 进料温度上升；

c）塔 702 液面下降。

处理：

a）班长迅速联系催化装置人员，询问生产情况，作出处理；

b）外操及司炉岗位进行炉-701 降温，把汽油改进原料油线，保持容 709 的液面，装置进行大循环；

c）长时间不能恢复，则按停工处理。

(8)瓦斯中断

现象：

a）瓦斯压力指示下降或回零；

b）加热炉炉膛温度和反应器入口温度急速下降；

c）炉膛无明火。

处理：

a）司炉岗位立即关闭炉前所有瓦斯阀门，炉膛吹蒸汽；

b）外操停止进料，装置按紧急停工处理；

c）内操控制系统压力、温度，保持各塔、容器液面；

d）班长与总调、瓦斯班联系询问切瓦斯中断原因及恢复时间，瓦斯恢复供应后按正常开工步骤进行生产。

(9）高压设备、管线、法兰泄漏过大或破裂处理

a）按紧急停工进行处理；

b）停工后，如发现着火，用蒸汽进行灭火，严重时通知消防队灭火；

c）火灾消除后，用 N_2 充入系统进行置换；

d）对泄漏点进行处理。

(10）紧急停工的处理方法

a）司炉岗位加热炉灭火，炉膛吹入蒸汽，关瓦斯进装置总阀；

b）外操停原料油泵；

c）压缩机岗位停新氢机，同时关氢气入系统总阀；

d）循环机不停，系统循环降温，床层温度降到 100℃以下时停循环机；

e）开紧急放空，系统缓慢放压，放压速度<1.0MPa/h，必须时向系统引 N_2 补压。

(11）系统超压

现象：

a）压缩机，原料泵出口压力指示偏高；

b）循环机进出口压力差增加；

c）原料油、新氢流量指示下降。

原因：

a）高分压控失灵或开度过小，排放量太小；

b）原料油带水严重。

处理：

a）内、外操相互配合，降低新氢量或原料油量，用副线调节压力，尽快联系仪表工修理仪表；

b）外操加强容 709 脱水，压力急升时可紧急放空。

（12）高分串压

现象：

a）高分液面空；

b）低分压力表指示增大，安全阀跳。

原因：

高分液控失灵，控制阀关不严。

处理：

a）外操立即关闭高分液控前后截止阀提高高分液面到正常；

b）内操控制低分压力至正常；

c）内操通知仪表人员处理高分液控。

（13）高分带油

现象：

a）容-701 液面满；

b）容-703 液面上升；

c）严重时油被带入氢压机，差压上升，易发生事故。

原因：

高分液控失灵，控制阀卡。

处理：

a）内、外操相互配合，容-701 改副线操作，降低高分液面至正常；

b）外操容-702 维持正常液面；

c）内操联系仪人员修理高分液控。

（14）反应器床层超温的处理

现象：

a）反应器下床层温度超标；

b）高分压力、入口温度上升；

c）塔 702 入口温度超标，塔液面下降。

处理：

a）内操开大打冷油（氢）控制阀，加大冷油（氢）量；

b）司炉岗位加热炉熄火，炉膛吹蒸汽降温；

c）外操高分往山上紧急放空。

（15）瓦斯出现严重泄漏

原因：

a）瓦斯管线、法兰发生泄漏；

b）瓦斯罐 D501 腐蚀穿孔。

危害：遇到明火就会爆炸。

处理：

a）各加热炉熄灭火嘴和长明灯，炉膛通入蒸汽吹扫；

b）现场用蒸汽掩护；

c）加热炉熄火，关死瓦斯阀门，炉膛用蒸汽吹扫，装置紧急停工处理；

d）发生爆炸事故，装置按紧急停工处理；

e）切断进料；

f）加热炉熄火，关死瓦斯阀门，炉膛用蒸汽吹扫；

g）如果临氢系统发生泄漏，停压缩机泄压；

h）系统引导氮气置换；

i）注意保护事故现场，以便展开事故调查。

（16）系统氢气严重泄漏

处理按岗位实施。

班长岗位：

a）迅速向总调度、车间汇报，指挥和协调各岗位进行处理；

b）组织撤离泄漏区周围所有无关人员；

c）根据情况是否拨打119电话，请消防人员及时处理。

外操岗位：

a）关闭新氢进装置阀；

b）关闭压缩机入口阀门；

c）停压缩机，打开压缩机紧急放空阀泄压；

d）停原料泵、停止进原料油；

e）加氢加热炉F-701熄火；

f）分馏系统物料退去催化；

g）根据具体情况处理泄漏部位。

内操岗位：

开大高、低分D-701/D-702的液控阀，控制液面。

（17）一般着火事故的处理

一般着火事故应准确判断，切断火源，防止火势蔓延；

油品着火，应先切断油源，然后用干粉、泡沫灭火器等扑灭；

电机着火，应先切断电源，用CO_2、CCl_4灭火器灭火；

高温高压部位着火，应用蒸汽灭火，严禁用泡沫。

10.3 事故状态下停工步骤

原则：

根据事故发生的性质，及时向总调和车间领导汇报，必要时拨打119；各岗位相互协调，防止出现高压窜低压；大量跑油和瓦斯及氢气泄漏，根据事态发展及时确定是否关闭高压瓦斯、新氢入装置阀门，关闭汽油、废氢、低瓦出装置阀门。

停工操作：

反应系统迅速降温、降量、降压，保持反应床层有气体正向流动。必要时，停进料，熄加热炉，保持高分液面，防止高压窜低压。

分馏系统减油，关闭出装置阀，注意两塔、容器液面，停塔吹氢、重沸器、进料加热蒸汽。

11 安全、环保、健康规定

（1）防火防爆十大禁令

严禁在厂内吸烟及携带火柴、打火机、易燃易爆、有毒、易腐蚀物品入厂。

严禁未按规定办理用火手续，在厂区内进行施工用火或生活用火。

严禁穿易产生静电的服装进入油气区工作。

严禁穿带铁钉的鞋进入油气区及易燃易爆装置。

严禁用汽油、易挥发溶剂擦洗各种设备、衣物、工具及地面。

严禁未经批准的各种机动车辆进入生产装置，罐区及易燃易爆区。

严禁就地排放轻质油品、液化气及瓦斯，危险化学品。

严禁在各种油气区用黑色金属工具敲打。

严禁堵塞消防通道及随意挪用或损坏消防器材和设备。

严禁损坏生产区内的防爆设施及设备，并定期进行检验。

(2) 设备的安全技术规定

装置的临氢系统在氢气和硫化氢存在情况下，要严格按照国家规定标准和设计要求控制设备材质的使用范围，并且所有焊口要符合标准。

临氢设备和管线要定期检查、探伤、测厚，不合格、有缺陷的要采取措施妥善处理。

加热炉炉膛最高温度不大于 800℃，炉管在无介质流动的情况下，炉膛温度不大于 400℃。

检修后的设备，按规定试压，合格后才允许使用。

所有设备的安全阀按规定进行试压，操作中不得超过定压值，安全阀跳开后，要重新定压。

(3) 操作使用设备的安全规定

启动重沸器、换热器、冷却器时先开冷流，后开热流，停用时，先停热流，后停冷流，冷却器停用后要将存水放掉。

启动空冷时，要先检查风机有无问题。

管壳式换热器若用蒸汽吹扫时，必须要打开另一程的放空阀，防止液体汽化憋坏设备。

开启阀门时，不要用力过猛，打开后不能开到头，防止损坏阀门。

用蒸汽吹扫管线应先脱净冷凝水，然后再进行吹扫。

运转设备安全阀下截止阀必须打开。

女工必须戴安全帽。

对高温临氢管线要坚持晚间闭灯检查，发现问题及时处理。

(4) 检修中的安全规定

设备、管线内的油气必须保证足够的吹扫时间，并确认吹扫干净，地面上的油和其他易燃物必须清扫干净。

打开设备人孔时，应从上到下顺次打开。

打开设备或动火前，应打开设备通风置换，将此设备用盲板与系统管线完全隔离，按规定取样分析合格后方可进入或动火。人进入设备，外边需有一人监护。

装置内污水井盖和地漏应用湿粘土封堵，以防着火爆炸。

停工吹扫后，应将进入装置管线加上盲板，与外界隔离。

瓦斯、汽油、柴油、氢气、液态烃管线不准用风吹扫。

开工期间，检修人员进装置检修，必须要和车间及当班班长取得联系，征得其同意并采取安全措施后，方可进行检修。

(5) 预防职业中毒

① 硫化氢

物理性质：在联合装置整个生产过程中，由原料到产品，不少物流中都含有不同程度的

H_2S。它对人的身体健康和生产设备都有极大的危害，在空气中允许最高浓度为10mg/m^3。因此，加强对H_2S性质、危害及其防范措施的进一步认识是预防H_2S中毒的关键。H_2S是一种无色有臭鸡蛋味的有毒气体，相对分子质量34.09，密度1.5392g/cm^3，沸点-60℃，自燃点290℃，爆炸极限为4.3%~45.5%，熔点-82.9℃，临界压力8.73MPa，易溶于水。

硫化氢的危害：人不小心进入空气中含量大于600~1000mL/m^3环境里就会发生急性中毒，吸入100~600mL/m^3硫化氢时就会发生低浓度中毒，要经过一些时间后才感觉到头痛、流泪、恶心、气喘等症状；当吸入大量H_2S时，会使人立即昏迷，在H_2S浓度高达1000mg/m^3时，会使人失去知觉，很快就会死亡。其毒性对人体生理影响具体表现如下：

H_2S浓度/(mL/m^3)	影　响
20	长期暴露的最大允许浓度
70~150	几小时有轻微中毒症状
170~300	1h内没有严重中毒症状的最大浓度
400~700	0.5~1.0h有危险症状
700~900	迅速无知觉，中止呼吸并死亡
1000~2000	马上无知觉，几分钟内中止呼吸并死亡

硫化氢中毒的抢救，如发现H_2S中毒者应立即组织抢救：

救护者进入有毒有害气体区域抢救中毒人员必须佩戴适用的防毒面具。

迅速把中毒病人移到空气新鲜的地方，对呼吸困难者应立即进行人工呼吸(禁止口对口人工呼吸)，同时向医院打急救电话，并报告调度，待医生赶到后，协助抢救。另外，H_2S对生产的危害主要表现在它会设备腐蚀严重。

② N_2

N_2本身并无毒性，但人一进入高浓度N_2的设备中会因缺氧而窒息，如不及时抢救会导致死亡。进入有N_2的设备作业时应佩戴空气呼吸器或供风式、长管式防毒面具。如发现有人窒息，应立即向设备里吹入压缩空气，并佩戴空气呼吸器或长管式防毒面具迅速将窒息者从设备里救出，移到空气新鲜的区域。如发生呼吸困难或停止呼吸者应进行人工呼吸，并向医院打急救电话。

③ 二硫化碳

是一种呈灰黄色液体的有机硫化物，呈酸性，与强氧化剂反应放热，应避免与强氧化剂、铜及其合金、橡胶、塑料等物质接触。它对人体的危害主要表现出如下几点：

CS_2是一种刺激性物质，重复或长时间接触会刺激皮肤和眼睛，如皮肤和眼睛溅有或接触到CS_2时，应立即用清水冲洗。

吸入CS_2蒸气时会感觉到头痛，呕吐等症状。

预防措施：装填时，要戴化学眼镜，不要戴可触透镜；戴防护手套，穿防护服；戴供氧式防毒面具。

储存与处理：要存放在一个通风比较好的地方，装空的桶应进行处理，或用水封住，或用水冲洗、置换干净，不可让其裸露于空气中。

对于易燃的液体要存放在合适的地方，确认所有容器进行了合适的固定和堆放，空的器具会残留有些危险的残液，必须按照化学污染控制使用规章进行处理。

12　装置环保有关技术规定(略)

13　附录：原则流程图、催化剂装填图、主要设备图(略)

例 2 间歇反应釜单元操作规程

1　工艺流程简述

间歇反应在助剂、制约、染料等行业的生产过程中很常见。本工艺过程的 2-巯基苯并噻唑产品是橡胶制品硫化促进剂 2，2′-二硫代苯并噻唑(DM)的中间产品，但 2-巯基苯并噻唑本身也是硫化促进剂，但活性不如 DM。

全流程的缩合反应包括备料工序和缩合工序。考虑到突出重点，将备料工序略去。则缩合工序共有三种原料：多硫化钠(Na_2S_n)、邻硝基氯苯($C_6H_4ClNO_2$)及二硫化碳(CS_2)。

主反应如下：

$$2C_6H_4NClO_2+Na_2S_n \longrightarrow C_{12}H_8N_2S_2O_4+2NaCl+(n-2)S\downarrow$$

$$C_{12}H_8N_2S_2O_4+2CS_2+2H_2O+3Na_2S_n \longrightarrow 2C_7H_4NS_2Na+2H_2S\uparrow+3Na_2S_2O_3+(3n+4)S\downarrow$$

副反应如下：

$$C_6H_4NClO_2+Na_2S_n+H_2O \longrightarrow C_6H_6NCL+Na_2S_2O_3+S\downarrow$$

工艺流程如下：

来自备料工序的 CS_2、$C_6H_4ClNO_2$、Na_2S_n 分别注入计量罐及沉淀罐中，经计量沉淀后利用位差及离心泵压入反应釜中，釜温由夹套中的蒸汽、冷却水及蛇管中的冷却水控制，设有分程控制 TIC101(只控制冷却水)，通过控制反应釜温来控制反应速度及副反应速度，来获得较高的收率及确保反应过程安全。

在本工艺流程(见图 3-4)中，主反应的活化能比副反应的活化能要高，因此升温后更利于反应收率。在 90℃的时候，主反应和副反应的速度比较接近，因此，要尽量延长反应温度在 90℃以上的时间，以获得更多的主反应产物。

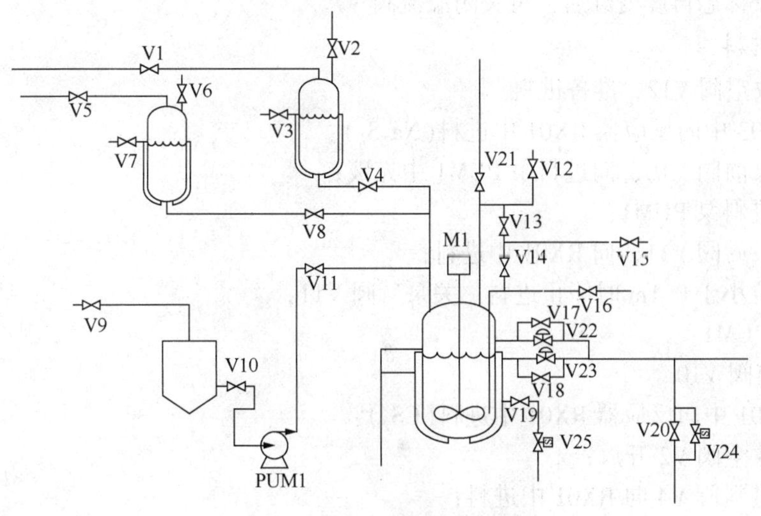

图 3-4　间歇反应器工艺流程图

本工艺流程主要包括以下设备：

R01——间歇反应釜；

VX01——CS_2 计量罐；

VX02——邻硝基氯苯计量罐；

VX03——Na_2S_n 沉淀罐；

PUMP1——离心泵。

2 间歇反应器单元操作

2.1 开车操作

装置开工状态为各计量罐、反应釜、沉淀罐处于常温、常压状态，各种物料均已备好，大部阀门、机泵处于关停状态(除蒸汽联锁阀外)。

2.1.1 备料

① 向沉淀罐 VX03 进料(Na_2S_n)：

a）开阀门 V9，开度约为 50%，向罐 VX03 充液；

b）VX03 液位接近 3.60m 时，关小 V9，至 3.60m 时关闭 V9；

c）静置 4min(实际 4h)备用。

② 向计量罐 VX01 进料(CS_2)：

a）开放空阀门 V2；

b）开溢流阀门 V3；

c）开进料阀 V1，开度约为 50%，向罐 VX01 充液。液位接近 1.4m，可关小 V1；

d）溢流标志变绿后，迅速关闭 V1；

e）待溢流标志再度变红后，可关闭溢流阀 V3。

③ 向计量罐 VX02 进料(邻硝基氯苯)：

a）开放空阀门 V6；

b）开溢流阀门 V7；

c）开进料阀 V5，开度约为 50%，向罐 VX01 充液。液位接近 1.2m 时，可关小 V2；

d）溢流标志变绿后，迅速关闭 V5；

e）待溢流标志再度变红后，可关闭溢流阀 V7。

2.1.2 进料

① 微开放空阀 V12，准备进料。

② 从 VX03 中向反应器 RX01 中进料(Na_2S_n)：

a）打开泵前阀 V10，向进料泵 PUM1 中充液；

b）打开进料泵 PUM1；

c）打开泵后阀 V11，向 RX01 中进料；

d）至液位小于 0.1m 时停止进料。关泵后阀 V11；

e）关泵 PUM1；

f）关泵前阀 V10。

③ 从 VX01 中向反应器 RX01 中进料(CS_2)：

a）检查放空阀 V2 开放；

b）打开进料阀 V4 向 RX01 中进料；

c）待进料完毕后关闭 V4。

④ 从 VX02 中向反应器 RX01 中进料(邻硝基氯苯)：

a）检查放空阀 V6 开放；

b）打开进料阀 V8 向 RX01 中进料；

c）待进料完毕后关闭 V8。

⑤ 进料完毕后关闭放空阀 V12。

2.1.3 开车步骤

① 检查放空阀 V12、进料阀 V4、V8、V11 是否关闭。打开联锁控制。

② 开启反应釜搅拌电机 M1。

③ 适当打开夹套蒸汽加热阀 V19，观察反应釜内温度和压力上升情况，保持适当的升温速度。

④ 控制反应温度直至反应结束。

2.1.4 反应过程控制

① 当温度升至 55~65℃左右关闭 V19，停止通蒸汽加热。

② 当温度升至 70~80℃左右时微开 TIC101(冷却水阀 V22、V23)，控制升温速度。

③ 当温度升至 110℃以上时，是反应剧烈的阶段。应小心加以控制，防止超温。当温度难以控制时，打开高压水阀 V20。并可关闭搅拌器 M1 以使反应降速。当压力过高时，可微开放空阀 V12 以降低气压，但放空会使 CS_2 损失，污染大气。

④ 反应温度大于 128℃时，相当于压力超过 0.8MPa，已处于事故状态，如联锁开关处于“on”的状态，联锁启动(开高压冷却水阀，关搅拌器，关加热蒸汽阀。)

⑤ 压力超过 1.5MPa(相当于温度大于 160℃)，反应釜安全阀作用。

表 3-5 详细列出了各操作对应的详细步骤说明。

表 3-5 开车操作明细

操作明细	操作步骤说明
向沉淀罐 VX03 进料(Na_2S_n)	开沉淀罐 VX03 进料阀(V9) 至 3.60m 时关闭 V9，静置 4min 进料质量
向计量罐 VX01 进料(CS_2)	开 VX01 放空阀门 V2 开 VX01 溢流阀门 V3 开 VX01 进料阀 V1 溢流后，迅速关闭 V1
向计量罐 VX02 进料(邻硝基氯苯)	开 VX02 放空阀门 V6 开 VX02 溢流阀门 V7 开 VX02 进料阀 V5 溢流后，迅速关闭 V5
从 VX03 中向反应器 RX01 中进料	开 RX01 放空阀 V12 打开泵前阀 V10 打开进料泵 PUM1 打开泵后阀 V11 关泵后阀 V11 关泵 PUM1 关泵前阀 V10
从 VX01 中向反应器 RX01 中进料	打开进料阀 V4 向 RX01 中进料 进料完毕后关闭 V4

续表

操作明细	操作步骤说明
从 VX02 中向反应器 RX01 中进料	打开进料阀 V8 向 RX01 中进料 进料完毕后关闭 V8
反应初始阶段	开搅拌器 M1 通加热蒸汽,· 提高升温速度
反应阶段	关加热蒸汽 调节 TIC101，通冷却水 开联锁 LOCK 安全阀启用(防爆膜)
反应结束	关闭搅拌器 M1
出料准备	开放空阀 V12，放可燃气 关放空阀 V12 通增压蒸汽 通增压蒸汽 开蒸汽出料预热阀 V14
出料	开出料阀 V16，出料 出料完毕，保持吹扫 10s，关闭 V16

2.2 热态开车操作规程

2.2.1 反应中要求的工艺参数

① 反应釜中压力不大于 0.8MPa。

② 冷却水出口温度不小于 60℃，如小于 60℃易使硫在反应釜壁和蛇管表面结晶，使传热不畅。

2.2.2 主要工艺生产指标的调整方法

① 温度调节：操作过程中以温度为主要调节对象，以压力为辅助调节对象。升温慢会引起副反应速度大于主反应速度的时间段过长，因而引起反应的产率低。升温快则容易反应失控。

② 压力调节：压力调节主要是通过调节温度实现的，但在超温的时候可以微开放空阀，使压力降低，以达到安全生产的目的。

③ 收率：由于在 90℃以下时，副反应速度大于正反应速度，因此在安全的前提下快速升温是收率高的保证，详见表 3-6。

表 3-6 热态开车操作明细

操作明细	操作步骤说明
反应初始阶段	开搅拌器 M1 通加热蒸汽，提高升温速度
反应阶段	关加热蒸汽 调节 TIC101，通冷却水 开联锁 LOCK 安全阀启用(防爆膜)

续表

操作明细	操作步骤说明
反应结束	关闭搅拌器 M1
出料准备	开放空阀 V12，放可燃气 关放空阀 V12 通增压蒸汽 通增压蒸汽 开蒸汽出料预热阀 V14
出料	开出料阀 V16，出料 出料完毕，保持吹扫 10s，关闭 V16

2.3 停车操作

在冷却水量很小的情况下，反应釜的温度下降仍较快，则说明反应接近尾声，可以进行停车出料操作了。

(1) 打开放空阀 V12 约 5~10s，放掉釜内残存的可燃气体。关闭 V12。

(2) 向釜内通增压蒸汽。

① 打开蒸汽总阀 V15。

② 打开蒸汽加压阀 V13 给釜内升压，使釜内气压高于 0.4MPa。

(3) 打开蒸汽预热阀 V14 片刻。

(4) 打开出料阀门 V16 出料。

(5) 出料完毕后保持开 V16 约 10s 进行吹扫。

(6) 关闭出料阀 V16(尽快关闭，超过 1min 不关闭将不能得分)。

(7) 关闭蒸汽阀 V15。

停车操作明细详见表 3-7。

表 3-7 停车操作明细

操作明细	操作步骤说明
出料准备	开放空阀 V12，放可燃气 关放空阀 V12 打开 V13 通增压蒸汽 打开 V15 通增压蒸汽 开蒸汽出料预热阀 V14
出料	开出料阀 V16，出料 出料完毕，保持吹扫 10s，关闭 V16

3 事故处理

3.1 超温(压)

原因：反应釜超温(超压)。

现象：温度大于 128℃(气压大于 0.8MPa)。

处理：

(1) 开大冷却水，打开高压冷却水阀 V20。

(2) 关闭搅拌器 PUM1，使反应速度下降。

(3) 如果气压超过 1.2MPa，打开放空阀 V12。

3.2 搅拌器 M1 停转

原因：搅拌器坏

现象：反应速度逐渐下降为低值，产物浓度变化缓慢。

处理：停止操作，出料维修。

3.3 蛇管冷却水阀 V22 卡

原因：蛇管冷却水阀 V22 卡。

现象：开大冷却水阀对控制反应釜温度无作用，且出口温度稳步上升。

处理：开冷却水旁路阀 V17 调节。

3.4 出料管堵塞

原因：出料管硫磺结晶，堵住出料管

现象：出料时，内气压较高，但釜内液位下降很慢。

处理：开出料预热蒸汽阀 V14 吹扫 5min 以上(仿真中采用)。拆下出料管用火烧化硫磺，或更换管段及阀门。

3.5 测温电阻连线故障

原因：测温电阻连线断

现象：温度显示置零。

处理：改用压力显示对反应进行调节(调节冷却水用量)。

升温至压力为 0.03~0.075MPa 就停止加热。

升温至压力为 0.1~0.16MPa 开始通冷却水。

压力为 0.35~0.4MPa 以上为反应剧烈阶段。

反应压力大于 0.7MPa，相当于温度大于 128℃处于故障状态。

反应压力大于 1MPa，反应器联锁启动。

反应压力大于 1.5MPa，反应器安全阀启动。

4 仪表及报警一览表(表 3-8)

表 3-8 仪表及报警一览表

位号	说明	类型	正常值	量程高限	量程低限	工程单位	高报	低报	高高报	低低报
TIC101	反应釜温度控制	PID	115	500	0	℃	128	25	150	10
TI102	反应釜夹套冷却水温度	AI		100	0	℃	80	60	90	20
TI103	反应釜蛇管冷却水温度	AI		100	0	℃	80	60	90	20
TI104	CS_2 计量罐温度	AI		100	0	℃	80	20	90	10
TI105	邻硝基氯苯罐温度	AI		100	0	℃	80	20	90	10
TI106	多硫化钠沉淀罐温度	AI		100	0	℃	80	20	90	10
LI101	CS_2 计量罐液位	AI		1.75	0	m	1.4	0	1.75	0
LI102	邻硝基氯苯罐液位	AI		1.5	0	m	1.2	0	1.5	0
LI103	多硫化钠沉淀罐液位	AI		4	0	m	3.6	0.1	4.0	0
LI104	反应釜液位	AI		3.15	0	m	2.7	0	2.9	0
PI101	反应釜压力	AI		20	0	atm	8	0	12	0

5 流程图画面(图 3-5)

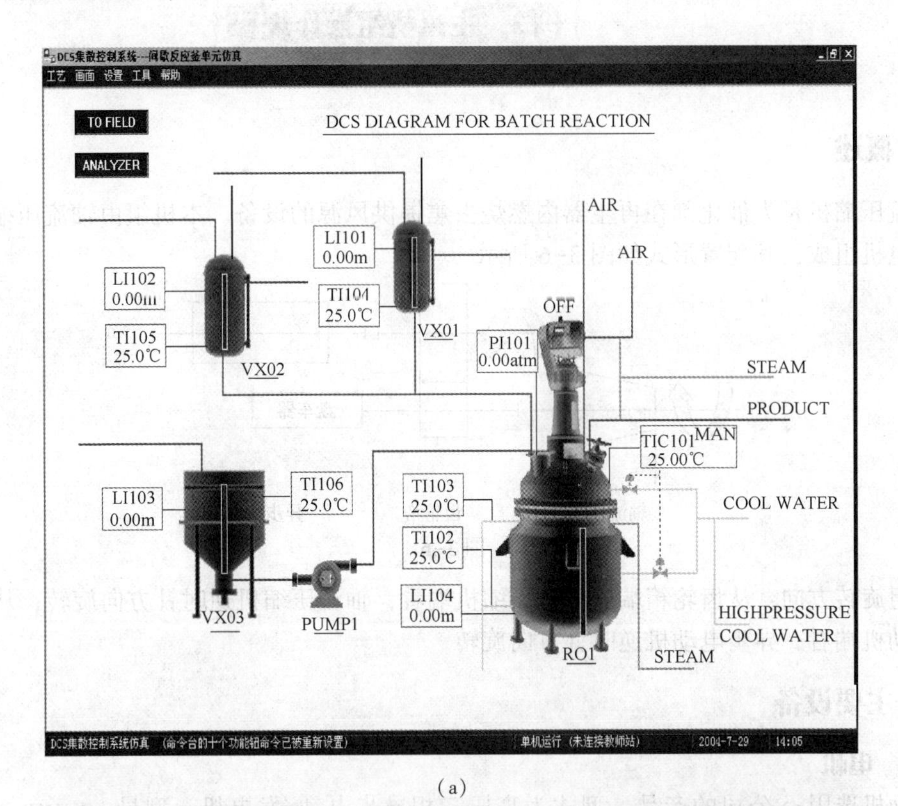

(a)

(b)

图 3-5 流程图画面

例 3　主风机组操作规程

1　概述

轴流压缩机是为催化剂在再生器内燃烧去焦提供风源的设备。本机组由轴流压缩机、变速箱及电机组成，其配置形式如图 3-6 所示。

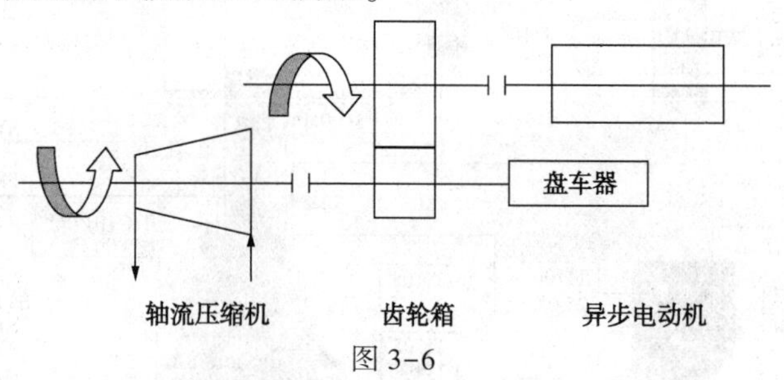

图 3-6

机组旋转方向：从齿轮箱端向轴流压缩机端看，轴流压缩机逆时针方向旋转；从齿轮箱端向电动机端看，异步电动机逆时针方向旋转。

2　主要设备

2.1　电机

电动机选用××公司的产品，型式为高压三相异步电动/发电机，型号：××××。安装在半敞开式厂房内。电机与压缩机采用膜片联轴器连接。电机轴伸采用单键轴伸。

轴承和定子绕组均设有测温元件，采用双支 RTD，Pt100 铂电阻型。定子绕组内每相 2 个，埋在电动机绕组最热处。

电动机采用全封闭的水-风冷却器。冷却器为顶部安装的单管式结构冷却器，冷却器的入口和出口位于同一侧。

轴振动探测器采用××××系列 ϕ8mm 探头，每个轴承 2 个互成 90°。

2.2　齿轮箱

齿轮箱采用××公司产品，与主风机联合底座，输入和输出轴结构形式均为圆柱轴头，双键。齿轮形式为平行轴双斜齿，渐开线齿形，硬齿面。

每个径向轴承内埋 2 个 Pt100 铠装热电阻，每个推力轴承主推力面埋 2 个 Pt100 铠装热电阻，每个推力轴承副推力面埋 1 个 Pt100 铠装热电阻。每个径向轴承部位安装 2 个(互成 90°角)振动探头。

高速轴端带电动盘车机构，盘车转速 65～75r/min。具有手动啮合和自动脱开功能。带手动盘车机构。在离合器上方盖板处开一个小天窗，可人工手动啮合，盖板密封且不停油可拆。盘车电机保护罩安装位置开关，位置关信号进入机组控制系统。盘车装置可以手动盘车。

2.3　轴流压缩机

轴流压缩机由××公司生产，型号为××××。轴流压缩机主要是由机壳、叶片承缸、调节缸、转子、进口圈、扩压器、轴承箱、油封、密封、轴承、静叶调节机构等组成。该机组与烟机和齿轮箱，采用膜片式联轴器联接，止推轴承设置在排气侧，机壳死点设置在进气侧。从轴流压缩机进气端向排气端看其旋转方向为顺时针。

流量调节方式是全静叶可调，调节范围 22°~79°，执行机构采用电动。

径向轴承为椭圆瓦，推力轴承采用金斯伯雷型。每个径向轴承内设测温元件 2 个，每个止推轴承主推力面内设测温元件 2 个，副推力面内设测温元件 2 个，采用铠装热电阻(Pt100 三线制)。测温元件引线引至就地接线盒内(热电阻为一用一备)。

每个径向轴承部位安装 2 个(互成 90°角)××××系列 ϕ8mm 振动探头。轴承箱盖上安装 2 个进口的振动速度检测探头。

推力轴承侧安装 2 个××××系列 ϕ8mm 轴位移探头，停机联锁方案为 2 选 2。

2.4 润滑油系统

机组的润滑油系统主要包括润滑油箱、油泵、双联冷却器、双联过滤器、调压阀、高位油箱等组件。所有与润滑油接触的设备材质均为不锈钢。机组统一采用 ISOVG46 汽轮机油，润滑油过滤精度 10μm。

润滑油站设油泵 2 台，两台油泵均采用××厂生产的全流量螺杆泵(SNH 型三螺杆泵)，油泵公称压力：1.0MPa。两台油泵都由电机驱动。

润滑油压力控制阀采用××公司生产的自力式调节阀。

高位油箱带液位开关，作为机组启动条件之一。

3 主要设备技术参数

3.1 轴流压缩机

设备位号：×××××

序号	项目	单位	数值
1	型号		××××
2	型式		轴流式全静叶可调
3	工作介质		空气
4	轴功率	kW	6601
5	额定转速	r/min	7250
6	一阶临界转速	r/min	水平 3100
7	二阶临界转速	r/min	水平 9150
8	入口压力	kPa(a)	101
9	排气压力	MPa(a)	0.36
10	入口流量	Nm^3/min	2155
11	入口温度	℃	22.6
12	出口温度	℃	174
13	相对湿度	%	81
14	多变效率	%	89
15	静叶调节范围	(°)	22~79
16	静叶调节方式		电动
17	旋转方向		从进气端看顺时针

3.2 异步电机/发电机

设备位号：×××××

序号	项目	单位	数值
1	型号		××××
2	型式		高压三相异步电动/发电机
3	额定功率	kW	7800
4	额定电压	kV	10
5	额定电流	A	519
6	额定频率	Hz	50
7	相数		3
8	额定转速	r/min	1486
9	额定负载温升	℃	80
10	效率	%	96.4
11	功率因数		0.90
12	堵转转矩倍数		0.52
13	最大转矩倍数		1.8
14	电机转动惯量	kg · m^2	780
15	壳体		全封闭，水-风冷
16	服务系数		1.0
17	启动电流倍数		4.1
18	旋转方向		顺时针(从电机轴伸端看)

3.3 齿轮箱

序号	项目	单位	数值
1	型号		××××
2	型式		平行轴双斜齿
3	齿形		渐开线齿形，硬齿面
4	正向传递功率	kW	7800
5	低速轴转速	r/min	1485
6	高速轴转速	r/min	7250
7	盘车转速	r/min	65
8	工作系数		1.4
9	传动效率	%	98.5

3.4 润滑油系统

序　号	项　　目	单　　位	数　　值
1	润滑油箱容积	L	6300
2	供油流量	L/min	630
3	供油压力	MPa	0.25
4	润滑油温度	℃	45±2
5	过滤精度	μ	10
6	冷却面积	m^2	55×2
7	冷却水耗量	t/h	75×2
8	高位油箱容积	L	2000
9	润滑油型号		××××

3.5 联轴器

名　称	项　　目	单　　位	数　　值
主风机-齿轮箱联轴器	型式		膜片式
	传递功率	kW	7800
	工作转速	r/min	7250
	制造商		××公司
齿轮箱-电动机联轴器	型式		膜片式
	传递功率	kW	7800
	工作转速	r/min	1486

3.6 防喘振阀

序　号	项　　目	单　　位	数　　值
1	型式		气动调节蝶阀
2	直径	mm	400
3	压力等级		ANSI150Lb
4	操作温度	℃	≤300
5	数量	台	1
6	紧急打开时间	s	≤1.5
7	全关泄漏量		ANSI Class V 级(硬密封)
8	流量特性		近似线性

3.7 润滑油泵(2台电动)

制造商：××厂；型号：螺杆卧式 11kW；

流量：648L/min；出口压力：0.5MPa。

3.8 导叶控制(电动控制系统)

型号：××××。

信号种类：远程给定信号为 4~20mA；静叶位置信号为 4~20mA；带现场手动操作机构及信号接线箱。

防爆要求：不防爆。

3.9 防喘振调节阀

型式：气动调节蝶阀。

操作温度：<300℃。

公称直径：400mm。

压力等级：ANSI150Lb。

数量：1 台。

控制信号：4~20mA。

阀位信号：4~20mA。

全开全关触点采用开关量信号。

气源最低压力：0. 35MPa。

电磁阀：DC 24V。

电磁阀带现场接线盒，低功耗 asco。阀执行机构单作用。

智能阀门定位器(Hart +4~20mA)

紧急打开时间：≤1. 5s。

常带电：FO。

全关泄漏量：ANSI Class V 级(硬密封)。

流量特性：近似线性。

制造商：××公司(带国产对应法兰，螺栓，螺母，垫片等)。

3. 10 主风机入口空气过滤器

(1) 介质：空气。

(2) 过滤量：5000m^3/min(最大)。

(3) 过滤精度：≤3μm。

(4) 过滤效率：固体颗粒大于 1μm，过滤率≥99. 89%，固体颗粒大于 2μm，过滤率≥99. 95%。

(5) 过滤损失：初损≤80Pa，终损≤800Pa。

(6) 报警阻力：800Pa。

(7) 外形尺寸：8050 长(mm)×6810 宽(mm)×3690 高(mm)。

(8) 有效过滤面积：62. 04m^2。

(9) 粗滤芯表面空气流速：<0. 9m/s。

(10) 结构安全真空度：-3000Pa。

(11) 地震烈度设防：6 度。

(12) 设备本体噪声：≤75dB(A)。

(13) 电器安全：IP65，工业地区室外。

(14) 结构形式：室外立式单层。

(15) 用户接口采用焊接方式。

(16) 设置负压门四个。

(17) 设备质量：21. 9t。

3. 11 冷油器(共 2 台)

(1) 型式：管壳式。

(2) 设备型号(略)。

(3) 设计压力(略)。

(4) 设计温度(略)。

(5) 液压试验压力(略)。
(6) 公称换热面积：55×2m^2。
(7) 壳体/管束材料：304L。
(8) 冷却水耗量：75×2t/h。

3.12 油过滤器

(1) 型号(略)。
(2) 出厂编号(略)。
(3) 工作压力(略)。
(4) 滤油精度：10μm。
(5) 切换压差：0.10MPa。

3.13 消音器

进气消音器：
(1) 通径：*DN*1500。
(2) 片间最大流速：20m/s。
(3) 容积流量：2600m^3/min。
(4) 消声量：≥30dB(A)。
(5) 设计温度：≤50℃。
(6) 型式：卧式。
(7) 材料壳体：0Cr19Ni9，内件：0Cr19Ni9。
排气消音器：
(1) 通径：*DN*1000。
(2) 片间最大流速：25m/s。
(3) 容积流量：1100m^3/min。
(4) 消声量：≥35dB(A)。
(5) 设计温度：≤250℃。
(6) 型式：L式。
(7) 材料壳体：Q235A，内件：0Cr19Ni9。
放空消音器：
(1) 通径：*DN*600。
(2) 片间最大流速：40m/s。
(3) 容积流量：3300m^3/min。
(4) 消声量：≥30dB(A)。
(5) 设计温度：≤250℃。
(6) 型式：立式。
(7) 材料壳体：Q235A，内件：Q235A。

4 机组调节及自动保护系统

4.1 流量调节系统

根据工艺要求，主风机采用等流量控制。其流量调节用调节器给定并和文丘里管的实测值比较，将差值信号送给轴流压缩机静叶调节装置。轴流压缩机的各级静叶安装在叶片承缸上，静叶通过曲柄、滑块与导向环联接。调节缸与机壳两侧的电动执行器联接，并在电动执行器的作用下做往复运动。从而通过导向环、曲柄滑块带动静叶旋转达到调节流量的目的。

4.2 轴流压缩机的防喘振调节

压缩机工作时，如果工艺系统管网阻力增加，使压缩机出口压力增高，流量下降，叶片气流冲角增大，这样在叶片背面产生气体分离，形成脱离区，使压缩机出口压力突然下降，一般随着压力下降分离消失，压力再升时这种分离反复发生形成喘振。严重时还会出现气体的倒流，喘振使叶片产生强烈振动，并使压缩机机壳内温度急剧升高，持续下去就会使压缩机损坏。

为了防止喘振的发生，在压缩机出口设置了防喘振调节阀，根据实测的喘振线标定防喘振阀的放风线进行防喘控制。实际操作中根据压缩机喉部压差和出口压力，在接近排放线时，使防喘振阀打开，增加风机出口流量，从而保证压缩机在安全区域内运行。

4.3 压缩机的逆流保护

逆流保护是压缩机喘振的第二道保护措施，如果防喘振系统失灵，逆流保护可使压缩机迅速进入安全运行。如逆流继续存在，则机组紧急停机。

4.4 机组的监测保护

为了保证机组的安全运行，机组设置了润滑油压力、机组轴振动、轴位移等一系列监测保护，见表3-9。

表3-9 机组操作指标及报警停车值

序号	项目	操作值	报警限	报警值	停车值	备注
1	润滑油总管压力	0.25MPa	L LL	0.18MPa 0.12MPa	0.12MPa	启动备泵 联锁停车
2	润滑油过滤器差压	≤0.15MPa	H	0.15MPa		切换过滤器
3	润滑油箱油温	≤50℃	L H	≤35℃ ≥40℃		开加热器 停加热器
4	润滑油冷后温度	(45±2)℃	H	≥47℃		
5	润滑油箱液位		L			
6	风机径向轴承温度	≤85℃	H HH	100℃ 110℃		
7	风机止推轴承温度	≤85℃	H HH	100℃ 110℃		
8	风机轴位移		H HH	±0.4mm ±0.8mm	±0.8mm	联锁停车
9	风机轴振动	≤66μm	H HH	96μm 116μm	116μm	联锁停车
10	齿轮箱径向轴承温度		H HH	115℃ 127℃		
11	齿轮箱轴振动（高速轴）	≤25μm	H HH	80μm 110μm		

续表

序号	项　　目	操作值	报警限	报警值	停车值	备　注
12	齿轮箱轴振动（低速轴）	≤25μm	H HH	80μm 110μm		
13	电机轴承温度	<85℃	H HH	85℃ 90℃		
14	电机定子温度	<130℃	H HH	140℃ 145℃		
15	电机轴承振动	≤25μm	H HH	100μm 125μm		
16	主风机入口过滤器差压	400Pa	H	≥800Pa		
	差压					

5　机组的启动

5.1　机组启动前的检查、准备

5.1.1　机组安装或检修完毕，验收合格。

5.1.2　检查主风机和烟机入口管线是否干净无杂物。对主风机入口过滤器要进行全面检查、清扫，过滤器及进口不能有脏东西、杂物存在。过滤器周围地面和入口风道地面必须清扫干净，防止有脏东西吸入主风机。现场消防器材齐全完好。

5.1.3　准备好开机工具如听诊器、测振仪、阀门扳手等，准备好操作记录和交接班日记本。

5.1.4　检查机组各单机地脚螺栓是否紧固，各支撑面预留热膨胀间隙应符合各单机要求。

5.1.5　认真检查工艺管线。尤其是轴流压缩机入口及出口管线的安装情况。

5.1.6　检查机泵、阀门、温度计、压力表是否齐全、好用。

5.1.7　向油箱内装合格的 ISOVG46 透平油，油位 80%左右。

5.1.8　联系电气检查有关电气设备，如电机等，确保安全可靠好用。

5.1.9　联系仪表给就地控制盘送电，并检查指示仪表、调节器、自保等。室外做润滑油泵低油压自启动及油压低低联锁停机实验，检查辅助润滑油泵切至自动；联系仪表按“主风联锁停车逻辑图”进行对机组轴承温度、轴位移、轴振动进行联锁模拟测试，机组联锁停机动作结果是风机两个防喘振阀全开、出口单向阻尼阀全关、静叶关至启动角、机组停机。每次联锁动作后要进行停机复位：点击“主风联锁停车逻辑”画面，完成“主风机组上位手动联锁复位”“主风机组上位本特利复位”。将“主电动机运行状态”联锁旁路，点击“主风安全运行及自动操作”画面，将“切断主风联锁”旁路两个，“主风机逆流至安全运行”旁路。其余联锁好用后投自动。在给控制盘送电前，将辅助油泵的开关放至“OFF”位置。

5.1.10　联系调度和有关单位向岗位引循环水、蒸汽和仪表风，保证所有用电设备供电正常。

5.1.11　通知生产调度、电力调度、蒸汽调度，做好启动主电机的准备工作。

5.1.12　检查电机电源是否满足要求，转向是否正确，通电机冷却水。

5.2 建立润滑油系统

5.2.1 检查润滑油系统管线正常，检查主油泵、辅助油泵正常，盘车各部位灵活，无碰撞及偏重现象。

5.2.2 全开油泵出入口手阀，及控制阀前后手阀，稍开冷油器循环水阀。

5.2.3 检查油箱油位，应保持在80%左右，油箱脱水，并根据需要启用电加热器使润滑油箱油温在25~45℃范围内。

5.2.4 检查润滑油流程是否正确，将冷油器、过滤器转换阀手柄放到二台中的其中一台，并将其排空回油箱阀打开，以便充油时排空气。

5.2.5 将其中一台油泵按钮打至“自动”位置，启动油泵并检查油泵运行状况，油压正常后，备用油泵按钮应及时置于“自动”位置。

5.2.6 顺着流程检查油路是否泄漏，当冷油器和过滤器排空线上视镜见油后关闭排空阀。

5.2.7 打开备用冷油器和过滤器的排空回油箱阀，开充油阀将备用冷却器和过滤器充油，待排空回油箱线视镜见油后，关闭排空阀和充油阀，即可做备用。

5.2.8 检查润滑油压是否符合要求，否则将其调整到正常值。各轴承进油压力：电机为0.03~0.05MPa，齿轮箱为0.15~0.18MPa，轴流压缩机为0.18~0.22MPa。

5.2.9 试验润滑油压低和低低自保，试验完好后自保投用。

5.2.10 打开高位油箱充油手阀，待回油管视镜见油后，立即关闭充油手阀，油经限流孔板保持微量循环。

5.2.11 视冷油器出口温度，适当调整循环水量。

5.2.12 联系钳工检查各进瓦油压及回油情况。

5.3 机组启动

5.3.1 当润滑油压力正常后，手动盘车确认机组无卡涩及偏重现象。联系电气给静叶电动执行机构送电。给电动盘车装置送电，启动盘车电机盘车。

5.3.2 现场确认防喘阀、出口单向阀、静叶调节机构灵活好用，动作准确。

5.3.3 复位停机按钮，检查启动允许条件，至准备启动灯亮，消除不满足条件。启动应满足的条件如下：

- 距前次停车15min以上。
- 润滑油总管压力正常。
- 润滑油温度正常。
- 高位油箱液位正常。
- 静叶在启动位置。
- 防喘振阀全开。
- 盘车电机运行。
- 风机出口单向阀关。
- 所有停机条件消除。

5.3.4 电机断路器选择就地启动。

5.3.5 当“启动待命”灯亮，电机允许启动后，按电机启动按钮，注意观察电机启动电流回落情况。停电盘车。

5.3.6 机组在额定转速7250r/min运行5min无异常后，“自动操作可进行”灯变绿，按主风机“投用自动”按钮，主风机出口逆止阀、防喘阀、静叶闭锁解除。轴流风机静叶可以开始调节，出口逆止阀带电。观察机组各运行参数10~30min。

5.3.7　稍开静叶，全面对机组电机、齿轮箱、风机进行检查，机组各部应无摩擦和异常声音。

5.3.8　确认机组运行正常后，全开机出口电动蝶阀，联系反应岗位，视情况缓慢关小机出口放空阀，调整静叶开度，向系统送风。

6　机组的安全运行

轴流压缩机出现逆流和工艺系统出现装置低流量时，自控系统便会发出安全运行信号，信号发出后有以下动作：

静叶角度关闭到22°；压缩机放空阀开；压缩机出口逆止阀关；向中心控制室送出安全运行工艺联锁信号。

上述工况轴流压缩机仍在额定转速下运转称之为“安全运行”，当压缩机逆流消除后，按动存储器复位按钮，这时自控系统使流量调节器先投入，压缩机放空阀组投入自动，压缩机出口逆止阀开，向工艺系统供风。

7　机组停机

7.1　正常操作停机

7.1.1　当接到停车通知后，做好停车准备。

7.1.2　联系反应岗位，逐渐减少轴流压缩机负荷，使静叶从正常工作角度逐渐关闭到22°。同时将轴流压缩机放空阀缓慢打开。过程中防止电机超负荷。

7.1.3　关闭主风出口电动蝶阀，使主风机从工艺系统中切除出来。

7.1.4　按正常停机按钮，电机断路器断开。

7.1.5　停车后开电动盘车。继续循环润滑油，直至轴承进出口润滑油温度<40℃时，先停盘车，再停润滑油泵。停油箱顶部的抽油烟机。

7.1.6　停静叶电动机电。

7.2　紧急停机

7.2.1　手动紧急停机

发生下列情况之一，操作员有权紧急停机，并立即与有关岗位联系，向有关部门汇报：

- 凡发现紧急停机自保中的任意一项达到机组跳闸停机指标，但自保仍未动作时。
- 机组发生强烈振动，仪表反映正确，超过振动上限报警值，采取措施仍不能消除时。
- 机组轴位移增大，超过停车值，采取措施无效时。
- 轴瓦或密封处冒烟或其他摩擦声并无法消除时。
- 电机、风机、增速箱内有严重的金属撞击声。
- 轴瓦温度突然升高，超过上限报警值，仪表反映正确，而无法制止时。
- 润滑油系统严重泄漏，油箱油位无法及时补充时。
- 电机定子温度高报，采取措施无效时。
- 长时间系统停水、风、电时。

7.2.2　联锁紧急停机

机组正常运行时，下列任意一个条件发生，机组将进入紧急停机状态：

- 手动紧急停机；
- 风机轴位移大大；
- 风机轴振动大大；
- 润滑油压力低低；
- 主电机跳闸；
- 风机持续逆流。

7.2.3　紧急停机方法

按紧急停车按钮，专用停机断路器断电，紧急停车逻辑执行。

a）电机断路器断开：防喘阀全开；主风出口单向阀关闭；静叶关闭。

b）立即关闭主风出口电动蝶阀。

c）检查a项中各阀门动作情况，若没动作，立即处理。

d）复位所有的紧急停机情况以便下次开车，保持好润滑油压力在正常范围内。

e）其他按正常停机处理。

8　机组安全运行和维护注意事项

8.1　严格遵守岗位责任制，搞好设备环境卫生规范化。

8.2　按巡回检查路线每小时对机组所属设备进行检查，并按要求对各运行参数做好记录工作，若有异常，应及时向车间汇报，联系有关单位检查处理。

8.3　密切监视主风压力、流量；电机电流、电压、功率；润滑油系统的温度、压力、流量、油箱液位；机组的振动、位移、噪音的变化，如发生异常，应及时做相应处理，保证各参数处于允许范围。

8.4　加强润滑管理，保持油箱液位在标尺的30%~40%，每班对润滑油箱脱水一次，检查润滑油是否带水，有无乳化现象，每月底联系化验对润滑油进行分析，如不合格，应及时置换。

8.5　电动机允许在实际冷状态下连续启动两次(两次启动之间应为自然停车)，或在电动机热状态下连续启动一次，电动机在上述启动之后额外的再次启动应在停车2h之后。预计启动时间：40s。

8.6　主风机严禁在飞动区附近运行。一旦工况点太接近防喘振曲线，则应视情提风量或降出口压力。

8.7　密切监视冷油器或过滤器的运行情况，如发现冷油器堵塞、泄漏、冷却效果变差，过滤器差压超标的情况，应及时切换并检修清洗冷油器或过滤器。

8.8　备用机泵必须每班盘车180°。

8.9　当机入口过滤器差压达到800Pa时，要及时更换粗滤布。

8.10　应控制好各项指标，不得超出设备性能要求。

8.11　按规定要求运行机组每天活动静叶执行机构在5%范围内，备用机在全行程范围内活动2次。

第4章 培 训

4.1 培训的意义

广义的培训(Training)是一种有组织的知识传递、技能传递、标准传递、信息传递、理念传递和管理训诫行为，主要分为安全培训和日常安全教育两部分。

安全培训以技能传递为主，时间侧重在上岗前。为了达到统一的科学技术规范、标准化作业，通过目标规划设定、知识和信息传递、技能熟练演练、作业评测、结果交流公告等现代信息化的流程，让员工通过一定的教育训练技术手段，达到预期的水平。员工在工作和任务要求下，接受培训获得知识、技能和操作经验以预防工艺安全事故。缺乏适当的培训会导致人为失误增加，造成工艺安全事故。

日常安全教育则是由企业的安全生产管理部门、车间、班组等按照安全活动计划开展的周期性安全活动和基本功训练。日常安全教育有利于企业强化管理人员和员工的安全意识，减少和预防工艺安全事故。

有关统计资料表明，多数行业90%以上事故是由人的不安全行为引起的，安全培训不到位是重大安全隐患。

安全培训是安全生产的一项重要基础性工作，是减少生产安全事故和伤亡人数的源头性、根本性举措，是提升安全管理水平和职工安全素质，构建安全生产长效机制的重要措施。

案例1 2011年3月27日下午3时左右开始，某化工公司进行低温氯化阶段浓缩结束后的降温过程，往反应釜注入压缩氮气大约10min后发生爆炸。事发工序属精细化工工艺，工艺流程顺序为酯化→脱溶→低温氯化→脱水脱溶→高温氯化→萃取→结晶→干燥等。事故造成当班2名工人死亡(其中1人在送往抢救途中死亡)、2名工人受伤(其中一人重伤，一人轻伤)。

事故原因：该起事故是由当班操作人员在3号低温氯化釜充氮过程中，因操作不当，导致反应釜物料冲料，而引发的爆炸及火灾安全事故。该起事故暴露出该公司安全培训教育不到位、日常安全管理不严格等问题。

案例2 2005年11月13日，某厂苯胺二车间化工二班班长徐某替休假的硝基苯精馏岗位内操顶岗操作。根据硝基苯精馏塔T102塔釜液组成分析结果，应进行重组分的排液操作。10时10分，徐某进行排残液操作，在进行该项操作前，错误地停止了硝基苯初馏塔T101进料，但没有按照规程要求关闭硝基苯进料预热器E102加热蒸汽阀，导致硝基苯初馏塔进料温度升高，在15min内温度超过150℃量程上限，超温过程一直持续到11时35分。在11时35分左右，徐某回到控制室发现超温，关闭了硝基苯进料预热器蒸汽阀，硝基苯初馏塔进料温度开始下降，13时25分降至130.4℃。13时21分，徐某在T101进料时，再一次错误操作，没有按照投用换热器应“先冷后热”的原则进行操作，而是先开启进料预热器的加热蒸汽阀，7min后，进料预热器温度再次超过150℃量程上限。13时34分启动了硝基苯初馏塔进料泵向进料预热器输送粗硝基苯，当温度较低的26℃粗硝基苯进入超温的进料预热器后，由于温差较大，加之物料急剧气化，造成预热器及进料管线法兰松动，导致系统密封不严，空气被吸入到系统内，与T101塔内可燃气体形成爆炸性气体混合物，硝基苯中的硝基酚钠盐受震动首先发生爆炸，继而导致硝基苯初馏塔和硝基苯精馏塔相继发生爆炸，而后引发装置火灾和后续爆炸。

事故原因：

（1）工厂、车间生产管理不严格，工作中有章不循，排液操作是每隔7~10天进行一次不定期的间歇式常规操作，对于一项常规的简单操作，却反复出现操作错误，反映了工厂操作规程执行不严，管理不到位。

（2）生产技术管理存在问题。在车间工艺规程和岗位操作法中，对于该岗位在排液操作中应注意的问题，以及岗位存在的安全风险、削减措施没有明确，对超温可能带来的严重后果，也没有在规程中提示应加以注意。工艺规程对装置的技术特点和安全风险没有明确阐述，岗位操作法缺乏指导性和可操作性。

（3）操作员徐某在常规的化工工艺操作过程中，多次出现错误操作，暴露出岗位操作人员技术水平低、业务能力差，反映出在员工素质的培训方面不扎实，员工在应知应会方面还不能适应安全生产的基本要求。

4.2 安全培训的主要内容

4.2.1 法律法规相关内容

国家安全生产方针、政策和有关危险化学品安全生产的主要法律、法规、规章、规范和国家标准，主要包括《安全生产法》、《职业病防治法》、《消防法》、《特种设备安全监察条例》、《危险化学品安全管理条例》、及其配套规章、规范性文件和标准、《作业场所安全使用化学品公约》等。

4.2.2 危险化学品安全管理知识

4.2.2.1 概述性知识

国外危险化学品安全管理概况，美国、日本、欧共体等国家对化学品的管理概况，《作业场所安全使用化学品公约》(简称《170号公约》)，我国危险化学品的安全管理要求，以及加强危险化学品安全管理的重要意义、危险化学品安全管理相关法律法规、案例分析与讨论等。

4.2.2.2 危险化学品基础知识

危险化学品的概念和危险性分类原则，爆炸品的定义、特性和分项；压缩气体和液化气体的定义、特性和分项；易燃液体的定义、特性和分项；易燃固体定义和特性；自燃物品的定义和特性以及遇湿易燃物品的定义特性；氧化剂和有机过氧化物的定义、特性和分项；有毒品的定义、特性和分项；腐蚀品的定义、特性和分项等。

4.2.2.3 危险化学品生产经营的安全管理知识

化学品安全技术说明书、安全标签的编制，生产经营中对安全技术说明书和安全标签的使用与管理。

危险化学品生产经营单位的条件和要求，包括危险化学品生产经营许可制度、安全条件、生产经营危险化学品的其他规定。剧毒品的购买和销售应遵守的规定。生产经营许可证的管理办法。

4.2.2.4 危险化学品储存的安全管理知识

危险化学品储存企业的审批管理，危险化学品储存规划的原则和要求，储存危险化学品的审批条件，申请和审批程序。

储存危险化学品的基本要求，储存易燃易爆品的要求，储存毒害品的要求，储存腐蚀性物品的要求，废弃物处置的要求。危险化学品储存发生火灾的主要原因分析，储存装置的安全评价。

4.2.2.5 危险化学品运输、包装的安全管理知识

危险化学品运输安全管理概述。危险化学品运输安全要求，主要包括资质认定、托运人的规定、剧毒品的运输、危险化学品的运输。相关案例分析与讨论。

4.2.3 防火防爆安全技术知识

4.2.3.1 防火防爆的基本概念

燃烧的条件，燃烧过程及形成。爆炸的分类、爆炸极限及影响因素。可燃气体爆炸、粉尘爆炸、蒸气爆炸的条件及影响因素。

4.2.3.2 火灾爆炸的预防

防止可燃可爆系统的形成。如何消除点火源，限制火灾爆炸蔓延扩散的措施。

4.2.3.3 防火防爆安全技术

掌握燃烧及其特性，主要包括燃烧条件、燃烧过程、燃烧形式、燃烧种类、燃烧机理与燃烧速度。爆炸及其特性，主要包括爆炸分类、爆炸极限及其影响因素、爆轰、分解爆炸性气体爆炸、爆炸性混合物爆炸、粉尘爆炸及其影响因素等。防火防爆技术主要包括点火源控制、火灾爆炸危险化学品控制、工艺参数的安全控制、自动控制与安全保险装置、限制火灾爆炸蔓延扩散的措施。

4.2.4 化工机械设备安全知识

主要包括化工机械设备分类、通用机械安全技术。气瓶安全技术，主要包括气瓶分类，气瓶的安全附件，气瓶的颜色和标记，气瓶的安全管理。工业管道安全技术，主要包括工业管道的分类，压力管道的管理和维护，压力管道的检查和检测。起重机械安全技术，主要包括起重机械分类，工作类型、级别与起重搬运安全。化工设备检修，主要包括化工检修的分类与特点，化工检修作业的一般要求。

特种设备、一般设备的概念及分类；压缩机等设备的种类、工作原理、工作特性；设备操作条件；设备主要结构及重点监控参数。压力容器的基础知识、塔设备、反应器、反应釜、换热器、冷凝器、压缩机、泵的基础知识，设备润滑知识、设备腐蚀的基础知识等。压力容器基础知识，压力容器的分类，压力容器的使用与安全管理。

4.2.5 电气及雷静电安全知识

电气安全基础知识，主要包括电流对人体的危害及影响因素，触电方式，触电预防措施及触电急救知识。危险化学品生产单位电力系统安全技术，主要包括变、配电所、动力、照明及电气系统的防火防爆，电气火灾爆炸及危险区域的划分，火灾爆炸危险环境电气设备的

选用。电气安全技术措施、电气防火防爆、保护接地接零保护。

静电的危害及消除，静电的产生，防静电措施。雷电保护，主要包括雷电的分类和危害，建(构)筑物的防雷措施。

4.2.6 安全设备设施知识

安全附件主要包括安全附件的定义、种类及其功能，安全阀、爆破片装置、紧急切断装置、压力表、液位计、测温仪表、易熔塞等设施的用途及运行管理。安全附件的工作条件及主要参数。

安全泄放系统主要包括安全泄放系统的构成及工作原理；安全阀、爆破片、易熔塞等安全泄放装置基本构件和工作参数。

安全联锁系统主要包括安全联锁系统工作原理；安全联锁系统的联锁开关、联动阀等构成要件；联锁保护条件和参数。

安全报警系统主要包括压力报警器；温度检测仪；火灾声光报警装置；可燃、有毒气体报警装置。

4.2.7 重大危险源与化学事故应急救援知识

重大危险源辨识技术、重大危险源普查技术、重大危险源风险评价以及重大危险源监控技术。

化学事故应急救援的原则与程序、化学事故应急预案基本要素、编制过程与方法。化学事故应急演练方法、基本任务与目标。

4.2.8 实际操作培训知识

各种实际安全管理要领和各种实际安全管理技能等。

4.3 安全培训的通用程序

4.3.1 培训概要

(1) 要制定有效的培训和发展计划大纲；

(2) 要使用标准的方法和标准系统；

(3) 要确保操作人员和维修人员具备安全履行其工作任务的知识、技能和资质。

4.3.2 培训要素

4.3.2.1 培训计划

4.3.2.1.1 培训计划的编写步骤

(1) 分析。通过需求分析、岗位分析以及任务分析明确特殊工作。

(2) 岗位预备知识和培训要求，设立培训目标和界定培训范畴。

(3) 培训课程设计。根据岗位职责要求所应具备的技能和知识。

(4) 明确工作任务所涉及的基础知识和特有技能。

(5) 培训教材的编写。

(6) 培训实施。有关培训执行、资源分配、计划编制和进度安排。

(7) 评估。对学员进行测试保证岗位最起码的知识和技能水平。

4.3.2.1.2　初级培训

(1) 目的

提供装置工艺流程和设备安全操作和维修所具备的最起码的知识和技能。

(2) 涵盖的基本要素

① 岗位所涉及的所有业务，员工需要执行的任务；

② 工作单元操作规程及应急操作规程；

③ 特定场所标准和规程；

④ 特定关键情景培训；

⑤ 岗位制度要求的培训；

⑥ 现场管理者要求的培训；

⑦ 单元工艺和设备装置安全操作和维护要求的基本知识和技能。

4.3.2.1.3　课程设置

培训课程设置应包括岗位晋级大纲、学习指导、工作绩效测评、考核等几个部分内容。

(1) 岗位晋级大纲

具体分解为以下两部分：

关于工艺和设备装置总体操作和维护的基础知识信息，作为任务作业特定内容的支撑；

作业知识，即关于作业性能的特殊知识；

知识内容以目标和任务的书面形式表现出来。

(2) 学习指南

指基于岗位晋级大纲中规定的目标支撑信息，可以是针对目标的特定内容或在来源于信息渠道，包括：操作手册、工艺参考手册、供应商材料、维护手册、标准维护规程、操作规程、其他。

(3) 岗位绩效测评

指学员必须符合在岗资质的知识内容和技能描述，为测评人员提供了评估标准。

(4) 考核

指记录笔试分数、矫正计划的正式测验考试，如果需要，还要考察在岗操作，以此来检查培训内容和材料的有效性。这项考核适用于岗位初级资质考核(新入职的员工)。

4.3.2.1.4　复训

(1) 保证在完成初次资质认证后能掌握并保持最起码的知识和技能水平，包括再认证过程。

(2) 员工应就复训的内容和频率提出自己的意见，作为编制复训计划的依据。

(3) 培训负责人员根据员工意见和培训要素完善复训计划，3 年周期内涵盖所有必要的培训点。作业现场或企业或许有相应的补充，像特定频率下的生命周期关键要素培训。

(4) 复训的基本要求：至少每 3 年进行一次。

4.3.2.1.5　资质复审

通过让员工执行一定百分比的工作任务来对员工的资质进行复审(或称再认证)，资质复审间隔一般不超过 3 年。

4.3.2.2 考核

4.3.2.2.1 考核的内容

(1) 书面的考核，以及工作/任务表现考核；

(2) 对所有关键性任务都必需采用工作表现考核方法进行考核；

(3) 考核的时间：

初次资质认证培训过程中；

初次资质认证培训结束时。

4.3.2.2.2 考核的整体要求

(1) 知识合格分至少要达到70%，工作表现分至少为100%；

(2) 不允许在考核时为了让学员达到合格分而对学员进行指导；

(3) 如果未达到合格分，培训人员必须要重新参加相应培训模块的培训，并重新考试。

4.3.2.3 必读材料

必读材料适用于所有单元操作和维护工作。监督人员负责确保必读材料作为沟通认识的工具而非培训使用。

4.3.2.4 培训档案

安全培训档案是过程安全管理业务档案的重要组成部分，是反映安全生产培训活动的真实记录，企业应把培训档案管理纳入安全培训的基础工作，统筹安排，健全管理制度，明确管理人员，切实提高培训档案管理规范化水平。

(1) 切实保证培训档案完整齐全和管理规范

① 建立培训材料归档制度。根据材料的属性、内容，确定其归档的具体位置，并在目录上注明材料名称及有关内容，将材料装入档案，做到档案要素齐全，信息真实、准确，归档及时有效。培训班资料要做到一期一档。

② 建立培训档案管理制度。要按照培训资料形成规律和特点及相互之间的联系，区别不同的价值，分类编号，置于档案架上或档案柜内。做到类目清晰、摆放有序、便于保管和查询。

③ 建立培训档案分析制度。要对收集的培训资料定期进行量化分析，并依据分析结果调整培训课程设置、完善培训教案、改进教学的方式和方法，提高培训教学的针对性和有效性。

④ 建立培训档案检查核对制度。根据培训工作进度和季节性变化，定期对培训档案进行检查核对。查看库房门窗、资料柜(资料架)是否完好，有无存放错误，保证培训档案无霉烂、无虫蛀、无遗失。

(2) 积极推进安全培训档案管理信息化建设

根据安全培训工作的要求，大力提高安全培训信息管理的效率和质量。积极开发与文书档案相配套的电子培训档案管理系统，逐步实现培训档案管理信息化、网络化，切实提高安全培训信息档案管理水平。

4.4 日常安全教育

4.4.1 日常安全教育的目的

(1) 日常安全教育是提高全员安全素质，实现安全生产的基础工作；

（2）日常安全教育可以提高企业生产经营管理人员和员工的安全意识，有利于增强其安全生产工作的责任感和自觉性；

（3）日常安全教育可以使企业管理人员和员工随时掌握最新的安全生产科学知识，不断提高安全管理和安全操作的水平；

（4）日常安全教育可以提高员工的自我保护意识。

4.4.2 日常安全教育计划的编制要求

根据国家安全生产监督管理总局《危险化学品从业单位安全生产标准化评审标准》的管理要求，企业管理部门、班组应按照月度安全活动计划开展安全管理和基本功训练。

（1）班组安全活动每月不少于2次，每次活动时间不少于1学时，班组安全活动应有负责人、有计划、有内容、有记录；

（2）企业负责人应每月至少参加1次班组安全活动，基层单位负责人及其管理人员应每月至少参加2次班组安全活动；

（3）管理部门安全活动每月不少于1次，每次活动时间不少于2学时。

4.4.3 日常安全教育的管理要求

（1）企业安全生产管理部门或专职安全生产管理人员每月至少1次对安全活动记录进行检查，并签字确认；

（2）企业安全生产管理部门或专职安全生产管理人员结合安全生产实际，制定管理部门、班组月度安全活动计划，规定活动形式、内容和要求。

第5章 承包商管理

5.1 概述

企业生产管理过程中大量使用承包商进行装置建设、设备改造和设备设施检维修服务。承包商员工在提供服务过程中导致的工艺安全事故，不但可能使其自身造成伤害，也往往给企业和周围社区带来灾难性后果。因此，企业应加强对承包商管理(Contractor Management，CM)，从承包商的选择、合同签订、作业前准备、培训、作业过程监督、绩效评估以及信息沟通和反馈等方面进行系统的管理，保护企业和承包商双方人员安全和健康，控制承包商在生产经营场所内的活动风险，避免事故发生。

5.2 业主与承包商责任

5.2.1 业主责任

企业在选择承包商时，要获取并评估承包商以往的安全业绩和目前安全管理方面的信息。企业须告知承包商与其作业过程有关的潜在火灾、爆炸或有毒有害方面的信息，进行相关的培训，以使业主和承包商都能充分了解和控制作业过程的风险。业主应定期评估承包商表现，保存承包商在工作过程中的有关情况记录。

5.2.2 承包商责任

承包商应确保员工开展各种作业之前，接受与工作有关的过程安全培训，确保其知道并掌握与作业有关的潜在火灾、爆炸或有毒有害方面的信息和应急预案。作业之前，承包商应确保员工了解并执行操作规程等有关安全作业规程。发生任何不利于安全作业的特殊情况后，都应及时向业主报告。

承包商应妥善保存培训记录，记录应该包括个人资料、培训时间、理解情况等。

5.3 承包商的准入管理

5.3.1 承包商资质审查

业主承包商主管部门或直属单位应对各类承包商的准入进行审查，并办理临时或长期承包商准入许可相关手续。

承包商资质审查包括业务资质审查和安全资质审查两部分，承包商由业主承包商主管部门进行业务资质审查后，再由业主安全主管部门进行安全、健康和环境(HSE)资质审查，审查合格后报主管领导审批。对于临时服务的承包商，经审批后发放临时承包商安全许可证，仅限当次服务使用。对于长期服务的承包商，经审批后可以发放长期承包商安全许可证，根据承包商服务具体情况规定有效期限。

5.3.2 承包商的资质要求

对于国家有相关资质规定的承包商类别，承包商应取得国家规定相应的从业安全资质证书，建立安全管理机构，并配备不少于一定比例的专职安全管理人员，工程技术人员要达到其资质规定的数量要求。

5.3.3 承包商资质审查至少应提供的材料

5.3.3.1 业务资质审查

承包商业务资质审查材料主要包括：

(1) 承包商准入审查表；

(2) 有效的企业资信证明(如有效营业执照/事业单位法人登记证/社会团体法人登记证、法定代表人证明书、税务登记证、组织机构代码证、银行开户许可证、开立单位银行结算账户申请书)；

(3) 企业资质证明(如施工资质证书、特种作业证书、安全生产许可证等)；

(4) 其他应提供的资料(如近期业绩和表现有关资料等)。

5.3.3.2 安全资质审查

承包商安全资质审查材料主要包括：

(1) 承包商安全资质审查表；

(2) 安全环境资质证书(如安全生产许可证、危险废物处置资质和本企业取得的职业安全健康管理体系认证证书、环境管理体系认证证书等)；

(3) 主要负责人、项目负责人、安全生产管理人员经政府有关部门安全生产考核合格名单及证书；

(4) 企业近两年的安全业绩(包括施工经历、重大安全事故情况档案、事故/“三违”事件发生率及原始记录、安全隐患治理情况档案)；

(5) 安全管理体系程序文件及有效评审报告。

5.4 不同类型承包商的管理要求

5.4.1 制定承包商管理程序或制度

企业应根据承包商作业的性质和风险，制定相应的管理程序或制度。承包商的典型管理内容见表5-1。

表 5-1　不同类型承包商管理内容

序　号	承包商管理内容	序　号	承包商管理内容
1	预认证	9	确定联络的要求
2	列入经认可的承包商名册	10	考核承包商雇员的培训
3	确定安全和健康要求	11	应急反应
4	投标计划中的安全和健康要求	12	安全和健康表现报告
5	合同签订前会议	13	承包商安全和健康检查
6	所需的培训	14	事故/事件调查
7	审查承包商安全和健康计划	15	业主对承包商评价
8	承包商了解现场		

5.4.2　承包商管理流程(图 5-1)

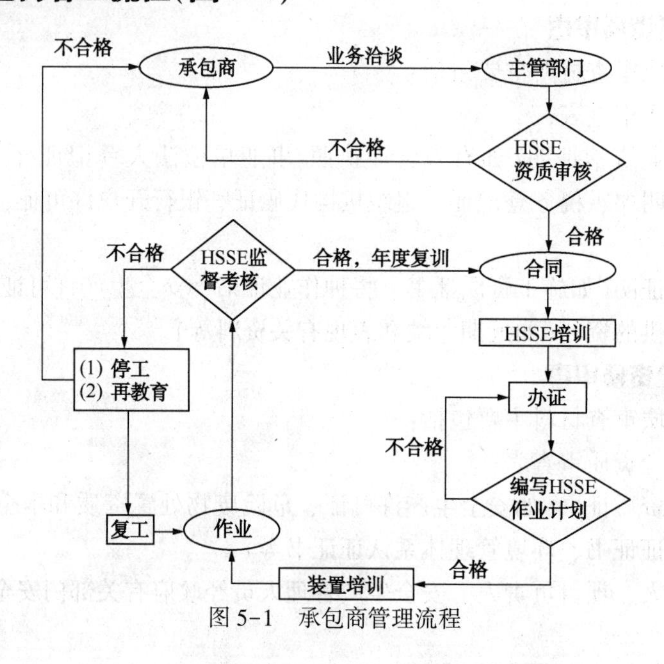

图 5-1　承包商管理流程

5.4.3　设施、人员、个体防护用品等条件的检查确认

承包项目之前，承包商应对所从事的工作范围和遵守所有相应安全管理要求的能力进行审查，确定人力资源、设备设施是否足以承担相应工作，人员的知识、信息和必要的培训是否能满足工作任务要求。个体防护用品是否满足施工要求，除非合同中另有规定，否则承包商应向员工提供符合要求的个体防护用品。

5.5　作业前的准备工作

5.5.1　设备和工具

承包商应建立针对作业过程所涉及设备和工具的管理程序。特种设备或现场安装的起重设备必须取得政府有关部门颁发的使用许可证后方可使用。应明确对设备和工具的定期检查、标识、修理和退出现场的要求。

5.5.2 门禁管理

业主应针对承包商等外来人员实行门禁管理。对进出工作场所的人员进行身份确认和安全条件确认，并予以登记，防止无关人员进出作业现场。

5.5.3 安全培训和危害告知

承包商作业人员进行施工作业前，业主应将与施工作业有关的安全技术要求向承包商作业人员作出详细说明，双方签字确认，未经安全技术交底，切勿进行作业。进行安全技术交底，可以细化、优化作业方案，作业技术方案编制过程中统筹设计安全方案，始终将安全放到第一位。应使作业人员了解和掌握该作业项目的安全技术操作规程和注意事项，减少违章操作，避免作业过程发生事故。

针对作业要求，业主应对承包商作业方案和作业安全措施进行审查、细化和补充，告知承包商与作业相关的泄漏、火灾、爆炸、中毒窒息、触电、坠落、物体打击和机械伤害等危害信息，保证作业人员的人身安全。

5.5.4 施工方案制定

施工方案是根据一个施工项目制定的具体实施方案，包括组织机构方案(各职能机构的构成、各自职责、相互关系等)、人员组成方案(项目负责人、各机构负责人、各专业负责人等)、技术方案(进度安排、关键技术预案、重大施工步骤预案等)、应急预案(安全总体要求、施工危险因素分析、安全措施、重大施工步骤应急预案)等。

5.5.5 施工计划审查

施工计划审查主要包括施工组织设计、施工方案、施工技术等内容。根据现场作业条件和施工工艺步骤制定预防措施，即应急预案、检查和评价计划、培训要求等。

5.6 承包商作业过程控制

5.6.1 现场危害确认

企业应与承包商就作业相关的泄漏、火灾、爆炸、中毒窒息、触电、坠落、物体打击和机械伤害等危害进行确认，并明确作业许可的相关要求。

5.6.2 作业过程监督

作业过程中，业主应派具备监督管理职能的人员对承包商作业现场进行监督检查，建立监督检查记录，及时协调作业过程中的事项，通报相关安全信息，督促作业过程中隐患的整改。

作业过程监督内容主要包括：

- 施工用电管理；
- 个体防护用品的使用管理；

- 文明施工管理；
- 应急和消防管理；
- 警示和标识管理；
- 危险化学品管理；
- 变更管理，即对工程设计、施工机械、施工技术、操作规程、介质等的变更加以控制和管理；
- 职业健康管理。

5.6.3 协调和交流

业主应建立承包商安全例会制度，定期就相关事项和信息进行协调和交流。特别是涉及多个承包商一起作业或在同一区域作业的情形。

业主应就安全相关事宜及时与承包商进行协商和交流，主要包括：

- 新的安全管理要求；
- 作业过程情况通报；
- 检查和整改情况；
- 事故、事件；
- 变更信息；
- 其他需要协调的事项等。

5.7 安全表现评价

5.7.1 承包商表现评价

业主收集承包商的信息，建立安全表现评价准则，定期进行评价。收集的信息应包括：平时表现记录；事故记录；检查记录；培训水平和培训记录；满足从事工作的能力。

5.7.2 承包商表现评价反馈

业主应将评价结果通过预先确定的渠道反馈给承包商管理层或上级部门，以促进其改进其管理。

5.7.3 定期更新合格承包商名单

根据定期评价的结果，更新承包商名单。评价资料应予以保存。

5.8 承包商档案管理

5.8.1 档案管理要求

业主承包商主管部门应对长期承包商建立管理档案，并随时更新，保持最新记录。

5.8.2 档案内容

承包商档案的内容可包含但不限于以下内容：

(1) 业务资质和安全资质审查时提交的各项材料；
(2) 承包商年度考评记录(或服务活动考评记录)；
(3) 承包商安全许可证年审表；
(4) 违章及事故记录；
(5) 安全保证金记录；
(6) 外来施工作业人员进入厂区审批材料；
(7) 承包商安全教育(或培训)台账。

5.9 承包商管理样例

5.9.1 承包商预认证审查样本

一般资料		
1. 公司名称：		电话：
街道地址：		邮寄地址：
2. 管理人员： 总经理：		在公司任职年数：
副总经理：		
财务人员：		
3. 你公司以现在名称已从事商业活动多少年？		
4. 母公司名称：		
城市：	省：	邮编：
子公司：		
5. 现行管理体系的建立时间：		
6. 获取保险信息的联系方法：		
名称：	电话：	传真：
7. 承保者：		
姓名	保险范围	电话
8. 是否为工人订立了赔偿保险？	是□	否□

续表

9. 投标者的联系方法：

名称：	电话：	传真：

10. 预认证表格的填表者：

名称：	电话：	传真：

组 织 机 构

11. 公司性质：　独资□　合作□　有限公司□

12. 权益比例：

13. 服务范围：	标准工业分类(SIC)
□建筑	□设备制造和维护
□建筑设计	□服务工作(如看门人、清扫工人等)
□设备的制造和安排	□人力和资源
□项目维护	□其他
□维修	

14. 其他服务项目：

15. 列出在通常做的服务工作中分包给他人做的工作类型：

16. 列出你公司能从事本设施工作的主要设备清单(如吊车、铲车)及建立操作能力的方法

17. 你经常雇佣：　□工会成员　□非工会成员

18. 过去三年中每年营业额：	____年　元	____年　元	____年　元
19. 在过去三年中最大的项目：　元			

20. 你公司期望的项目规模：	最大：	最小：
21. 财务等级	负债　元	净资产　元

公司工作历史

22. 在进行中的工作：

顾客(地点)	工作类型	规模(元)	顾客联系人	电话

23. 在过去三年中完成的主要工作：

顾客(地点)	工作类型	规模(元)	顾客联系人	电话

24. 是否有任何判决、声明、未决的诉讼或显著不利于你公司的事端？
如果有，请列出详细情况　是□　否□

续表

25. 你现在或过去是否曾涉及任何破产或重组？
如果有，请详细列出情况　　是□　　否□

安全和健康表现

26. 伤病数据：

a）过去三年中雇员的工作时间（不包括分包商）	小时/年	______年	______年	______年
	现场			
	总计			

b）按照有关部门要求提供过去三年情况的下列数据（不包括分包商）

	年		年		年	
	数量	比率	数量	比率	数量	比率
导致死亡的伤害						
损失工作日的伤害，包括因伤全休或限制工作						
损失工作日的伤害，只包括因伤全休						
只包括简单医疗处理的伤害						
导致死亡的疾病						
损失工作日的疾病，包括因病全休或限制工作						
损失工作日的疾病，只包括因病全休						
不涉及损失工作日或限制工作的疾病						

注：
（1）数据应是适于该地区或区域工作的最有效的数据。
（2）如果你的公司未被要求填写表格，请提供你的工人保险赔偿的信息。

27. 在过去三年中，你是否收到任何有关管理部门的处罚？
如果收到，请贴上复印件。　　是□　　否□

安全和健康管理

28. 在公司内部，职业安全和卫生的最高管理机构：

名称：	电话：	传真：

29. 你是否有或配备？
a）专职的安全和健康领导者　　是□　　否□
b）专职的现场安全和健康监察者　　是□　　否□
c）专职的安全和健康协调人员　　是□　　否□

30. 你是否有或配备：
a）公司支付了健康保险　　是□　　否□
b）公司支付了人身保险　　是□　　否□
c）支付病假费用　　是□　　否□
d）安全和健康激励计划　　是□　　否□
e）公司支付了安全和健康培训费用　　是□　　否□

安全及健康计划和程序
31. 你是否有个健康和安全书面计划？ 是□ 否□ 该计划是否强调了下列关键要素： • 管理承诺和期望 是□ 否□ • 员工参与 是□ 否□ • 管理者、监察人员和雇员的义务和责任 是□ 否□ • 符合安全和健康要求的资源配备 是□ 否□ • 所有雇员定期的安全和健康表现评价 是□ 否□ • 危险识别和控制 是□ 否□
32. 该计划是否包括了工作作法和程序，例如： a）设备上锁和警告标志(LOTO) 是□ 否□ b）受限空间的进入 是□ 否□ c）伤病记录 是□ 否□ d）坠落保护 是□ 否□ e）个人防护用品 是□ 否□ f）便携式电动工具 是□ 否□ g）车辆安全 是□ 否□ h）压缩气瓶 是□ 否□ i）电力设备接地保护 是□ 否□ j）工业动力车辆(如吊车、铲车等) 是□ 否□ k)现场管理 是□ 否□ l）事故报告 是□ 否□ m）不安全状况报告 是□ 否□ n）应急准备，包括撤离计划 是□ 否□ o）废物处理 是□ 否□
33. 对下列事项你是否有书面计划： a）听力保护 是□ 否□ b）呼吸保护 是□ 否□ 适用时，雇员是否受到过： □ 培训 □ 适合性测试 □ 医疗认可 c）危害信息交流 是□ 否□ 保证该承包商符合有关部门高危险化学物质、爆炸性和引爆剂安全管理标准要求的计划 是□ 否□
d）34. 你是否有一种防止物质滥用计划？ 是□ 否□ 如果有，是否包括下列各项？ • 雇佣前的检测 是□ 否□ • 随机检测 是□ 否□ • 原因检测 是□ 否□

续表

35. 医疗：

a）你是否为以下进行了医疗检查：

- 雇佣前　是□　否□
- 预先确定身体适合工作的能力　是□　否□
- 肺功能　是□　否□
- 呼吸系统　是□　否□

b）在现场如何为你的雇员提供急救和其他医疗服务

详细指出谁将提供这种服务：________

你公司是否具有经过培训的人员来执行急救？　是□　否□

36. 你是否为下列人员举行安全和健康现场会议：

现场监察者	是□	否□	频次________
雇员	是□	否□	频次________
新雇员	是□	否□	频次________
分包商	是□	否□	频次________
安全和健康会议内容是否形成文件？	是□	否□	

37. 个人防护用品（PPE）

a）是否提供给雇员合适的人个防护用品？　是□　否□

b）你是否有一个计划以保证个人防护用品经济检查和维护　是□　否□

38. 你是否有一个整改行动方案以处理个别的安全和健康表现的不足？　是□　否□

39. 设备和材料：

a）你是否有一个体系，以建立相应的健康、安全和环境规范来获得材料和设备？　是□　否□

b）你是否对操作设备（如吊车、铲车）按要求进行了检查？　是□　否□

c）你是否按照常规要求维护操作设备？　是□　否□

d）对于操作设备你是否有相应的检查和维护记录证明？　是□　否□

40. 分包商：

a）你是否使用安全和健康表现标准选择分包商？　是□　否□

b）你是否把评价分包商遵守健康和安全要求的能力作为选择过程的一部分？　是□　否□

c）你的分包商是否有一个书面的健康和安全计划？　是□　否□

d）你在以下方面是否包括了分包商：

- 安全和健康上岗教育　是□　否□
- 安全和健康会议　是□　否□
- 检查　是□　否□
- 审核　是□　否□

41. 检查和审核：

a）你是否进行了安全和健康检查？　是□　否□

b）你是否进行了安全和健康审核？　是□　否□

c）缺陷整改是否形成文件？　是□　否□

安全和健康培训

42. 专业培训：

a）雇员是否在相应工作技能方面受到了培训？ 是□ 否□

b）当管理部门和行业标准有要求时，雇员是否取得了资格证书？ 是□ 否□

c）列出已经取得了资格证书的工种： 是□ 否□

____

____

____

43. 健康和上岗教育；

	新雇员		监察人员	
a）你是否有对新雇员、近期雇佣的或提升的监察人员进行健康和安全上岗教育的计划？	是□	否□	是□	否□
b）计划是否对下列问题进行了说明？				
• 新工人上岗教育	是□	否□	是□	否□
• 安全工作作法	是□	否□	是□	否□
• 安全监察	是□	否□	是□	否□
• 班组会议	是□	否□	是□	否□
• 应急程序	是□	否□	是□	否□
• 急救程序	是□	否□	是□	否□
• 事故调查	是□	否□	是□	否□
• 火灾预防和防护	是□	否□	是□	否□
• 安全干预	是□	否□	是□	否□
• 危害信息交流	是□	否□	是□	否□
c）上岗教育计划有多长时间？	小时数			

44. 安全和健康培训：

a）你是否知道管理部门对你的雇员进行健康和安全培训的要求？ 是□ 否□

b）你的雇员是否接受过要求的健康和安全培训和再培训？ 是□ 否□

c）对监察人员你是否具有一个特定的健康和安全培训计划？ 是□ 否□

45. 培训记录

a）对你的雇员你是否有安全和健康及专业培训记录？ 是□ 否□

b）培训记录是否包括下列各项：

雇员登记表 是□ 否□

培训日期 是□ 否□

培训人姓名 是□ 否□

验证领会程序的方法 是□ 否□

c）你怎样鉴定培训的领会程序？

（检查所有适用合项）

□ 书面测试 □ 工作监察

□ 口头测试 □ 其他（列出）

□ 表现测试

5.9.2 承包商安全健康培训样本

课程	工作类型					
	在工艺装置内的操作、维护和建造	操作技术服务	供应分配系统	技术与行政管理	非施工服务	建筑和厂区环境保护
听力保护	×	×	×			×
危害信息交流	×	×	×	×	×	×
个人保护装置	×	×	×	×	×	×
应急程序	×	×	×	×	×	×
防火训练	×	×	×			
有害废物操作（HAZ-WOPER）意识	×	×	×			
办公室安全灭火器				×	×	
铲车操作	×	×	×			×
传动装置安全	×					×
电气安全	×					×
吊车操作	×	×				×
医疗和急救服务	×	×	×	×	×	×
上锁和警告标志	×	×	×			×
受限空间的进入	×	×				

注：“×”表示有此项要求

5.9.3 承包商现场安全检查样本

日期：__________　　承包商：__________

工程：__________　　评审人：__________

1. 满意
2. 不满意
3. 不适用
4. 采取整改行动

1	2	3	4	安全类别	评价和采取的行动
				正确的防护设备	
—	—	—	—	a）安全眼镜和护目镜	__________
—	—	—	—	b）安全帽	__________
—	—	—	—	c）安全装具	__________
—	—	—	—	d）手套	__________
—	—	—	—	e）听力保护	__________
—	—	—	—	f）面罩	__________
—	—	—	—	g）防风镜	__________

续表

日期：____________　　承包商：____________

工程：____________　　评审人：____________

1. 满意
2. 不满意
3. 不适用
4. 采取整改行动

1	2	3	4	安全类别	评价和采取的行动
				防火	
—	—	—	—	a）灭火器	____
—	—	—	—	b）有火灾警卫	____
—	—	—	—	c）易燃物品正确储存	____
—	—	—	—	d）防出通畅	____
				现场管理	
—	—	—	—	a）地板、楼梯和过道	____
—	—	—	—	b）正确储存材料	____
—	—	—	—	c）废物的处置	____
—	—	—	—	d）现场	____
				手动工具和设备	
—	—	—	—	a）一般状况	____
—	—	—	—	b）正确接地	____
—	—	—	—	c）气动带压系统	____
—	—	—	—	d）绳子和吊索	____
—	—	—	—	e）油罐	____
—	—	—	—	f）气瓶	____
—	—	—	—	g）工具篮	____
				起重设备	
—	—	—	—	a）吊车满载指示	____
—	—	—	—	b）声音警告装置	____
—	—	—	—	c）手势信号	____
				脚手架	
—	—	—	—	a）一般状况	____
—	—	—	—	b）手扶栏杆	____
—	—	—	—	c）梯子	____
—	—	—	—	d）铺板	____
—	—	—	—	e）铺板的连接	____
				一般现场维护	
—	—	—	—	a）危害	____
—	—	—	—	b）疏散路线	____
—	—	—	—	c）工作许可	____
—	—	—	—	d)警示标志	____
—	—	—	—	e）应急电话	____
—	—	—	—	f）卫生设施	____

续表

日期：______ 承包商：______

工程：______ 评审人：______

1. 满意
2. 不满意
3. 不适用
4. 采取整改行动

1	2	3	4	安全类别	评价和采取的行动
—	—	—	—	g）路障	______
—	—	—	—	h）车辆安全	______

评价：______

______

签名：______ 日期：______

5.9.4 承包商现场安全检查样本

承包商评价样本

承包商：______ 工作名称(职务)：______

合同号：______ 位置：______

完成日期：______ 评价人：______

工作描述：______

合同种类(圈选一个) 维护 修理 建造 特殊 其他修理

安全										
评级适用的类别	差				圈选一个					优
1. 伤病表现	1	2	3	4	5	6	7	8	9	10
2. 安全和健康计划	1	2	3	4	5	6	7	8	9	10
3. 遵循现场安全和健康规则	1	2	3	4	5	6	7	8	9	10
4. 现场管理	1	2	3	4	5	6	7	8	9	10
作业										
5. 设备	1	2	3	4	5	6	7	8	9	10
6. 关键的现场人员	1	2	3	4	5	6	7	8	9	10
7. 工作的执行	1	2	3	4	5	6	7	8	9	10
8. 职业劳动者的素质	1	2	3	4	5	6	7	8	9	10
9. 项目经理	1	2	3	4	5	6	7	8	9	10
10. 成本没超过预期值	1	2	3	4	5	6	7	8	9	10
11. 时间进度表	1	2	3	4	5	6	7	8	9	10
12. 劳动关系	1	2	3	4	5	6	7	8	9	10
13. 服务	1	2	3	4	5	6	7	8	9	10
14. 总体表现	1	2	3	4	5	6	7	8	9	10
	否				圈选一个					是
你是否推荐承包商承担今后的工作？	1	2	3	4	5	6	7	8	9	10

评语：______

______

5.10 典型事故案例

案例1 某公司离线冷却器检修承包商伤亡事故

2010年9月15日晚，A公司的承包商B建设公司在A公司厂内对1台离线备用冷却器充氮保护过程中，管箱飞出，将现场作业人员击倒，造成5人死亡，1人重伤的较大伤亡事故。

经调查分析得知，事故发生主要原因是连接管箱和活套法兰的螺栓没有上齐，挡环受力不均而发生偏移。承包商作业人员在用风动扳手紧固管箱出口盲法兰时，震动加剧使活套法兰进一步松动，导致挡环失效，从而在充氮保护过程中，换热器内部压力作用下，管箱连同活套法兰一起飞出，导致事故发生。

通过这起事故我们可以看出，B建设公司施工人员缺乏质量安全意识，技术素质不能满足施工质量的安全要求。A公司设备管理人员对冷却器活套法兰、卡环结构及安装出现偏差可能导致的后果认识不足，没有识别出存在的安全风险，技术交底深度不够。此外，作业过程施工质量监管不到位。活套法兰与管箱连接螺栓没有上齐，72条螺栓只上紧了16条，管箱出口盲法兰24条螺栓只安装了11条，且上紧的9条螺栓分布不均匀。A公司现场协调、监护人员对施工人员的违章行为没有及时制止，没有按照标准化程序进行检查确认就开始充压，导致存在严重施工质量缺陷的冷却器处于承压状态。

案例2 某公司输油管道火灾爆炸事故

A公司原油库建有20个原油储罐，总库容$1.85\times10^6m^3$。2010年5月26日，B公司签订了事故所涉及原油的代理采购确认单。在原油运抵一周前，B公司得知此批原油硫化氢含量高，需要进行脱硫化氢处理，于7月8日与C公司签订协议，约定由C公司提供“脱硫化氢剂”，由D公司负责加注作业。7月9日，B公司向A公司下达原油入库通知，注明硫化氢脱除作业由D公司协调。7月11~14日，B公司和D公司的工作人员共同选定原油罐防火堤外2号输油管道上的放空阀作为“脱硫化氢剂”的临时加注点。

7月15日15时45分，油轮开始向原油库卸油。20时许，D公司人员开始加注“脱硫化氢剂”，C公司人员负责现场指导。16日13时，油轮停止卸油，开始扫舱作业。C公司和D公司现场人员在得知油轮停止卸油的情况下，继续将剩余的约22.6t“脱硫化氢剂”加入管道。18时02分，靠近加注点东侧管道低点处发生爆炸，导致罐区阀组损坏、大量原油泄漏并引发大火。

事故的直接原因是：B公司同意委托D公司使用C公司生产的含有强氧化剂过氧化氢的“脱硫化氢剂”，违规在原油库输油管道上进行加注“脱硫化氢剂”作业，并在油轮停止卸油的情况下继续加注，造成“脱硫化氢剂”在输油管道内局部富集，发生强氧化反应，导致输油管道发生爆炸，引发火灾和原油泄漏。此次事故也暴露出，B公司及其下属公司安全生产管理制度不健全，未认真执行承包商施工作业安全审核制度，并且未提出硫化氢脱除作业存在安全隐患的意见，最终导致此惨剧发生。

第 6 章　试生产前安全审查

6.1　概述

6.1.1　试生产前安全审查

试生产前安全审查(或称开车前安全审查，Pre-Startup Safety Review，PSSR)，是在生产装置正式投入生产前或在对生产工艺、设备进行较大变更后，对生产工艺、设备设施、管理资源及前期准备情况等进行的审查和检验，其目的是在装置正式投入运行前，对影响装置开车、投用的工艺流程、关键设备、监控仪表、安全设施、人力资源、技术资料、物资准备等各环节进行安全审查，并给出审查结果，确保装置试生产期间的安全稳定运行。

6.1.2　试生产前安全审查的意义

试生产前安全审查可以提高企业安全管理绩效、强化安全风险管理、提高装置运行水平和安全可靠性。通过对装置进行试生产前安全审查可以取得以下成果：

(1) 确保装置正常运行；

(2) 使建设、维护及其建造、安装、工艺的变更活动符合设计管理和风险控制要求；

(3) 保证开车前的准备工作全部完成，对开车后的运行维护工作进行安排，确保设备的设计、制造、购买、安装、运行和维护与预期的管理要求相符；

(4) 了解工艺所采用的新的化学品或原料在安全、健康、环境方面的性能和要求；

(5) 使负责审查、检测、维护、购买、制造、安装、操作工艺设备的人员，获得适当的培训和当前最新的相关程序及工艺安全信息；

(6) 系统的试生产前安全审查，可全面检验企业各部门的基础管理工作，达到预防事故的目的；

(7) 确保安全设施及系统按照设计标准和风险控制要求运行；

(8) 确保与设计和安装相关的工程计算得到认可，并满足工程措施相关的技术、质量和安全标准；

(9) 满足变更管理的相关法规、程序要求；

(10) 体现了质量管理体系的符合性、有效性要求；

(11) 促使工程或项目管理人员，完成向生产管理、操作人员的全面技术资料及信息的交接工作。

6.1.3　试生产前安全审查的应用类型

试生产前安全审查是确认工艺和设备是否按照设计进行建设，所有程序是否都落实到位，员工培训工作是否完成以及所有工艺危险分析和风险控制措施是否落实的最终检查确认。开车前安全审查常被应用于以下几种情况。

6.1.3.1 新改扩建装置开车

新改扩建装置的开车安全审查，是试生产安全审查的主要类型。因新建、改造或者扩建装置是首次开车，有些甚至涉及到新工艺、新技术、新设备、新材料的首次应用，开车过程面临许多未知的事故风险。因此，必须按开车组织管理流程进行全面的开车前安全审查。新改扩建装置的试生产前安全审查，可使用投料试车综合检查表进行全面的技术、管理审查。

6.1.3.2 装置大检修后开车

装置大检修后开车审查，是装置投用后的常规审查。装置大检修后的安全审查，主要是对设备设施完整性、有效性的审查和工艺设备变更的风险审查。装置大修包含了成套设备的更换、新技术及设备的应用和工艺设备的变更，因此应在常规完整性、有效性检查的基础上，重点组织对变更项目的审查。常规检查可使用简易的开车安全条件确认表进行审查。变更项目安全审查，建议使用 HAZOP 分析方法，重点审查与原流程的匹配关系及对公用工程的相互影响。

6.1.3.3 紧急停车后开车

这是异常情况下的临时安全审查。因紧急停车后易导致流程和反应突然中断，使设备管线堵塞、结焦、聚合等，甚至损坏，有些甚至对公用工程造成影响，因此，紧急停车后的开车审查，应重点检查关键设备、管线的流程功能和设备实施的完整性，如果检查确认不全面、有遗漏、仓促开车，将会造成严重后果。这类检查应根据具体情况编制专门检查表进行确认检查。

6.1.3.4 技措改造项目变更后开车

这是装置局部性的安全审查。技措改造项目开车风险主要是变更事故风险和对系统的安全影响。因此，技措改造变更项目或系统开车前，除对变更项目本身进行安全、可靠性进行安全审查外，还应重点对并入系统或流程后，对其上下游的影响及流程功能匹配情况进行审查。技措改造项目的安全审查，可根据情况选择使用 HAZOP 分析法或开车条件确认表进行检查。

6.1.3.5 日常维修后开车

这是对单台设备、机组维修后开车前的常规安全审查。这类安全审查的重点，应集中在维修设备的变更改动部分、安装维修质量、安全附件及控制设施的完整性等方面。可使用开车条件确认表进行审查。

6.2 试生产（开车）前应满足的安全生产条件

试生产(开车)前应满足的安全生产条件主要包括：

(1) 装置内主要交通干道畅通无阻，临时建筑、临时供电设施、施工机具、材料工棚全部拆除，装置内外地面平整、清洁、无障碍物。

(2) 工艺设备及环境缺陷消除完毕，影响试车的设计修改项目已经完成，所有设备、管道、容器均已进行严格试压、试漏。设备封闭前，经专人严格检查确认，设备位号、管道介质、名称、流向标志齐全。

(3) 机械完整性信息齐全，包括电气设备档案、安全阀档案、设备档案、设备规格指标，电气线路图等资料的完善。

(4) 仪表及控制信息确认完毕、操作信息完整、便于识别操作。操作文件齐全，包括分布式控制系统(DCS)或可编程控制器(PLC)文件准备，对 DCS 屏幕进行修改等。

(5) 设备机组经过单机试车、联动试车，各项技术性能指标符合设计要求。

(6) 锅炉、压力容器和放射线源已根据国家规定取得使用许可证。

(7) 各类专业档案(包括各种技术资料、合格证、质量证明书、检测数据等)、图纸、技术资料齐全。

(8) 所有 HSE 设施齐全、灵敏、可靠，并经校验符合设计要求，证件资料齐全。

(9) 防雷、防静电系统完好，接地测试符合要求。

(10) 消防设备和器材符合设计规定，道路畅通、水量充足、水压正常、满足灭火要求，消防人员按规定配备齐全，消防车能按规定时间到达生产现场。

(11) 厂内通信系统投入使用，且符合防爆要求，生产指挥系统、消防指挥系统畅通。

(12) 仪表联锁、火灾自动报警系统、可燃(有毒)气体检测仪表和其他各种检测仪表已联校调试完毕并已投入使用。

(13) 关键设备的防火保护措施，易燃、易爆、有毒物品的保管、使用及有毒气体防护措施均已落实。

(14) 有毒有害岗位防护用品和急救器材配备齐全，并随时投入使用，现场人员防护用品穿戴符合要求，现场急救站、协议医院人员及救护车能随时到达现场。

(15) 现场设备转动部分、高温管道已采取安全防护措施，电气设备防漏电设施，梯子、平台、栏杆等劳动保护设施按相关标准设置，现场照明充分。

(16) 岗位职工已进行身体健康检查，并建立健康档案，职业禁忌人员已安排到合适的岗位。

(17) 岗位工人已进行安全技术规程及岗位操作知识培训，并经考试合格，特殊工种作业人员已经地方有关部门考试合格，持证作业，有毒有害岗位人员，已经防毒防害及救护等专业培训，并经考试合格。

(18) 各项规章制度、操作规程及应急处理预案已建立、健全，配备发放到相关人员。

(19) 现场无危险污染物的工艺排放口，设备和管道的泄漏检测计划已经落实。

(20) 装置(设施)投料试车总体开工方案已经审查通过，并交由管理人员和岗位人员学习掌握。

(21) 建立应急救授组织和队伍，按照相关事故应急救援预案编制导则的要求编制应急救援预案。

6.3 安全审查组织流程

试生产前的安全审查组织流程见图 6-1。

6.3.1 确定 PSSR 方针

针对不同的开车前安全审查类型，确立相应的试生产前安全审查原则，确定审查目的和审查内容。对所有风险事件进行排序，确定试生产前安全审查的范围。

6.3.2 组建专业小组并明确职责

试生产前安全审查工作是一项系统工程，应由一个有组织的小组及项目负责人来组织完

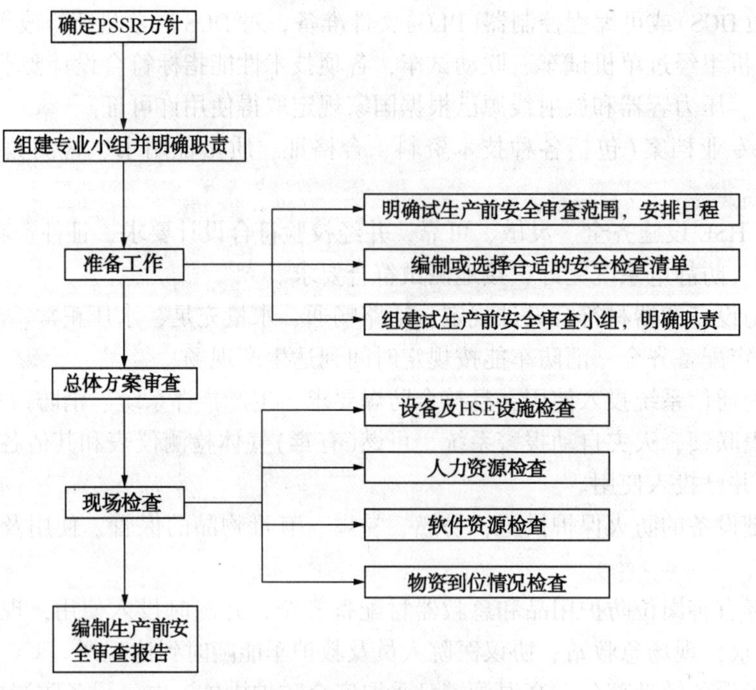

图 6-1　试生产前安全审查流程

成，其主要职责为：确保新建项目或重大工艺变更项目的安全投用，预防灾难性事故的发生。小组的成员和规模根据具体情况而定。

新改扩建装置的开车前安全审查，应成立装置开车指挥部或领导小组，设立工艺、设备、电气、仪表、安全环保等专业小组，确定分组、分项或分阶段安全审查的内容和职责。

6.3.3　准备工作

6.3.3.1　准备工作内容

(1) 明确试生产前安全检查的范围、日程安排；

(2) 编制或选择合适的安全检查清单；

(3) 组建试生产前安全审查小组，明确职责。

6.3.3.2　对审查小组进行培训，使之熟悉应具备的知识和技能

(1) 熟悉相关的工艺过程；

(2) 熟悉相关的政策、法规、标准要求；

(3) 熟悉相关设备，能够分辨设备的设计与安装是否符合设计意图；

(4) 熟悉工厂的生产和维修活动；

(5) 熟悉企业/项目的风险控制目标。

6.3.4　总体方案审查

开车总体方案的审查，主要从系统性、安全性及可操作性等方面，对开车全过程的技术方案和组织管理等内容进行全面的审查。审查的重点为：

(1) 生产准备情况，包括原料助剂、物资配件、公用工程、组织指挥、人员培训、技术资料、安全条件的符合性、充分性；

(2) 吹扫处理、试压、试漏的方案、程序及风险控制措施的符合性、安全性；

(3) 单机试车、联动试车的方案、程序及风险控制措施的符合性、安全性；

(4) 投料试车的方案、程序及关键流程、步骤风险控制措施的符合性、安全性。

6.3.5 现场检查

6.3.5.1 三查四定

"三查四定"是国内石化企业新改扩建装置的惯例做法。建设项目建成试生产前，由建设单位组织设计、施工、监理和建设单位的专业技术人员，对设备、管线、建筑物、构筑物等安装建设的质量安全和完整性进行现场检查。"三查"是指查设计漏项、查工程质量、查工程隐患；"四定"是指定任务、定人员、定时间、定整改措施。

6.3.5.2 设备及 HSE 设施审查

设备及 HSE 设施的审查，主要是对建筑物的防火、防震、防雷情况；压力设备安全附件完好情况；机动设备的安全防护情况；梯子、平台、栏杆的完好有效情况；阀门操作、仪表观察的人机匹配情况；消防器材、设施的配备到位情况；火灾及可燃有毒气体报警器的配备投用情况；喷淋洗眼、通风排毒等卫生防护设施配备投用情况等，进行完整性、有效性和可操作性的审查。

6.3.5.3 人力资源审查

人力资源审查，主要是对参与开车的人员资质、安全技能、防护配备的符合性及培训使用情况进行审查。

6.3.5.4 软件资源审查

软件资源审查，主要是技术和组织审查，包括安全组织、规章制度、工艺指标、操作规程、应急预案、工艺设备资料等软件资源。

6.3.5.5 应急资源审查

应急资源审查，主要是审查开工物资、装置维护材料、消防人员、消防车辆、消防水、灭火泡沫、空气呼吸器、化学防护服等现场急救器材、泄漏处置器材的配备到位及完好情况。

6.3.6 编制试生产安全审查报告

编制试生产安全审查报告，既是企业风险管理的要求，也是国家有关法律法规的强制要求。现场检查完成后，检查小组应编制试生产前安全检查报告或试生产安全备案报告，全面描述开工前的安全准备及检查符合情况，记录检查问题的完成情况、设计偏差的处理情况和试生产后需要完成的问题项。

在装置投产后，建设单位或项目负责人应追踪完成"试生产后需要完成检查项"的问题封闭。在检查清单中所有的检查项都完成封闭后，对试生产前安全检查报告进行更新完善，保留备案。

6.4 审查方法

6.4.1 对总体投料开车方案的审查

对总体投料开车方案的审查，以基于事故风险和专家经验的头脑风暴法为主。通常由企业根据装置规模和工艺复杂、成熟程度，分级、分专业进行。专家由行业内、企业内的工艺、设备、电气、仪表、安全、环保等有经验的专业技术人员组成。

6.4.2 对装置设备及公用工程的现场审查

对装置设备及公用工程的现场审查，一般以基于法规及设计标准的安全检查表法为主，以“三查四定”为中心组织开展，由开工指挥部或专业小组对各专业检查问题进行统一编号、整改和销项。

6.4.3 对 HSE 设施的专项审查

对 HSE 设施的专项审查，一般由 HSE 专业人员组织或参与，以法规标准、事故案例为主要审查依据，以外观检查、检测试验、审查文件为主要方法。

6.5 审查过程中需要重点关注的内容

（1）职业安全、卫生、消防、抗震减灾等设施已与主体工程同时具备投产使用条件；

（2）在基础设计及总体开车方案审查中提出的有关安全、消防、卫生和抗震减灾方面的问题已实施完成；

（3）已建立职业安全卫生管理网络和管理制度、操作规程、异常情况和事故状态时的应急预案体系；

（4）“三查四定”、中间交接与联运试车阶段暴露的问题已全部整改完毕；

（5）人员岗位技能培训、安全教育考试符合要求，特种作业人员已经培训考试合格上岗；

（6）总体试车方案已按程序会签、审核、审批完成，参加试车的所有人员都已掌握本岗位、本专业、管辖范围的试车内容；

（7）已取得地方政府安全、消防、职业卫生等行政主管部门的投料试车批准文件，以及已完成了压力容器、特种设备取证工作，能做到按程序合法开车。

6.6 试生产过程的安全管理

6.6.1 管理目的

规范装置试生产工作，确保装置顺利投入生产并安全、稳定、连续运转，实现合理工期，达到设计规定的各项技术经济指标。

6.6.2 管理范围

新建、改建、扩建装置及长周期停车、安全条件发生变化的装置均应纳入试生产过程的安全管理。

6.6.3 生产准备

6.6.3.1 目的和准备

做好组织、人员、技术、安全、物资、外部条件、营销及产品储运以及其他有关方面的准备工作，为试车和安全稳定生产奠定基础。

生产准备工作从建设项目审批(核准、备案)后开始。建设(生产)单位将生产准备工作纳入项目建设的总体统筹计划，及早组织生产准备部门及聘请设计、施工、监理、生产方面的专家，参与编制项目建设统筹计划，参与工程项目的设计审查及设计变更、非标设备监造、工程质量监督、工程建设调度等工作，办理技术交底、中间交接、工程交接等手续。

6.6.3.2 生产准备工作中必须严格检查和确认的条件

(1) 建设项目采用的生产工艺技术成熟、安全可靠；

(2) 建设项目的设计、施工、监理，承担单位具有相应资质；

(3) 建设项目使用的设备、材料和其他全部物资，符合国家有关标准的规定，质量合格；

(4) 建设项目在施工安装过程中，加强施工质量控制，进行化工专业工程质量监督；

(5) 安全、环保、职业卫生等设施和主体装置同时设计、同时施工、同时投入生产和使用，符合相关规范要求，满足试生产需要；

(6) 所有特种设备及其安全附件，经检测检验合格，依法取得特种设备使用登记证，否则不能投入使用；

(7) 化工装置按照施工及验收规范规定的项目进行检验，现场制作的大型储罐应进行强度试验，并有检验合格的记录。

6.6.3.3 组织准备

建设项目审批(核准、备案)后，根据工程建设进展情况，建设(生产)单位应立即组建试生产的领导和工作机构，按照“精简、统一、效能”的原则，统一组织和指挥化工装置生产准备及试车等工作。

6.6.3.3.1 机构设置

(1) 领导机构

领导机构负责组织、指挥、协调和督导化工装置生产准备和试车工作，其负责人应由建设(生产)单位的主要负责人担任，成员包括主管生产、技术、安全、环保、工程建设、设备动力、物资采购、产品销售和后勤服务等工作的有关负责人，必要时还应吸收设计、施工、监理、设备制造等单位的有关人员以及同类型企业的有关专家参加。

(2) 工作机构

工作机构应根据建设项目的生产原理、工艺流程和装置组成，分专业或单元系统成立工程技术、安全管理、现场管理和服务保障等方面的若干个工作组，具体设置和职责分工可根据实际确定。各工作组负责人应由建设(生产)单位的分管负责人担任，成员包括各相关专业的骨干人员。

6.6.3.3.2 制定管理制度

试生产前，建设(生产)单位需建立健全以下主要管理制度：试车指挥制度；生产调度制度；设备管理制度；工艺管理制度；安全管理制度；环境保护制度；职业卫生管理制度；原材料供应及产品储运销售管理制度；以岗位责任制为中心的生产班组管理制度(主要包括各级职能人员的安全生产责任制、岗位责任制、交接班制、巡回检查制、设备维护保养制、质量负责制、岗位练兵制、班组经济核算制等)。

6.6.3.4 人员准备

建设(生产)单位应根据设计文件规定的生产定员，编制具体定员方案和人员配备计划，遵循“按岗定质、按质进人、按岗培训、严格考核”的原则，有计划的配备和培训人员。

6.6.3.4.1　人员配备的基本要求

(1) 生产技术骨干人员，要有丰富的生产实践和工程建设经验；主要生产技术骨干应在建设项目筹建时到位，参加技术谈判、设计审查、施工监督和生产准备等工作。

(2) 主要岗位的操作、分析、维修等技能操作人员，应具有高中以上学历，并在预试车阶段到位。

(3) 人员配备应注意年龄结构、文化层次、技术和技能等级的构成，在相同或类似岗位工作过的人员应达到项目定员的四分之一以上。

6.6.3.4.2　人员培训

(1) 培训要求

① 建设(生产)单位应根据化工装置生产特点和从业人员的知识、技能水平，制订全员培训计划，以技能培训和安全教育为重点，分级、分类、分期、分批组织开展培训工作。

② 生产指挥人员及工艺技术骨干、生产班组长和主要岗位操作人员，应经过至少四个阶段的培训，以便熟悉开停车、正常操作、异常情况处置、事故处理等全过程，掌握上下岗位、前后工序、装置内外的相互影响关系；机、电、仪表修理人员掌握设备检修、维护保养技能，熟悉安装调试全过程。

③ 对于成套引进装置的出国培训，应认真选派出国培训的骨干人员，并在合同中明确技术培训和实习培训的有关条件。

④ 培训工作实行阶段性考核，上一阶段考核合格后，方可进入下一阶段培训；各阶段的考核成绩应列入个人技术培训档案，作为上岗取证的依据。

(2) 培训阶段

① 第一阶段：专业培训。

培训学习有关化工专业及所涉及危险化学品的基础知识，机械、设备、电气、仪表、分析相关知识，工艺原理和生产流程及操作，危险有害因素及应急救援有关知识等。

② 第二阶段：实习培训。

在同类型企业学习生产操作与控制、设备性能、开停车和事故处理等实际操作知识。实习培训实行“六定二包”，即定带队人、定培训点、定培训人员、定时间、定任务、定期考核，代培单位包教、培训人员包会。

③ 第三阶段：现场演练。

按照试车方案要求逐项开展岗位练兵，熟悉现场、工艺、控制、设备、规章制度、前后左右岗位的联系等，通过演练提高生产指挥、操作控制、应急处置等能力。

④ 第四阶段：实际操作培训。

参加化工投料前的各项试车工作，进行实际操作的技能培训，参加现场的预试车工作，熟悉指挥和操作。

6.6.3.5　技术准备

技术准备的主要任务是编制各种试车方案、生产技术资料及管理制度，使生产人员掌握各装置的生产操作、设备维护和异常情况处理等技术要点。

6.6.3.5.1　准备要求

(1) 建设(生产)单位要尽早建立生产技术管理系统，分期分批集中工艺、机械、设备、电气、仪表、计算机、分析等专业方面的技术骨干，通过参加技术谈判和设计方案讨论及设计审查等工作，使其熟练掌握工艺、设备、仪表、安全、环保等方面的技术，具备独立处理各种技术问题的能力。参加技术准备工作的人员应保持稳定，并对其所承担的专业工作负责到底。

(2) 建设(生产)单位需在化工装置试生产前，组织生产准备部门或聘请设计、施工等单位的相关技术人员，编制化工装置的试生产计划和方案；应在化工投料试生产两个月之前，根据设计文件和《生产准备工作纲要》，编制出《总体试车方案》，经过不断修改、完善，并会审签批，确保安全可靠。

(3) 引进装置要翻译并复制工艺详细说明、电气图、联锁逻辑图、自动控制回路图、设备简图、专利设备结构图、操作手册等技术资料，并编制阀门、法兰、垫片、润滑油(脂)、钢材、焊条、轴承等国内外规格对照表。

(4) 化工装置的总体试生产方案和化工投料试车方案，应经建设(生产)单位或试车领导机构的主要负责人审批；其余各种试车方案、培训教材、技术资料等，应经建设(生产)单位或试车领导机构的技术总负责人审批。

6.6.3.5.2 重点内容

(1) 参与设计方案的审查，参与图纸会审。

(2) 组织编制或参与编制及审查预试车方案。

(3) 组织编制总体试车方案和化工投料试车方案。

(4) 组织翻译、复制、审核和编辑引进装置的流程图册、机械简图手册、模拟机说明和操作手册等资料。

(5) 组织编制技术培训资料，并以适当方式将各类试车方案(摘要)置于试车现场。

(6) 组织编制各种技术规程和岗位操作法。

(7) 收集设计修改项目、操作方法的变更和在安装、试车中出现的重大问题。

(8) 准备试车操作记录表、本。

6.6.3.5.3 资料准备

建设(生产)单位应根据设计文件，参照国内外同类装置的有关资料，适时完成各种培训教材、技术资料、试车方案和考核方案的编制工作。

(1) 培训教材

主要包括工艺、设备、电气、仪表控制等方面的基础知识和专业知识，主要设备结构图，工艺流程简图，生产准备手册，安全、环保、职业卫生及消防、气防知识教材，计算机仿真培训软件等。

(2) 生产技术资料

主要包括工艺流程图、反应原理、控制与联锁逻辑程序及整定值、设计修改项目和安装试车过程中的重大问题以及岗位操作法、安全技术及操作规程、工艺技术规程、环保及职业卫生技术规程、分析规程、检修规程、电气运行规程、仪表及计算机运行规程、事故应急预案等，各种报表、台账、技术档案等。

(3) 综合性技术资料

主要包括：企业和化工装置情况、原材料手册、物料平衡手册、自动控制系统手册、产品质量手册、润滑油(脂)手册、“三废”排放手册、设备手册、备品备件手册、安全设施一览表、阀门及垫片一览表、轴承一览表等，并及时收集整理随机资料。

(4) 试车方案

各种试车方案应覆盖全部试车项目，主要有：

A. 供电：外电网到总变电(总降)站、总变到各装置变电所、自备电站与外供电网联网、事故电源、不间断电源(UPS)、直流供电等受送电方案。

B. 给排水系统：水源地到化工装置区、原水预处理、脱盐水、循环冷却水系统冲洗、化学清洗、预膜，污水处理场试车方案。

C. 工艺空气和仪表空气：空压机试车、设备及管线吹扫方案。

D. 锅炉及供汽系统：燃料系统、锅炉冲洗、化学清洗、煮炉、烘炉、安全阀定压、各等级蒸汽管道吹扫、减温减压器调校、锅炉(两台以上)并网等方案。

E. 其他工业炉化学清洗、煮炉、烘炉等方案。

F. 空分装置：空压机、空分管道及设备吹扫、试压、气密、裸冷、装填保冷材料等，氮压机、氧压机、液氮、液氧、液氩等系统投用方案。

G. 储运系统：原料、燃料、酸碱、三剂(催化剂、溶剂、添加剂)、润滑油(脂)、中间物料、产品(副产品)等储存、进出厂(铁路、公路、码头、中转站等)方案。

H. 消防系统：消防水、泡沫、干粉、蒸汽、氮气和二氧化碳、可燃和有毒气体报警、火灾报警系统及其他防火、灭火设施等调试方案。

I. 调度通信系统：呼叫系统、对讲系统、调度电话、消防报警电话等方案。

J. 化工装置的系统清洗、吹扫、试压、气密、干燥、置换等方案。

K. 化工装置的三剂(催化剂、溶剂、添加剂)装填、干燥、活化、升温还原及再生方案。

L. 自备发电机组、事故发电机、自备热电站等试车方案。

M. 化工装置的大机泵、超高压和超高、高径比大的设备以及涉及易燃易爆物品的设备试车方案。

N. 联动试车方案。

O. 化工投料试车方案。

P. 事故应急预案。

Q. 试车过程中产生危险废物的处置方案。

6.6.3.6 安全准备

6.6.3.6.1 准备基本要求

(1) 保证工程建设、生产准备和试车期间的安全生产资金投入。

(2) 试生产之前，应按《中华人民共和国安全生产法》《危险化学品安全管理条例》等法律、法规的规定，设置安全生产管理机构，配齐专职安全生产管理人员。在试车期间，还应根据需要增加安全管理人员，满足安全试车需要。

(3) 应按照《危险化学品从业单位安全标准化通用规范》(AQ 3013)的规定，结合本企业特点，组织制定各项安全生产责任制、安全生产管理制度等。

(4) 应按照《危险化学品重大危险源监督管理暂行规定》(国家安全生产监督管理总局令第40号)《危险化学品重大危险源辨识》(GB 18218)及安全评价资料，辨识重大危险源，并将重大危险源及相关安全措施、应急救援预案报当地安全监管部门和其他有关部门备案。

6.6.3.6.2　劳动防护用品准备

建设(生产)单位必须按照设计文件和国家有关标准的规定，为职工提供符合国家标准或者行业标准的劳动防护用品。

6.6.3.6.3　风险评价

按风险评价管理程序，运用工作危害分析(JHA)、安全检查表分析(SCL)、预先危险性分析(PHA)等方法，对各单元装置及辅助设施进行分析，辨识存在的危险因素和可能发生的危险等级，制定相应措施，编制事故应急预案。要把防泄漏、防中毒、防静电、防雷击、防电器火花、防爆炸、防冻裂、防灼伤、防窒息、防震动、防违章、防误操作等，作为安全预防的主要内容。按照化工装置的规模、危险程度、依据有关标准规定，编制三级(一般为公司级、车间级和班组级)应急救援预案，履行企业内部审批程序。

大、中型化工装置以及危险性较高、工艺技术复杂的化工装置，建设(生产)单位宜采用危险与可操作性分析(HAZOP)技术，系统、详细地对工艺过程和操作进行检查，对拟订的操作规程进行分析，列出引起偏差的原因、后果，以及针对这些偏差及后果应使用的安全装置，提出相应的改进措施。

6.6.3.6.4　应急预案准备

建立应急救援组织和队伍，配备应急救援器材，加强日常培训和演练。化工装置试车现场的应急通道应保持畅通；建筑物的安全疏散门，应向外开启，其数量符合要求；设备的框架或平台的安全疏散通道应布置合理；疏散通道设有应急照明和疏散标志；有毒有害气体可能泄漏或排放场所应设置风向标。

6.6.3.7　物资及外部条件准备

6.6.3.7.1　物资准备

(1) 对主要原料、燃料的供应单位进行深入调查，确认所供应物资的品种、规格符合设计文件的要求，可以确保按期、按质、按量、稳定供应。

(2) 按试车方案的要求，编制试车所需的原料、燃料、三剂(催化剂、溶剂、添加剂)、化学药品、标准样气、备品备件、润滑油(脂)等的供应计划，并按使用进度的要求落实品种、数量(包括一次装填量、试车投用量、储备量)，与供货单位签订供货协议或合同。

(3) 供货周期较长的物资，特别是需要国外订货的部分，应提前作出安排，确保在化工投料试车前到位。对于进口设备的备品配件以及国内暂不能供应的催化剂、化学药品等，可组织或委托测绘、剖析和试制，以及试用和鉴定工作。

(4) 各种化工原料、润滑油(脂)和备品配件应严格进行质量检验，妥善储存、保管，防止损坏、丢失、变质，并做好分类、建账、建卡、上架工作，做到账物卡相符。

(5) 各种随机资料、专用工具和测量仪器，在设备开箱检验时，应认真清点、登记、造册，留存备查。

(6) 安全、职业卫生、消防、气防、救护、通信等器材，应按设计和试车的需要配备到岗位，劳动防护用品应按设计和有关规定配发。

(7) 产品的包装材料、容器、运输设备等，应在化工投料试车前到位。

6.6.3.7.2　外部条件准备

(1) 根据与外部签订的供水、供气、供电、通信等协议，按照总体试车方案要求，落实开通时间、使用数量、技术参数等。

(2) 根据厂外公路、铁路、码头、中转站、防排洪、工业污水、废渣等工程项目进度，及时与有关管理部门衔接开通。

(3) 落实安全、消防、环保、职业卫生、抗震、防雷、特种设备登记和检测检验等各项措施，主动向政府有关部门申请办理有关的审批手续，做到依法试车。

(4) 依托消防、医疗救护等社会应急救援力量及公共服务设施的，应及时与依托单位签订协议或合同。

(5) 根据设计概算，在编制总体试车方案时，应编制试车费用和生产流动资金计划，及早筹措落实。

6.6.3.8 其他准备

6.6.3.8.1 后勤服务保障准备

建设(生产)单位应根据试车的时间、地点、人员、环境等因素，围绕饮食住宿、交通、通信、医疗急救、防暑降温、防寒防冻、气象信息等后勤保障内容，落实保障措施，做到人员、措施、设施、标准到位。

6.6.3.8.2 技术提供、专利持有或承包方配合的有关准备

(1) 对装置现场技术确认，提出并落实整改意见。

(2) 对装置 DCS、紧急停车(ESD)等系统参数进行整定与确认，检查各工艺参数符合技术要求。

(3) 对建设(生产)单位人员进行相关的技术培训。

(4) 根据专有技术的特点提出试车计划、目标及要求。

(5) 参与编制生产考核方法和规程，配合做好项目的生产考核工作。

6.6.3.8.3 设计单位配合的有关准备

(1) 对建筑安装工程按设计要求进行核对，对设计(包括变更设计)进行全面复查。

(2) 提供施工图版的操作手册、分析手册、安全导则。

(3) 参与审核业主的操作法、安全技术规程、分析规程等，确认各项操作指标。

(4) 参与项目的工程交接等工作。

(5) 参与编制生产考核方法和规程，配合做好项目的生产考核工作。

(6) 施工、监理单位配合的有关准备.

(7) 按试车统筹控制计划的要求，完成工程扫尾和有关试车任务。

(8) 参与总体试车方案的编制，做好各项工作的衔接。

(9) 在化工投料试车前组织试车服务人员，负责巡回检查，做好相关的设备维护保养工作，发现问题及时处理。

(10) 出具工程质量监理监督结论。

(11) 办理完成有关特种设备的质量技术监督手续。

6.6.3.8.4 设备制造和供应单位配合的有关准备

(1) 提供保质期内的备品备件及其清单。

(2) 指导设备的安装，单机试车的条件确认，单机试车方案审核确认，解决单机试车中的设备问题，参与联动试车和化工投料试车工作。

(3) 提供设备操作、维护、检修手册。

(4) 对建设(生产)单位人员进行设备原理、事故处理、开停车、操作及检修的培训。

(5) 提供产品合格证、产品质量证明书、竣工图、质量技术监督部门签发的产品制造安全质量监督检验证书等。

6.6.4 预试车

预试车的主要任务是，在工程安装完成以后，化工投料试车之前，对化工装置进行管道系统和设备内部处理、电气和仪表调试、单机试车和联动试车，为化工投料试车做好准备。

6.6.4.1 预试车的总体要求

预试车必须按总体试车计划和方案的规定实施，不具备条件不得进行试车。预试车应在必要的生产准备工作落实到位、消防及公用工程等已具备正常运行条件后进行。预试车前，建设(生产)单位、设计单位、施工单位、技术提供单位、设备制造或供应单位应对试车过程中的危险因素及有关技术措施进行交底并出具书面记录，施工单位应当编制并向建设(生产)单位提交建设项目安全设施施工情况报告。预试车前，应确认试车单元与其他生产或待试车的设备、管道是否隔离并已进行安全处理，试车过程应设专人监护。

预试车必须循序渐进，必须将安全工作置于首位，安全设施必须与生产装置同时试车，前一工序的事故原因未查明、缺陷未消除，不得进行下一工序的试车，不安全，不试车。确需实物料进行试车的设备，经建设(生产)单位、设计单位和设备制造或供应单位协商同意后，可留到化工投料试车阶段再进行。

预试车工作全部结束后，建设(生产)单位应组织有关部门及相关人员检查确认是否具备化工投料试车条件。

6.6.4.2 预试车的主要控制环节

预试车过程中，应根据工艺技术、设备设施、公用及辅助设施等情况和装置的规模、复杂程度，主要控制以下环节：

管道系统压力试验；管道系统泄漏性试验；水冲洗；蒸汽吹扫；化学清洗；空气吹扫；循环水系统预膜；系统置换；一般电动机器试车；汽动机、泵试车；往复式压缩机试车；烘炉；煮炉；塔、器内件的装填；催化剂、吸附剂、分子筛等的充填；热交换器的再检查；仪表系统的调试；电气系统的调试；工程中间交接；联动试车。

6.6.4.3 预试车阶段记录

预试车报告应由试车领导机构组织编制，经参加试车各单位的授权人员共同签字确认。预试车报告应包括试车项目、日期、参加人员、简要过程、试车结论和存在的危险隐患及处理措施。

试车记录的格式、内容和份数应由试车工作机构组织提出，试车领导机构主要负责人批准后使用。每个试车项目必须填写试车记录，并由参加试车单位的授权人员签字确认。

6.6.4.4 单机试车

单机试车的主要任务是对现场安装的驱动装置空负荷运转或单台机器、机组以水、空气等为介质进行负荷试车。通用机泵、搅拌机械、驱动装置、大机组及与其相关的电气、仪表、计算机等的检测、控制、联锁、报警系统等，安装结束都要进行单机试车，以检验其除受工艺介质影响外的机械性能和制造、安装质量。

6.6.4.4.1　**单机试车的基本要求**

单机试车前，工程安装及扫尾工作应基本结束。施工单位应按照设计文件和试车的要求，认真清理未完工程和工程尾项，自检工程质量，合格后报建设(生产)单位和监理单位进行工程质量初评，并负责整改消除缺陷。

建设(生产)单位应抓试车、促扫尾，协调、衔接好扫尾与试车的进度，组织生产人员及早进入现场，分专业进行“三查四定”，即查设计漏项、查工程质量及隐患、查未完工程量，对检查出的问题定任务、定人员、定措施、定整改时间，及早发现和解决问题。

6.6.4.4.2　**试车准备**

(1) 单机试车前，试车方案已经制订并获得批准；

(2) 试车组织已经建立，试车操作人员已经过培训并考核合格，熟悉试车方案和操作法，能正确操作；

(3) 试车所需燃料、动力、仪表空气、冷却水、脱盐水等确有保证；

(4) 测试仪表、工具、记录表格齐备，保修人员就位。

6.6.4.4.3　**单机试车操作法**

建设(生产)单位应根据有关规范要求和化工装置实际需要，制定管道系统压力试验、泄漏性试验、水冲洗、蒸汽吹扫、化学清洗、空气吹扫、循环水系统预膜、系统置换等各环节的操作法和要求，并严格执行。

6.6.4.4.4　**单机试车管理要求**

(1) 试车必须包括保护性联锁和报警等自动控制装置。

(2) 指挥和操作必须按照机械设备说明书、试车方案和操作法进行。

(3) 严禁多头领导、违章指挥和操作，严防事故发生。

(4) 不同设备的单机试车：

① 除大机组等关键设备外的转动设备的单机试车，应由建设(生产)单位组织，建立试车小组；由施工单位编制试车方案和实施，建设(生产)单位配合，设计、供应等单位的有关人员参加。

② 大机组等关键设备的单机试车，应由建设(生产)单位组织成立试车小组，由施工单位编制试车方案并经过施工、生产、设计、制造等单位联合确认。试车操作应由生产单位熟悉试车方案、操作方法、考试合格取得上岗证的人员进行，或按合同执行。

6.6.4.4.5　**系统清洗与吹扫**

(1) 系统清洗、吹扫、煮炉由建设(生产)单位编制方案，施工、建设(生产)单位实施。

(2) 系统清洗、吹扫要严把质量关，使用的介质、流量、流速、压力等参数及检验方法，必须符合设计和规范的要求，引进装置应达到外商提供的标准。

(3) 系统进行吹扫时，严格按照批准的方案和吹扫流程图进行，严禁不合格的介质进入机泵、换热器、冷箱、塔、反应器等设备，管道上的孔板、流量计、调节阀、测温元件等在化学清洗或吹扫时应予拆除，焊接的阀门要拆掉阀芯或全开。

(4) 氧气管道、高压锅炉(高压蒸汽管道)及其他有特殊要求的管道、设备的吹扫、清洗应按有关规范进行特殊处理。

(5) 吹扫、清洗结束后，应交生产单位进行充氮或其他介质保护。

(6) 系统吹扫应尽量使用空气进行；必须用氮气时，应制定防止氮气窒息措施；如用蒸汽、燃料气，也要有相应的安全措施。

6.6.4.4.6　临时设施

单机试车时需要增加的临时设施(如管线、阀门、盲板、过滤网等)，建设(生产)单位要进行审核，完成试车任务后，应及时拆除。

6.6.4.4.7　物资供应

单机试车所需要的电力、蒸汽、工业水、循环水、脱盐水、仪表空气、工艺空气、氮气、燃料气、润滑油(脂)、物料等由建设(生产)单位负责供应，或按相关合同条款执行。

6.6.4.4.8　试车记录

单机试车过程要及时填写试车记录，单机试车合格后，由建设(生产)单位组织建设(生产)、施工、设计、监理、质量监督检验等单位的人员确认、签字。引进装置或设备需按合同要求执行。

6.6.4.5　工程中间交接

当单项工程或部分装置建成，管道系统和设备的内部处理、电气和仪表调试及单机试车合格后，由单机试车转入联动试车阶段，建设(生产)单位和施工单位应进行工程中间交接。工程中间交接一般按单项或系统工程进行，与生产交叉的技术改造项目，也可办理单项以下工程的中间交接。工程中间交接后，施工单位应继续对工程负责，直至竣工验收。

6.6.4.5.1　工程中间交接应具备的条件

(1) 工程按设计内容施工完毕。

(2) 工程质量初评合格。

(3) 管道耐压试验完毕，系统清洗、吹扫、气密完毕，保温基本完成，工业炉煮炉完成。

(4) 静设备强度试验、无损检验、负压试验、气密试验等完毕，清扫完成，安全附件(安全阀、防爆门等)已调试合格。

(5) 动设备单机试车合格(需实物料或特殊介质而未试车者除外)。

(6) 大机组用空气、氮气或其他介质负荷试车完毕，机组保护性联锁和报警等自控系统调试联校合格。

(7) 装置电气、仪表、计算机、防毒防火防爆等系统调试联校合格。

(8) 装置区施工临时设施已拆除，做到“工完、料净、场地清”，竖向工程施工完毕。

(9) 对联动试车有影响的“三查四定”项目及设计变更处理完毕，其他与联动试车无关的未完施工尾项责任及完成时间已明确。

6.6.4.5.2　工程中间交接的内容

(1) 按设计内容对工程实物量的核实交接。

(2) 工程质量的初评资料及有关调试记录的审核验证与交接。

(3) 安装专用工具和剩余随机备件、材料的交接。

(4) 工程尾项清理实施方案及完成时间的确认。

(5) 随机技术资料的交接。

6.6.4.5.3　工程中间交接的验收

工程中间交接应先由建设(生产)单位组织总承包、生产、施工、监理、设计等单位按单元工程、分专业进行中间验收，最后组织总承包、设计、施工、监理、工程管理等单位参加中间交接会议，并分别在工程中间交接证明书及附件上签字。引进装置或设备的工程中间交接按合同执行。

6.6.4.6 联动试车

联动试车的主要任务是以水、空气为介质或与生产物料相类似的其他介质代替生产物料，对化工装置进行带负荷模拟试运行，机器、设备、管道、电气、自动控制系统等全部投用，整个系统联合运行，以检验其除受工艺介质影响外的全部性能和制造、安装质量，验证系统的安全性和完整性等，并对参与试车的人员进行演练。

联动试车的重点是掌握开、停车及模拟调整各项工艺条件，检查缺陷，一般应从单系统开始，然后扩大到几个系统或全部装置的联运。

6.6.4.6.1 联动试车开始前需要确认的条件

（1）试车范围内的机器、设备等单机试车全部合格，单项工程或装置机械竣工及中间交接完毕。

（2）生产管理机构已建立，各级岗位责任制已落实并执行。

（3）技术人员、班组长、岗位操作人员已经确定，经考试合格并取得上岗证。

（4）设备位号、管道介质名称和流向及安全色按规范标志标识完毕。

（5）公用工程已平稳运行。

（6）试车方案和有关操作规程已经批准并印发到岗位及个人，在现场以适当形式公布。

（7）试车工艺指标、联锁值、报警值经生产技术部门批准并公布。

（8）生产记录报表齐全并已印发到岗位。

（9）机、电、仪修和化验室已交付使用。

（10）通信系统已畅通。

（11）安全卫生、消防设施、气防器材和温感、烟感、有毒有害可燃气体报警、防雷防静电、电视监控等防护设施已处于完好备用状态。

（12）职业卫生监测点已确定，按照规范、标准应设置的标识牌和警示标志已到位。

（13）保运队伍已组建并到位。

（14）试车现场有碍安全的机器、设备、场地、通道处的杂物等已经清理干净。

6.6.4.6.2 试车范围

不受工艺条件影响的显示仪表和报警装置皆应参加联动试车，自控和联锁装置可在试车过程中逐步投用，在联锁装置投用前，应采取措施保证安全，试车中应检查并确认各自动控制阀的阀位与控制室的显示相一致。

6.6.4.6.3 试车方案

联动试车方案由建设(生产)单位负责编制并组织实施，施工、设计单位参与。主要包括以下内容：

（1）试车目的。

（2）试车组织机构。

（3）试车应具备的条件。

（4）试车程序、进度网络图。

（5）主要工艺指标、分析指标、联锁值、报警值。

（6）开停车及正常操作要点。

（7）相应的安全措施和事故应急预案。

（8）试车物料数量与质量要求。

（9）试车保运体系。

6.6.4.6.4 试车管理要求

试车过程中，要求在规定期限内试车系统首尾衔接、稳定运行。参加试车的人员分层次、分类别掌握开车、停车、事故处理和调整工艺条件的操作技术。通过联动试车，及时发现和消除化工装置存在的缺陷和隐患，完善化工投料试车的条件。

6.6.5 化工投料试车

6.6.5.1 试车条件

化工投料试车的主要任务是，用设计文件规定的工艺介质打通全部装置的生产流程，进行各装置之间首尾衔接的运行，以检验其除经济指标外的全部性能，并生产出合格产品。

化工投料试车前，建设(生产)单位必须组织进行严格细致的试车条件检查。严格做到“四不开车”，即：条件不具备不开车，程序不清楚不开车，指挥不在场不开车，出现问题不解决不开车。未做好前期准备工作，化工投料试车不得进行。

6.6.5.2 试车方案及标准

6.6.5.2.1 试车方案的主要内容

化工投料试车方案应由建设(生产)单位负责编制并组织实施，设计、施工单位参与，引进装置按合同执行。主要包括下列基本内容：

（1）装置概况及试车目标。

（2）试车组织与指挥系统。

（3）试车应具备的条件。

（4）试车程序、进度及控制点。

（5）试车负荷与原料、燃料平衡。

（6）试车的水、电、汽、气等平衡。

（7）工艺技术指标、联锁值、报警值。

（8）开、停车与正常操作要点及事故应急措施。

（9）环保措施。

（10）防火、防爆、防中毒、防窒息等安全措施及注意事项。

（11）试车保运体系。

（12）试车难点及对策。

（13）试车可能存在的问题及解决办法。

（14）试车成本预算。

6.6.5.2.2 化工投料试车的管理要求

（1）试车必须统一指挥，严禁多头领导、越级指挥。

（2）严格控制试车现场人员数量，参加试车人员必须在明显部位佩戴相关证件，无证人员不得进入试车区域。

（3）严格按试车方案和操作法进行，试车期间必须实行监护操作制度。

（4）试车首要目的是安全运行、打通生产流程、产出合格产品，不强求达到最佳工艺条件和产量。

（5）试车必须循序渐进，上一道工序不稳定或下一道工序不具备条件，不得进行下一道工序的试车。

（6）仪表、电气、机械人员必须和操作人员密切配合，在修理机械、调整仪表、电气时，应事先办理安全作业票(证)。

（7）试车期间，分析工作除按照设计文件和分析规程规定的项目和频次进行外，还应按试车需要及时增加分析项目和频次并做好记录。

（8）发生事故时，必须按照应急处置的有关规定果断处理。

（9）化工投料试车应尽可能避开严冬季节，否则必须制定冬季试车方案，落实防冻措施。

（10）化工投料试车合格后，应及时消除试车中暴露的缺陷和隐患，逐步达到满负荷试车，为生产考核创造条件。

6.6.5.2.3 化工投料试车应达到的标准

（1）试车主要控制点正点到达，连续运行产出合格产品。

（2）不发生重大设备、操作、火灾、爆炸、人身伤害、环保等事故。

（3）安全、环保、消防和职业卫生做到“三同时”，监测指标符合标准。

（4）生产出合格产品后连续运行72h以上。

（5）做好物料平衡，控制好试车成本。

6.6.5.3 “倒开车”

“倒开车”是指在主装置或主要工序投料之前，用外供物料先期把下游装置或后工序的流程打通，待主装置或主要工序投料时即可连续生产。通过“倒开车”，充分暴露下游装置或后工序在工艺、设备和操作等方面的问题，及时加以整改，以保证主装置投料后顺利打通全流程，做到化工投料试车一次成功，缩短试车时间，降低试车成本。

建设(生产)单位在编制试车方案时，应根据装置工艺特点、原料供应的可能，原则采用“倒开车”的方法。

6.6.5.4 试车队伍组成

化工投料试车，应根据化工装置、建设(生产)单位的实际情况，组成以建设(生产)单位为主，总承包、设计、施工、技术或是开车协助单位以及国内外专家参加的试车队伍。建设(生产)单位在试车期间，可根据装置技术复杂程度，聘请专家，组成试车技术顾问组，分析试车的技术难点并提出相应的对策措施。

（1）设计单位应安排骨干设计人员到达现场，处理试车中发现的设计问题。

（2）建设(生产)单位应会同总承包、施工、设计等单位成立保运组织，统一指挥试车期间的保运工作，本着“谁安装、谁保运”的原则，与施工单位签订保运合同。施工单位应实行安装、试车保运一贯负责制，保运人员应24h现场值班，做到全程保运。

（3）建设(生产)单位可根据试车需要，提前落实开车协助单位或有关技术专家来现场的人员和时间，充分发挥其技术把关和指导作用。

6.6.6 停车

6.6.6.1 常规停车

常规停车是指化工装置试车进行一段时间后，因装置检修、预见性的公用工程供应异常或前后工序故障等所进行的有计划的主动停车。

6.6.6.1.1　常规停车准备工作

化工装置常规停车应按以下要求做好准备：

（1）编制停车方案，参加停车人员均经过培训并熟悉停车方案。

（2）停车操作票、工艺操作联络票等各种票证齐全，并下发至岗位。

（3）停车用的工(器)具、劳动防护用品齐备，如专用停车工具、通信工具、事故灯、防护服等。

（4）停车后的置换清洗方案、停车阀位图等。

（5）停车用的各种记录表、本等。

6.6.6.1.2　常规停车方案

化工装置常规停车方案主要包括以下内容：

（1）停车的组织、人员与职责分工。

（2）停车的时间、步骤、工艺变化幅度、工艺控制指标、停车顺序表以及相应的操作票(证)。

（3）停车所需的工具和测量、分析等仪器。

（4）化工装置的隔离、置换、吹扫、清洗等操作规程。

（5）化工装置和人员安全保障措施和事故应急预案。

（6）化工装置内残余物料的处理方式。

（7）停车后的维护、保养措施。

6.6.6.1.3　相关注意事项

化工装置常规停车应注意以下事项：

（1）指挥、操作等相关人员全部到位。

（2）必须填写有关联络票并经生产调度部门及相关领导批准。

（3）必须按停车方案规定的步骤进行。

（4）与上下工序及有关工段(如锅炉、配电间等)保持密切联系，严格按照规定程序停止设备的运转，大型传动设备的停车，必须先停主机、后停辅机。

（5）设备泄压操作应缓慢进行，压力未泄尽之前不得拆动设备；注意易燃、易爆、易中毒等危险化学品的排放和散发，防止造成事故。

（6）易燃、易爆、有毒、有腐蚀性的物料应向指定的安全地点或储罐中排放，设立警示标志和标识；排出的可燃、有毒气体如无法收集利用应排至火炬烧掉或进行其他无毒无害化处理。

（7）系统降压、降温必须按要求的幅度(速率)、先高压后低压的顺序进行，凡需保压、保温的，停车后按时记录压力、温度的变化。

（8）开启阀门的速度不宜过快，注意管线的预热、排凝和防水击等。

（9）高温真空设备停车必须先消除真空状态，待设备内介质的温度降到自燃点以下时，才可与大气相通，以防空气进入引发燃爆事故。

（10）停炉操作应严格依照规程规定的降温曲线进行，注意各部位火嘴熄火对炉膛降温均匀性的影响；火嘴未全部熄灭或炉膛温度较高时，不得进行排空和低点排凝，以免可燃气体进入炉膛引发事故。

(11) 停车时严禁高压串低压。

(12) 停车时应做好有关人员的安全防护工作，防止物料伤人。

(13) 冬季停车后，采取防冻保温措施，注意低位、死角及水、蒸汽管线、阀门、疏水器和保温伴管的情况，防止冻坏。

(14) 用于紧急处理的自动停车联锁装置，不应用于常规停车。

6.6.6.2 紧急停车

紧急停车是指化工装置运行过程中，突然出现不可预见的设备故障、人员操作失误或工艺操作条件恶化等情况，无法维持装置正常运行造成的非计划性被动停车。

紧急停车分为局部紧急停车、全面紧急停车。局部紧急停车是指生产过程中，某个(部分)设备或某个(部分)生产系统的紧急停车，全面紧急停车是指生产过程中，整套生产装置系统的紧急停车。

6.6.6.2.1 紧急停车处置预案

针对化工装置紧急停车的不可预见性，建设(生产)单位应根据设计文件和工艺装置的有关资料，全面分析可能出现紧急停车的各种前提条件，提前编制好有针对性的停车处置预案。紧急停车处置预案应主要包括以下内容：

(1) 能够导致化工装置紧急停车的危险因素辨识和分析。

(2) 导致紧急停车的关键控制点和预先防范措施。

(3) 各种工况下化工装置紧急停车时的人员调度程序、职责分工、紧急停车操作顺序和工艺控制指标。

(4) 紧急停车后的装置维护措施。

(5) 紧急停车后的人员安全保障措施。

6.6.6.2.2 注意事项

化工装置紧急停车时的注意事项除参照正常停车的程序执行外，还应注意以下几点：

(1) 发现或发生紧急情况，必须立即按规定向生产调度部门和有关方面报告，必要时可先处理后报告。

(2) 发生停电、停水、停气(汽)时，必须采取措施，防止系统超温、超压、跑料及机电设备的损坏。

(3) 出现紧急停车时，生产场所的检修、巡检、施工等作业人员应立即停止作业，迅速撤离现场。

(4) 发生火灾、爆炸、大量泄漏等事故时，应首先切断气(物料)源，尽快启动事故应急救援预案。

6.6.6.2.3 紧急停车总结与改进

发生紧急停车后，建设(生产)单位应深入分析工艺技术、设施设备、自动控制和安全联锁停车系统等方面存在的问题，认真总结停车过程中和停车后各项应对措施的有效性和安全性，采取措施加以改进，避免或减少各类紧急停车事件的发生。

6.7 典型事故案例

案例1 某公司氯化反应塔爆炸事故

2006年7月27日15时10分，某化工公司首次向氯化反应塔塔釜投料。17时20分通入导热油加热升温；19 时 10 分，塔釜温度上升到 130℃，此时开始向氯化反应塔塔釜通氯气；20 时 15 分，操作工发现氯化反应塔塔顶冷凝器没有冷却水，于是停止向釜内通氯气，关闭导热油阀门。28 日 4 时 20 分，在冷凝器仍然没有冷却水的情况下，又开始通氯气，并开导热油阀门继续加热升温；7 时，停止加热；8 时，塔釜温度为 220℃，塔顶温度为 43℃；8 时 40 分，氯化反应塔发生爆炸。据估算，氯化反应塔物料的爆炸当量相当于 406kg 梯恩梯(TNT)，爆炸半径约为 30m，造成 1 号厂房全部倒塌。事故造成 22 人死亡，29 人受伤，其中 3 人重伤。

事故原因：企业在投料试车过程中，氯化反应塔冷凝器无冷却水、塔顶没有产品流出的情况下，没有立即采取停车措施，而是错误地继续加热升温，使物料(2，4-二硝基氟苯)长时间处于高温状态，最终导致其分解爆炸。

该项目没有执行安全生产相关法律法规，在新建企业未经设立批准(正在后补设立批准手续)、生产工艺未经科学论证、建设项目未经设计审查和安全验收的情况下，擅自低标准进行项目建设并组织试生产，而且违法试生产 5 个月后仍未取得项目设立批准。该企业违章指挥，违规操作，现场管理混乱，边施工边试生产，埋下了事故隐患。

案例 2　某公司硝化装置爆炸事故

2007 年 5 月 10 日 16 时许，某公司硝化装置由于蒸汽系统压力不足，氢化和光气化装置相继停车。20 时许，硝化装置由于二硝基甲苯储罐液位过高而停车，由于甲苯供料管线手阀没有关闭，调节阀内漏，导致甲苯漏入硝化系统。22 时许，氢化和光气化装置正常后，硝化装置准备开车时发现硝化反应深度不够，生成黑色的络合物，遂采取酸置换操作。该处置过程持续到 5 月 11 日 10 时 54 分，历时约 12h。此间，装置出现明显的异常现象：一是一硝基甲苯输送泵多次跳车；二是一硝基甲苯储槽温度高(有关人员误认为仪表不准)。期间，由于二硝基甲苯储罐液位降低，导致氢化装置两次降负荷。

5 月 11 日 10 时 54 分，硝化装置开车，负荷逐渐提到 42%。13 时 02 分，厂区消防队接到报警：一硝基甲苯输送泵出口管线着火，13 时 07 分厂内消防车到达现场，与现场人员一起将火迅速扑灭。13 时 08 分系统停止投料，现场开始准备排料。13 时 27 分，一硝化系统中的静态分离器、一硝基甲苯储槽和废酸罐发生爆炸，并引发甲苯储罐起火爆炸。事故造成 5 人死亡，80 人受伤，其中 14 人重伤，厂区内供电系统严重损坏，附近村庄几千名群众紧急疏散转移。

事故原因：硝化系统在处理系统异常时，酸置换操作使系统硝酸过量，甲苯投料后，导致一硝化系统发生过硝化反应，生成本应在二硝化系统生成的二硝基甲苯和不应产生的三硝基甲苯(TNT)。因一硝化静态分离器内无降温功能，过硝化反应放出大量的热无法移出，静态分离器温度升高后，失去正常的分离作用，有机相和无机相发生混料。混料流入一硝基甲苯储槽和废酸储罐，并在此继续反应，致使一硝化静态分离器和一硝基甲苯储槽温度快速上升，硝化物在高温下发生爆炸。

6.8　试生产前安全审查表范例节选

附表一～附表四节选了装置试生产前的部分安全审查表范例，供参考。

附表一　HSE设施审查表

人身安全/健康		×					整项不适用				
		选择		需要行动项目			存在问题描述	计划整改时间	负责人	整改完成时间	整改完成确认人
		有关	无关	无问题0	必选项A	遗留项B					
1	个人安全防护设施足够吗？										
2	个人安全防护设施配备是否符合现场危害特性？										
3	个人安全防护设施是否放在合适和容易取到的位置？										
4	个人安全防护设施合格且在防护期内？										
5	噪声高的区域是否采取了降噪措施或有明显标识，员工是否配备耳塞等？										
6	照明亮度足够吗？										
7	通往高处平台是否有通道或梯子？										
8	廊道、工作平台是否有围栏等劳动保护设施并防滑？										
9	是否满足高空作业的安全措施要求？										
10	工作间是否有足够的通风？										
11	透视孔、流向指示、仪表玻璃是否符合安全要求？										
12	工作台/脚手架是否清理？										
13	是否清理所有废弃或更换下来的物品？										
14	是否清理水压实验设备及其他临时设备？										
15	是否清理临时的连接管线、软管、电源线路、标识等？										
16	是否清理未使用完且不必要的用料？										
17	其他需要清理的物品是否清理？										
18	是否有足够的标志牌、围栏等来标示工作区域或危险区域？										
19	进出路径是否有标识？										

续表

人身安全/健康		×		整项不适用							
		选择		需要行动项目			存在问题描述	计划整改时间	负责人	整改完成时间	整改完成确认人
		有关	无关	无问题0	必选项A	遗留项B					
20	在清理与维修时人体与化学材料的接触是否控制在最高允许接触值以下?										
21	仓储区是否有明确的标识?瓶装压缩气体的搬运、使用方法是否有明确的书面程序?										
22	是否有保护措施来避免人体与高低温、高低压电源接触?										
23	物体的摆放是否简单有序、容易拿到?										
24	容器储罐与操作设备是否有标识?										
25	停用的设备是否进行了隔离并有标识?										
26	安全冲淋/洗眼器是否可以正常使用?水源是否清洁?										
27	正压空气呼吸器是否按标准配备齐全,状态完好可靠?										
28	氮气系统接头是否与仪表风的连接形式不同?										
29	现场受限空间是否有明显标识?										
30	声光报警装置是否检验合格且在有效期内,并可正常工作?										
31	是否有区域化学品的清单和SDS?										
32	是否已经建立进入生产区的人员管制制度?										
33	禁止触摸的标记是否明显?										
34	化学品安全技术说明书(SDS)是最新的吗?在现场可以找到吗?										
35	物料危害培训材料和沟通(告知)程序是最新的吗?										

附表二　总体试生产方案审查表

类别	审查内容	符合性		存在问题	审查人
		是	否		
一、基础工作（前提条件）	1. 安全预评价、基础设计文件审查会及“三查四定”在安全方面提出的问题或建议是否落实？				
	2. 试车方案中是否明确安全设施和装备要按设计要求全部完成安装、调校？				
	3. 涉及安全的重大设计变更是否经安全职能部门审查同意？				
	4. 安全预评价、基础设计文件审查会及“三查四定”中在消防方面提出的问题或建议是否得到落实？				
	5. 试车方案中是否明确消防设施和装备要按设计要求全部完成施工安装、试运合格？移动消防器材及其他消防物资配置到位情况是否明确并落实？火灾报警、监测系统是否调校正常？是否明确以上内容要取得地方主管部门的验收？				
	6. 职业病危害预评价、基础设计文件审查会、“三查四定”中对职业卫生方面提出的问题或建议是否得到落实？				
	7. 试车方案中是否明确职业卫生方面设施和装备要按设计要求全部完成施工安装并调校合格？				
	8. 班组或个人配备的防护用品是否落实？穿戴要求是否明确？				
	9. 试车方案中是否明确了职业卫生监测点的设置？				
	10. 试车方案中是否明确了职工上岗前体检工作？				
	11. 地震安全性评价报告中提出的问题或建议是否落实？				
	12. 总体试车方案编写依据和原则中引用的安全、消防、职业卫生规范是否准确、充分？并明确提出了执行安全、消防、职业卫生“三同时”的原则？				
	13. 试车的指导思想和应达到的目标中安全、消防、职业卫生、抗震减灾内容是否充分、可行？是否明确了试车过程中任何情况下当与安全发生矛盾时遵循“安全第一”的要求？				
	14. 安全技术规程是否制订并通过审批？是否下发到相关人员手中并加以培训？				
	15. 事故应急预案（应列出清单）、消（气）防预案、消防“三案”是否制订并通过审核？是否组织学习并演练？				
	16. 有关安全、消防、职业卫生方面的管理制度（须列出详细的名称清单）是否制订或建立？内容是否规范、完整？				
	17. 对重大危险源、重要试车环节和试车难点是否进行了危险危害因素辨识？是否根据辨识结果制订了切实可靠的安全防范措施？				
	18. 试车方案中是否明确了操作人员在安全、消防、职业卫生方面培训考核内容？				
	19. 试车方案中是否明确了特殊工种培训考核取证工作要在开工前完成？				

续表

类别	审查内容	符合性		存在问题	审查人
		是	否		
二、组织保障措施	1. 车组织和指挥系统(包括机构图)是否建立？是否包括了安全、消防、职业卫生和抗震减灾部门在内？职责是否明确、合理？				
	2. 重要设施设备(含高温、高压部位)的投用、可燃有毒介质的引进等是否组织制定了方案并进行了条件确认？安全职能部门是否参与？				
	3. 应急救援机构是否组成？分工是否明确？				
	4. 试车方案中是否考虑了对安全有重大影响的工艺流程在非正常情况和事故状态下的应急处理流程是否畅通？是否有利于安全操作？				
	5. 异常气候或地质灾害条件下影响总体试车安全的因素是否予以考虑？				
三、现场管理措施	1. 安全阀是否明确安排专人负责投用、检查和确认？				
	2. 锅炉、压力容器、压力管道、特种设备投用前是否确保鉴定合格并办理使用注册登记手续？				
	3. 防雷、防静电接地及防触电保护接地是否安排检测并确保结果符合规范要求？				
	4. 盲板管理是否指定专人负责；现场是否明确要有明显标识？是否要求绘制盲板总表(图)并做到及时更新？每条流程每次试运时是否明确要求对现场盲板进行检查确认？				
	5. 是否明确要求了与试车阶段相适应的现场安全警示标识、警戒区域的设置？是否确保试车前“工完料净场地清”？				
	6. 对消防车、消防通道、应急照明、临时设施(工棚、脚手架、临时电源及其他)等方面，是否根据试车进度提出了明确要求？				
	7. 针对环境、条件变化对按规定办理作业许可证的要求是否明确？				
四、其他	1. 总体试车方案审查会前，对安全、消防、职业卫生方面的内容是否经过了安全职能部门初审？				
	2. 总体试车方案中有关安全、消防、职业卫生方面是否按规定向地方政府有关部门履行报批手续？				

附表三　投料试车现场安全检查表

类别	审查内容	符合性		存在问题	审查人
		是	否		
一、工艺过程	1. 生产装置及其配套公用工程按设计项目是否已建成？影响投料试车的设计变更内容是否已完成？				
	2. 对总体试车方案中提出的安全、消防、职业卫生、抗震减灾的审查意见是否已落实？				
	3. 岗位人员是否已进行《工艺操作规程》和《安全操行规程》的培训考核？				
	4. 各项工艺指标、工艺卡片是否按审批程序批准发布？				
	5. 异常情况和事故状态的应急方案是否已完善，并组织演练？				
	6. 盲板的安装与拆除是否已画出盲板图和建立管理卡片，并已指定专人负责？				
	7. 紧急泄压与排放设施、设备是否完好？设定的控制指标是否与整个装置生产系统配套？				
	8. 工艺系统是否已按规定完成了清洗、吹扫、气密，并有完整的施工纪录及验收记录？				
	9. 护栏等是否符完整？逃生通道是否畅通？，阀门手柄或开关操作是否易于操作？				
	10. 在“三查四定”、中间交接、联运试车阶段暴露的问题是否已全部整改完成？				
	11. 火炬排放系统是否已吹扫畅通？水封和脱凝罐是否已投用？点火系统是否可靠？				
二、装置设备	1. 所有设备、管道是否按规定试压合格？机泵是否已单机试车？				
	2. 设备的安全阀是否已进行了调校和定压并按规定铅封？是否建立了管理台账？				
	3. 装置内地面是否平整、清洁，消防道是否畅通？排水沟是否畅通并设有盖板？临时设施、工棚是否已全部移出？				
	4. 设备、容器的位号、管道的流向标识(色标)是否清晰齐全？				
	5. 锅炉、压力容器、起重设备等特种设备是否已取得地方部门使用许可证？登记标志是否置于该设备的显著位置？				
三、电气、仪表系统	1. 装置内临时施工电源是否已全部拆除？				
	2. 事故状态下保证照明的措施是否能满足要求？				
	3. 爆炸危险场所的电气设备、通信设备、照明等是否符合防爆要求？				
	4. 厂内通信系统是否能优先保证生产指挥、消防和安全救护等系统畅通完好？				
	5. 安全联锁装置；紧急停车系统；火灾、可燃、有毒有害安全报警仪是否已校验合格并投用？				
	6. 电缆沟及钢管穿线在进入爆炸危险场所处的变配电间、控制室、机柜间、分析间等处是否已按规定进行封堵？				
	7. 设备和建筑物的防雷防静电接地设施是否检测合格？				
	8. 变配电室、机柜间防止小动物进入的措施是否落实。				

续表

类别	审查内容	符合性		存在问题	审查人
		是	否		
四、储运系统、公用工程	1. 拱顶罐的阻火器和呼吸阀是否完好？				
	2. 大型浮顶储罐火灾自动检测报警系统是否已安装调试完毕？储罐的高高液位报警和联锁等是否调校合格？液化烃球罐是否有紧急切断阀和顶水设施？				
	3. 储罐、装卸栈台等防雷防静电接地设施是否已检测合格？				
	4. 储罐的防火堤、隔堤是否符合规范？管道、电缆穿越防火堤时是否进行了有效封堵？				
	5. 罐区的排水隔油设施是否完好？				
	6. 低压火炬系统是否已安装阻火器？				
	7. 危险化学品库房的通风、消防、防尘、防毒措施是否已落实？				
	8. 罐区的环形消防道是否畅通？				
五、安全、职业卫生、消防设施	1. 建设项目的安全、消防、职业卫生等是否已取得当地政府行政主管部门审批的投料试车文件？				
	2. 装置、罐区、危险化学品装卸台等区域的危险部位是否设置了安全标志？				
	3. 工艺、机械设备的安全防护设施是否齐全(如栏杆、网、罩、安全梯等)？				
	4. 爆炸危险场所的岗位是否已配备了防爆工具、照明灯具和应急护抢险设备？				
	5. 主管架、加热炉、承重钢框架、球罐支柱等重要部位的耐火保护措施是否已完成？是否达到耐火等级要求？				
	6. 各级事故应急预案、消防、气防是否已制定？并进行了演练？				
	7. 水幕、汽幕、水喷淋、火灾探测等是否已全部测试投用？				
	8. 稳高压消防水系统是否已投用？消防道路是否形成循环畅通？消火栓、消防炮、消防器材、消防水量、水压是否符合规范要求？灭火蒸汽系统是否全部配齐、配件齐全、位置适当？能否满足紧急情况下处理事故的要求？				
	9. 有毒有害的作业场所是否设置了风向指示标？				
	10. 有毒、有害岗位的防护用品、急救设施及器材、药品等是否配置合理和齐全？现场接触剧毒、高毒物品等操作人员的医疗急救措施是否周全？医疗专业机构是否满足应急预案的要求？				
	11. 含油污水井与生产作业环境是否进行了有效隔离？				

续表

类别	审查内容	符合性		存在问题	审查人
		是	否		
六、安全、职业卫生、消防管理	1. 各级安全、职业卫生、消防机构是否健全？人员是否配齐？是否经过专业资格培训？做到持证上岗。				
	2. 各项安全职业卫生管理制度、安全技术操作规程是否制定、完善并下发？				
	3. 各种安全、职业卫生、消防台账是否健全？				
	4. 现场操作人员个体防护用品穿戴是否符合规定？				
	5. 是否确定了有毒、有害物质采样监测点？是否绘制了平面监测部位图？是否在投料试车前监测本底数完毕？				
	6. 放射性同位素源是否取得地方行政主管部门颁发的使用许可证？				
	7. 消防部门是否建立消防“三案”？关键装置、要害部位等是否做到“一个一案”“一罐一案”，并经过实战演练？				
	8. 长输管线的管理责任制是否已落实。				
七、人员培训与考核	1. 职工是否进行了上岗前的体检并建立了健康检查档案？				
	2. 新上岗职工是否进行了“三级安全教育”，并经安全技术和安全知识考试后持证上岗？是否经过专业技术培训？受教育人数、考试合格率是否符合要求？				
	3. 特殊工种是否经过培训考试合格？并持证上岗；有毒有害岗位是否已进行防毒、防害及救护等专业培训？				
	4. 操作人员是否经过消防灭火、气防救护、事故处理培训？				
	5. 各级参加投料试车的人员是否都已接受试车方案的培训？对各自承担的工作内容与协作内容是否已熟练掌握？				
八、其他	在投料试车前，建设单位相关职能部门是否已按照此表对建设项目安全、消防、职业卫生方面内容进行了检查？检查报告是否已报集团公司工程建设管理部和安全环保局备案？				

附表四　投料试车安全、消防、职业卫生检查整改表

序号	存在问题	整改措施	整改责任单位	整改责任人	计划完成时间	实际完成时间	确认人	问题类别（A、B、C）
1								
2								
3								

注：A. 开车前须整改完成；

B. 开车间须整改完成；

C. 择机整改完成。

第7章 设备完整性

7.1 概述

设备完整性(又称设备完好性、机械完整性，Mechanical Integrity，MI)是针对工艺设备投运后，在使用、维护、修理、报废等各个环节中始终保持设备符合设计要求、功能完好、无故障运行的管理过程。根据美国化学工程师协会化工过程安全中心(CCPS)出版物《基于风险的过程安全》的定义，设备完整性是一套用于确保设备在生命周期中保持耐用性和功能性的管理体系。

7.1.1 设备完整性管理的作用和目的

设备完整性常常表现在震动、温度、间隙、松紧、位移、颜色、跑、冒、滴、漏、抖、声以及相关工艺安全管理信息与技术资料是否及时更新。企业设备完整性管理的好坏可以反映出现场操作和维修人员对技术标准的掌握程度以及专业工程师的现场审核力度，也可以从另一方面反映出设计、物资采购、施工过程管理及工程验收中质量管理的缺失和不足。因此，设备完整性问题是员工直接面对的安全问题，直接关系到员工健康和生命安全。

设备完整性管理的重点是防止危险物料的灾难性泄漏或能量的突然释放，以及保证关键安全系统和公用系统的高可用性和高可靠性，以消除或减轻此类事故的危害。

通过设备完整性管理，可以正确地设计、制造、购买、安装、操作和维护设备。在设备完整性管理过程中，可以通过制定确定的标准，清楚地确定哪些设备属于设备完整性的管理范畴。当设备出现缺陷时，可以帮助员工识别缺陷并进行有效控制，并优化资源的分配(人员、资金，储存空间等)来进行完善的管理使其不引发事故，进而确保执行检测、测试、维护、购买、制作、安装、拆除和再安装设备的相关人员受到良好的培训，并能熟练使用这些作业活动的操作规程。

设备完整性管理的目的主要包括：

(1) 提高设备可靠性来改进设备可用性；

(2) 减少引起安全和环境事故的设备故障；

(3) 提高产品一致性(稳定性、质量、产量……)；

(4) 提高维修的一致性和效率；

(5) 减少非计划维修时间和支出；

(6) 降低运营成本；

(7) 改善配件的管理；

(8) 改善承包商的业绩；

(9) 遵守政府监管和企业要求法律法规及/或公司规范。

7.1.2 关键性设备

关键性设备是指一旦该设备失效或故障，会引起工艺事故的设备，这里说的设备是广义的设备。关键性设备主要包括：容器、高速运动设备、气体检测系统、释放系统、二次容纳系统、安全仪表(SIS)、排风系统、紧急报警、停车系统、消防设施、防雷防静电设施、关键性管道及其附件、软管和膨胀节等。

将设备完整性问题通过系统的管理程序，与设计、采购和施工阶段相结合，使其能得到质量保证。通过全面审查现有装置和设备的维修保养计划，以确保程序本身正确。同时，应制定程序确保员工能按计划进行设备维修保养，对重复发生的设备故障进行分析，深入了解问题并找出根本原因，以对症下药，解决设备运行管理过程中的关键问题。在此过程中，应建立工艺设备监测、维护、维修基础数据，建立可靠度分析数据库。

7.2 设备完整性管理流程

执行设备完整性管理是在合理时间内，确保落实设备的检维修及保养，预知设备的运转状况，及时对设备进行改善和维护，确保设备安全可靠运行，减少引起安全和环境事故的设备故障，降低企业生产运营成本。

设备完整性管理至少应包括设备选择、检查、测试和预防性维护、设备完整性培训、设备完整性作业规程、质量保证、缺陷管理和持续改进等要素，其他内容可以针对企业的规模或具体要求进行补充和完善。

7.2.1 设备选择

设备选择是将某些特定的设备纳入设备完整性的管理范畴，进入设备完整性管理范围的设备，可从以下主要方面进行确认：

(1) 上级监管机构或公司要求的设备或由工艺危险分析(PHA)明确要求列入的设备。

(2) 含有有害物质(易燃物、易爆物、有毒物质和腐蚀性物质)的加压设备。

(3) 保护和减灾系统——火灾探测和灭火，有毒物质泄漏探测器，照明和/或通风等。

(4) 安全-关键仪器和/或设计的安全仪器系统(SIS)中的部分仪器。

7.2.2 检查、测试和预防性维护

在过程安全管理体系中，可以通过检查、测试和预防性维护(ITPM，Inspection，Test and Preventive Maintenance)来满足设备既定的效果和要求，确保设备在整个使用寿命期内能连续安全运行。

美国化学工程师协会化工过程安全中心在《基于风险的过程安全》中建议，检查、测试和预防性维护应包含作业计划、作业的执行与监控两部分内容。

7.2.2.1 作业计划

为保证设备的持续完整性，应对设备进行检查、测试、预防性维护等活动，应确定作业执行的频率和时间安排。作业计划的基本要求主要包括：确定作业和作业间隔的具体要求；提供作业步骤和操作规程；确定验收标准。作业计划流程实例如图 7-1 所示。

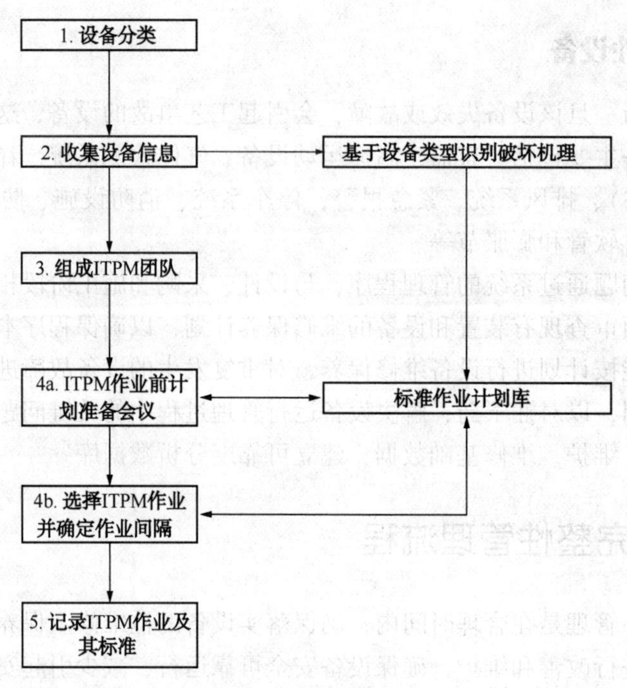

图 7-1　作业规划流程实例

7.2.2.2　制定维护计划

按照设备润滑油日常管理定期分析，建立润滑油指标变化趋势图，了解设备的润滑状况和磨损情况。它是判断设备事故的一个重要指标，也是预测性维护计划的一个重要参考和组成部分。

可以利用设备运行管理-预防性维护系统，根据维护计划，自动生成维修维护订单。对于预测性维护计划，可以根据状态检测的结果，判断设备的故障，在系统中创建针对性的维护通知单，流程详见图 7-2。

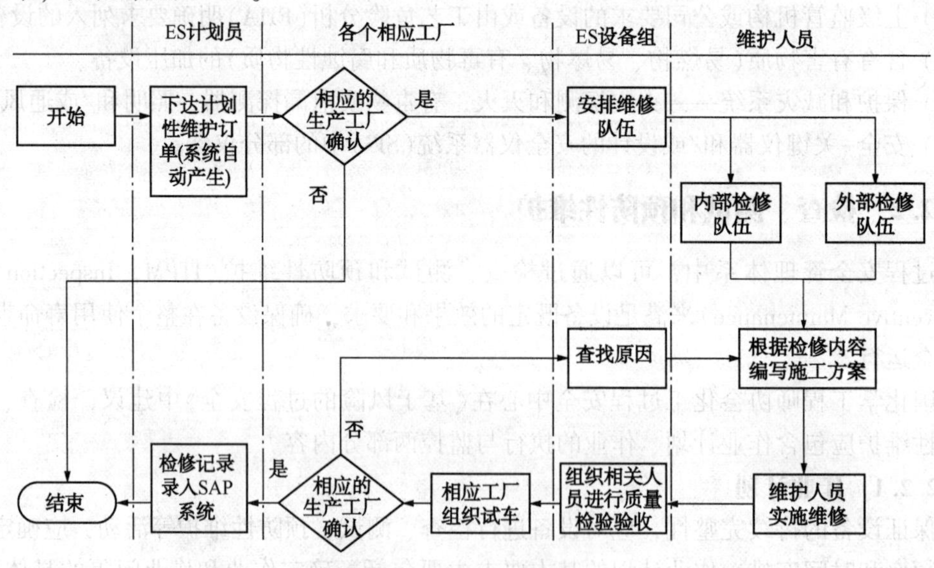

图 7-2　维修工作流程

7.2.2.3 作业的执行与监控

设备检查、测试和预防性维护作业的执行与监控，应由专业人员按照事先安排进行，主要对计划安排进行监督管理(是否遵守作业计划)，并监控项目整体运行情况(作业的实施和执行，工作的成效)、工作成果存档、工作成果管理和工作程序管理等。

7.2.3 设备完整性培训

为使参与设备完整性管理的所有人员都能充分理解各自的职责和工作目标，企业应安排参与设备管理、使用、修理、维护的相关人员接受技术培训，达到以下目的：

(1) 了解开展维修作业所涉及的工艺的基本情况，包括存在的危害和维修过程中正确的应对措施。

(2) 掌握作业程序，包括作业许可证、维修、维护程序和要求。

(3) 熟悉与维修活动相关的其他安全作业程序，如动火程序、变更程序等。

(4) 检验和测试人员取得法规要求的资质。

7.2.4 设备完整性作业规程

作业规程将设备完整性管理体系制度化，明确目标任务并能够系统地执行。设备完整性管理体系应包括规程开发、指南发布及修改说明，还应涵盖批准与工厂规程偏离的说明。

设备完整性作业规程主要包括以下几个方面的规程：

(1) 项目规程——设备完整性计划的活动、作用和职责；

(2) 管理规程——管理任务实施的说明；

(3) 质量保证规程——规定质量保证的任务及如何实施；

(4) 维修规程；

(5) 检查、测试和预防性维护规程。

企业要针对特种设备、安全设施、电气设备、仪表控制系统、安全联锁装置等建立并实施预防性维护程序，确保运行可靠。关键设备要装备在线监测系统。要定期监(检)测检查关键设备、连续监(检)测检查仪表，及时消除静设备密封件、动设备易损件的安全隐患。定期检查压力管道阀门、螺栓等附件的安全状态，及早发现和消除设备缺陷。防雷防静电设施、安全阀、压力容器、仪器仪表等均应按照有关法规和标准进行定期检测检验。对风险较高的系统或装置，要加强在线检测或功能测试，保证设备、设施的完整性和生产装置的长周期安全稳定运行。

针对公用工程，企业要进行系统管理，保证公用工程安全、稳定运行。供电、供热、供水、供气及污水处理等设施必须符合国家标准，要制定并落实公用工程系统维修计划，定期对公用工程设施进行维护、检查。使用外部公用工程的企业应与公用工程的供应单位建立规范的联系制度，明确检修维护、信息传递、应急处置等方面的程序和责任。

对于动设备，企业要编制操作规程，确保动设备始终具备规定的工况条件。自动监测大机组和重点动设备的转速、振动、位移、温度、压力、腐蚀性介质含量等运行参数，及时评估设备运行状况。加强动设备润滑管理，确保动设备运行可靠。

7.2.5 质量保证

为了充分实现机械设备的使用价值，在设备的整个生命周期中，都要对机械设备和材料进行完整性质量检测和维护，确保设备、材料以及工艺都处于完好运行状态。

质量保证涉及设备的生命周期，主要包括以下几个方面：

(1) 设计 / 施工；

(2) 采购；

(3) 制造；

(4) 接收；

(5) 存储和检索；

(6) 维修、改装和再定级；

(7) 建筑和安装；

(8) 退役/重用；

(9) 旧设备。

7.2.6 缺陷管理

成功的设备完整性方案应包括识别和应对设备缺陷的有效方案。可以通过以下系统流程有效管理缺陷设备可能出现的问题：

(1) 建立定义正确设备性能/条件的可接受标准；

(2) 定期评估设备状况；

(3) 识别缺陷的状态；

(4) 制定和实施应对缺陷状态的正确对策；

(5) 将设备缺陷告知到所有受影响的人；

(6) 正确解决缺陷状态，以完善检查和测试方案，进而跟踪核查应对方案的效果。

7.2.7 设备完整性管理程序的持续改进

设备完整性管理程序可以从以下三个方面进行持续改进：

(1) 对活动计划进行定期的审核；

(2) 建立绩效考核系统；

(3) 从设备失效的事故中(本装置的、公司的、业界的)吸取教训。

案例：

受某石油化工总厂的委托，某安装公司于1986年3月15日对该厂的换热器进行气密性试验。16时35分时，气压达到3.5MPa时突然发生爆炸，试压环紧固螺栓被拉断，螺母脱落，换热器管束与壳体分离，重量达4t的管束在向前方冲出8m后，撞到载有空气压缩机的黄河牌载重卡车上，卡车被推移2.3m，管束从原地冲出8m，重量达2t的壳体向相反方向飞出38.5m，撞到地桩上。两台换热器重叠，连接支座螺栓被剪断，连接法兰短管被拉断，两台设备脱开。重6t的未爆炸换热器受反作用力，整体向东南方向移位8m左右，并转向170°。在现场工作的4人因爆炸死亡。爆炸造成直接经济损失5.6万元，间接经济损失2.5万元。

事故原因：操作人员违章操作。爆炸的换热器共有40个紧固螺栓，但操作人员只装13只螺栓就进行气密性试验，且因试压环厚度比原连接法兰厚4.7cm，原螺栓长度不够，但操作工仍凑合用原螺栓，在承载螺栓数量减少一大半的情况下，每只螺栓所能承受的载荷又有明显下降，由于实际每只螺栓承载量大大超过设计规定的承载能力，致使螺栓被拉断后，换热器发生爆炸。

7.3 设备完整性管理要点

7.3.1 设备编号及台账

企业应采取符合实际的设备管理方法，保证所有关键设备运行状态的完整性。为了便于设备的统计和管理，企业应建立设备台账管理制度。要对所有设备进行编号，建立设备台账、技术档案和备品配件管理制度，编制设备操作和维护规程。设备操作、维修人员要进行专门的培训和资格考核，培训考核情况要记录存档。

7.3.2 管理程序

企业应根据设备管理的相关规定，建立、健全设备技术档案。设备技术档案应由专人负责保管。有条件的单位应单独安排房间存放。每台设备应建立单独的设备技术档案。

设备技术档案是设备的组成部分，当设备发生调拨等变动时设备技术档案应跟随设备同时变动。变动过程中应做好交接工作避免发生资料遗失。设备零件手册及结构图是设备技术档案的重要组成部分。可以参照以下原则进行管理：

（1）设备零件手册及结构图应由设备生产厂家提供。设备采购部门应在设备采购技术协议中明确提出。验收时未按要求提供零件手册及结构图的设备不得通过验收。

（2）设备使用单位应及时收集、完善设备零件手册及结构图，设备零件手册及结构图应与设备档案文本、说明书等基础资料一起归档保管。

（3）为确保设备完好，保证及时维修、维护，设备零件手册及结构图应由设备工程师根据厂家提供的信息进行更新。

7.3.3 备品配件定额管理

企业必须加强备品配件的管理，建立健全备品配件管理制度，并由专人负责管理。实行定额管理，使用单位建立设备配件动态表。根据备品配件实际消耗情况，组织编制本单位备品配件的消耗定额和储备定额，并每年进行修改及完善。定额管理要按照既能保证设备的正常生产检修、维修使用，满足设备安、稳、长、满、优运行的实际需要，又不造成积压的原则制定合理库存量。

配件计划管理是确保配件及时供应的关键，使用单位要按照全年设备检修计划、配件消耗情况和储备定额，制订出年、季、月配件需求计划，经各级设备管理部门审查通过后进行采购。考虑到审批及采购周期的影响，为保证生产需要，进口配件一般提前一年做计划，国内配件一般提前三个月做计划。

设备配件要有严格的验收入库、保管、保养、发放出库的规章制度。保管工作要做到材质明、图号准、不损坏、不变形，账、卡、物三相符。

7.3.4 设备操作管理

应当建立健全设备操作规程和岗位责任制。设备操作人员在上岗前必须经过培训，考试合格并取得上岗证后方可上岗。通过技术培训，设备的操作人员对所使用的设备要做到“四懂”、“三会”，即：懂性能、懂原理、懂结构、懂用途；会操作、会保养、会排除故障。

设备操作人员应赋予一定的职责，例如：

(1) 严格遵守设备操作、使用和维护规程。做到启动前认真准备，启动中反复检查，运行中搞好调整，停车后妥善处理。认真执行操作指标，不准超温、超压、超速、超负荷运行。

(2) 必须坚守岗位，严格执行巡回检查制度，定时按巡回检查路线对所管设备进行仔细检查，按"十字"作业法(清洁、润滑、防腐、调整、紧固)，主动消除脏、锈、缺、乱、漏等缺陷，认真填写运行记录。

(3) 对转动设备润滑、振动、轴承温度、异常声音等加强检查，发现异常应妥善处理并立即报告，并做好记录。

(4) 对压力容器和工业管道要经常检查保温、保冷、腐蚀、泄漏情况，发现异常时应立即报告，并做好记录。

(5) 操作人员发现设备有不正常情况，应立即检查原因，及时反映。在紧急情况下，应按有关规程采取处理措施并上报。不弄清原因、未排除故障，不得盲目开车。

(6) 保持设备、管道和地面清洁卫生，做到文明生产。

强调设备操作人员职责的同时，还应使其享有一定的权利，例如：

(1) 有权制止非本岗位人员操作本岗位的设备。

(2) 对需要检修或有故障的设备，有权拒绝操作。

(3) 对违反操作保养规程等不合理使用设备的指令意见，可拒绝执行。

(4) 设备操作人员应同维护人员及时沟通，共同做好设备管理工作。

7.3.5 设备维护保养管理

设备使用单位应编制设备维修保养规程。规程编写依据设备操作手册和工艺操作要求，按照公司统一规范格式及内容编制。设备维修保养规程要具有可操作性，应由有实际操作经验的操作人员编写及更新，并按照分级审批的原则进行审批、发布。

设备维修保养规程格式应制定统一格式。依照实际操作经验进行及时更新。必要时可制定更新程序。使用单位对更新后的维修保养规程应及时对维修保养人员进行沟通与培训。维修保养规程需配备到各相关岗位。

设备维护人员要明确分工、密切协作，共同做好设备维护工作。严格执行巡回检查制度，定时按巡回检查路线对所管设备进行检查，并主动向操作运行人员了解设备运行情况，及时发现和处理设备缺陷及隐患，对查出的设备问题要及时上报，并做好记录。采用先进的仪器(如测振器、测厚仪、转速表、测温仪等)对主要设备进行点检。

对于企业而言，要着重做到以下几点：

(1) 建立装置泄漏监(检)测管理制度。企业要统计和分析可能出现泄漏的部位、物料种类和最大量。定期监(检)测生产装置动静密封点，发现问题及时处理。定期标定各类泄漏检测报警仪器，确保准确有效。要加强防腐蚀管理，确定检查部位，定期检测，建立检测数据库。对重点部位要加大检测检查频次，及时发现和处理管道、设备壁厚减薄情况；定期评估防腐效果和核算设备剩余使用寿命，及时发现并更新更换存在安全隐患的设备。

(2) 制定设备腐蚀风险管理程序。企业应加强对防腐药剂管理，做好防腐措施效果评价，提高涂料防腐、工艺防腐的管理水平。企业可积极利用停工大修进行全过程的腐蚀状况检查与评估，根据需要及时核算设备剩余使用寿命。

(3) 建立健全电气安全管理程序。企业应组织编制电气设备操作、维护、检修等管理规程，并检查执行情况。定期组织开展企业电源系统安全可靠性分析、风险评价和电气设备状态评估工作；定期组织电气专业人员进行仿真培训，确保电力系统及电气设备的安全、可靠、稳定运行。企业应制定危险场所防爆电气设备检查和维护管理措施。

(4) 建立化工过程自控联锁安全管理和定期维护程序。企业应加强自控联锁保护系统的设计、施工和运行过程中的管理。新建装置或装置大修后联锁保护系统的投用和长期停用的联锁保护系统恢复使用，必须进行检查确认。联锁保护系统停运及变更(包括：联锁程序变更、设定值改变、时间整定值改变等)应建立专业会签和技术负责人审批程序。停用联锁保护系统必须报经企业主管部门审批，并制定防范措施。

(5) 定期开展安全仪表系统安全完整性等级评估。企业要在风险分析的基础上，确定安全仪表功能(SIF)及其相应的功能安全要求或安全完整性等级(SIL)。企业可按照《过程工业领域安全仪表系统的功能安全》(GB/T 21109)和《石油化工安全仪表系统设计规范》(GB/T 50770)的要求，设计、安装、管理和维护安全仪表系统。

7.3.6 人员培训及资格考核

7.3.6.1 目的

设备管理部门应督促其所属单位积极做好设备操作、维修人员的培训工作。要有计划分层次地开展，以确保培训工作有效实施，保证设备操作、维修人员的岗位技能，提高业务水平和综合能力。

7.3.6.2 培训计划的制定

结合生产实际及岗位员工对设备操作及维护技能的需求，有针对性地制定岗位员工不同类型的年度培训计划。培训计划的格式可以参考表7-1。

表7-1 培训计划样表

<table>
<tr><td colspan="9">______年XX单位设备培训计划</td></tr>
<tr><td colspan="9">培训类型______(基础培训、岗前培训、复习培训)</td></tr>
<tr><td>序号</td><td>培训内容</td><td>培训人</td><td>培训日期</td><td>培训方式</td><td>培训对象</td><td>资格认证
(是或否)</td><td>组织单位</td><td>备注</td></tr>
<tr><td></td><td></td><td></td><td></td><td></td><td></td><td></td><td></td><td></td></tr>
<tr><td></td><td></td><td></td><td></td><td></td><td></td><td></td><td></td><td></td></tr>
<tr><td></td><td></td><td></td><td></td><td></td><td></td><td></td><td></td><td></td></tr>
<tr><td></td><td></td><td></td><td></td><td></td><td></td><td></td><td></td><td></td></tr>
<tr><td colspan="3">编制：</td><td colspan="3">审核：</td><td colspan="3">编制日期：</td></tr>
</table>

7.3.6.3 培训计划类型

培训计划可分为基础培训、岗前培训、复习培训三种。基础培训为每位新员工进入工作单位(厂、作业区、站、队等)前所必需接受相关的基本培训。设备操作、维修人员接受新岗位前的相关知识和技能的培训称为岗前培训，如设备操作、维修规程、结构原理等应知应会技能的培训等。

对于关键设备的操作、维修及重要安全规程等，应按一定的频率做复习培训，以确保员工岗位技能的稳定及提升，结合实际需求制定复习培训的频率。

7.3.6.4 培训方式

培训方式以有效为原则，包括但不限于以下方式：理论培训、现场演练、资料阅读、自学、外培等。

7.3.6.5 培训考核

所有设备操作、维修人员在培训后，均应通过笔试或口试或实际操作等方式的考核，以确定培训的有效性或资格的认定。

7.3.6.6 培训记录的更新、保管

应由各执行培训单位负责更新、保管。除自己执行培训外，企业还应督促其所属单位严格按照培训计划开展培训及记录的保存。培训记录格式可以参考表7–2。

表7–2 培训记录表

培训记录					
培训内容		组织人		课时	
培训人		日期		地点	
参加人员					
具体内容					

企业应安排参与设备管理、使用、维修、维护的相关人员接受培训，达到以下目的：

（1）了解开展维修作业所涉及的工艺基本情况，包括存在的危害和维修过程中的正确应对措施。

（2）掌握作业程序，包括作业许可证、维修、维护程序和要求。

（3）熟悉与维修活动相关的其他安全作业程序，如动火程序、变更程序等。

（4）检验和测试人员取得法规要求的资质。

7.3.7 特种设备的定期检验

特种设备定期检验是指依据投用时间及安全等级确定特种设备的检验周期、检验类别，包括年度检查、全面检验和耐压试验。

为了方便特种设备管理，企业可以建立特种设备管理信息系统。在系统中完成检验计划的制定、上报和审批等事项。设备管理部门应组织特种设备检验方案的审查。使用单位组织特种设备检验计划的实施，及时索取检验报告，审核检验结论。

特种设备定期检验计划的组织实施一般是分如下几步：

（1）检验前的准备工作

每年年初应编制检验计划，根据各下属单位、部门的职责进行审核和审批。特种设备检

验前，应完成检验方案的编制、审核和审批工作。检验工作应委托有资质的专业检验队伍、施工配合队伍进行。

(2) 检验中过程监控

使用单位应安排有一定特种设备技术管理经验的人员，加强检验过程的监督和检查，做好检验工作。

(3) 检验发现问题处理

检验过程中发现需动焊修复或需通过评定方可投入使用的缺陷，要及时向设备主管部门报告，按规定程序做好处理工作。对检验过程中发生的有关检验质量问题要及时协调，严格执行检验合同。

(4) 检验信息的录入

使用单位要及时向检验单位索取检验报告，审核检验结论。将特种设备检验报告结果录入特种设备管理信息系统。对安全等级评定、下次检验时间有疑问的要及时向检验单位反映。

7.3.8 装置、设备检维修管理

装置检修是指整套装置或单列装置年度性的停产检修，装置检修的主要内容包括容器、管道、阀门、炉类等特种设备及其附件、机泵、压缩机等动设备、仪表电气自动化系统的检测检验、清理维护、保养等级、大修、更换，电力系统、公用系统、通信系统的维护、改造，需在停产检修期间进行的局部改扩建、调整工程的衔接。装置检修周期一般为每年一次，根据生产和装置状况可适当延长。

设备检维修按等级可分为设备大修、项目修理及等级保养三个等级。设备大修是指设备达到设备维护手册所规定的大修时间，或设备存在严重缺陷，经主管部门批准，可适当提前大修。设备大修是以恢复设备性能为主。设备项目修理是指设备遇到突发故障造成损坏所进行的恢复性维修和设备出现故障趋势时所进行的预防性维修或因不满足工艺要求等所进行的改造性维修。设备等级保养是指按照设备操作维护手册要求所进行的设备维护保养。

7.3.8.1 装置检维修流程

7.3.8.1.1 检修准备工作

(1) 检修计划的编制、审核及审批；

(2) 检修技改项目的立项、审查及施工方案；

(3) 检修材料准备；

(4) 检修队伍的选择；

(5) 检修方案及施工方案及应急预案的编制、审核及审批；

(6) 检修准备工作的验收。

7.3.8.1.2 检修工作实施

(1) 停产程序；

(2) 装置置换；

(3) 检修现场的规范化管理，包括可视化管理、全面规范化生产维护(TnPM)、工具、物料摆放等；

(4) 检修的两会制度(准备会、总结会)；

(5) 检修派工单及现场交底；

(6) 关键工序确认(关键工序确认表、确认实施表);
(7) 质量验收;
(8) 技改项目的实施管理(责任主体不同);
(9) 检修项目的变更管理;
(10) 检修工作的检查验收;
(11) 启动前安全检查;
(12) 检修结束后装置投产。

7.3.8.1.3 检修总结及检修资料的收集及建档

检修结束后,应及时对检修过程中出现的问题进行总结,收集检修过程中累积的技术资料,归档保存并及时更新过程安全信息。

7.3.8.2 设备大修

设备主管部门全面负责设备大修理的技术管理、监督、考核、培训及业务指导,设备大修费用实行"总额控制、专款专用、专项管理"。下达年度财务预算时,单独列支设备大修费用,实行专款专用,保证设备修理。

7.3.8.2.1 大修计划的编制

年底时,应根据设备技术状况及实际生产情况,编制下一年度的设备大修计划,设备大修计划经相关部门审批后,下达年度设备大修计划。

7.3.8.2.2 大修计划的执行

执行设备大修计划时,应填写"设备大修立项审批表",经本单位设备管理主管领导签字,报主管部门审批。大修设备必须由修理厂家编制设备大修方案,经技术交流并签字确认后,由用户按照招投标管理相关程序组织招标或议标。

7.3.8.2.3 大修队伍的选择

参加大修项目招标或议标的厂家,原则上必须取得机修资质认证。

7.3.8.2.4 大修过程监督

设备大修过程中,用户应派技术人员监修,监督关键环节质量,跟踪修理进度,记录零配件更换情况,并做好记录。更换后的主要零配件应妥善保存,做为设备验收的依据。

7.3.8.2.5 大修设备验收

大修设备验收包括性能验收和资料验收。性能验收是指对修复后设备恢复原有性能和出力的验收,资料验收是指修理完成后对大修设备过程中所有产生资料的验收。

(1)大修设备性能验收

包括:

① 设备检修质量达到规定标准;
② 消除设备缺陷;
③ 恢复出力,效率得到提高;
④ 泄漏现象得以消除;
⑤ 安全保护装置和自动装置动作可靠,主要仪表、信号及标志正确;
⑥ 设备现场整洁,保温层完整。

(2) 大修设备资料验收

包括:

① 设备大修技术协议；
② 修理合格证；
③ 设备大修报告；
④ 设备大修验收单。

7.3.8.3 设备项目修理

设备项目修理应由承修方按照委托方要求编制修理方案并通过审批。修理单位应对配件、材料及机具提出详细要求。承修方应按检修规程实施检修，修理过程中应填写相关记录，修理单位应对修理关键环节实施监修。

修理完成后，由修理单位设备工程师组织修理设备的投运，对大型设备应由使用单位编制投产试运方案。修理单位设备工程师在修理完成后应对设备修理进行分析、总结，并进行经验分享。

7.3.8.4 等级保养

设备使用单位应依据设备维护保养手册编制设备保养计划并报本单位设备工程师审核。设备使用单位应保证设备正常维护所需配件、材料及机具齐全、完好和有效。

设备维护单位应按照设备维修保养规程对设备实施等级保养，对保养过程中发现问题应及时向设备工程师进行反馈，设备工程师负责对保养工作进行检查。设备等级保养完成后应在设备档案中填写设备保养记录。

7.3.9 启动前安全检查

根据具体工作情况，编制工艺设备投运前安全审查管理标准。对新、改、扩建的工艺设施设备、重大工艺设备变更项目、工艺设备的停产检修后在启动前应依照工艺设备投运前安全审查管理标准进行启动前安全检查。

7.3.10 设备异常

设备异常是指设备工作不正常，或由于故障原因不能工作。设备的可靠性是指设备功能在时间上的稳定性，也就是设备或系统在规定时间内、规定条件下无故障地完成规定功能的能力。可靠度是系统、机器、产品或零部件在规定条件下和预期使用期限内完成其功能的概率。

7.3.10.1 异常原因分析方法

利用设备上的仪器、仪表、传感器和配套仪器来检测设备有关部位的温度、压力、电压、电流、振动频率、厚度腐蚀、机组噪音、消耗功率、效率及设备输出参数动态等，以判断设备的技术状态和故障部位，实现设备的状态监测与故障诊断。

定时定点收集设备操作、测试、检查的数据，通过对设备以往的故障现象、故障原因、故障处理等进行对比分析。

故障原因分析常用方法包括：
(1) 材质检测及试验；
(2) 破坏/非破坏检查；
(3) 曲线/趋势分析；
(4) 故障树分析；
(5) 故障类型和影响分析。

7.3.10.2 提高设备的可靠度

通过建立健全设备状态监测网，并配置专职或兼职的状态监测人员，制定各项状态监测管理制度，提高设备的可靠度。

对关键设备要按“定设备、定测点、定周期、定标准、定参数”的原则进行监测，根据监测结果的分析提出维修建议单(书)指导检修，并将检修情况及时反馈存档。对关键设备应建立标准运行参数库、状态监测、机组故障与维修、重要零部件参数档案等。

对设备状态监测的数据及故障原因做定期分析。找出问题出现的趋势，摸清规律，进行预防或整改，以提高设备的可靠度。在大型、连续运转的装置上推行和完善状态监测和故障诊断技术，定期开展设备技术性能和安全可靠性评估，及时发现并排除设备故障。

7.3.10.3 持续改善

对修复或技术改进的设备，要加强跟踪检测管理。详细记录运行参数，并通过其他的检测仪器对设备的振动、噪音、温度等进行跟踪检测，及时发现设备运行中的异常现象，确保设备安全平稳运行。

7.3.11 维修记录归档

为保证设备维修工作的可追溯性，设备在安装、使用、维护、修理过程中应按照相关规定进行记录、存档，并妥善保存于设备技术档案中。设备在安装、使用、维护、修理过程中的记录应由实施人如实填写，各单位设备管理人员负责本单位设备资料、记录存档的管理工作。需要记录存档的维修记录资料(包括但不限于以下方面)：

(1) 设备检修施工方案；

(2) 备品备件消耗和储备统计表；

(3) 设备用油统计表；

(4) 设备维修保养费用统计表；

(5) 设备事故报告；

(6) 设备的维修装配记录；

(7) 设备操作卡、修保卡；

(8) 设备维修其他相关资料。

在维修记录的管理过程中应做好资料的收集、交接、分析、归档等工作。企业各级设备管理部门应做好设备资料、记录归档的检查监督等工作。

7.3.12 报废管理

制定设备报废管理程序。设备报废程序应由用户提出申请，经设备主管部门组织技术鉴定后，办理报废手续。

企业应建立设备报废和拆除程序，明确报废的标准和拆除的安全要求。

7.4 典型事故案例

案例 某石化公司“1·7”爆炸火灾事故

1月7日17时16分左右，合成橡胶厂316罐区操作工在巡检中发现裂解碳四球罐(R202)出口管路弯头处泄漏，立即报告当班班长。17时18分，当班班长打电话向合成橡胶厂生产调度室报告现场发生泄漏，并要求派消防队现场监护。17时20分，位于泄漏点北面约50m的丙烯腈装置焚烧炉操作工向石油化工厂生产调度室报告R202所在罐区产生白雾，接着又报告白雾迅速扩大。17时21分，合成橡胶厂316罐区当班班长再次向生产调度室报告现场泄漏严重。17时24分，现场即发生爆炸。之后又接连发生数次爆炸，爆炸导致316号罐区四个区域引发大火。

事故发生后，企业和地方消防部门调集460余名消防官兵、86台各类消防车辆迅速赶到现场，展开扑救。鉴于着火物料多为轻质烃类，扑救十分困难，现场抢险灭火指挥部决定，对4个着火区实行控制燃烧，同时对周边罐采取隔离冷却保护措施。大火直到9日19时才基本扑灭。事故造成企业员工6人当场死亡、6人受伤(其中1人重伤)，316罐区8个立式储罐、2个球罐损毁，内部管廊系统损坏严重。

事故原因：裂解碳四球罐(R202)内物料从出口管线弯头处发生泄漏并迅速扩大，泄漏的裂解碳四达到爆炸极限，遇点火源后发生空间爆炸，进而引起周边储罐泄漏、着火和爆炸。这起事故造成现场作业人员伤亡严重，火灾持续时间长，社会影响重大，教训极为深刻。事故暴露出作为危险化学品重大危险源的316罐区安全设防等级低，早期投用的储罐本质安全水平、自动化水平不高和应急管理薄弱等问题。

第 8 章　安全作业许可

8.1　概述

安全作业许可(Safe Work Practices, SWP)就是通过一定的程序，对非常规作业进行的一种正式授权，从而对作业人员的作业活动起到一定限制作用，达到安全作业的目的。

安全作业许可的目的及意义在于：通过安全作业许可过程的审批和监督管理，明确所有可能存在的危害及应采取的防护措施，保证作业人员从开始施工到结束的全过程受控，既保障作业人员的安全，也使作业过程中不会对其他人员构成威胁，不给装置、工艺、设备带来不可接受的风险。即使发生意外，也能够通过许可程序使其恢复到安全状态，使人、环境、设施得到保护。作业活动结束后，作业现场能恢复到正常工作状态。

8.2　作业活动

8.2.1　作业活动分类及特点

8.2.1.1　按作业频率、紧急程度及处理难易程度分类

(1) 常规作业

常规作业为保障装置正常运行而进行的日常作业活动。主要事故风险为误操作、违反作业纪律等，可通过标准作业程序和安全监督管理进行管理和控制。

(2) 非常规作业

非常规作业指除常规作业以外的非应急处理作业，主要包括在现役装置上进行的改扩建、技术改造、隐患治理、检维修及其特种作业活动。其事故风险为能量控制失效、作业行为失误、个体防护失效，可通过专门管理方案、作业许可管理、现场监管监护进行控制。

(3) 异常紧急处理

装置、设备发生故障或异常时进行的作业活动(如设备泄漏处理及抢修等)。其主要事故风险为能量泄漏转移，可通过应急预案、专项方案及控制技术、外部援助及支持系统进行控制。

8.2.1.2　按作业对象和服务范围分类

(1) 生产操作

为保障装置正常运行而进行的生产操作、设备开停调整、加剂、装卸、脱水、采样等生产作业活动。事故风险及控制与常规作业相同。

(2) 维修维护

为消除装置设备故障、缺陷、偏差而进行的动设备、静设备、电气、仪表等维修维护活动。分为大修、小修、日常维护。事故风险控制与生产处理、能量的隔离、释放、控制水平密切相关。

（3）建设施工

在厂区独立区域或运行装置区进行的新建、改建、扩建项目以及技术改造项目、隐患治理项目等综合性的施工作业活动。主要事故风险为生产装置能量的隔离防护失效、施工过程人员的安全防护失效。主要控制手段为作业活动危害识别、安全作业许可管理、作业过程安全监护。

8.2.1.3 按风险控制和安全管理分类

（1）特殊（种）危险作业

对作业人员安全、装置生产安全及环境保护有着直接和重大影响的作业，如在厂区、装置区进行动火作业、受限空间作业、临时用电作业、高处作业、动土作业、断路作业、起重作业、爆破作业、盲板加拆等高度危险的作业等。

（2）一般危险作业

在装置罐区等生产区域进行的，除特殊作业以外对设备、设施、管线、仪表等进行的日常施工、维修、维护、整理、服务活动。具体包括以下六类：

① 建筑施工、场地清理、设备清洗、绿化保洁等作业。

② 设备管线的外防腐、保温、搭拆脚手架、设备管线测厚等作业。该作业在装置内进行，与工艺系统安全有一定联系的作业过程，主要防范重点是：高处坠落、机械伤害、冲击喷溅。

③ 拆装人孔、阀门、垫片、螺栓、换热器等设备维修作业。

④ 设备试压、在线注胶、打卡等试压、堵漏作业。该作业在装置内进行，与工艺系统安全有密切联系，主要防范火灾、爆炸、中毒、灼伤、气体冲击、物体打击等风险。必要时，应制定专门安全方案。

⑤ 仪表仪器电器等在现场进行的安装、维修作业。

⑥ 机泵、机组、电机等在现场进行的安装、维修作业。该作业在装置内进行，前期生产处理与工艺系统安全有密切联系，生产处理和有效隔离后基本处于安全状态，主要应防止内余压的冲击、喷溅伤害，防止残液污染环境。因此，撤压、放空检查、残液回收及个体防护、正确的工作位置十分重要。

（3）日常生产作业

日常作业即指生产操作、采样分析等生产及辅助生产的作业活动。一般按规程进行，无需书面许可。主要防止违章操作、错误操作和违反工艺纪律、操作纪律和劳动纪律；防止超温超压超液位，防止脱岗、串岗、酒后上岗；正确处理异常紧急情况，做好作业过程的个体安全防护。

8.2.2 作业活动相关规范

吊装作业应满足《化学品生产单位吊装作业安全规范》（AQ 3021）；

动火作业应满足《化学品生产单位动火作业安全规范》（AQ 3022）；

破土作业应满足《化学品生产单位动土作业安全规范》（AQ 3023）；

断路作业应满足《化学品生产单位断路作业安全规范》（AQ 3024）；

高处作业应满足《化学品生产单位高处作业安全规范》（AQ 3025）；

设备检修作业应满足《化学品生产单位设备检修作业安全规范》（AQ 3026）；

抽堵盲板作业应满足《化学品生产单位盲板抽堵作业安全规范》（AQ 3027）；

进入受限空间作业应满足《化学品生产单位受限空间作业安全规范》（AQ 3028），临时用电等作业过程应满足有关法规和标准的要求。

8.3 企业管理责任

作业过程中，企业应建立安全管理制度。主要包括以下方面：

（1）建立健全检维修施工作业安全管理规章制度。

（2）实施检维修施工作业前风险分析及方案审查制度。

（3）执行各项作业许可、会签和措施确认和交底制度。

（4）确认和保证检维修施工作业的安全环境及作业条件。

（5）对检维修施工作业现场的过程安全控制，做好变更管理。

（6）建立实施检维修施工队伍（承包商）的管理程序。

8.4 安全作业许可程序

安全作业许可程序是对特殊危险及一般危险作业活动的现场管理与安全控制方法。安全作业许可程序的主要目的，是规范作业许可过程管理，防止对人员造成伤害或对工艺设备、环境造成损害。

安全作业程序的基本要求包括：识别和分析危险因素、落实并确认安全措施、审核批准、完成交接、过程监护和应急处置等。

8.4.1 安全作业许可程序基本内容

（1）工作任务及性质的具体描述。

（2）参与作业及管理人员的信息。

（3）作业危害因素与控制措施的确认。

（4）与本次作业相关的周边环境信息和动态安全信息。

（5）签发人与接收人补充确认的作业危害因素及控制措施。

8.4.2 安全作业许可程序适用范围

进行安全作业许可的作业过程一般包括非常规作业、维修维护和建设施工作业、以及特殊（种）危险作业和一般危险作业，例如：

（1）涉及危险能量的意外释放及人身伤害、设备损坏、环境破坏的作业。

（2）涉及生产环节与施工环节衔接配合的作业。

（3）涉及多工种、多程序、多人员及立体交叉的作业。

（4）缺乏具体和通用的安全规程规范约束的作业。

8.5 典型事故案例

8.5.1 未进行安全作业许可事故案例

案例1 某化工厂盐酸储槽爆炸事故

1988年9月20日，某化工厂烧碱车间在盐酸储槽外焊接塑料管的钢支架时，引发

150m³ 盐酸储槽爆炸起火，导致正在该槽顶部施工的4人落入盐酸储槽内，3人死亡，1人重伤。

事故原因：

(1) 未办动火手续，违章动火作业。

(2) 盐酸储槽顶部未设置排气孔，氢气槽内顶部积聚，动火焊接引发储槽爆炸。

事故教训与反思：

(1) 企业管理、职工安全意识均需加强和提高。

(2) 储槽不设呼吸管(排气管)，泵入泵出，易致憋压或负压。一旦储槽破裂，盐酸外流，极易造成安全事故。

案例2　某制氧装置施工现场“挡板”氩气泄漏事故

2007年3月21日，施工单位在制氧装置的设备安装工地，从事空分塔底部的不锈钢“管内充氩保护”配管(ϕ800、ϕ250、ϕ200等)焊接期间，缺氧导致3名工人先后窒息，经抢救无效死亡。

事故原因：

(1)《施工组织设计》存在缺陷。

空分塔配管采用“氩气保护”焊接，对可能构成缺氧作业环境的危险辨识不足，安全对策措施缺失。主要表现在：

①未申办《设备内作业安全许可证》；

②未指派现场旁站监护应急人员；

③工人随身携带的测氧仪，未起到报警作用。

(2)“挡板”替代“盲板”，属不可取、不可靠的隔离方法。

管道固定口，采用“插入2mm厚铁质挡板，环绕涤纶薄膜密封带”，是管内氩气通过“挡板环向缝隙”漏入设备内造成缺氧窒息的主要原因。

案例3　印度博帕尔联碳公司农药厂异氰酸甲酯泄漏事故

1984年12月3日下午，印度博帕尔联碳公司农药厂维修人员进行维修作业，尝试清洗工艺管道上的过滤器。事实上，在本次维修作业前，维修人员没有申请作业许可证，没有通知操作人员，也没有安装盲板以实现隔离。由于腐蚀，阀门发生内漏，在冲洗过滤器过程中，冲洗水进入了含有异氰酸甲酯的储罐。

水进入该储罐后，与储罐中的异氰酸甲酯发生放热反应，储罐内的温度和压力升高。由于维护保养不到位，相关温度、压力仪表不能正常工作，室内的操作人员未及时觉察到储罐工况的异常变化。

由于事故前停用了冷冻系统，储罐内的实际温度约为15~20℃，远高于设计值0℃。在较高温度下，异氰酸甲酯与水的反应速度加快。

23时储槽的压力在正常范围，23时30分操作工发现污水从下游管道流出。0时15分储罐的压力升至206.84kPa，几分钟后达到379.21kPa，即最高极限。当操作工走近储槽时，他听到了隆隆声并且感到储罐的热辐射。在控制室的操作工试图启动放空气体洗涤器(VGS)系统，并通知总指挥。总指挥到达后命令装置停车。凌晨00点45分，储罐超压、安全阀起跳，储罐中的异氰酸甲酯排入大气。操作人员打开了水喷淋系统，但只能达到15 m的高度，而储罐的排放高度为50m。操作人员还试图启动制冷系统，但是因为没有制冷剂而告失败。至此，开始向社区发出了毒气警报。但几分钟后警报停止，只能用汽笛向工人发出警报。据称开始时汽笛引起了误会，人们以为是装置发生了火灾而准备参加灭火。

安全阀一直开了2h，约25t异氰酸甲酯进入大气，工厂下风向8km内的区域都暴露在泄漏的化学品中。因为博帕尔城市发展很快，人口多，短时间内无法完全疏散，加上贫民区已建到联碳公司的围墙下面，简陋的房子起不到保护作用，城市的基础设施(如医院等)无法应对这么大的灾难，仅有的两所医院只能容纳千余人，而中毒人数是其可容纳人数的10倍，当地医院不知道泄漏的是什么气体，对泄漏气体可能造成的后果及急救措施也不了解。事故导致5000名居民中毒死亡，200000人深受其害。

8.5.2 作业措施未落实造成的事故

案例1 某石化总厂硫黄装置酸性水罐爆炸事故分析

2004年10月20日，某石化总厂64万吨/年酸性水汽提装置V403原料水罐发生撕裂事故，造成该装置停产。为尽快修复破损设备，恢复生产，该总厂的炼油厂机动处根据相关《关联交易合同》，将抢修作业委托给总厂工程公司。该公司接到炼油厂硫黄回收车间V403原料水罐维修计划书后，安排下属的四分公司承担该次修复施工作业任务。修复过程中，为了加入盲板，需要将V406与V407两个水封罐，以及原料水罐V402与V403的连接平台吊下。

10月27日上午8时，工程公司施工员带领16名施工人员到达现场。8时20分，施工员带领两名管工开始在V402罐顶安装第17块盲板。8时25分，吊车起吊V406罐和V402罐连接管线，管工将盲板放入法兰内，并准备吹扫。8时45分，吹扫完毕后，管工将法兰螺栓紧固。9时20分左右，施工员到硫黄回收车间安全员处取回火票，并将火票送给V402罐顶气焊工，同时硫黄回收车间设备主任、设备员、监火员和操作工也到V402罐顶。9时40分左右，在生产单位的指导配合下，气焊工开始在V402罐顶排气线0.8m处动火切割。9时44分，管线切割约一半时，V402罐发生爆炸着火。10时45分，火被彻底扑灭。爆炸导致2人当场死亡、5人失踪。10月29日13时许，5名失踪人员遗体全部找到。死亡的7人中，3人为总厂临时用工，4人为总厂员工。事故造成经济损失192万元。

事故原因：

V402原料水罐内爆炸性混合气体从与V402罐相连接的*DN*200管线根部焊缝及V402罐壁与罐顶板连接焊缝开裂处泄漏，遇到在V402罐上气割*DN*200管线作业的明火或飞溅的熔渣，引起爆炸。

该事故是一起典型的由于“三违”造成的重大安全生产责任事故。通过对事故的调查和分析，该总厂主要存在以下四个方面的问题：

(1) 违反火票办理程序，执行动火制度不严格。动火人未在火票相应栏目中签字确认，而由施工员代签。在动火点未作有毒有害及易燃易爆气体采样分析，动火作业措施还没有落实的情况下，就进行动火作业，没有履行相互监督的责任，违反了《动火作业管理制度》。

(2) 违反起重吊装作业安全管理规定，吊装作业违章操作。吊车在施工现场起吊*DN*200管线时，该管线一端与V406罐相连，另一端通过法兰与V402罐相连，在这种情况下起吊，违反了《起重吊装作业安全规定》。

(3) 违反特种作业人员管理规定，气焊工无证上岗。在V402罐顶动火切割*DN*200管线的气焊工，没有“金属焊接切割作业操作证”，安全意识低下，自我保护意识差。

(4) 不重视风险评估，对现场危害因素识别不够。施工人员对V402酸性水罐存在的风险不清楚，对现场危害认识不足，没有采取有效的防控措施。

案例2　某生化有限公司“6.16”火灾事故

2008年6月16日16时30分左右，某生化有限公司黄原胶技改项目提取岗位一台离心机在由生产厂家某机械设备有限公司技术员进行检修完毕，试车过程中发生闪爆，并引起火灾，造成7人受伤，直接经济损失12万元，事发时正处于试生产阶段。

事故原因：

(1) 据调查分析，机械设备有限公司技术员违反离心机操作规程，对检修的离心机各进出口没有加装盲板隔开，也没有进行二氧化碳置换，造成离心机内的乙醇可燃气体聚集，且对检修的离心机搅龙与外包筒筒壁间隙没有调整到位，违规开动离心机进行单机试车，致使离心机搅龙与外包筒筒壁摩擦起火，是导致事故发生的直接原因。

(2) 该生化有限公司未设置安全生产管理机构，未配备专职安全管理人员；未落实设备检修管理规定，未制定检修方案，未执行检修操作规程；未落实对外来人员入厂安全培训教育；主要负责人未履行安全生产管理职责，未督促、检查本单位的安全生产工作，未及时消除生产安全事故隐患，是导致事故发生的间接原因。

8.5.3　超出作业许可范围造成的事故

案例　爆燃引起可燃物火灾事故

2010年9月12日，某化工厂纤维素醚生产装置一车间南厂房在脱绒作业开始约1h后，脱绒釜罐体下部封头焊缝处突然开裂(开裂长度120cm，宽度1cm)，造成物料(含有易燃溶剂异丙醇、甲苯、环氧丙烷等)泄漏，车间人员闻到刺鼻异味后立即撤离并通过电话向生产厂长报告了事故情况，由于泄漏过程中产生静电，引起车间爆燃。南厂房爆燃物击碎北厂房窗户，落入北厂房东侧可燃物(纤维素醚及其包装物)上引发火灾，北厂房员工迅速撤离并组织救援，10min后火势无法控制，救援人员全部撤离北厂房，北厂房东侧发生火灾爆炸，2h后消防车赶到火灾被扑灭。事故造成2人重伤，2人轻伤。

事故原因：

(1) 直接原因是　纤维素醚生产装置无正规设计，脱溶釜罐体选用不锈钢材质，在长期高温环境、酸性条件和氯离子的作用下发生晶间腐蚀，造成罐体下部封头焊缝强度降低，发生焊缝开裂，物料喷出，产生静电，引起爆燃。

(2)间接原因是　企业未对脱绒釜罐体的检验检测做出明确规定，罐体外包有保温材料，检验检测方法不当，未能及时发现脱绒釜晶间腐蚀现象，也未能从工艺技术角度分析出不锈钢材质的脱绒釜发生晶间腐蚀的可能性；生产装置设计图纸不符合国家规定，图纸无设计公司单位公章，无设计人员签字，未载明脱绒釜材质要求，存在设计缺陷；脱绒釜操作工在脱绒过程中升气阀门开度不足，存在超过工艺规程允许范围(0.05MPa以下)的现象，致使釜内压力上升，加速了脱绒釜下部封头焊缝的开裂。安全现状评价报告中对脱绒工序危险有害分析不到位，未提及脱绒釜存在晶间腐蚀的危险因素。

8.5.4　设备、工艺发生变化造成的事故

案例1　违反科研开发程序未经小试鉴定、中试，直接投料试产导致强烈爆炸

某厂为解决染料中间体生产中产生废硫酸问题，与某大学签订《改进三甲基苯中硝化技

术合同》。同年4月，某大学化学系1名退休教授和1名退休副教授完成实验室小试任务后，于6月初与1名退休高工抵厂，对生产设备进行了改装。该退休教授确认改装符合要求并决定在生产装置上直接投料试验。6月14日8时15分开始投料，8时35分反应锅发生爆炸。锅体从二楼震落到底楼，锅盖炸出11m远、搅拌器电机炸至22m远、厂房倒塌。1名退休教授和1名操作工当场死亡。站在稍远处的6人严重化学灼伤，其中1名副教授抢救无效死亡。另有9人遭受外伤或灼伤。

事故原因：

(1) 违反科研开发的基本程序

将未经小试鉴定、未经中试的不成熟技术，直接用于企业的工艺改造。对仅通过60g小试的“实验室成果”，直接扩大到1100kg，并在1000L反应釜上投料，进行工业化生产试验。

(2) 所用设备未进行有效验证

釜大投料少，物料仅仅浸入搅拌底部75mm，搅拌作用降低；温度计位于气相，距液面400mm，导致操作人员误将气相温度当作液相反应温度进行工艺操作控制。“大釜小用”、控制失效是导致爆炸事故的重要原因。

案例2　某公司爆炸事故

某公司B7厂房重氮化釜发生爆炸，造成8名抢险人员死亡(其中3名当场死亡)、5人受伤(其中2人重伤)。735m^2厂房全部倒塌，主要生产设备被炸毁。直接经济损失约400万元。

重氮化工艺过程是在重氮化釜中进行，先用硫酸和亚硝酸钠反应制得亚硝酰硫酸，再加入6-溴-2，4-二硝基苯胺制得重氮液，供下一工序使用。11月27日6时30分，该公司5车间当班4名操作人员接班，在上班制得亚硝酰硫酸的基础上，将重氮化釜温度降至在25℃。6时50分，开始向5000L重氮化釜加入6-溴-2，4-二硝基苯胺，先后分三批共加入反应物1350kg。

9时20分加料结束后，开始打开夹套蒸汽对重氮化釜内物料加热至37℃，9时30分关闭蒸汽阀门保温。按照工艺要求，保温温度控制在(35±2)℃，保温时间4~6h。10时许，当班操作人员发现重氮化釜冒出黄烟(氮氧化物)，重氮化釜数字式温度仪显示温度已达70℃，在向车间报告的同时，将重氮化釜夹套切换为冷冻盐水。

10时6分，重氮化釜温度已达100℃，车间负责人向公司报警并要求所有人员立即撤离。

10时9分，公司内部消防车赶到现场，用消防水向重氮化釜喷水降温。

10时20分，重氮化釜发生爆炸。

事故原因：

(1) 直接原因

操作人员没有将加热蒸汽阀门关闭到位，造成重氮化反应釜在保温过程中被继续加热，重氮化釜内重氮盐剧烈分解，导致化学爆炸。

(2) 间接原因

在重氮化反应保温时，操作人员未能及时发现重氮化釜内温度升高，及时调整控制；装置自动化水平低，重氮化反应系统没有装备自动化控制系统和自动紧急停车系统；重氮化釜岗位操作规程不完善，没有制定针对性应急措施，应急指挥和救援处置不当。

8.6 安全作业许可管理要素及流程

(1) 确定任务性质、范围和时机；
(2) 识别危险及相互影响；
(3) 确认资源和条件；
(4) 制订方案和控制措施；
(5) 落实隔离和防护措施；
(6) 明确职责、授权，做好沟通交底；
(7) 相互检查和确认；
(8) 审核签发作业许可证；
(9) 过程监控/处置异常/关闭作业。

8.7 安全作业许可管理控制要点

8.7.1 许可证签发人

作业许可证签发人一般为生产装置项目的负责人。对许可证签发人的要求主要包括：
(1) 区域主管的授权或公司规定的签发人。
(2) 熟知这些区域工艺流程、相关设备及化学危害。
(3) 知道设备维修需要进行怎样的准备，以及维修后设备如何安全地重新投入使用。
(4) 通过了许可证签发人培训。

8.7.2 监护人员

监护人员应通过相应的监护程序培训，取得了相应资格，应熟悉作业现场情况，掌握应急救援方法，检查落实施工作业的安全措施，纠正作业人员的违章及不安全行为，及时发现和消除现场的事故隐患，应在作业现场进行全程监护。

8.7.3 许可证签收人

许可证签收人是指许可证上明确的、执行作业的人员，一般为施工作业负责人。
许可证签收人的要求：
(1) 通过了安全作业许可程序培训。
(2) 有现场监管部门的授权。
(3) 通过了现场安全培训。
(4) 通过了单元装置安全培训。

8.7.4 签发许可证的具体要求

(1) 许可证签发人和签收人必须一同检查作业现场。
(2) 不得由同一人员签发和签收许可证。
(3) 许可证仅对特定的具体作业有效。

（4）许可证是针对预计执行作业所需时间段签发的。

（5）当作业涉及到另一个作业组或区域时，受影响区域必须在许可证上签字。

许可证的更改必须经签发人和签收人双方同意。更改必须记录在签发和签收方的许可证上。

8.8 典型危险作业管理实例

8.8.1 动火作业

凡在安全动火管理范围内进行动火作业，必须对作业对象和环境进行危害分析和可燃气体检测分析，必须按程序办理和签发动火作业许可证，必须现场检查和确认安全措施的落实情况，必须安排熟悉作业部位及周边安全状况、且具备基本救护技能和作业现场应急处理能力的企业人员进行全过程监护。

8.8.1.1 动火作业分级

动火作业分为特殊动火作业、一级动火作业和二级动火作业。遇节日、假日或其他特殊情况时，动火作业应升级管理。

8.8.1.1.1 特殊动火作业

在生产运行状态下的易燃易爆生产装置、输送管道、储罐、容器等部位上及其他特殊危险场所进行的动火作业。带压不置换动火作业按特殊动火作业管理。

8.8.1.1.2 一级动火作业

在易燃易爆场所进行的除特殊动火作业以外的动火作业。厂区管廊上的动火作业按一级动火作业管理。

8.8.1.1.3 二级动火作业

除特殊动火作业和一级动火作业以外的禁火区动火作业。凡生产装置或系统全部停车，装置经清洗、置换、取样分析合格并采取安全隔离措施后，可根据其火灾、爆炸危险性大小，经厂安全(防火)部门批准，动火作业可按二级动火作业管理。

8.8.1.2 动火作业安全防火要求

8.8.1.2.1 动火作业安全防火基本要求

（1）动火作业应办理《动火作业许可证》(以下简称《作业证》)，进入受限空间、高处等进行动火作业时，还需遵从相应作业安全管理要求。

（2）动火作业应有专人监火，动火作业前应清除动火现场及周围的易燃物品，或采取其他有效的安全防火措施，配备足够适用的消防器材。

（3）凡在盛有或盛过危险化学品的容器、设备、管道等生产、储存装置及《建筑防火设计规范》(GB 50016)中规定的甲、乙类区域的生产设备上进行的动火作业，应将其与生产系统彻底隔离，并进行清洗、置换，取样分析合格后方可动火作业；因条件限制无法进行清洗、置换而确需动火作业时按8.8.1.2.2的内容执行。

（4）凡处于《建筑防火设计规范》(GB 50016)规定的甲、乙类区域的动火作业，地面如有可燃物、空洞、窨井、地沟、水封等，应检查分析，距动火点15 m以内的，应采取清理或封盖等措施；对于动火点周围有可能泄漏易燃、可燃物料的设备，应采取有效的空间隔离措施。

(5) 拆除管线的动火作业，应先查明管线内部介质及走向，并制订相应的安全防火措施。

(6) 在生产、使用、储存氧气的设备上进行动火作业，氧含量不得超过21%。

(7) 五级风以上(含五级风)天气，原则上禁止露天动火作业。因生产需要确需动火作业时，动火作业应升级管理。

(8) 在铁路沿线25m以内进行动火作业时，遇装有危险化学品的火车通过或停留时，应立即停止作业。

(9) 凡在有可燃物构件的凉水塔、脱气塔、水洗塔等内部进行动火作业时，应采取防火隔离措施。

(10) 动火期间距动火点30m内不得排放各类可燃气体；距动火点15m内不得排放各类可燃液体；不得在动火点10m范围内及动火点下方同时进行可燃溶剂清洗或喷漆等作业。

(11) 动火作业前，应检查电焊、气焊、手持电动工具等动火工具，保证安全可靠。

(12) 使用气焊、气割动火作业时，乙炔瓶应直立放置；氧气瓶与乙炔气瓶间距不应小于5m，二者与动火作业地点不应小于10m，并不得在烈日下曝晒。

(13) 动火作业完毕，动火人和监火人以及参与动火作业的人员应清理现场，监火人确认无残留火种后方可离开。

8.8.1.2.2 特殊动火作业的安全防火要求

特殊动火作业在符合8.8.1.2.1内容的同时，还应符合以下要求：

(1) 在生产不稳定的情况下不得进行带压不置换动火作业。

(2) 应事先制定安全施工方案，落实安全防火措施，必要时可请专职消防队到现场监护。

(3) 动火作业前，生产车间(分厂)应通知工厂生产调度部门及有关单位，使之在异常情况下能及时采取相应的应急措施。

(4) 动火作业过程中，应使系统保持正压，严禁负压动火作业。

(5) 动火作业现场的通排风应良好，以便使泄漏的气体能顺畅排走。

8.8.1.3 动火分析及合格标准

8.8.1.3.1 取样点选择

动火作业前应进行安全分析，动火分析的取样点要有代表性：

(1) 在较大的设备内动火作业，应采取上、中、下取样；

(2) 在较长的物料管线上动火，应在彻底隔离区域内分段取样；

(3) 在设备外部动火作业，应进行环境分析，且分析范围不小于动火点10m。

8.8.1.3.2 取样时间选择

取样与动火间隔不得超过30min，如超过此间隔或动火作业中断时间超过30min，应重新取样分析。特殊动火作业期间还应随时进行监测。

8.8.1.3.3 检测设备要求

使用便携式可燃气体检测仪或其他类似手段进行分析时，检测设备应经标准气体样品标定合格。

8.8.1.3.4 动火分析合格判定

当被测气体或蒸气的爆炸下限大于等于4%时，被测浓度应不大于0.5%(体积百分数)；当被测气体或蒸气的爆炸下限小于4%时，被测浓度应不大于0.2%(体积分数)。

8.8.1.4 职责要求

8.8.1.4.1 动火作业负责人

(1) 负责办理《作业证》并对动火作业负全面责任。

(2) 应在动火作业前详细了解作业内容和动火部位及周围情况，参与动火安全措施的制定、落实，向作业人员交代作业任务和防火安全注意事项。

(3) 作业完成后，组织现场检查，确认无遗留火种后方可离开现场。

8.8.1.4.2 动火人

(1) 应参与风险危害因素辨识和安全措施的制定。

(2) 应逐项确认相关安全措施的落实情况。

(3) 应确认动火地点和时间。

(4) 若发现不具备安全条件时不得进行动火作业。

(5) 应随身携带《作业证》。

8.8.1.4.3 监火人

(1) 负责动火现场的监护与检查，发现异常情况应立即通知动火人停止动火作业，及时联系有关人员采取措施。

(2) 应坚守岗位，不准脱岗；在动火期间，不准兼做其他工作。

(3) 当发现动火人违章作业时应立即制止。

(4) 在动火作业完成后，应会同有关人员清理现场，清除残火，确认无遗留火种后方可离开现场。

8.8.1.4.4 动火部位负责人

(1) 对所属生产系统在动火过程中的安全负责。参与制定、负责落实动火安全措施，负责生产与动火作业的衔接。

(2) 检查、确认《作业证》审批手续，对手续不完备的《作业证》应及时制止动火作业。

(3) 在动火作业中，生产系统如有紧急或异常情况，应立即通知停止动火作业。

8.8.1.4.5 动火分析人

动火分析人对动火分析方法和分析结果负责。应根据动火点所在车间的要求，到现场取样分析，在《作业证》上填写取样时间和分析数据并签字。不得用“合格”等字样代替分析数据。

8.8.1.4.6 动火作业的审批人

动火作业的审批人是动火作业安全措施落实情况的最终确认人，对自己的批准签字负责。

(1) 审查《作业证》的办理是否符合要求。

(2) 到现场了解动火部位及周围情况，检查、完善防火安全措施。

8.8.1.5 《动火作业许可证》管理

8.8.1.5.1 区分《作业证》

特殊动火、一级动火、二级动火的《作业证》应以明显标记加以区分。

8.8.1.5.2 《作业证》的办理和使用要求

（1）办证人须按《作业证》的项目逐项填写，不得空项；根据动火等级，按 8.3 条规定的审批权限进行办理。

（2）办理好《作业证》后，动火作业负责人应到现场检查动火作业安全措施落实情况，确认安全措施可靠并向动火人和监火人交代安全注意事项后，方可批准开始作业。

（3）《作业证》实行一个动火点、一张动火证的动火作业管理。

（4）《作业证》不得随意涂改和转让，不得异地使用或扩大使用范围。

（5）《作业证》一式三联，二级动火由审批人、动火人和动火点所在车间操作岗位各持一份存查；一级和特殊动火《作业证》由动火点所在车间负责人、动火人和主管安全（防火）部门各持一份存查；《作业证》保存期限至少为 1 年。

8.8.1.5.3 《作业证》的审批

（1）特殊动火作业的《作业证》由主管厂长或总工程师审批。

（2）一级动火作业的《作业证》由主管安全部门审批。

（3）二级动火作业的《作业证》由动火点所在车间主管负责人审批。

8.8.1.5.4 《作业证》的有效期限

（1）特殊动火作业和一级动火作业的《作业证》有效期不超过 8h。

（2）二级动火作业的《作业证》有效期不超过 72h，每日动火前应进行动火分析。

（3）动火作业超过有效期限，应重新办理《作业证》。

8.8.1.6 《动火作业许可证》样例

动火作业许可证

动火等级（　　）　　　　　　No：

<table>
<tr><td>申请用火车间</td><td colspan="6"></td><td>申请人</td><td colspan="2"></td></tr>
<tr><td>施工作业单位</td><td colspan="9"></td></tr>
<tr><td>动火装置、设施部位</td><td colspan="9"></td></tr>
<tr><td>作业内容</td><td colspan="9"></td></tr>
<tr><td>动火人</td><td colspan="2"></td><td colspan="2">特种作业类别</td><td colspan="3"></td><td>证件号</td><td></td></tr>
<tr><td>动火人</td><td colspan="2"></td><td colspan="2">特种作业类别</td><td colspan="3"></td><td>证件号</td><td></td></tr>
<tr><td>动火人</td><td colspan="2"></td><td colspan="2">特种作业类别</td><td colspan="3"></td><td>证件号</td><td></td></tr>
<tr><td rowspan="3">动火
监护人</td><td></td><td rowspan="3">工种</td><td colspan="2"></td><td rowspan="3">相关单位动
火监护人</td><td colspan="2"></td><td rowspan="3">工种</td><td rowspan="3"></td></tr>
<tr><td></td><td colspan="2"></td><td colspan="2"></td></tr>
<tr><td></td><td colspan="2"></td><td colspan="2"></td></tr>
<tr><td>动火时间</td><td colspan="9">年　月　日　时　分至　月　日　时　分</td></tr>
<tr><td rowspan="2">动火分析结果</td><td colspan="2">采样检测时间</td><td colspan="2">采样点</td><td colspan="2">可燃气体含量</td><td>有毒气体含量</td><td colspan="2">分析工签名</td></tr>
<tr><td colspan="2"></td><td colspan="2"></td><td colspan="2"></td><td>%</td><td colspan="2"></td></tr>
</table>

续表

序号	用火主要安全措施	选项	确认人
1	动火设备内部构件清理干净，蒸汽吹扫或水洗合格，达到动火条件		
2	断开与动火设备相联的所有管线，加好符合规定要求的盲板( )块		
3	动火点周围(最小半径15m)的下水井、地漏、地沟、电缆沟等已清除易燃物，并已采取覆盖、铺砂、水封等手段进行隔离		
4	清除动火点周围易燃物、可燃物		
5	罐区内动火点同一围堰内和防火间距以内的油罐不得进行脱水作业		
6	距动火点30m内严禁排放各类可燃气体，15m内严禁排放各类可燃液体		
7	动火点10m范围内及动火点下部区域严禁同时进行可燃溶剂清洗和喷漆等作业。在受限空间内进行动火作业、临时用电作业时，不得同时进行刷漆、喷漆作业或使用可燃溶剂清洗等其他可能散发易燃气体、易燃液体的作业		
8	电焊回路线应接在焊件上，把线不得穿过下水井或与其他设备搭接		
9	乙炔瓶应直立放置；氧气瓶与乙炔气瓶间距不应小于5 m，二者与动火点、明火或其他热源间距不应小于10 m，并不得在烈日下曝晒		
10	高处作业应采取防火花飞溅措施		
11	现场配备蒸汽带( )根，灭火器( )个，铁锹( )把，石棉布( )块		
12	其他补充安全措施：		

危害识别	
备注	

动火车间意见： 签名：	相关单位意见： 签名：	生产部门意见： 签名：
设备部门意见： 签名：	安全部门意见： 签名：	厂领导审批意见： 签名：

完工验收	验收时间	年 月 日 时 分	验收人签名：

火警电话：119。

8.8.2 进入受限空间作业

进入受限空间作业前，必须按规定进行安全处理和可燃、有毒有害气体和氧含量检测分析，必须办理进入受限空间作业许可证，必须检查隔离措施、通风排毒、呼吸防护及逃生救护措施的可靠性，防止出现有毒有害气体串入、呼吸防护器材失效、风源污染等危险因素，必须安排具备基本救护技能和作业现场应急处理能力的企业人员进行全过程监护。

8.8.2.1 受限空间作业安全要求

8.8.2.1.1 作业证

受限空间作业实施作业证管理，作业前应办理《受限空间作业许可证》(以下简称《作业证》)。

8.8.2.1.2 安全隔离

(1) 受限空间与其他系统连通的可能危及安全作业的管道应采取有效隔离措施。

(2) 管道安全隔离可采用插入盲板或拆除一段管道进行隔离，不能用水封或关闭阀门等代替盲板或拆除管道。

(3) 与受限空间相连通的可能危及安全作业的孔、洞应进行严密地封堵。

(4) 受限空间带有搅拌器等用电设备时，应在停机后切断电源，上锁并加挂警示牌。

8.8.2.1.3 清洗或置换

受限空间作业前，应根据受限空间盛装(过)的物料的特性，对受限空间进行清洗或置换，并达到下列要求：

(1) 氧含量一般为18%~21%，在富氧环境下不得大于23.5%。

(2) 有毒气体(物质)浓度应符合 GBZ 2.2—2007 的规定。

(3) 可燃气体浓度：当被测气体或蒸气的爆炸下限大于等于4%时，被测浓度不大于0.5%(体积)；当被测气体或蒸气的爆炸下限小于4%时，被测浓度不大于0.2%(体积)。

8.8.2.1.4 通风

应采取措施，保持受限空间空气良好流通。

(1) 打开人孔、手孔、料孔、风门、烟门等与大气相通的设施进行自然通风。

(2) 必要时，可采取强制通风。

(3) 采用管道送风时，送风前应对管道内介质和风源进行分析确认。

(4) 禁止向受限空间充氧气或富氧空气。

8.8.2.1.5 监测

(1) 作业前30min内，应对受限空间进行气体采样分析，分析合格后方可进入。

(2) 分析仪器应在校验有效期内，使用前应保证其处于正常工作状态。

(3) 采样点应有代表性，容积较大的受限空间，应采取上、中、下各部位取样。

(4) 作业中应定时监测，至少每2 h监测一次，如监测分析结果有明显变化，则应加大监测频率；作业中断超过30min应重新进行监测分析，对可能释放有害物质的受限空间，应连续监测。情况异常时应立即停止作业，撤离人员，经对现场处理，并取样分析合格后方可恢复作业。

(5) 涂刷具有挥发性溶剂的涂料时，应做连续分析，并采取强制通风措施。

(6) 采样人员深入或探入受限空间采样时应采取8.8.2.1.6中规定的防护措施。

8.8.2.1.6 个体防护措施

受限空间经清洗或置换不能达到8.8.2.1.3的要求时，应采取相应的防护措施方可作业。

（1）在缺氧或有毒的受限空间作业时，应佩戴隔离式防护面具，必要时作业人员应拴带救生绳。

（2）在易燃易爆的受限空间作业时，应穿防静电工作服、工作鞋，使用防爆型低压灯具及不产生火花的工具。

（3）在有酸碱等腐蚀性介质的受限空间作业时，应穿戴好防酸碱工作服、工作鞋、手套等护品。

（4）在产生噪声的受限空间作业时，应配戴耳塞或耳罩等防噪声护具。

8.8.2.1.7 照明及用电安全

（1）受限空间照明电压应小于等于36V，在潮湿容器、狭小容器内作业电压应小于等于12V。

（2）使用超过安全电压的手持电动工具作业或进行电焊作业时，应配备漏电保护器。在潮湿容器中，作业人员应站在绝缘板上，同时保证金属容器接地可靠。

（3）临时用电应办理用电手续，按《用电安全导则》(GB/T 13869)规定进行临时用电设备的架设和拆除。

8.8.2.1.8 监护

（1）受限空间作业，在受限空间外应设有专人监护。

（2）进入受限空间前，监护人应会同作业人员检查安全措施，统一联系信号。

（3）在风险较大的受限空间作业，应增设监护人员，并随时保持与受限空间作业人员的联络。

（4）监护人员不得脱离岗位，并应掌握受限空间作业人员的人数和身份，对人员和工器具进行清点。

8.8.2.1.9 其他安全要求

（1）在受限空间作业时应在受限空间外设置安全警示标志。

（2）受限空间出入口应保持畅通。

（3）多工种、多层交叉作业应采取互相之间避免伤害的措施。

（4）作业人员不得携带与作业无关的物品进入受限空间，作业中不得抛掷材料、工器具等物品。

（5）受限空间外应备有空气呼吸器(氧气呼吸器)、消防器材和清水等应急用品。

（6）严禁作业人员在有毒、窒息环境下摘下防毒面具。

（7）难度大、劳动强度大、时间长的受限空间作业应采取轮换作业。

（8）在受限空间进行高处作业应按《化学品生产单位设备检修作业安全规范》(AQ 3026)的规定进行，应搭设安全梯或安全平台。

（9）在受限空间进行动火作业应按《化学品生产单位动火作业安全规范》(AQ 3022)的规定进行。

（10）作业前后应清点作业人员和作业工器具。作业人员离开受限空间作业点时，应将作业工器具带出。

（11）作业结束后，由受限空间所在单位和作业单位共同检查受限空间内外，确认无问题后方可封闭受限空间。

8.8.2.2 职责要求

8.8.2.2.1 作业负责人

(1) 对受限空间作业安全负全面责任。

(2) 在受限空间作业环境、作业方案和防护设施及用品达到安全要求后，可安排人员进入受限空间作业。

(3) 在受限空间及其附近发生异常情况时，可要求停止作业。

(4) 检查、确认应急准备情况，核实内外联络及呼叫方法。

(5) 对未经允许试图进入或已经进入受限空间者进行劝阻或责令退出。

8.8.2.2.2 监护人员的职责

(1) 对受限空间作业人员的安全负有监督和保护的职责。

(2) 了解可能面临的危害，对作业人员出现的异常行为能够及时警觉并做出判断。与作业人员保持联系和交流，观察作业人员的状况。

(3) 当发现异常时，立即向作业人员发出撤离警报，并帮助作业人员从受限空间逃生，同时立即呼叫紧急救援。

(4) 掌握应急救援的基本知识。

8.8.2.2.3 作业人员的职责

(1) 负责在保障安全的前提下进入受限空间实施作业任务。作业前应了解作业的内容、地点、时间、要求，熟知作业中的危害因素和应采取的安全措施。

(2) 确认安全防护措施落实情况。

(3) 遵守受限空间作业安全操作规程，正确使用受限空间作业安全设施与个体防护用品。

(4) 应与监护人员进行必要、有效的安全、报警、撤离等双向信息交流。

(5) 服从作业监护人的指挥，如发现作业监护人员不履行职责时，应停止作业并撤出受限空间。

(6) 在作业中如出现异常情况或感到不适或呼吸困难时，应立即向作业监护人发出信号，迅速撤离现场。

8.8.2.2.4 审批人员的职责

(1) 审查《作业证》的办理是否符合要求。

(2) 到现场了解受限空间内外情况。

(3) 督促检查各项安全措施的落实情况。

8.8.2.3 《受限空间作业许可证》管理

(1)《作业证》由作业单位负责办理。

(2)《作业证》所列项目应逐项填写，安全措施栏应填写具体的安全措施。

(3)《作业证》应由受限空间所在单位负责人审批。

(4) 一处受限空间、同一作业内容办理一张《作业证》，当受限空间工艺条件、作业环境条件改变时，应重新办理《作业证》。

(5)《作业证》一式三联，一、二联分别由作业负责人、监护人持有，第三联由受限空间所在单位存查，《作业证》保存期限至少为1年。

8.8.2.4 《受限空间作业许可证》样例

受限空间作业许可证

作业等级

基层单位		受限空间名称		施工作业单位	
作业人姓名				监护人姓名	
作业时间	自　年　月　日　时　分至　年　月　日　时　分				
作业内容					

序号	主要工作危害原因、危害后果描述	对主要工作危害需采取的防范措施	作业前检查（签名）	过程检查：控制措施执行（√）否（×）气体检测填入体数据			
				2h	4h	6h	8h
	1. 有物料窜入，作业时易引起爆炸、着火、人员窒息、中毒或烫伤	1. 加盲板( )块，隔离所有与受限空间有联系的阀门、管线，列出盲板清单，并落实拆装盲板责任人 2. 检查与受限空间相连的风管线或用作通风的风源不会窜入油气、氮气等有毒有害、易燃易爆介质					
性危害	2. 受限空间内部残存物料，易引起火灾和作业人员中毒	3. 盛装过可燃易燃有毒有害液体、气体的受限空间，应分析可燃、有毒有害气体含量，分析结果须符合：可燃气体爆炸下限大于等于4%时，检测浓度不大于0.5%；可燃气体下限小于4%时，检测浓度不大于0.2%；氧含量19.5%～23.5%；有毒有害物质浓度符合《工作场所有害因素职业接触限值》(GBZ 2)的规定。 气体分析数据：（可燃气体含量：　氧气含量：　有毒气体含量：　）； 采样分析时间：年　月　日　时　分　复测数据(　　)；复测时间：年　月　日　时　分					
				10h	12h	14h	16
	通风不良，受限空间内部氧气不足，引起窒息	4. 打开全部通气孔、人孔，必要时安装轴流风机( )台，风管( )条进行强制通风，严禁用通入氧气或富氧空气方法补氧					
	交底不清，施工过程造成人员中毒及火灾	5. 基层单位检查受限空间内部作业条件，向施工作业人员进行安全交底，落实具体安全防范措施					

续表

基层单位结合施工作业环境对工作危害和防范措施进行补充、完善：							
1							
2							
3							
4							
施工单位对整个施工过程进行危害描述，并制订相关的防范措施：（由施工人员自己完成，并由管理人员补充）							
业危害	逃生通道不畅，造成人员伤亡	1. 受限空间进出口保证畅通无阻，严禁使用吊车、卷扬机运送作业人员		18h	20h	22h	24
		2. 进入受限空间内作业，外面需有专人监护，配备一定数量的应急救护用具、灭火器材，并规定相互联络方法和信号					
		3. 对受限空间作业人员及监护人进行安全应急处理、救护方法等方面教育，并明确每个人的职责					
1							
2							
3							
4							

我已清楚以上描述的危害，并且确信相关的防范措施已经落实。施工单位项目负责人或班、组长(签名)：　　监护人(签名)：

基层单位项目负责人签字：	施工作业单位现场负责人签字：
基层单位安全技术人员会签：	施工单位安全部门审批签字：
基层单位领导审核签字：	直属单位安全部门审核签字：
直属单位设备(工程)部门审核签字：	直属单位主管领导审批签字：

受限空间作业结束时间		监护人确认签名		受限空间作业人员确认签名	

其他危害提示(以下提示的工作危害及防范措施，如果施工中需要可直接用代号填写到相应的表格中)：

续表

危害原因	危害后果	代号	防范措施内容	代号	危害原因	危害后果	代号	防范措施内容	代号
特级受限空作业气体危	人员中毒或窒息	A	佩戴空气呼吸器（ ）、供风防毒面具（ ）、长管防毒面具（ ）、滤毒罐型号为（ ）、防尘罩（ ）	a1	监护人员不在现场	中毒、火灾	D	监护人佩戴袖章或其他明显标识，监护人不在现场不准作业	d
			限制每次连续作业时间，落实防火、防爆措施，严禁使用非防爆电器和非防爆照明	a2	受限空间内有残渣，可能会析出有毒、易爆气体	爆炸、人员中毒	E	尽快清理残渣。在残渣未清之前，每次受限空间前要检测可燃气体和有毒气体含量，必要时连续检测或加大检测频率	e
			作业人员捆绑逃生安全绳，准备好紧急抢救措施	a3	受限空间内转动部件未切断电源	人员伤亡	F	带搅拌机的受限空间要切断电源，在开关上挂“有人检修，禁止合闸”标志牌，上锁或设专人监护	f
特级受限空作业不使用全绳	人员伤亡	B	特级受限空间作业设置安全三角架，人员佩带救生绳索，并由监护人监管。	b	未穿劳保用品	人员伤亡火灾	G	按规范穿戴劳保用品方准施工作业	g
特级受限空作业的工具、器、照明不爆	火灾、人员伤亡	C	使用防爆工具和防爆电器，使用手持电动工具应有漏电保护	c1	高处作业、用火等特殊作业	人员伤亡	H	必须办理相应作业许可证，落实相应防护措施	h
			受限空间内照明应使用安全电压，电线绝缘良好。特别潮湿场所和金属设备内作业，行灯电压应12V以下	c2	受限空间作业前后不清点人员、工具、材料	人员伤亡或影响生产	I	作业前后登记清点人员、工具、材料等，防止遗留在受限空间内	i

备注：1. 特级受限空间作业许可证有效期24小时。2. 属基层单位落实的防范措施打“√”，属施工单位落实的防范措施打（O）。

进入受限空间人员登记表

序号	单位、部门	姓名	进入	离开	进入	离开	进入	离开	最终撤离时间	监护人签字
1										
2										
3										
4										
5										
6										
7										
8										
9										
10										
11										
12										
13										

注：1. 所有进入受限空间人员必须在登记表上登记，并经监护人许可，方可进入受限空间；

2. 进入受限空间人员的进出情况必须由本人签字；

3. 此表由监护人管理，在作业过程中放置在受限空间入口处备查。

8.8.3 高处作业

作业人员在2m以上的高处作业时，必须系好安全带，在15m以上的高处作业时，必须办理高处作业许可证，系安全带，禁止从高处抛扔工具、物体和杂物等。

8.8.3.1 高处作业分级

高处作业分为一级、二级、三级和特级高处作业，符合高处作业分级(GB/T 3608)的规定。

(1)作业高度在2m≤h<5m时，称为一级高处作业。

(2)作业高度在5m≤h<15m时，称为二级高处作业。

(3)作业高度在15m≤h<30m时，称为三级高处作业。

(4)作业高度在h≥30m以上时，称为特级高处作业。

8.8.3.2 高处作业安全要求与防护

8.8.3.2.1 高处作业前的安全要求

(1) 进行高处作业前，应针对作业内容，进行危险辨识，制定相应的作业程序及安全措施。将辨识出的危害因素写入《高处作业许可证》(以下简称《作业证》)，并制定出对应的安全措施。

（2）进行高处作业时，应符合国家现行的有关高处作业及安全技术标准的规定。

（3）作业单位负责人应对高处作业安全技术负责，并建立相应的责任制。

（4）高处作业人员及搭设高处作业安全设施的人员，应经过专业技术培训及专业考试合格，持证上岗，并应定期进行体格检查。对患有职业禁忌证（如高血压、心脏病、贫血病、癫痫病、精神疾病等）、年老体弱、疲劳过度、视力不佳及其他不适于高处作业的人员，不得进行高处作业。

（5）从事高处作业的单位应办理《作业证》，落实安全防护措施后方可作业。

（6）《作业证》审批人员应赴高处作业现场检查确认安全措施后，方可批准高处作业。

（7）高处作业中的安全标志、工具、仪表、电气设施和各种设备，应在作业前加以检查，确认其完好后投入使用。

（8）高处作业前要制定高处作业应急预案，内容包括：作业人员紧急状况时的逃生路线和救护方法，现场应配备的救生设施和灭火器材等。有关人员应熟知应急预案的内容。

（9）在紧急状态下（有下列情况进行高处作业的）应执行单位的应急预案：

① 遇有 6 级以上强风、浓雾等恶劣气候下的露天攀登与悬空高处作业；

② 在临近有排放有毒、有害气体、粉尘的放空管线或烟囱的场所进行高处作业时，作业点的有毒物浓度不明。

（10）高处作业前，作业单位现场负责人应对高处作业人员进行必要的安全教育，交代现场环境和作业安全要求以及作业中可能遇到意外时的处理和救护方法。

（11）高处作业前，作业人员应查验《作业证》，检查验收安全措施落实后方可作业。

（12）高处作业人员应按照规定穿戴符合国家标准的劳动保护用品，安全带的佩戴应符合《安全带》（GB 6095）的要求，安全帽的配备应符合《安全帽》（GB 2811）的要求等。作业前要检查劳动保护用品的完整性。

（13）高处作业前作业单位应制定安全措施并填入《作业证》。

（14）高处作业使用的材料、器具、设备应符合有关安全标准要求。

（15）高处作业用的脚手架搭设应符合国家有关标准。高处作业应根据实际要求配备符合安全要求的吊笼、梯子、防护围栏、挡脚板等。跳板应符合安全要求，两端应捆绑牢固。作业前，应检查所用的安全设施是否坚固、牢靠。夜间高处作业应有充足的照明。

（16）供高处作业人员上下用的梯道、电梯、吊笼等要符合有关标准要求；作业人员上下时要有可靠的安全措施。固定式钢直梯和钢斜梯应符合《固定式钢直梯安全技术条件》（GB 4053.1）和《固定式钢斜梯安全技条件》（GB 4053.2）的要求，便携式木梯和便携式金属梯，应符合《便携式木梯安全要求》（GB 7059）和《便携式金属梯安全要求》（GB 12142）的要求。

（17）便携式木梯和便携式金属梯梯脚底部应坚实，不得垫高使用。踏板不得有缺档。梯子的上端应有固定措施。立梯工作角度以 75°±5°为宜。梯子如需接长使用，应有可靠的连接措施，且接头不得超过 1 处。连接后梯梁的强度，不应低于单梯梯梁的强度。折梯使用时上部夹角以 35°～45°为宜，铰链应牢固，并应有可靠的拉撑措施。

8.8.3.2.2 高处作业中的安全要求与防护

（1）高处作业应设监护人对高处作业人员进行监护，监护人应坚守岗位。

（2）作业中应正确使用防坠落用品与登高器具、设备。高处作业人员应系用与作业内容相适应的安全带，安全带应系挂在作业处上方的牢固构件上或专为挂安全带用的钢架或钢丝绳上，不得系挂在移动或不牢固的物件上；不得系挂在有尖锐棱角的部位。安全带不得低挂高用。系安全带后应检查扣环是否扣牢。

（3）作业场所有坠落可能的物件，应一律先行撤除或加以固定。高处作业所使用的工具、材料、零件等应装入工具袋，上下时手中不得持物。工具在使用时应系安全绳，不用时放入工具袋中。不得投掷工具、材料及其他物品。易滑动、易滚动的工具、材料堆放在脚手架上时，应采取防止坠落措施。高处作业中所用的物料，应堆放平稳，不妨碍通行和装卸。作业中的走道、通道板和登高用具，应随时清扫干净；拆卸下的物件及余料和废料均应及时清理运走，不得任意乱置或向下丢弃。

（4）雨天和雪天进行高处作业时，应采取可靠的防滑、防寒和防冻措施。凡水、冰、霜、雪均应及时清除。对进行高处作业的高耸建筑物，应事先设置避雷设施。遇有6级以上强风、浓雾等恶劣气候，不得进行特级高处作业、露天攀登与悬空高处作业。暴风雪及台风暴雨后，应对高处作业安全设施逐一加以检查，发现有松动、变形、损坏或脱落等现象，应立即修理完善。

（5）在临近有排放有毒、有害气体、粉尘的放空管线或烟囱的场所进行高处作业时，作业点的有毒物浓度应在允许浓度范围内，并采取有效的防护措施。在应急状态下，按应急预案执行。

（6）带电高处作业应符合《用电安全导则》（GB/T 13869）的有关要求。高处作业涉及临时用电时应符合《施工现场临时用电安全技术规范》（JCJ 46）的有关要求。

（7）高处作业应与地面保持联系，根据现场需要配备必要的联络工具，并指定专人负责联系。尤其是在危险化学品生产、储存场所或附近有放空管线的位置高处作业时，应为作业人员配备必要的防护器材（如空气呼吸器、过滤式防毒面具或口罩等），应事先与车间负责人或工长（值班主任）取得联系，确定联络方式，并将联络方式填入《作业证》的补充措施栏内。

（8）不得在不坚固的结构（如彩钢板屋顶、石棉瓦、瓦棱板等轻型材料等）上作业，登不坚固的结构（如彩钢板屋顶、石棉瓦、瓦棱板等轻型材料）作业前，应保证其承重的立柱、梁、框架的受力能满足所承载的负荷，应铺设牢固的脚手板，并加以固定，脚手板上要有防滑措施。

（9）作业人员不得在高处作业处休息。

（10）高处作业与其他作业交叉进行时，应按指定的路线上下，不得上下垂直作业，如果需要垂直作业时应采取可靠的隔离措施。

（11）在采取地（零）电位或等（同）电位作业方式进行带电高处作业时。应使用绝缘工具或穿均压服。

（12）发现高处作业的安全技术设施有缺陷和隐患时，应及时解决；危及人身安全时，应停止作业。

（13）因作业必需，临时拆除或变动安全防护设施时，应经作业负责人同意，并采取相应的措施，作业后应立即恢复。

（14）防护棚搭设时，应设警戒区，并派专人监护。

（15）作业人员在作业中如果发现情况异常，应发出信号，并迅速撤离现场。

8.8.3.2.3 高处作业完工后的安全要求

（1）高处作业完工后，作业现场清扫干净，作业用的工具、拆卸下的物件及余料和废料应清理运走。

（2）脚手架、防护棚拆除时，应设警戒区，并派专人监护。拆除脚手架、防护棚时不得上部和下部同时施工。

（3）高处作业完工后，临时用电的线路应由具有特种作业操作证书的电工拆除。

（4）高处作业完工后，作业人员要安全撤离现场，验收人在《作业证》上签字。

8.8.3.3 《高处作业许可证》的管理

（1）一级高处作业和在坡度大于45°的斜坡上面的高处作业，由车间负责审批。

（2）二级、三级高处作业及下列情形的高处作业由车间审核后，报厂相关主管部门审批。

① 在升降(吊装)口、坑、井、池、沟、洞等上面或附近进行高处作业。

② 在易燃、易爆、易中毒、易灼伤的区域或转动设备附近进行高处作业。

③ 在无平台、无护栏的塔、釜、炉、罐等化工容器、设备及架空管道上进行高处作业。

④ 在塔、釜、炉、罐等设备内进行高处作业。

⑤ 在临近有排放有毒、有害气体、粉尘的放空管线或烟囱及设备高处作业。

（3）特级高处作业及下列情形的高处作业，由单位安全部门审核后，报主管安全负责人审批。

① 在阵风风力为6级(风速10.8m/s)及以上情况下进行的强风高处作业。

② 在高温或低温环境下进行的异温高处作业。

③ 在降雪时进行的雪天高处作业。

④ 在降雨时进行的雨天高处作业。

⑤ 在室外完全采用人工照明进行的夜间高处作业。

⑥ 在接近或接触带电体条件下进行的带电高处作业。

⑦ 在无立足点或无牢靠立足点的条件下进行的悬空高处作业。

（4）作业负责人应根据高处作业的分级和类别向审批单位提出申请，办理《作业证》。《作业证》一式三份，一份交作业人员，一份交作业负责人，一份交安全管理部门留存，保存期1年。

（5）《作业证》有效期7天，若作业时间超过7天，应重新审批。对于作业期较长的项目，在作业期内，作业单位负责人应经常深入现场检查，发现隐患及时整改，并做好记录。若作业条件发生重大变化，应重新办理《作业证》。

8.8.3.4 《高处作业许可证》样例

高处作业许可证

高处作业等级(　)

工程项目名称		施工作业单位	
施工作业内容		施工作业地点	
施工单位 作业负责人		基层单位 项目负责人	
施工单位监护人		基层单位监护人	
施工作业人员姓名			
施工作业时间	年　月　日 时　分至　月　日　时　分		

续表

<table>
<tr><td>序号</td><td colspan="3">主要安全措施</td><td>选项</td><td>确认人</td></tr>
<tr><td>1</td><td colspan="3">作业人员身体条件、着装符合工作要求</td><td></td><td></td></tr>
<tr><td>2</td><td colspan="3">作业人员佩戴符合要求的安全带</td><td></td><td></td></tr>
<tr><td>3</td><td colspan="3">作业人员携带有工具袋，所用工具系有安全绳</td><td></td><td></td></tr>
<tr><td>4</td><td colspan="3">工具不用时应放在工具袋内，上下时手中不得持物</td><td></td><td></td></tr>
<tr><td>5</td><td colspan="3">使用的脚手架、吊笼、防护围栏、梯子等没有缺陷，验收合格</td><td></td><td></td></tr>
<tr><td>6</td><td colspan="3">垂直分层作业中间有隔离措施</td><td></td><td></td></tr>
<tr><td>7</td><td colspan="3">在石棉瓦、瓦棱板等轻型材料上作业时需铺设牢固的脚手板</td><td></td><td></td></tr>
<tr><td>8</td><td colspan="3">高处作业有充足照明</td><td></td><td></td></tr>
<tr><td>9</td><td colspan="3">30m 以上进行高处作业应配备通信、联络工具</td><td></td><td></td></tr>
<tr><td>10</td><td colspan="3">作业人员佩戴：A. 过滤式呼吸器；B. 空气呼吸器</td><td></td><td></td></tr>
<tr><td>危害识别</td><td colspan="5">作业时机：
环境条件：
个体防护：
天气条件：
工作站位：</td></tr>
<tr><td>补充措施</td><td colspan="5"></td></tr>
<tr><td colspan="3">施工单位作业负责人意见
签名：</td><td colspan="3">基层单位主管领导审批意见
签名：</td></tr>
<tr><td colspan="2">承包商单位主管领导意见
签名：</td><td colspan="2">直属单位安全部门审批意见
签名：</td><td colspan="2">直属单位设备部门批准意见
签名：</td></tr>
<tr><td>直属单位主管领导签字</td><td colspan="2">年　月　日</td><td>完工验收签字</td><td colspan="2">年　月　日　时</td></tr>
</table>

8.8.4 断路作业

断路作业是指在化学品生产单位内部的交通主干道、交通次干道、交通支路与车间引道上进行工程施工、吊装吊运等各种影响正常交通的作业。断路作业必须办理《断路作业许可证》，并在作业区周围悬挂醒目标识和警示灯。

8.8.4.1 一般管理要求

(1) 进行断路作业应制定周密的安全措施，并办理《断路作业许可证》(以下简称《作业证》)，方可作业。

(2)《作业证》由断路申请单位负责办理。

(3) 断路申请单位负责管理作业现场。

(4)《作业证》申请单位应由相关部门会签。审批部门在审批《作业证》后，应立即填写《断路作业通知单》，并书面通知相关部门。

(5) 在《作业证》规定的时间内未完成断路作业时，由断路申请单位重新办理《作业证》。

8.8.4.2 《断路作业许可证》管理

(1)《作业证》由断路申请单位指定专人至少提前一天办理。

(2)《作业证》由断路申请单位的上级有关管理部门按照本标准规定的《作业证》格式统一印制，一式三联。

(3) 断路申请单位在有关管理部门领取《作业证》后，逐项填写其应填内容后交断路作业单位。

(4) 断路作业单位接到《作业证》后，填写《作业证》中断路作业单位应填写的内容，填写后将《作业证》交断路申请单位。

(5) 断路申请单位从断路作业单位收到《作业证》后，交本单位上级有关管理部门审批。

(6) 办理好的《作业证》第一联交断路作业单位，第二联由断路申请单位留存，第三联留审批部门备案。

(7)《作业证》应至少保留1年。

8.8.4.3 安全要求

8.8.4.3.1 作业组织

(1) 断路作业单位接到《作业证》并向断路申请单位确认无误后，即可在规定的时间内，按《作业证》的内容组织进行断路作业。

(2) 断路作业申请单位应制定交通组织方案，设置相应的标志与设施，以确保作业期间的交通安全。

(3) 断路作业应按《作业证》的内容进行。

(4) 用于道路作业的工作、材料应放置在作业区内或其他不影响正常交通的场所。

(5) 严禁涂改、转借《作业证》。

(6) 变更作业内容，扩大作业范围，应重新办理《作业证》。

8.8.4.3.2 作业交通警示

(1) 断路作业单位应根据需要在作业区相关道路上设置作业标志、限速标志、距离辅助标志等交通警示标志，以确保作业期间的交通安全。

(2) 断路作业单位应在作业区附近设置路栏、锥形交通路标、道路作业警示灯、导向标等交通警示设施。

(3) 在道路上进行定点作业，白天不超过2h，夜间不超过1h即可完工的，在有现场交通指挥人员指挥交通的情况下，只要作业区设置了完善的安全设施，即白天设置了锥形交通路标或路栏，夜间设置了锥形交通路标或路栏及道路作业警示灯，可不设标志牌。

(4) 夜间作业应设置道路作业警示灯，道路作业警示灯设置在作业区周围的锥形交通路标处，应能反映作业区的轮廓。

(5) 道路作业警示灯应为红色。

(6) 警示灯应防爆并采用安全电压。

(7) 道路作业警示灯设置高度应符合《道路作业交通安全标志》(GA 182)的规定，离地面1.5cm，不低于1.0m。

(8) 道路作业警示灯遇雨、雪、雾天时应开启，在其他气候条件下应自傍晚前开启，并能发出至少自150m以外清晰可见的连续、闪烁或旋转的红光。

8.8.4.3.3 应急救援

(1) 断路申请单位应根据作业内容会同作业单位编制相应的事故应急措施，并配备有关器材。

(2) 动土挖开的路面宜做好临时应急措施，保证消防车的通行。

8.8.4.3.4 恢复正常交通

断路作业结束，应迅速清理现场，尽快恢复正常交通。

8.8.4.4 《断路安全作业许可证》样例

断路安全作业许可证

编号：

申请单位		作业单位	
工程名称		监护人	
断路原因			
断路地段示意图	（如简图描述不清可另附页）		
断路时间	年 月 日 时至 年 月 日 时		

序号	主要安全措施	确认人
1	制定交通组织方案，设置相应的标志与设施，以确保作业期间的交通安全	申请单位：
2	根据作业内容会同作业单位编制相应的事故应急措施，并配备有关器材	申请单位： 作业单位：
3	用于道路作业的工作、材料应放置在作业区内或其他不影响正常交通的场所	作业单位：
4	根据需要在作业区相关道路上设置作业标志、限速标志、距离辅助标志等交通警示标志，以确保作业期间的交通安全	作业单位：
5	在作业区附近设置路栏、锥形交通路标、道路作业警示灯、导向标等交通警示设施	作业单位：
6	夜间作业应设置红色、防爆并采用安全电压的道路作业警示灯，道路作业警示灯设置在作业区周围的锥形交通路标处，应能反映作业区的轮廓。设置高度应符合《道路作业交通安全标志》(GA 182)的规定，离地面1.5cm，不低于1.0m	作业单位：
7	动土挖开的路面宜做好临时应急措施，保证消防车的通行	作业单位：
8	道路施工作业已报：交通、消防、安全监督管理部门	申请单位： 作业单位：
9	其他补充安全措施：	申请单位： 作业单位：

申请单位负责人(签字)：		作业单位负责人(签字)：	审批部门负责人(签字)：
完工验收	年 月 日 时	申请单位负责人(签字)：	审批部门负责人(签字)：

8.8.5 动土作业

动土作业必须办理动土作业许可证，情况复杂区域尽量避免采用机械动土作业，防止损坏地下电缆、管道，严禁在施工现场堆积泥土覆盖设备仪表和堵塞消防通道，未及时完成施工的地沟、井、槽应悬挂醒目的警示标志。

8.8.5.1 动土作业安全要求

(1) 动土作业应办理《动土作业许可证》(以下简称《作业证》)，没有《作业证》严禁动土作业。

(2)《作业证》经单位有关水、电、汽、工艺、设备、消防、安全、工程等部门会签，由单位动土作业主管部门审批。

(3) 作业前，项目负责人应对作业人员进行安全教育。作业人员应按规定着装并佩戴合适的个体防护用品。施工单位应进行施工现场危害辨识，并逐条落实安全措施。

(4) 作业前，应检查工具、现场支撑是否牢固、完好，发现问题应及时处理。

(5) 动土作业施工现场应根据需要设置护栏、盖板和警告标志，夜间应悬挂红灯示警。

(6) 严禁涂改、转借《作业证》，不得擅自变更动土作业内容、扩大作业范围或转移作业地点。

(7) 动土临近地下隐蔽设施时，应使用适当工具挖掘，避免损坏地下隐蔽设施。

(8) 动土中如暴露出电缆、管线以及不能辨认的物品时，应立即停止作业，妥善加以保护，报告动土审批单位处理，经采取措施后方可继续动土作业。

(9) 挖掘坑、槽、井、沟等作业，应遵守下列规定：

① 挖掘土方应自上而下进行，不准采用挖底脚的办法挖掘，挖出的土石严禁堵塞下水道和窨井。

② 挖较深的坑、槽、井、沟时，严禁在土壁上挖洞攀登，当使用便携式木梯或便携式金属梯时，应符合《便携式木梯安全要求》(GB 7059) 和《便携式金属梯安全要求》(GB 12142)要求。作业时应戴安全帽，安全帽应符合《安全帽》(GB 2811) 的要求。坑、槽、井、沟上端边沿不准人员站立、行走。

③ 要视土壤性质、湿度和挖掘深度设置安全边坡或固壁支撑。挖出的泥土堆放处所和堆放的材料至少应距坑、槽、井、沟边沿 0.8m，高度不得超过 1.5m。对坑、槽、井、沟边坡或固壁支撑架应随时检查，特别是雨雪后和解冻时期，如发现边坡有裂缝、松疏或支撑有折断、走位等异常危险征兆，应立即停止工作，并采取可靠的安全措施。

④ 在坑、槽、井、沟的边缘安放机械、铺设轨道及通行车辆时，应保持适当距离，采取有效的固壁措施，确保安全。

⑤ 在拆除固壁支撑时，应从下而上进行。更换支撑时，应先装新的，后拆旧的。

⑥ 作业现场应保持通风良好，并对可能存在有毒有害物质的区域进行监测。发现有毒有害气体时，应立即停止作业，待采取了可靠的安全措施后方可作业。

⑦ 所有人员不准在坑、槽、井、沟内休息。

(10) 作业人员多人同时挖土应相距在 2m 以上，防止工具伤人。作业人员发现异常时，应立即撤离作业现场。

(11) 在危险场所动土时，应有专业人员现场监护，当所在生产区域发生突然排放有害物质时，现场监护人员应立即通知动土作业人员停止作业，迅速撤离现场，并采取必要的应急措施。

(12) 高处作业涉及临时用电时，应符合《用电安全导则》(GB/T 13869) 和《施工现场临时用电安全技术规范》(JCJ 46) 的有关要求。

(13) 施工结束后应及时回填土，并恢复地面设施。

8.8.5.2 《动土作业许可证》的管理

(1)《作业证》由动土作业主管部门负责审批、管理。

(2) 动土申请单位在动土作业主管部门领取《作业证》，填写有关内容后交施工单位。

(3) 施工单位接到《作业证》后，填写《作业证》中有关内容后将《作业证》交动土申请单位。

(4) 动土申请单位从施工单位得到《作业证》后交单位动土作业主管部门，并由其牵头组织工程有关部门审核会签后审批。

（5）动土作业审批人员应到现场核对图纸。查验标志，检查确认安全措施后方可签发《作业证》。

（6）动土申请单位应将办理好的《作业证》留存，分别送档案室、有关部门、施工单位各一份。

（7）《作业证》一式三联，第一联交审批单位留存，第二联交申请单位，第三联由现场作业人员随身携带。

（8）一个施工点、一个施工周期内办理一张作业许可证。

（9）《作业证》保存期为一年。

8.8.5.3 《动土作业许可证》样例

动土作业许可证

编号：

申请作业单位		填写人	
工程名称		施工单位 监护人	
施工单位		基层车间 监护人	
施工地点			
作业内容			
电(气)源接入点		电压(力)	
开工时间	年　月　日　时　分		

序号	主要安全措施	确认人
1	电力电缆已确认，保护措施已落实	
2	地下供排水管线、工艺管线已确认，保护措施已落实	
3	电信电缆已确认，保护措施已落实	
4	已按施工方案图划线施工	
5	已进行放坡处理和固壁支撑	
6	作业现场夜间有充足照明：A. 普通灯；B. 防爆灯	
7	作业现场围栏、警戒线、警告牌、夜间警示灯已按要求设置	
8	人员进出口和撤离保护措施已落实：A. 梯子；B. 修坡道	
9	备有可燃气体检测仪、有毒介质检测仪	
10	作业人员必须佩戴防护器具	
11	道路施工作业已报：交通、消防、调度、安全监督管理部门	
12	其他补充安全措施：	
危害识别：		

施工单位意见： 签名：	有关部门意见： 签名：	有关部门意见： 签名：
工程项目负责人意见： 签名：	施工区域所属单位意见： 签名：	工程主管部门负责人领导审批意见： 签名：

完工验收	年　月　日　时　分	签名：	签名：

8.8.6 吊装作业

吊装作业必须办理吊装作业许可证，起重机械必须按规定进行检验，大中型设备、构件或小型设备在特殊条件下起重应编制起重方案及安全措施，吊件吊装必须设置溜绳，防止碰坏周围设施。大件运输时必须对其所经路线的框架、管线、桥涵及其他构筑物的宽度、高度及承重能力进行测量核算，编制运输方案。

8.8.6.1 吊装作业的分级

吊装作业按吊装重物的质量分为三级：

(1) 一级吊装作业吊装重物的质量大于100t；

(2) 二级吊装作业吊装重物的质量大于等于40t至小于等于100t；

(3) 三级吊装作业吊装重物的质量小于40t。

8.8.6.2 作业安全管理基本要求

(1) 应按照国家标准规定对吊装机具进行日检、月检、年检。对检查中发现问题的吊装机具，应进行检修处理，并保存检修档案。检查应符合《起重机械安全规程》(GB 6067)。

(2) 吊装作业人员(指挥人员、起重工)应持有有效的《特种作业人员操作证》，方可从事吊装作业指挥和操作。

(3) 吊装质量大于等于40t的重物和土建工程主体结构，应编制吊装作业方案。吊装物体虽不足40t，但形状复杂、刚度小、长径比大、精密贵重，以及在作业条件特殊的情况下，也应编制吊装作业方案、施工安全措施和应急救援预案。

(4) 吊装作业方案、施工安全措施和应急救援预案经作业主管部门和相关管理部门审查，报主管安全负责人批准后方可实施。

(5) 利用两台或多台起重机械吊运同一重物时，升降、运行应保持同步；各台起重机械所承受的载荷不得超过各自额定起重能力的80%。

8.8.6.3 作业前的安全检查

吊装作业前应进行以下项目的安全检查：

(1) 相关部门应对从事指挥和操作的人员进行资质确认。

(2) 相关部门进行有关安全事项的研究和讨论，对安全措施落实情况进行确认。

(3) 实施吊装作业单位的有关人员应对起重吊装机械和吊具进行安全检查确认，确保处于完好状态。

(4) 实施吊装作业单位使用汽车吊装机械，要确认安装有汽车防火罩。

(5) 实施吊装作业单位的有关人员应对吊装区域内的安全状况进行检查(包括吊装区域的划定、标识、障碍)。警戒区域及吊装现场应设置安全警戒标志，并设专人监护，非作业人员禁止入内。安全警戒标志应符合《安全标志使用导则》(GB 16179)的规定。

(6) 实施吊装作业单位的有关人员应在施工现场核实天气情况。室外作业遇到大雪、暴雨、大雾及6级以上大风时，不应安排吊装作业。

8.8.6.4 作业中安全措施

(1) 吊装作业时应明确指挥人员，指挥人员应佩戴明显的标志；应佩戴安全帽，安全帽应符合《安全帽》(GB 2811)的规定。

(2) 应分工明确、坚守岗位，并按《起重吊运指挥信号》(GB 5082)规定的联络信号，统一指挥。指挥人员按信号进行指挥，其他人员应清楚吊装方案和指挥信号。

（3）正式起吊前应进行试吊，试吊中检查全部机具、地锚受力情况，发现问题应将工件放回地面，排除故障后重新试吊，确认一切正常，方可正式吊装。

（4）严禁利用管道、管架、电杆、机电设备等作吊装锚点。未经有关部门审查核算，不得将建筑物、构筑物作为锚点。

（5）吊装作业中，夜间应有足够的照明。室外作业遇到大雪、暴雨、大雾及6级以上大风时，应停止作业。

（6）吊装过程中，出现故障，应立即向指挥者报告，没有指挥令，任何人不得擅自离开岗位。

（7）起吊重物就位前，不许解开吊装索具。

（8）利用两台或多台起重机械吊运同一重物时，升降、运行应保持同步；各台起重机械所承受地载荷不得超过各自额定起重能力的80%。

8.8.6.5 操作人员应遵守的规定

（1）按指挥人员所发出的指挥信号进行操作。对紧急停车信号，不论由何人发出，均应立即执行。

（2）司索人员应听从指挥人员的指挥，并及时报告险情。

（3）当起重臂吊钩或吊物下面有人，吊物上有人或浮置物时，不得进行起重操作。

（4）严禁起吊超负荷或重物质量不明和埋置物体；不得捆挂、起吊不明质量，与其他重物相连、埋在地下或与其他物体冻结在一起的重物。

（5）在制动器、安全装置失灵、吊钩防松装置损坏、钢丝绳损伤达到报废标准等情况下严禁起吊操作。

（6）应按规定负荷进行吊装，吊具、索具经计算选择使用，严禁超负荷运行。所吊重物接近或达到额定起重吊装能力时，应检查制动器，用低高度、短行程试吊后，再平稳吊起。

（7）重物捆绑、紧固、吊挂不牢，吊挂不平衡而可能滑动，或斜拉重物，棱角吊物与钢丝绳之间没有衬垫时不得进行起吊。

（8）不准用吊钩直接缠绕重物，不得将不同种类或不同规格的索具混在一起使用。

（9）吊物捆绑应牢靠，吊点和吊物的中心应在同一垂直线上。

（10）无法看清场地、无法看清吊物情况和指挥信号时，不得进行起吊。

（11）起重机械及其臂架、吊具、辅具、钢丝绳、缆风绳和吊物不得靠近高低压输电线路。在输电线路近旁作业时，应按规定保持足够的安全距离，不能满足时，应停电后再进行起重作业。

（12）停工和休息时，不得将吊物、吊笼、吊具和吊索吊在空中。

（13）在起重机械工作时，不得对起重机械进行检查和维修；在有载荷的情况下，不得调整起升变幅机构的制动器。

（14）下方吊物时，严禁自由下落（溜）；不得利用极限位置限制器停车。

（15）遇大雪、暴雨、大雾及6级以上大风时，应停止露天作业。

（16）用定型起重吊装机械（例如履带吊车、轮胎吊车、桥式吊车等）进行吊装作业时，还应遵守该定型起重机械的操作规范。

8.8.6.6 作业完毕作业人员应做的工作

（1）将起重臂和吊钩收放到规定的位置，所有控制手柄均应放到零位，使用电气控制的起重机械，应断开电源开关。

（2）对在轨道上作业的起重机，应将起重机停放在指定位置有效锚定。

（3）吊索、吊具应收回放置到规定的地方，并对其进行检查、维护、保养。

（4）对接替工作人员，应告知设备存在的异常情况及尚未消除的故障。

8.8.6.7 《起重吊装作业安全许可证》的管理

（1）吊装质量大于10t的重物应办理《起重吊装作业安全许可证》(以下简称《作业证》)，《作业证》由相关管理部门负责管理。

（2）项目单位负责人从安全管理部门领取《作业证》后，应认真填写各项内容，交作业单位负责人批准。对规定的吊装作业，应编制吊装方案，并将填好的《作业证》与吊装方案一并报安全管理部门负责人批准。

（3）《作业证》批准后，项目单位负责人应将《作业证》交吊装指挥。吊装指挥及作业人员应检查《作业证》，确认无误后方可作业。

（4）应按《作业证》上填报的内容进行作业，严禁涂改、转借《作业证》，严禁变更作业内容，扩大作业范围或转移作业部位。

（5）对吊装作业审批手续齐全，安全措施全部落实，作业环境符合安全要求的，作业人员方可进行作业。

8.8.6.8 《起重吊装作业安全许可证》样例

起重吊装作业安全许可证

作业等级(　)

作业单位：　　　　　　　　　　　　票证号：

起吊地点		起吊机械名称	
起吊指挥		核定起吊能力	
作业时间	计划自　年　月　日　时至　年　月　日　时		
起吊内容			
吊物重量		起吊方式	
起吊人员 （特种作业资质证）			
监护人员1		监护人员2	
危害辨识(作业环境、场地条件、作业对象、作业程序及相互影响等)：			
补充安全措施			

起吊单位车间技术员签字		生产车间主管领导或项目负责人签字	
起吊单位车间负责人签字		生产单位安全部门签字	
起吊单位主管部门签字		生产单位设备(工程)部门签字	
起吊单位副总工程师及以上主管领导签字		其他参与管理和监督部门签字	

起重吊装作业安全措施确认表

序号	安全措施	打√
1	作业前对作业人员进行安全教育或技术安全交底	
2	吊装质量大于等于40t的重物和土建工程主体结构；吊装物体虽不足40t，但形状复杂、刚度小、长径比大、精密贵重，作业条件特殊，需编制吊装作业方案，并经主管部门审查，主管领导或总工程师批准	
3	指派专人监护，并监守岗位，非作业人员禁止入内	
4	作业人员已按规定佩戴防护器具和个体防护用品	
5	应事先与分厂(车间)负责人取得联系，建立联系信号	
6	在吊装现场设置安全警戒标志，无关人员不许进入作业现场	
7	夜间作业要有足够的照明	
8	室外作业遇到大雪、暴雨、大雾及6级以上大风，停止作业	
9	检查起重吊装设备、钢丝绳、揽风绳、链条、吊钩等各种机具，保证安全可靠	
10	应分工明确、坚守岗位，并按规定的联络信号，统一指挥	
11	将建筑物、构筑物作为锚点，需经工程处审查核算并批准	
12	吊装绳索、揽风绳、拖拉绳等避免同带电线路接触，并保持安全距离	
13	人员随同吊装重物或吊装机械升降，应采取可靠的安全措施，并经过现场指挥人员批准	
14	利用管道、管架、电杆、机电设备等作吊装锚点，不准吊装	
15	悬吊重物下方站人、通行和工作，不准吊装	
16	超负荷或重物质量不明，不准吊装	
17	斜拉重物、重物埋在地下或重物坚固不牢，绳打结、绳不齐，不准吊装	
18	棱角重物没有衬垫措施，不准吊装	
19	安全装置失灵，不准吊装	
20	用定型起重吊装机械(履带吊车、轮胎吊车、轿式吊车等)进行吊装作业，遵守该定型机械的操作规程	
21	作业过程中应先用低高度、短行程试吊	
22	作业现场出现危险品泄漏，立即停止作业，撤离人员	
23	作业完成后清理现场杂物	
24	吊装作业人员持有法定的有效的证件	
25	地下通信电(光)缆、局域网络电(光)缆、排水沟的盖板，承重吊装机械的负重量已确认，保护措施已落实	
26	起吊物的质量(t)经确认，在吊装机械的承重范围	
27	在吊装高度的管线、电缆桥架已做好防护措施	
28	作业现场围栏、警戒线、警告牌、夜间警示灯已按要求设置	
29	作业高度和转臂范围内，无架空线路	
30	人员出入口和撤离安全措施已落实：A. 指示牌；B. 指示灯	
31	在爆炸危险生产区域内作业，机动车排气管已装火星熄灭器	
32	作业人员已佩戴适用防护器具	

8.8.7 盲板抽堵作业

盲板抽堵作业必须办理《盲板抽堵作业许可证》，盲板材质、尺寸必须符合设备安全要求，必须安排专人负责执行、确认和标识管理，高处、有毒及有其他危险的盲板抽堵作业，必须根据危害分析的结果，采取防毒、防坠落、防烫伤、防酸碱的综合防护措施。

8.8.7.1 盲板要求

盲板及垫片应符合以下要求：

（1）盲板应按管道内介质的性质、压力、温度选用适合的材料。高压盲板应按设计规范设计、制造并经超声波探伤合格。

（2）盲板的直径应依据管道法兰密封面直径制作，厚度应经强度计算。

（3）一般盲板应有一个或两个手柄，便于辨识、抽堵，8 字盲板可不设手柄。

（4）应按管道内介质性质、压力、温度选用合适的材料做盲板垫片。

8.8.7.2 盲板抽堵作业安全要求

（1）盲板抽堵作业实施作业证管理，作业前应办理《盲板抽堵作业许可证》(以下简称《作业证》)。

（2）盲板抽堵作业人员应经过安全教育和专门的安全培训，并经考核合格。

（3）生产车间(分厂)应预先绘制盲板位置图，对盲板进行统一编号，并设专人负责。盲板抽堵作业单位应按图作业。

（4）作业人员应对现场作业环境进行有害因素辨识并制定相应的安全措施。

（5）盲板抽堵作业应设专人监护，监护人不得离开作业现场。

（6）在作业复杂、危险性大的场所进行盲板抽堵作业，应制定应急预案。

（7）在有毒介质的管道、设备上进行盲板抽堵作业时，系统压力应降到尽可能低的程度，作业人员应穿戴适合的防护用具。

（8）在易燃易爆场所进行盲板抽堵作业时，作业人员应穿防静电工作服、工作鞋；距作业地点 30m 内不得有动火作业；工作照明应使用防爆灯具；作业时应使用防爆工具，禁止用铁器敲打管线、法兰等。

（9）在强腐蚀性介质的管道、设备上进行抽堵盲板作业时，作业人员应采取防止酸碱灼伤的措施。

（10）在介质温度较高、可能对作业人员造成烫伤的情况下，作业人员应采取防烫措施。

（11）高处盲板抽堵作业应按《化学品生产单位高处作业安全规范》(AQ 3025)的规定执行。

（12）不得在同一管道上同时进行两处及两处以上的盲板抽堵作业。

（13）盲板抽堵时，应按盲板位置图及盲板编号，由生产车间(分厂)设专人统一指挥作业，逐一确认并做好记录。

（14）每个盲板应设标牌进行标识，标牌编号应与盲板位置图上的盲板编号一致。

（15）作业结束，由盲板抽堵作业单位、生产车间(分厂)专人共同确认。

8.8.7.3 职责要求

8.8.7.3.1 生产车间(分厂)负责人

（1）应了解管道、设备内介质特性及走向，制定、落实盲板抽堵安全措施，安排监护人，向作业单位负责人或作业人员交代作业安全注意事项。

(2) 生产系统如有紧急或异常情况，应立即通知停止盲板抽堵作业。

(3) 作业完成后，应组织检查盲板抽堵情况。

8.8.7.3.2 监护人

(1) 负责盲板抽堵作业现场的监护与检查，发现异常情况应立即通知作业人员停止作业，并及时联系有关人员采取措施。

(2) 应坚守岗位，不得脱岗；在盲板抽堵作业期间，不得兼做其他工作。

(3) 当发现盲板抽堵作业人违章作业时应立即制止。

(4) 作业完成后，要会同作业人员检查、清理现场，确认无误后方可离开现场。

8.8.7.3.3 作业单位负责人

(1) 了解作业内容及现场情况，确认作业安全措施，向作业人员交代作业任务和安全注意事项。

(2) 各项安全措施落实后，方可安排人员进行盲板抽堵作业。

8.8.7.3.4 作业人

(1) 作业前应了解作业的内容、地点、时间、要求，熟知作业中的危害因素和应采取的安全措施。

(2) 要逐项确认相关安全措施的落实情况。

(3) 若发现不具备安全条件时不得进行盲板抽堵作业。

(4) 作业完成后，会同生产单位负责人检查盲板抽堵情况，确认无误后方可离开作业现场。

8.8.7.3.5 审批人

(1) 审查《作业证》的办理是否符合要求。

(2) 督促检查各项安全措施的落实情况。

8.8.7.4 《盲板抽堵作业许可证》的管理

(1)《作业证》由生产车间(分厂)办理。

(2) 盲板抽堵作业宜实行一块盲板一张作业证的管理方式。

(3) 不能随意涂改、转借《作业证》，变更盲板位置或增减盲板数量时，应重新办理《作业证》。

(4)《作业证》由生产车间(分厂)负责填写、盲板抽堵作业单位负责人确认、单位生产部门审批。

(5) 经审批的《作业证》一式两份，盲板抽堵作业单位、生产车间(分厂)各一份，生产车间(分厂)负责存档，《作业证》保存期限至少为1年。

8.8.7.5 《盲板抽堵作业许可证》样例

8.8.8 设备检修作业

设备检修作业是指为了保持和恢复设备、设施规定的性能而采取的技术措施，包括检测和修理。设备检修作业应由具有国家规定相应资质的施工单位进行作业。检修作业过程中若涉及其他危险作业，还应符合相应危险作业安全管理的要求。

盲板抽堵作业许可证

□加盲板□拆除盲板　　　　　　　　　　　　　编号：

<table>
<tr><td colspan="2">作业地点
（生产装置）</td><td colspan="3"></td><td>作业部位</td><td colspan="2"></td></tr>
<tr><td colspan="2">盲板材质</td><td></td><td>规格尺寸</td><td></td><td>数量</td><td>编号</td><td></td></tr>
<tr><td colspan="2">生产车间主任或
技术人员</td><td colspan="3"></td><td>签发时间</td><td colspan="2"></td></tr>
<tr><td colspan="6">生产处理措施</td><td colspan="2">执行人</td></tr>
<tr><td>1</td><td colspan="5">关闭待检维修设备仪表出入口阀门</td><td colspan="2" rowspan="6"></td></tr>
<tr><td>2</td><td colspan="5">设备管线撤压</td></tr>
<tr><td>3</td><td colspan="5">设备管线介质排空</td></tr>
<tr><td>4</td><td colspan="5">盲板按编号挂牌</td></tr>
<tr><td>5</td><td colspan="5">确认物料走向和加、拆盲板的法兰位置</td></tr>
<tr><td>6</td><td colspan="5">其他需交底确认内容</td></tr>
<tr><td colspan="8">生产车间确认签字：</td></tr>
<tr><td colspan="8">检维修单位确认签字：</td></tr>
<tr><td colspan="6">作业安全措施</td><td colspan="2">确认人或监护人</td></tr>
<tr><td>1</td><td colspan="5">检维修作业人员劳保穿戴符合要求</td><td colspan="2" rowspan="9"></td></tr>
<tr><td>2</td><td colspan="5">高处作业系挂好安全带</td></tr>
<tr><td>3</td><td colspan="5">松开设备或法兰一侧螺丝，并采取背向作业。作业时，站在上风向</td></tr>
<tr><td>4</td><td colspan="5">在拆卸有毒物料设备及管线法兰时，佩戴空气呼吸器</td></tr>
<tr><td>5</td><td colspan="5">在拆卸酸碱物料设备及管线法兰时，戴防酸碱眼镜、穿防酸碱服装</td></tr>
<tr><td>6</td><td colspan="5">不用黑色金属或易产生火花的工具进行敲打、撞击作业。不得使用非防爆通信工具</td></tr>
<tr><td>7</td><td colspan="5">确认施工现场周围半径15m空间内无产生火花的作业，否则应停止作业</td></tr>
<tr><td>8</td><td colspan="5">严禁碰撞设备、管线、仪表等设施，严禁踩踏、吊挂公称直径小于50mm的管线、仪表线</td></tr>
<tr><td>9</td><td colspan="5">脚手架使用前，要进行检查确认，确保脚手架搭设符合规范，作业平台牢固、安全，留有安全通道等</td></tr>
<tr><td colspan="2">实际完成时间</td><td colspan="6">年　月　日　时　分</td></tr>
</table>

8.8.8.1　检修前的安全要求

（1）外来检修施工单位应具有国家规定的相应资质，并在其等级许可范围内开展检修施工业务。

（2）在签订设备检修合同时，应同时签订安全管理协议。

（3）根据设备检修项目的要求，检修施工单位应制定设备检修方案，检修方案应经设备使用单位审核。检修方案中应有安全技术措施，并明确检修项目安全负责人。检修施工单位应指定专人负责整个检修作业过程的具体安全工作。

（4）检修前，设备使用单位应对参加检修作业的人员进行安全教育，安全教育主要包括以下内容：

① 有关检修作业的安全规章制度。

② 检修作业现场和检修过程中存在的危险因素和可能出现的问题及相应对策。

③ 检修作业过程中所使用的个体防护器具的使用方法及使用注意事项。

④ 相关事故案例和经验、教训。

(5) 检修现场应根据《安全标志》(GB 2894)的规定设立相应的安全标志。

(6) 检修项目负责人应组织检修作业人员到现场进行检修方案交底。

(7) 检修前施工单位要做到检修组织落实、检修人员落实和检修安全措施落实。

(8) 当设备检修涉及高处作业、动火、动土、断路、吊装、抽堵盲板、受限空间等作业时，须按相关作业安全规范的规定执行。

(9) 临时用电应办理用电手续，并按规定安装和架设。

(10) 设备使用单位负责设备的隔离、清洗、置换，合格后交出。

(11) 检修项目负责人应与设备使用单位负责人共同检查，确认设备、工艺处理等满足检修安全要求。

(12) 应对检修作业使用的脚手架、起重机械、电气焊用具、手持电动工具等各种工器具进行检查；手持式、移动式电气工器具应配有漏电保护装置。凡不符合作业安全要求的工器具不得使用。

(13) 对检修设备上的电器电源，应采取可靠的断电措施，确认无电后在电源开关处设置安全警示标牌或加锁。

(14) 对检修作业使用的气体防护器材、消防器材、通信设备、照明设备等应安排专人检查，并保证完好。

(15) 对检修现场的梯子、栏杆、平台、箅子板、盖板等进行检查，确保安全。

(16) 对有腐蚀性介质的检修场所应备有人员应急用冲洗水源和相应防护用品。

(17) 对检修现场存在的可能危及安全的坑、井、沟、孔洞等应采取有效防护措施，设置警告标志，夜间应设警示红灯。

(18) 应将检修现场影响检修安全的物品清理干净。

(19) 应检查、清理检修现场的消防通道、行车通道，保证畅通。

(20) 需夜间检修的作业场所，应设满足要求的照明装置。

(21) 检修场所涉及的放射源，应事先采取相应的处置措施，使其处于安全状态。

8.8.8.2 检修作业中的安全要求

(1) 参加检修作业的人员应按规定正确穿戴劳动保护用品。

(2) 检修作业人员应遵守本工种安全技术操作规程。

(3) 从事特种作业的检修人员应持有特种作业操作证。

(4) 多工种、多层次交叉作业时，应统一协调，采取相应的防护措施。

(5) 从事有放射性物质的检修作业时，应通知现场有关操作、检修人员避让，确认好安全防护间距，按照国家有关规定设置明显的警示标志，并设专人监护。

(6) 夜间检修作业及特殊天气的检修作业，须安排专人进行安全监护。

(7) 当生产装置出现异常情况可能危及检修人员安全时，设备使用单位应立即通知检修人员停止作业，迅速撤离作业场所。经处理，异常情况排除且确认安全后，检修人员方可恢复作业。

8.8.8.3 检修结束后的安全要求

(1) 因检修需要而拆移的盖板、箅子板、扶手、栏杆、防护罩等安全设施应恢复其安全使用功能。

（2）检修所用的工器具、脚手架、临时电源、临时照明设备等应及时撤离现场。

（3）检修完工后所留下的废料、杂物、垃圾、油污等应清理干净。

8.8.8.4 《检修作业许可证》样例

建筑施工、测厚、场地清理、绿化保洁类等一般作业许可证

<table>
<tr><td colspan="2">基层车间</td><td></td><td colspan="2">施工(维修)单位</td><td></td></tr>
<tr><td colspan="2">施工所在装置名称</td><td></td><td colspan="2">设备名称或区域位置</td><td></td></tr>
<tr><td colspan="2">作业时间</td><td colspan="4">自　年　月　日　时起至　年　月　日　时止</td></tr>
<tr><td colspan="2">作业内容</td><td colspan="4"></td></tr>
<tr><td colspan="2">作业人员姓名
及每日作业人数</td><td colspan="4"></td></tr>
<tr><td colspan="2">施工单位现场
负责人签字</td><td>年　月　日</td><td rowspan="2">现场安全
监护人</td><td>基层车间</td><td>施工(维修)单位</td></tr>
<tr><td rowspan="2">基层
车间
审批</td><td>设备人员</td><td>年　月　日</td><td></td><td></td></tr>
<tr><td>领导意见</td><td>年　月　日</td><td>完工验收
确认</td><td>基层车间：
年　月　日　时</td><td>施工(维修)单位：
年　月　日　时</td></tr>
<tr><td>适用
范围</td><td colspan="5">本作业许可证仅适用于在装置所辖区域内进行建筑物施工、设备管线测厚、脚手架搭设拆除、装置内场地清理、绿化保洁、设备清洗等一般作业，当涉及用电、动火、进入受限空间、动土、高处作业以及接触硫化氢、氯气、氨气、丙烯腈等有毒物质时应办理相应票证。</td></tr>
</table>

危害提示及防范措施

代码	工作危害	防范措施	确认人
A	交底不清，错误施工，影响安全生产	①明确施工地点、部位；②明确施工项目、内容；③交待清楚施工过程及施工环境存在的危害和控制危害发生的措施	
B	未进行安全教育，对现场危害不清，易发生事故	基层车间在施工前对作业人员进行安全教育，交待作业注意事项和识别危害的方法	
C	作业现场区域内可能是有易燃易爆、有毒有害介质积聚或泄漏，会造成火灾爆炸或人员中毒	①对不属于紧急抢修项目，应立即停止作业；②若是紧急抢修项目，要尽可能减少易燃易爆、有毒有害介质积聚或泄漏，同时要对现场进行检查、检测，并依此结果作出相应控制措施，如佩戴防毒面具或对油气进行驱散、稀释	
D	在紧急抢修情况下，在有易燃易爆介质扩散区域内使用易产生火花的工具，易造成火灾爆炸	只允许搭架作业，措施为：①在有易燃易爆介质扩散区域内必须使用防爆工具并关闭所有通信工具；②不准机动车辆及无关人员进入	
E	高处作业/搭拆脚手架作业时物件坠落或未系安全带，造成人身事故	①高处作业投影区域需拉警戒线；②有防止物件坠落的措施，如搭设安全网、避免交叉作业，禁止高处丢扔物件等；③ 2m 以上作业必须办理高处作业票	
F	施工损坏设备、管线、仪表等设施，造成生产、设备事故	严禁碰撞设备、踩踏、吊挂直径 50mm 以下的管线、仪表等设施以此为捆绑支架	

续表

代码	工作危害	防范措施	确认人
G	使用脚手架作业时，搭设不符合规范要求，易造成人员伤害	使用单位在脚手架投入使用前，要进行检查确认，并挂确认牌，确保脚手架搭设符合规范，作业平台牢固、安全，留有安全通道等	
H	动土作业未办理相关票证，破坏埋地设施	在施工中涉及动土作业时应办理动土作业许可证	
I	场地不清理，影响文明生产及安全	工程完工后做到工完、料净、场地清	
基层车间结合施工作业活动和环境对防范措施进行补充、完善：			
施工(维修)单位结合施工作业活动和环境对防范措施进行补充、完善：			
我已清楚以上描述的工作危害，并且确信相关的防范措施已经落实。 施工(维修)单位现场负责人(签名)：　　基层车间监护人(签名)：			

设备管线外部防腐、保温类一般作业许可证

基层车间			施工(维修)单位		
施工所在装置名称			设备名称或区域位置		
作业时间	自　年　月　日　时起至　年　月　日　时止				
作业内容					
作业人员姓名及每日作业人数					
施工单位现场负责人签字		年　月　日	现场安全监护人	基层车间	施工(维修)单位
基层车间审批	设备人员	年　月　日			
	领导意见	年　月　日	完工验收确认	基层车间： 年　月　日　时	施工(维修)单位： 年　月　日　时
适用范围	该许可证适用于无需动火、用电，用在设备设施外部进行刷油漆、涂料，安装保温材料等覆盖物的作业。当涉及用电、动火、进入受限空间、动土、高处作业以及接触硫化氢、氯气、氨气、丙烯腈等有毒物质时应办理相应票证				

危害提示及防范措施

代码	工作危害	防范措施	确认人
A	未进行安全教育，对现场施工危害不清，易发生事故	基层车间在施工前对作业人员进行安全教育，交待作业注意事项和识别危害的方法	
B	作业现场活动区域内有易燃易爆、有毒有害介质积聚或泄漏，造成火灾爆炸或人员中毒	车间检查确认施工现场活动区域内有无介质泄漏或积聚，若有则应停止施工、作业	

续表

代码	工作危害	防范措施	确认人
C	使用脚手架作业时，搭设不符合规范要求，易造成人员伤害	使用单位在脚手架投入使用前，要进行检查确认，确保脚手架搭设符合规范，作业平台牢固、安全，留有安全通道等	
D	损坏设备、管线、仪表等设施，造成生产、设备事故	严禁碰撞设备、管线、仪表等设施，严禁踩踏、吊挂直径小于50mm的管线、仪表线	
E	高处作业物坠落或未系安全带，造成人身事故	①高处作业投影区需拉警戒线；②有防止物件坠落的措施，如搭设安全网、避免交叉作业，禁止高处丢扔物件等；③ 2m以上作业应办理高处作业票	
F	在高温设备、管线上作业易着火或人员烫伤	①严禁对高温设备、管线进行刷漆。②确保盛装的油漆桶勾挂牢固，防止洒落在高温设备、管线上，引起自燃。③在高温设备、管线上方刷漆时要有防止油漆洒落在高温设备管线上的措施。④在保温时应有防止烫伤的安全措施	
G	作业现场附近空间有动火作业，刷漆时易造成着火伤人	确认施工现场周围半径15m空间内无产生火花的作业，否则应停止作业。	
H	在装置内调和油漆，溶剂会挥发易发生着火爆炸	调和油漆、倒换大小油桶，以及调和后的大桶、剩余溶剂等须放置在装置区域外的安全地点	
I	现场不清理，影响文明生产和污染环境	完工后做到工完、料净、场地清	
基层车间结合施工作业活动和环境对防范措施进行补充、完善：			
施工(维修)单位结合施工作业活动和环境对防范措施进行补充、完善：			
我已清楚以上描述的工作危害，并且确信相关的防范措施已经落实。 施工单位现场负责人(签名)：　　基层车间监护人(签名)：			

拆装维修人孔、阀门、拆装换热器类一般作业许可证

<table>
<tr><td colspan="2">基层车间</td><td></td><td colspan="2">施工(维修)单位</td><td></td></tr>
<tr><td colspan="2">施工所在装置名称</td><td></td><td colspan="2">设备名称或区域位置</td><td></td></tr>
<tr><td colspan="2">作业时间</td><td colspan="4">自　年　月　日　时起至　年　月　日　时止</td></tr>
<tr><td colspan="2">作业内容</td><td colspan="4"></td></tr>
<tr><td colspan="2">作业人员姓名
及每日作业人数</td><td colspan="4"></td></tr>
<tr><td colspan="2">施工单位现场
负责人签字</td><td></td><td rowspan="2">现场安全
监护人</td><td>基层车间</td><td>施工(维修)单位</td></tr>
<tr><td rowspan="3">基层
车间
审批</td><td>设备人员</td><td></td><td></td><td></td></tr>
<tr><td>工艺人员</td><td></td><td rowspan="2">完工验收
确认</td><td rowspan="2">基层车间：
年　月　日　时</td><td rowspan="2">施工(维修)单位：
年　月　日　时</td></tr>
<tr><td>领导意见</td><td>年　月　日</td></tr>
<tr><td colspan="2">适用
范围</td><td colspan="4">该许可证仅适用于在装置内拆装设备人孔、盲板、阀门、更换垫片、螺栓，以及换热器抽芯、回装、试压等作业，当涉及用电、动火、进入受限空间、动土、高处作业以及接触硫化氢、氯气、氨气、丙烯腈等有毒物质时应办理相应票证</td></tr>
</table>

危害提示及防范措施

续表

代码	工作危害	防范措施	确认人
A	介质流程未切断，造成泄漏、喷溅，易发生火灾爆炸、人身伤害	①关闭与作业设备、管线相连的阀门，挂禁动标志牌；②对切断介质的阀门确认无泄漏；③对确有泄漏或高风险作业(如：有毒有害及高温高压介质)必须加盲板(块)进行隔离，无法加盲板时应有特殊安全措施	
B	内部物料未处理，造成油、气泄漏、积聚，易发生火灾爆炸或人身伤害	将施工段物料、压力排空，必要时进行吹扫、置换，严禁在压力未消除前拆卸螺栓	
C	施工交底不清，或生产与维修协调不好，造成误操作	①明确设备工位号及具体位置，并做好标记；②明确工作项目及内容；③交待清楚内部介质及状况、工作存在的危害和控制危害发生的措施	
D	未进行安全教育，对现场施工危害不清，易发生事故	基层车间在施工前对作业人员进行安全教育，交待作业注意事项和识别危害的方法	
E	有易燃易爆、有毒有害介质积聚或泄漏，造成火灾爆炸或人员中毒	①对不属于紧急抢修项目，应停止作业；②若是紧急抢修项目，要尽可能减少易燃易爆、有毒有害介质积聚或泄漏，同时要对现场进行检查、检测，并依此结果作出相应控制措施，如佩戴防毒面具或对油气进行驱散、稀释	
F	使用脚手架作业时，搭设不符合规范要求，易造成人员伤害	使用单位在脚手架投入使用前，要进行检查确认，确保脚手架搭设符合规范，作业平台牢固、安全，留有安全通道等	
G	在有易燃易爆介质扩散区域内使用易产生火花的工具，易造成火灾爆炸	①使用防爆工具并关闭所有通信工具；②确需使用非防爆电器、工具时须采取特殊措施，并办理相应票证；③不准机动车辆及无关人员进入	
H	损坏设备、管线、仪表等设施，造成生产、设备事故	严禁碰撞设备、管线、仪表等设施，严禁踩踏、吊挂直径小于50mm的管线、仪表线	
I	高处作业物件坠落或未系安全带，造成人身事故	①高处作业投影区域需拉警戒线；②有防止物件坠落和交叉作业的措施，禁止高处丢扔物件等；③ 2m以上作业应办理高处作业票	
J	螺丝未上全及未均衡紧固，试压过程人员处于危险范围和位置，造成事故	①螺栓上全并均衡紧固；②派人指导安装作业，监控安装过程；③设立警戒区，人员站在安全区域和安全位置	
基层车间结合施工作业活动和环境对防范措施进行补充、完善：			
施工(维修)单位结合施工作业活动和环境对防范措施进行补充、完善：			
我已清楚以上描述的工作危害，并且确信相关的防范措施已经落实。 施工(维修)单位现场负责人(签名)：　　　基层车间监护人(签名)：			

注胶、打卡等带压堵漏类一般作业许可证

<table>
<tr><td colspan="2">基层车间</td><td></td><td colspan="2">施工(维修)单位</td><td></td></tr>
<tr><td colspan="2">施工所在装置名称</td><td></td><td colspan="2">设备名称或区域位置</td><td></td></tr>
<tr><td colspan="2">作业时间</td><td colspan="4">自 年 月 日 时起至 年 月 日 时止</td></tr>
<tr><td colspan="2">作业内容</td><td colspan="4"></td></tr>
<tr><td colspan="2">作业人员姓名
及每日作业人数</td><td colspan="4"></td></tr>
<tr><td colspan="2">施工单位现场
负责人签字</td><td></td><td rowspan="2">现场安全
监护人</td><td>基层车间</td><td>施工(维修)单位</td></tr>
<tr><td rowspan="3">基层
车间
审批</td><td>设备人员</td><td></td><td></td><td></td></tr>
<tr><td>工艺人员</td><td></td><td rowspan="2">完工验收
确认</td><td>基层车间</td><td>施工(维修)单位</td></tr>
<tr><td>领导意见</td><td>年 月 日</td><td>年 月 日 时</td><td>年 月 日 时</td></tr>
<tr><td>适用
范围</td><td colspan="5">该许可证适用于无需动火、用电、非接触硫化氢、氯气、丙烯腈的设备、管线注胶、打卡等的堵漏作业，当涉及用电、动火、进入受限空间、动土、高处作业以及接触硫化氢、氯气、氨气、丙烯腈等有毒物质时应办理相应票证</td></tr>
<tr><td colspan="6">危害提示及防范措施</td></tr>
</table>

代码	工作危害	防范措施	确认人
A	施工交底不清，造成安全事故	①明确施工部位及施工内容；②作业前必须了解管线、设备厚度、强度，以此判断是否可以作业；③交待清楚作业部位的介质及其物理化学性质，包括温度、压力、是否有毒；④交待清楚作业过程中有可能产生的危害和有关安全注意事项	
B	作业现场区域内可能有易燃易爆、有毒有害介质积聚或泄漏，造成火灾爆炸或人员中毒	①对现场进行检查、检测；并根据结果作出相应控制措施；②当发现有毒有害气体时应佩戴防毒面具作业；③若有油气泄漏、积聚时应驱散、稀释并确保低于爆炸下限。④有毒有害介质、油气泄漏严重应另制定详细的安全措施	
C	作业过程中需使用电动工具或动火，未办理票证，易发生火灾爆炸事故	动火、用电必须办理相应票证，落实相应安全措施后方可作业	
D	高温管线、介质易造成烫伤	涉及高温管线作业时应有防烫伤的措施和防护器具	
E	在有易燃易爆介质扩散区域内使用易产生火花的工具造成火灾爆炸	①在有易燃易爆介质扩散区域内必须使用防爆工具并关闭所有通信工具；②确需使用非防爆电器、工具时须采取特殊措施，并办理相应票证；③撤离现场周围 15m 范围内临时电气设施，并配置适用的消防器材；④不准机动车辆及无关人员进入	
F	有毒有害、易燃易爆介质突然泄漏，造成人员伤害	①施工现场留有安全通道；②施工前明确逃生路线；③施工现场配备必要的消防蒸汽胶管、防毒面具等紧急救护设施；④当发生突然泄漏时作业人员应立即撤离，由监护人员进行应急处理	
G	高处作业物件坠落或未系安全带，造成人身事故	①高处作业投影区域需拉警戒线；②有防止物件坠落的措施，如搭设安全网、避免交叉作业，禁止高处丢扔物件等；③2m 以上作业应办理高处作业票	

基层车间结合施工作业活动和环境对防范措施进行补充、完善：

施工(维修)单位结合施工作业活动和环境对防范措施进行补充、完善：

我已清楚以上描述的工作危害，并且确信相关的防范措施已经落实。

施工(维修)单位现场负责人(签名)：　　　　基层车间监护人(签名)：

仪表、仪器、电器安装维修类一般作业许可证

<table>
<tr><td colspan="2">基层车间</td><td colspan="2"></td><td>维修单位</td><td colspan="2"></td></tr>
<tr><td colspan="2">维修所在装置名称</td><td colspan="2"></td><td>设备名称、位号</td><td colspan="2"></td></tr>
<tr><td colspan="2">通知人</td><td></td><td colspan="2">接通知人</td><td>接通知时间</td><td>年　月　日　时</td></tr>
<tr><td colspan="2">维修内容</td><td colspan="2"></td><td colspan="3">自年月日时起至年月日时</td></tr>
<tr><td colspan="2">维修单位现场负责人签字</td><td colspan="2">年　月　日</td><td rowspan="2">现场安全监护人</td><td>基层车间</td><td>维修单位</td></tr>
<tr><td rowspan="2">基层车间审批</td><td rowspan="2">当班班长</td><td colspan="2" rowspan="2">年　月　日</td><td></td><td></td></tr>
<tr><td>验收签名</td><td>基层车间：
年月日时</td><td>维修单位：
年月日时</td></tr>
<tr><td>适用范围</td><td colspan="6">该许可证适用于生产装置内仪表及其附件的维修、维护，当涉及动火、用电、进入受限空间、带压、接触硫化氢等、解除联锁等作业时需办理相应票证并执行相关规定</td></tr>
</table>

危害提示及防范措施

代码	工作危害	防范措施	确认人
A	联锁未解除或仪表未投手动，仪表会发生误动作	①仪表维修前解除联锁；②仪表改手动；③现场执行机构改手动或走旁路	
B	流程未切断，造成泄漏、喷溅，易发生火灾爆炸、人身伤害	①确认关严与需维修仪表相连的阀门，并挂禁动标志牌，必要时加盲板(块)进行隔离。②必要时对流程进行置换、吹扫，确保无易燃物、有毒物积聚	
C	施工交底不清，或生产与维修协调不好，造成误操作	①明确仪表位号及具体位置；②交待仪表失灵的表现；③交待清楚维修该仪表时有可能产生的危害及要注意的事项，包括内部介质是否有毒，压力、温度多少	
D	作业过程中需使用电动工具或动火，未办理票证，易发生火灾爆炸事故	动火、用电必须办理相应票证，落实相应安全措施后方可作业	
E	有毒有害、易燃易爆介质突然泄漏，人员伤害	①维修现场留有安全通道；②维修前明确逃生路线；③施工现场配备必要的消防蒸汽胶管、防毒面具等紧急救护设施；④当发生突然泄漏时作业人员应立即撤离，由监护人员进行应急处理	
F	作业现场区域内可能是有易燃易爆、有毒有害介质积聚或泄漏，造成火灾爆炸或人员中毒	①对不属于紧急抢修项目，应立即停止作业；②若是紧急抢修项目，要尽可能减少易燃易爆、有毒有害介质积聚或泄漏，同时要对现场进行检查、检测，并依此结果作出相应控制措施，如佩戴防毒面具或对油气进行驱散、稀释	

续表

代码	工作危害	防范措施	确认人
G	高温管线、介质易造成烫伤	涉及高温管线作业时应充分冷却，必要时要做好防烫伤的措施，戴好防护器具	
H	损坏设备、管线、仪表等设施，造成生产、设备事故	在拆卸、安装仪表及附件时，严禁踩踏、吊挂直径小于50mm的管线、仪表线	
I	使用脚手架作业时，搭设不符合规范要求，易造成人员伤害	使用单位在脚手架投入使用前，要进行检查确认，确保脚手架搭设符合规范，作业平台牢固、安全，留有安全通道等	
J	在有易燃易爆介质扩散区域内使用易产生火花的工具易造成火灾爆炸	①在有易燃易爆介质扩散区域内必须使用防爆工具并关闭所有通信工具；②确需使用非防爆电器、工具时须采取特殊措施，并办理相应票证；③撤离现场周围15m范围内临时电气设施，并配置适用的消防器材；④不准机动车辆及无关人员进入	
K	高处作业物件坠落或未系安全带，造成人身事故	①高处作业投影区域需拉警戒线；②有防止物件坠落的措施，如搭设安全网、避免交叉作业，禁止高处丢扔物件等；③2m以上作业应办理高处作业票	
基层车间结合施工作业活动和环境对防范措施进行补充、完善：			
维修单位结合施工作业活动和环境对防范措施进行补充、完善：			
我已清楚以上描述的工作危害，并且确信相关的防范措施已经落实。 维修单位现场负责人(班组长)(签名)：　　基层车间监护人(签名)：			

机泵机组安装维修类一般作业许可证

基层车间				维修单位		
维修所在装置名称				设备名称、位号		
通知人			接通知人		接通知时间	年　月　日　时
维修内容					自年月日时起至年月日时	
维修单位现场负责人签字		年　月　日		现场安全监护人	基层车间	维修单位
基层车间审批	当班班长	年　月　日				
	设备人员	年　月　日		验收签名	基层车间： 年月日时	维修单位： 年月日时
票证适用范围	该许可证适用于对装置内压缩机、机泵、电机类设备进行拆修、安装等维修作业，当涉及用电、动火、进入受限空间、动土、高处作业以及接触硫化氢、氯气、氨气、丙烯腈等有毒物质时应办理相应票证					
危害提示及检修条件确认						

续表

代码	工 作 危 害	检修条件确认	确 认 人
A	介质流程未切断，造成泄漏、喷溅，易发生火灾爆炸、人身伤害	①关闭与机泵等设备相连的阀门，挂禁动标志牌。②对有易燃易爆、有毒有害及高温介质的阀门应确认无泄漏；③对易燃易爆、有毒有害及高温介质确有泄漏的必须加盲板(块)进行隔离，无法加盲板时应有特殊安全措施	
B	管线、设备内部物料未处理，造成油、汽泄漏、喷溅，易发生火灾爆炸或人身伤害	①将施工段物料、压力排空，必要时进行吹扫、置换	
C	电源未切断，易造成触电、机械伤害	①确认停电牌已送出，设备已停电；②现场操作按扭挂禁动标志牌；③电气设施拆卸后，裸露线头必须包好	
D	施工交底不清，或生产维修协调不好，造成误操作	①明确设备位号；②明确维修项目及内容；③交待清楚设备内原有介质及性质、维修存在的危害和有关安全注意事项	
E	作业过程中需使用电动工具或动火，未办理票证，易发生火灾爆炸事故	①动火、用电必须办理相应票证，落实相应安全措施后方可作业	
F	有毒有害、易燃易爆介质突然泄漏，造成人员伤害	①施工现场留有安全通道；②施工前明确逃生路线；③施工现场配备必要的消防蒸汽胶管、防毒面具等紧急救护设施；④当发生突然泄漏时作业人员应立即撤离，由监护人员进行应急处理	
G	作业现场区域内可能有易燃易爆、有毒有害介质积聚或泄漏，造成火灾爆炸或人员中毒	①对不属于紧急抢修项目，应立即停止作业；②若是紧急抢修项目，要尽可能减少易燃易爆、有毒有害介质积聚或泄漏，同时要对现场进行检查、检测，并依此结果作出相应控制措施，如佩戴防毒面具或对油气进气进行驱散、稀释	
H	损坏设备、管线、仪表等设施，造成生产、设备事故	①严禁踩踏直径小于 50mm 的管线；②严禁使用管线作为吊装机泵、电机等设备的支架	
I	在有易燃易爆介质扩散区域内使用易产生火花的工具易造成着火爆炸	①在有易燃易爆介质扩散区域内必须使用防爆工具开关闭所有通信工具；②确需使用非防爆电器、工具时许采取特殊措施，并办理相应票证；③撤离现场周围 15m 内临时电气设施，并配置适用的消防器材；④不准机动车辆及无关人员进入	

基层车间结合施工作业活动和环境对防范措施进行补充、完善：

维修单位结合施工作业活动和环境对防范措施进行补充、完善：

我已清楚以上描述的工作危害，并且确信相关的防范措施已经落实。

维修单位现场负责人(班组长)(签名)：　　　　基层车间监护人(签名)：

第9章 变更管理

9.1 概述

9.1.1 定义

非同类型的任何增加、工艺调整或替换称为变更。同类型替换是指变更的相关内容，包括设备、化学品、程序、组织结构和人员等的改变完全满足其原设计规格书的要求或是指工艺控制范围内的调整、设备设施维护或更换同类型设备。

变更管理(Management of Change，MOC)是指对人员、工作过程、工作程序、技术、设施等永久性或暂时性的变化进行有计划的控制，确保变更带来的危害得到充分识别，风险得到有效控制的一套管理体系。工艺控制范围内的调整、设备设施维护或更换同类型设备不属于变更管理的范围。

企业应建立变更管理体系，在工艺、设备、仪表、电气、公用工程、备件、材料、化学品、生产组织方式和人员等方面发生的所有变化，都要纳入变更管理。变更管理制度至少包含以下内容：变更的事项、起始时间，变更的技术基础、可能带来的安全风险，消除和控制安全风险的措施，是否修改操作规程，变更审批权限，变更实施后的安全验收等。实施变更前，企业要组织专业人员进行检查，确保变更具备安全条件；明确受变更影响的本企业人员和承包商作业人员，并对其进行相应的培训。变更完成后，企业要及时更新相应的安全生产信息，建立变更管理档案。

9.1.2 变更管理的适用范围

变更管理适用范围见表9-1。

表9-1 变更管理范围

变更类型	内容
工艺化学品和产品变更	任何生产过程中新使用的化学品或添加剂
	处理流程中停止使用某种添加剂
	改变压缩机或者泵机润滑油等级
	改变化学品规格
	增加或者取消某些化学品、库存改变、或者增加或者取消容器
	每一种产品的过程控制操作参数的变化
	改变添加/注入点的位置
	用不同类型的化学品替代
	改变要求的蒸气浓度
	稀释工艺添加剂
	每一种产品的规格和性能指标的变化

续表

变更类型	内容
工艺/设备技术变更	新的或者改进的催化剂或者添加剂(工艺化学品变更)
	更新处理流程控制硬件(控制/仪表变更)
	对现有设施实施新的创新工作方式(安全工作限度变更)
	以不同的方式运行处理流程而产生新的产品(操作程序变更)
	更新有毒物质或者碳氢化合物的监测系统(安全系统变更)
	在线分析方法变更(控制/仪表变更)
	设备用途的变更
设备/管路变更	新增永久的或临时的设备或者管路
	拆除工作设备
	用不同的设备更换或者修改设备(改变换热器的设计与大小、泵叶轮的大小、设备的尺寸等)
	改变安全操作或者设计限制，但不得在安全操作限制的范围以外运行
	对流程和设备的变更可能要改变泄压排放的要求(增加流程产出、增加工作温度或压力、增加设备尺寸、改变管路或者设备的隔热性能等)
	对结构件的修改，降低设计负载能力或者防火能力
	在处理区域对建筑物通风系统的变更
	改变密封圈、密封与垫层材料等
	在设备周围安装旁通连接或特殊工作用的临时连接
	临时修复工作用的管箍，必须跟踪所用管箍的位置，以便在可行的时候进行拆除
DCS/SIS 与仪表变更	控制系统的软件/硬件以及网络结构变更
	联锁逻辑结构修改和控制策略/逻辑/算法修改，以及输入输出元素和信号变更
	修改联锁设定值、报警设定值、仪表量程
	停用或者旁路控制回路、关键报警点、联锁回路
	对任何 SIS 仪表信号进行强制；超过可容忍上限的风险被视为不可接受
	对 F&G 设备进行抑制和隔离操作
	新增或者取消任何现场仪表设备
	修改仪表类型和规格
	在线分析仪系统、采样系统的变更
	改变传感器的安装位置
	修改仪表安装、供电方式
	阀门故障状态安全位置变更(例如风开/关)
	修改仪表回路组成或结构
操作流程(非常规操作)变更	任何处理流程中控制、监控或者安全防护程序，包括开车程序、停车程序、正常操作程序、临时程序以及紧急情况操作程序等

续表

变更类型	内容
安全操作参数限制(不得超过操作范围)变更．适用于对原材料、产品物流或操作条件(流量、温度、压力以及成分)等的既定安全限制进行变更	改变生产率或者装置投料能力
	改变原材料或者原料混合比
	改变产品或者开发新产品
	任何对工作条件的改变，包括压力、温度以及流率等
	改变现有安全操作上限或下限
	设置新的安全操作极限
泄压/安全系统变更	为现有泄压阀提供泄压途径的联锁阀门，改变泄压阀的类型、大小、容量、设定压力、或者入口/出口管路，任何对泄压系统设计或者泄压系统控制的改变
	影响安全/停车系统作用的变更
	影响安全系统能力或者设计依据的变更
	新增或拆除安全系统或者停车系统
	旁通或者停用泄压系统、安全系统、停车系统的变更
	更换/改变系统元件
	泄压阀出口从闭合系统改为直接排到大气或者从直接排到大气改为排到闭合系统
	对碳氢化合物、有毒材料或者火灾监测或者抑制系统的变更等
建筑物占用变更	增加或者减少对建筑物的占用范围
	修改占用建筑物的结构
	在现有生产流程的一定范围内建设新占用建筑物
	在现有占有建筑物的一定范围内建设新生产流程
管理或法规变更	对所公布的气态、液态或者固态排放物标准的改变
	工厂布局改变
	消防设施或消防通道的改变
	政府或者公司规章的改变

9.1.3 变更管理目的和作用

变更管理的目的是对化学品、工艺技术、设备设施、程序以及操作过程等永久性或暂时性的变更进行有计划的规范控制，消除和/或减少由于变更而引起的潜在事故隐患，确保人身、财产安全，不破坏环境，不损害企业的声誉。具体可以实现以下作用：

(1) 控制已经做过风险分析的系统实施的变更；

(2) 明确变更管理过程中的责任；

(3) 通知变更可能会影响到的相关人员；

(4) 保证变更时的风险识别与评价；

(5) 保证资料及时更新。

9.2 变更管理分类

9.2.1 按照应用时间分类

变更管理按应用时间可以分为永久变更和临时变更。企业应确定永久变更和临时变更的管理标准，临时变更应明确对使用期限的要求，超过原定时间，需要重新申请变更。

9.2.2 按照内容分类

变更类型按照内容可分为工艺技术变更、设备设施变更、管理变更及其他变更，主要内容见表 9-2。

表 9-2 变更类型

序号	变更类型	主管部门	备注
1	工艺、技术变更，主要包括：		
	新建、改建、扩建项目引起的技术变更	生产技术管理部门	
	原料介质变更		
	工艺流程及操作条件的重大变更		
	工艺设备的改进和变更		
	操作规程的变更		
	工艺参数的变更		
	公用工程的水、电、气、风的变更等		
2	设备设施变更，主要包括：		
	设备设施的更新改造	生产技术管理部门	
	安全设施的变更	安全环保管理部门	
	安全附件的变更		
	安全健康防护设施的变更		
	消防设施的变更		
	电气方面的安全保护设施		
	监视和测量设施的变更		
	更换与原设备不同的设备或配件	生产技术管理部门	
	设备材料代用变更		
	临时的电气设备等		
3	管理变更，主要包括：		
	法律法规和标准的变更	人力资源部	
	人员的变更		
	管理机构的较大变更		
	管理职责的变更		
	安全标准化管理的变更等	安全环保管理部门	
4	其他变更		

工艺技术变更主要包括生产能力、原辅材料(包括助剂、添加剂、催化剂等)和介质(包括成分比例的变化)、工艺路线、流程及操作条件、工艺操作规程或操作方法、工艺控制参数、仪表控制系统(包括安全报警和联锁设定值的改变)、水、电、气和风等公用工程方面的改变等。

工艺技术变更又可以根据其具体内容分为九类：

(1) 化学品和产品；

(2) 工艺技术和操作流程；

(3) 设备、管道和仪表;
(4) 电气技术;
(5) DCS/SIS 系统和现场仪表技术;
(6) 安全操作参数限制范围;
(7) 泄压/安全系统;
(8) 长期有人使用的建筑物;
(9) 管理系统或数据库应用软件。

设备设施变更主要包括设备设施的更新改造、非同类型替换(包括型号、材质、安全设施的变更)和布局改变、备件和材料的改变、监控和测量仪表的变更、计算机及软件的变更、电气设备的变更以及增加临时的电气设备等。

管理变更主要包括人员、供应商和承包商、管理机构、管理职责、管理制度和标准发生变化等。对工艺安全有影响的主要岗位人员应予以管理,如操作员、维护人员、装置经理、现场领导、公司支持团队。

9.3 变更管理的程序

9.3.1 变更申请

实施变更时,变更申请人应按要求统一填写《变更申请表》,并由专人负责管理。

9.3.2 变更审批

填写《变更申请表》后,应上报主管部门,由主管部门负责组织有关人员进行风险分析,确定变更产生的风险,制定控制措施。变更申请应逐级上报主管部门和主管领导审批。主管部门应组织有关人员按变更原因和实际生产需要确定是否进行变更。

9.3.3 变更实施

变更批准后,由各相关职责部门负责实施并形成文件。任何临时性的变更,未经审查和批准,不得超过原批准的范围和期限。

9.3.4 变更验收

变更实施结束后,变更主管部门应对变更情况进行验收。确保变更达到计划要求。

9.3.5 沟通与存档

变更发生后,变更主管部门应及时将变更结果通知相关部门和人员,并及时对相关人员进行培训,使其掌握新的工作程序或操作方法。

变更验收合格后,按文件管理要求,应及时修订操作规程和工艺控制参数,制定、完善管理制度,新的文件资料按有关程序及时发至有关部门和人员,关闭变更。

变更管理完成后,应及时更新相应的过程安全信息,建立变更管理档案,将变更资料及时归档保存、备查。如提出的变更在决策时被否决,其初始记录也应予以保存。

以某企业为例,变更管理的流程如图 9-1 所示。

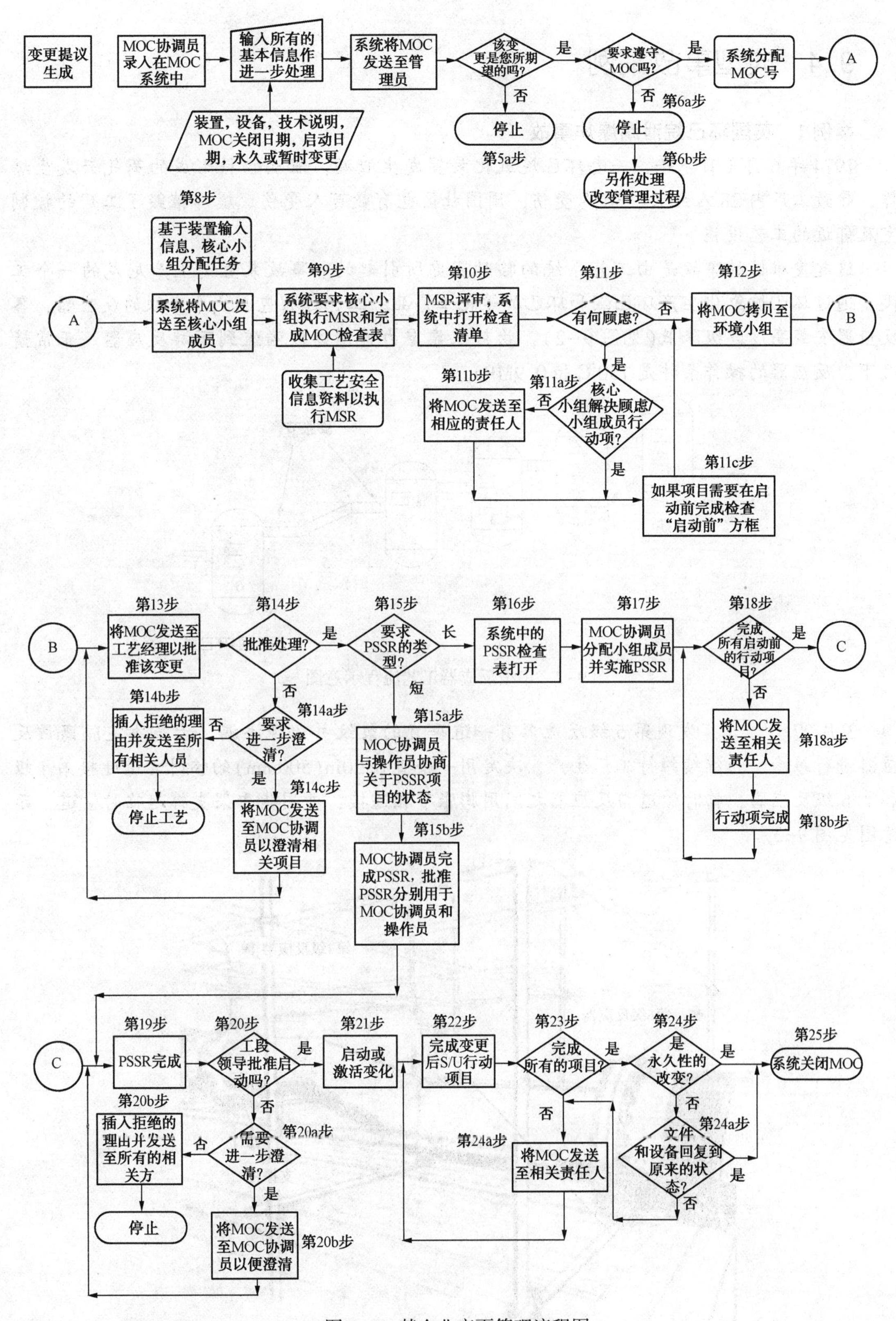

图 9-1　某企业变更管理流程图

9.4 典型事故案例

案例1　英国环己烷泄漏爆炸事故

1974年6月1日下午，一套环己烷氧化装置发生泄漏，泄漏物料形成的蒸气云发生爆炸，导致工厂内28人死亡、36人受伤，周围社区也有数百人受伤。爆炸摧毁了工厂的控制室及邻近的工艺设施。

这起灾难性的事故是由工艺系统的临时变更所引起的。事故装置是生产尼龙的一个工段，通过环己烷氧化生产环己酮和环己醇等化工产品。工艺过程包括六个串联的反应器，各反应器安装高度逐级降低(见图9-2)，物料依靠重力作用逐级溢流到下游反应器。正常情况下，反应器的操作条件是150℃和0.9MPa。

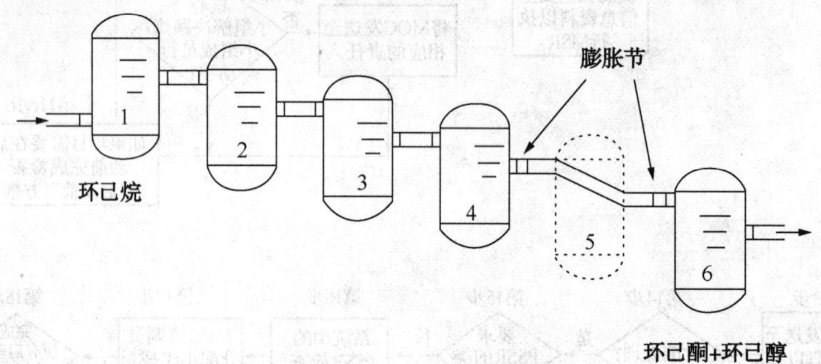

图9-2　串级反应器工艺流程示意图

3月27日，工厂发现第5级反应器有一道垂直的裂纹并出现渗漏，于是决定隔离该反应器进行维修。为继续维持工厂生产，决定用一条直径20in(500mm)的临时管道连接第4级和第6级反应器，临时管道与反应器之间用膨胀节相连接，并用脚手架支撑起临时管道，示意图见图9-3。

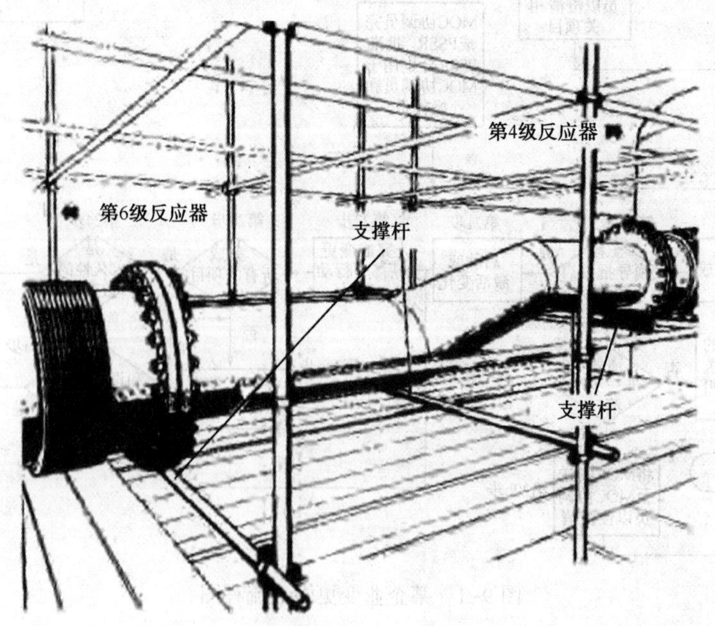

图9-3　连接第4级和第6级反应器的临时管道

执行上述改变时，工厂的机械工程师已辞职离开工厂，接替他的人员还未到位。负责设计、安装临时管道的维修人员仅在车间的地板上用粉笔勾画出草图，就算完成了设计，没有经过详细的审查便进行安装(如图9-3所示)。维修人员没有意识到这项工作已经超出了他们的专业能力范围，在设计、安装该临时管道时，没有考虑压力条件下膨胀节承受的径向应力、管道和其中物料的质量以及物料在管道内流动时的振动情况。

1974年6月1日16点53分，临时管道上的膨胀节突然破裂，在极短时间内泄漏了约40t易燃的工艺物料，随即形成一个直径约100~200m的蒸气云团。蒸气云与空气形成可燃性的混合物，被点火源引燃后发生蒸气云爆炸。爆炸造成附近控制室内的18名操作人员、现场的9名操作人员和1名送货司机死亡；大火燃烧了10天才扑灭。如果事故发生在正常工作日，伤亡数字会更大，因为平时有200余人在作业现场工作。

发生本次事故的一个重要原因是工厂缺乏管理工艺系统变更的制度，没有对发生变更的工艺系统进行适当的审查，也没有人监督和批准相关的变更。变更管理制度的缺失，使得未经审查的变更顺利地通过设计、安装和投产。工厂缺乏机械工程师，参与变更任务的人员缺乏培训和足够的经验，他们没有认识到这种对工艺系统的改变可能造成的严重后果。

本次事故曾引起广泛的社会关注，也间接催生了欧洲的工艺安全法规，即Seveso指令。著名的工艺安全专家Trevor Kletz对应该吸取的教训进行过较全面的总结：

(1) 爆炸事故表明，工厂需要建立一套管理系统来控制工艺设施的变更，包括临时的变更。对工艺设施进行变更前，需要由有经验的人员进行系统的危害分析，确认变更是否符合原来的设计标准、是否会产生新的不良后果。

(2) 尽量减少物料在工艺系统中的存量。在本次事故的装置中，包含有400t环己烷，事故发生时，泄漏了约40t。根据本质安全的策略，预防着火、爆炸和有毒物泄漏事故的最好办法是减少这些危险物料的储存量或它们在工艺系统中的滞留量。

(3) 在本次事故中，工厂的控制室被摧毁，导致大量人员伤亡，它提醒我们在工厂布置和控制室设计时，需要充分考虑如何在事故发生时保护操作人员，以减少伤亡。

(4) 公司需要聘用有经验的工程师，并且建立适当的机制发挥他们的专长，为事故预防提供充分的技术支持。

案例2　某化工厂“2·28”重大爆炸事故

2012年2月28日上午9时4分左右，位于某生物产业园内的某公司生产硝酸胍的一车间发生重大爆炸事故，造成25人死亡、4人失踪，46人受伤。

该车间共有8个反应釜，依次为1~8号反应釜。原设计用硝酸铵和尿素为原料，生产工艺是硝酸铵和尿素在反应釜内混合加热熔融，在常压、175~220℃条件下，经8~10h的反应，间歇生产硝酸胍，原料熔解热由反应釜外夹套内的导热油提供。实际生产过程中，将尿素改用双氰胺为原料并提高了反应温度，反应时间缩短至5~6h。

事故发生前，该车间有5个反应釜投入生产。2月28日上午8时，当班人员接班时，2个反应釜空釜等待投料，3个反应釜投料生产。8时40分左右，1号反应釜底部放料阀(用导热油伴热)处导热油泄漏着火；9时4分，该车间发生爆炸事故并被夷为平地，造成重大人员伤亡，周边设备、管道严重损坏，厂区遭到严重破坏，周边2km范围内部分居民房屋玻璃被震碎。

事故原因分析：

硝酸铵、硝酸胍均属强氧化剂。硝酸铵是国家安全监管总局公布的首批重点监管的危险化学品，遇火时能助长火势；与可燃物粉末混合，能发生激烈反应而爆炸；受强烈震动或急剧加热时，可发生爆炸。硝酸胍受热、接触明火或受到摩擦、震动、撞击时，可发生爆炸；加热至150℃时，分解并爆炸。

经调查分析，事故直接原因是：该车间的1号反应釜底部放料阀(用导热油伴热)处导热油泄漏着火，造成釜内反应产物硝酸胍和未反应完的硝酸铵局部受热，急剧分解发生爆炸，继而引发存放在周边的硝酸胍和硝酸铵爆炸。

这起事故的主要教训之一就是：

企业安全管理不严格，变更管理处于失控状态。该公司在没有进行安全风险评估的情况下，擅自改变生产原料、改造导热油系统，将导热油最高控制温度从210℃提高到255℃。

9.5 附表

附表一：变更档案表

附表二：变更申请表

附表三：变更验收表

附表一　变更档案表

序号	更改日期	更改章节号、原因和说明	更改人	批准人	备注

附表二　变更申请表

变更名称			申请人所在部门		
申请人姓名		职务		日期	

变更说明及其技术依据：

风险分析情况：

基层领导意见：

审批部门意见

主管领导意见

附表三　变更验收表

<table>
<tr><td colspan="2">验收变更的项目</td><td></td><td>变更所在单位</td><td></td></tr>
<tr><td colspan="2">组织验收单位</td><td></td><td>日期</td><td></td></tr>
<tr><td rowspan="5">验收组
成人员</td><td>姓名</td><td colspan="2">所属单位</td><td>职务</td></tr>
<tr><td></td><td colspan="2"></td><td></td></tr>
<tr><td></td><td colspan="2"></td><td></td></tr>
<tr><td></td><td colspan="2"></td><td></td></tr>
<tr><td></td><td colspan="2"></td><td></td></tr>
</table>

验收意见(附验收报告)：

验收负责人签字：

主管部门审查意见：

签字：

需要沟通的部门(变更结果)

单位或部门	签字	单位或部门	签字

第10章　应急管理

10.1　概述

应急管理(Emergency Management，EM)是近年来在国际上日益受到广泛关注的新专业新领域，应急救援理论与应急救援技术正处在不断发展的阶段，应急管理体系同时也是综合多学科专业技术的系统工程，其发展和完善与相关专业技术研究领域的发展研究有着密切的关系。

应急管理是对事故的全过程管理，贯穿于事故发生前、中、后的各个阶段，充分体现了“预防为主，常备不懈”的应急思想。应急管理是一个动态过程，包括预防、准备、响应和恢复四个阶段。

10.1.1　事故预防

在应急管理中预防有两层含义：一是事故预防工作，即通过安全管理和安全技术等手段，尽可能地防止事故的发生，实现本质安全；二是在假定事故必然发生的前提下，通过预先采取的预防措施，来达到降低或减缓事故影响或后果的严重程度，如增加建筑物的安全距离，规划工厂的选址的，减少危险物品的存量，设置防护墙，以及展开公众教育等。从长远来看，低成本、高效率的预防措施是减少事故损失或影响的关键点。

10.1.2　应急准备

应急准备是应急管理过程中一个极其关键的过程，它是针对可能发生的事故，为迅速有效的展开应急行动而预先做的各种准备，包括应急体系的建立、有关部门和人员职责的落实、预案的编制、应急队伍的建设、应急设备、设施、物质的准备和维护、预案演练、与外部应急力量的衔接等，其目标是保持重大事故应急救援所需的应急能力。

10.1.3　应急响应

应急响应是在事故发生后立即采取的应急与救援行动，包括事故的报警与通报、人员的紧急疏散、急救、应急决策和外部救援等，其目的是尽可能地抢救受害人员，保护可能受威胁的人群，尽可能控制并避免事故后果扩大。应急响应可划分为两个阶段，即初级响应和扩大响应。

10.1.4　应急恢复

恢复工作在事故发生后应立即进行，首先使事故影响区域恢复到相对安全的基本状态，然后逐步恢复到正常状态。要求立即进行的恢复工作包括事故损失评估、原因调查、清理废墟等，在短期恢复中应注意避免出现新的紧急情况。长期恢复工作中，应吸取事故和应急救援的经验教训，开展下一步的预防工作和减灾行动。

10.2 应急预案的核心要素和体系框架

10.2.1 应急预案核心要素

10.2.1.1 方针与原则

应急预案是为了更好地适应法律和经济活动的要求，给企业员工的工作和施工场区周围居民提供更好更安全的环境，保证各种应急资源处于良好的备战状态，指导应急行动按计划有序地进行，防止因应急行动组织不力或现场救援工作的无序和混乱而延误事故的应急救援，有效地避免或降低人员伤亡和财产损失，帮助实现应急行动的快速、有序、高效。应急预案应坚持“安全第一，预防为主”、“保护人员安全优先，保护环境优先”的方针，贯彻“常备不懈、统一指挥、高效协调、持续改进”的原则。

10.2.1.2 应急策划

应急策划的目标是减灾的行动，这是一个长期的过程。包括对于风险评估和应急能力的评估，判断可能发生事故后果的严重程度和发生事故的可能性；确认企业高危作业场所发生事故的个人风险值和社会风险值；分析事故发生对于周围社区的影响程度；紧急情况下的避难场所规划；用于应急响应的有效应急资源等。

10.2.1.3 应急准备

应急准备是应急管理过程中一个极其关键的过程，针对可能发生的事故，为迅速有效地开展应急行动而预先所做的各种准备，包括应急体系的建立、有关部门和人员职责的落实、预案的编制、应急队伍的建设、应急设备(施)、物资的准备和维护、预案的演习、与外部应急力量的衔接等，其目标是保持重大事故应急救援所需的应急能力。在《生产经营单位安全生产事故应急预案编制导则》(AQ/T 9002)的描述中，应急准备属于事前阶段。这种准备要针对可能发生的重大事故种类和重大风险水平来进行配置。重点强调当应急事件发生时能够提供足够的各种资源和能力保证，保证应急救援需求，而且这种准备需不断地维护和完善，使应急准备的各项措施时时处于待用状态，进行动态管理，适应不断变化的风险和应急事件发生时的需求。

10.2.1.4 应急响应

应急响应可划分为两个阶段，即初级响应和扩大应急。在《生产经营单位安全生产事故应急预案编制导则》(AQ/T 9002)中，初级响应属于事发阶段。

初级响应是在事故初期，主要是在现场开展。重点是减轻紧急情况与灾难的不利影响，企业或部门应用自己的救援力量，使最初的事故得到有效控制。但如果事故的规模和性质超出本单位的应急能力，则应请求增援和提高应急响应级别，进入扩大应急救援活动阶段。随着事态的进展的严重程度升级，所需应急的级别也在不断地提高。不同的应急级别主要是反映紧急事件发展、扩大的范围和严重程度，可以由县级、市级到省级甚至启动国家级应急力量和资源，以便最终控制事故。需要建立统一指挥机制，通知到相应的部门及人员，界定是否需要紧急疏散或救援，限制不必要的人员和车辆的进入，确定是否需要更多的协作，制定并实施统一的事故救援行动方案等措施。

扩大应急行动可在现场或在一些指挥中心进行，扩大应急的范围行动应包括尽可能多的应急救援部门、单位的人员，如市政的消防、安全、医疗卫生、特种设备管理、公安、交通等，及其他部门的设备和资源的调配与协调。在指挥中心的统一指挥协调下，必须以最大限度地支持现场人员救灾为主要目标。扩大应急阶段，每个不同层次的人员应按照标准应急管理系统原则与要求下，在指挥中心的领导下履行不同的职责，分工互助协作十分重要。

企业在进行应急工作的部署和应急预案的编制方面，重点应放在初级响应方面，强调企业的最初救援和处理险情的能力，以防止事故后果的扩大。一旦出现险情扩大的情况，企业应积极配合和服从上一级应急指挥系统的领导，强调的是沟通和合作。一般来说，扩大应急的范围还应包括：详细评估损害情况、启动保护群众设施、获取维持和控制更多需要的资源、记录状况并建档、恢复和提供重要的服务，如财务、能源等，适当时发布紧急公众信息和进行机构间的协调等事项。

应急响应程序包括：

（1）接警与通知；

（2）指挥与控制；

（3）警报和紧急公告；

（4）通信；

（5）事态监测与评估；

（6）警戒与治安；

（7）人群疏散与安置；

（8）医疗与卫生；

（9）公共关系；

（10）应急人员安全；

（11）消防与抢险（包括泄漏物的控制）。

10.2.1.5 事后恢复与重建

恢复与重建工作在应急抢险后应立即进行。首先使事故影响区域恢复到相对安全的基本状态，然后逐步恢复到正常状态。要求立即进行的恢复工作包括事故损失评估、原因调查、清理废墟等。短期恢复中应注意的是避免出现新的紧急情况；长期恢复包括厂区重建和受影响区域的重新规划和发展。在长期恢复工作中，应汲取事故和应急救援的经验教训，制订改进措施，以开展进一步的预防工作和减灾行动。长期恢复包括中间公众服务的功能与受害区，基本设施如水、电、通信、交通等。对于一些仍然面临的威胁还应采取相应的减灾预防工作，如有的危险化学品车倾翻和泄漏，虽然险情得到了控制，但临近的水源可能有污染，就要进一步的提供饮用水的保证能力等措施。

10.2.2 应急预案的体系框架（图 10-1）

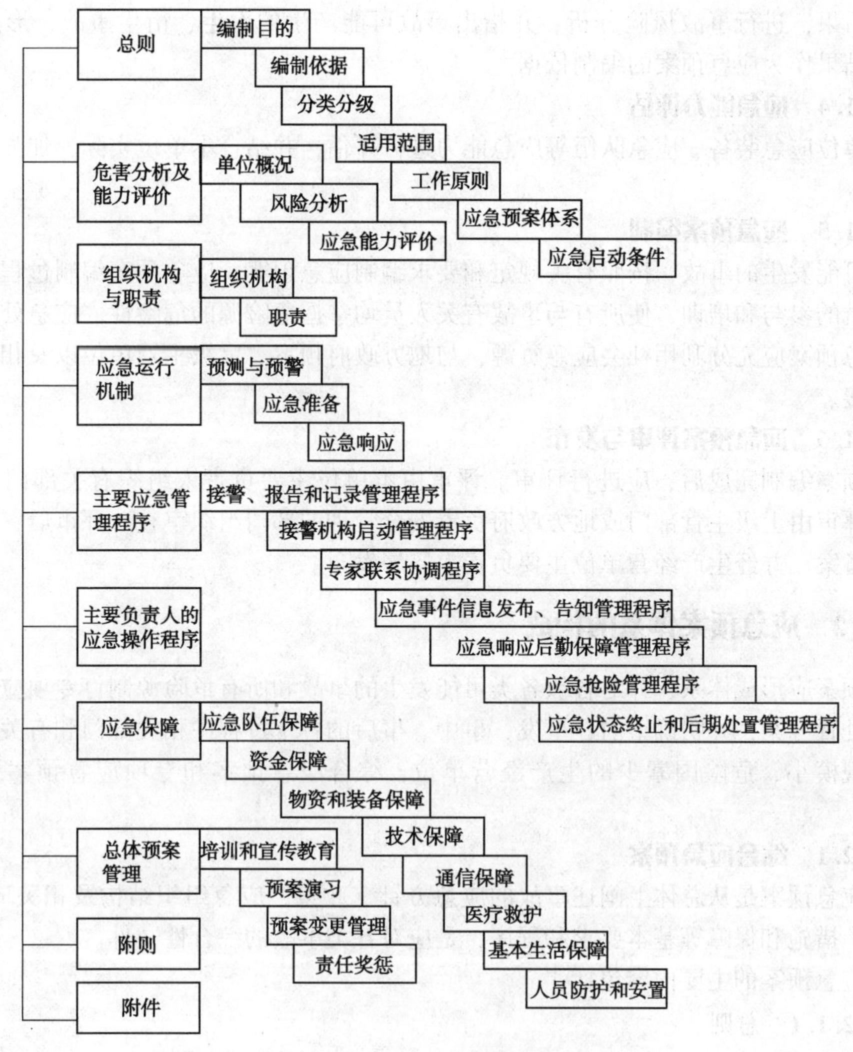

图 10-1　总体应急预案框架图

10.3　应急预案

10.3.1　编制程序

10.3.1.1　应急预案编制工作组

结合本单位部门职能分工，成立以单位主要负责人为领导的应急预案编制工作组，明确编制任务、职责分工，制定工作计划。

10.3.1.2　资料收集

收集应急预案编制所需的各种资料(相关法律法规、应急预案、技术标准、国内外同行业事故案例分析、本单位技术资料等)。

10.3.1.3　危险源与风险分析

在危险因素分析及事故隐患排查、治理的基础上，确定本单位的危险源、可能发生事故的类型和后果，进行事故风险分析，并指出事故可能产生的次生、衍生事故，形成分析报告，分析结果作为应急预案的编制依据。

10.3.1.4 应急能力评估

对本单位应急装备、应急队伍等应急能力进行评估，并结合本单位实际，加强应急能力建设。

10.3.1.5 应急预案编制

针对可能发生的事故，按照有关规定和要求编制应急预案。应急预案编制过程中，应注重全体人员的参与和培训，使所有与事故有关人员均掌握危险源的危险性、应急处置方案和技能。应急预案应充分利用社会应急资源，与地方政府预案、上级主管单位以及相关部门的预案相衔接。

10.3.1.6 应急预案评审与发布

应急预案编制完成后，应进行评审。评审由本单位主要负责人组织有关部门和人员进行。外部评审由上级主管部门或地方政府负责安全管理的部门组织审查。评审后，按规定报有关部门备案，并经生产经营单位主要负责人签署发布。

10.3.2 应急预案体系的构成

应急预案应形成体系，针对各级各类可能发生的事故和所有危险源制订专项应急预案和现场应急处置方案，并明确事前、事发、事中、事后的各个过程中相关部门和有关人员的职责。生产规模小、危险因素少的生产经营单位，综合应急预案和专项应急预案可以合并编写。

10.3.2.1 综合应急预案

综合应急预案是从总体上阐述事故的应急方针、政策，应急组织结构及相关应急职责，应急行动、措施和保障等基本要求和程序，是应对各类事故的综合性文件。

综合应急预案的主要内容包括：

10.3.2.1.1 总则

(1) 编制目的

简述应急预案编制的目的、作用等。

(2) 编制依据

简述应急预案编制所依据的法律法规、规章，以及有关行业管理规定、技术规范和标准等。

(3) 适用范围

说明应急预案适用的区域范围，以及事故的类型、级别。

(4) 应急预案体系

说明本单位应急预案体系的构成情况。

(5) 应急工作原则

说明本单位应急工作的原则，内容应简明扼要、明确具体。

10.3.2.1.2 生产经营单位的危险性分析

(1) 生产经营单位概况

主要包括单位地址、从业人数、隶属关系、主要原材料、主要产品、产量等内容，以及周边重大危险源、重要设施、目标、场所和周边布局情况。必要时，可附平面图进行说明。

（2）危险源与风险分析

主要阐述本单位存在的危险源及风险分析结果。

10.3.2.1.3 组织机构及职责

（1）应急组织体系

明确应急组织形式，构成单位或人员，并尽可能以结构图的形式表示出来。

（2）指挥机构及职责

明确应急救援指挥机构总指挥、副总指挥、各成员单位及其相应职责。应急救援指挥机构根据事故类型和应急工作需要，可以设置相应的应急救援工作小组，并明确各小组的工作任务及职责。

10.3.2.1.4 预防与预警

（1）危险源监控

明确本单位对危险源监测监控的方式、方法，以及采取的预防措施。

（2）预警行动

明确事故预警的条件、方式、方法和信息的发布程序。

（3）信息报告与处置

按照有关规定，明确事故及未遂伤亡事故信息报告与处置办法。

① 信息报告与通知

明确24h应急值守电话、事故信息接收和通报程序。

② 信息上报

明确事故发生后向上级主管部门和地方人民政府报告事故信息的流程、内容和时限。

③ 信息传递

明确事故发生后向有关部门或单位通报事故信息的方法和程序。

10.3.2.1.5 应急响应

（1）响应分级

针对事故危害程度、影响范围和单位控制事态的能力，将事故分为不同的等级。按照分级负责的原则，明确应急响应级别。

（2）响应程序

根据事故的大小和发展态势，明确应急指挥、应急行动、资源调配、应急避险、扩大应急等响应程序。

（3）应急结束

明确应急终止的条件。事故现场得以控制，环境符合有关标准，导致次生、衍生事故隐患消除后，经事故现场应急指挥机构批准后，现场应急结束。应急结束后，应明确：

① 事故情况上报事项；

② 需向事故调查处理小组移交的相关事项；

③ 事故应急救援工作总结报告。

10.3.2.1.6 信息发布

明确事故信息发布的部门，发布原则。事故信息应由事故现场指挥部及时准确向新闻媒体通报事故信息。

10.3.2.1.7 后期处置

主要包括污染物处理、事故后果影响消除、生产秩序恢复、善后赔偿、抢险过程和应急救援能力评估及应急预案的修订等内容。

10.3.2.1.8　保障措施

(1) 通信与信息保障

明确与应急工作相关联的单位或人员通信联系方式和方法，并提供备用方案。建立信息通信系统及维护方案，确保应急期间信息通畅。

(2) 应急队伍保障

明确各类应急响应的人力资源，包括专业应急队伍、兼职应急队伍的组织与保障方案。

(3) 应急物资装备保障

明确应急救援需要使用的应急物资和装备的类型、数量、性能、存放位置、管理责任人及其联系方式等内容。

(4) 经费保障

明确应急专项经费来源、使用范围、数量和监督管理措施，保障应急状态时生产经营单位应急经费的及时到位。

(5) 其他保障

根据本单位应急工作需求而确定的其他相关保障措施(如交通运输保障、治安保障、技术保障、医疗保障、后勤保障等)。

10.3.2.1.9　培训与演练

(1) 培训

明确对本单位人员开展的应急培训计划、方式和要求。如果预案涉及社区和居民，要做好宣传教育和告知等工作。

(2) 演练

明确应急演练的规模、方式、频次、范围、内容、组织、评估、总结等内容。

10.3.2.1.10　奖惩

明确事故应急救援工作中奖励和处罚的条件和内容。

10.3.2.1.11　附则

(1) 术语和定义

对应急预案涉及的一些术语进行定义。

(2) 应急预案备案

明确本应急预案的报备部门。

(3) 维护和更新

明确应急预案维护和更新的基本要求，定期进行评审，实现可持续改进。

(4) 制定与解释

明确应急预案负责制定与解释的部门。

(5) 应急预案实施

明确应急预案实施的具体时间。

10.3.2.2　专项应急预案

专项应急预案是针对具体的事故类别(如危险化学品泄漏等事故)、危险源和应急保障而制定的计划或方案，是综合应急预案的组成部分，应按照综合应急预案的程序和要求组织制定，一般作为综合应急预案的附件。专项应急预案应制定明确的救援程序和具体的应急处置、救援等技术措施和实施方案。

10.3.2.2.1 事故类型和危害程度分析

在危险源评估的基础上，对可能发生的事故类型和可能发生的季节及事故严重程度进行分析。

10.3.2.2.2 应急处置基本原则

明确处置安全生产事故应当遵循的基本原则。

10.3.2.2.3 组织机构及职责

(1) 应急组织体系

明确应急组织形式，构成单位或人员，尽可能以结构图的形式表示出来。

(2) 指挥机构及职责

根据事故类型，明确应急救援指挥机构总指挥、副总指挥以及各成员单位或人员的具体职责。应急救援指挥机构可以设置相应的应急救援工作小组，明确各小组的工作任务及主要负责人职责。

10.3.2.2.4 预防与预警

(1) 危险源监控

明确本单位对危险源监测监控的方式、方法，以及采取的预防措施。

(2) 预警行动

明确具体事故预警的条件、方式、方法和信息的发布程序。

10.3.2.2.5 信息报告程序

(1) 确定报警系统及程序；

(2) 确定现场报警方式，如电话、警报器等；

(3) 确定24h与相关部门的通信、联络方式；

(4) 明确相互认可的通告、报警形式和内容；

(5) 明确应急反应人员向外求援的方式。

10.3.2.2.6 应急处置

(1) 响应分级

针对事故危害程度、影响范围和单位控制事态的能力，将事故分为不同的等级。按照分级负责的原则，明确应急响应级别。

(2) 响应程序

根据事故的大小和发展态势，明确应急指挥、应急行动、资源调配、应急避险、扩大应急等响应程序。

(3) 处置措施

针对本单位事故类别和可能发生的事故特点、危险性，制定的应急处置措施(如危险化学品火灾、爆炸、中毒等事故应急处置措施)。

10.3.2.2.7 应急物资与装备保障

明确应急处置所需的物质与装备数量、管理和维护、正确使用等。

10.3.2.3 现场处置方案

现场处置方案是针对具体的装置、场所或设施、岗位所制定的应急处置措施。现场处置方案应具体、简单、针对性强。现场处置方案应根据风险评估及危险性控制措施逐一编制，做到事故相关人员应知应会，熟练掌握，并通过应急演练，做到迅速反应、正确处置。

现场处置方案的主要内容包括：

10.3.2.3.1　事故特征

（1）危险性分析，可能发生的事故类型；

（2）事故发生的区域、地点或装置的名称；

（3）事故可能发生的季节和造成的危害程度；

（4）事故前可能出现的征兆。

10.3.2.3.2　应急组织与职责

应急组织与职责主要包括：

（1）基层单位应急自救组织形式及人员构成情况；

（2）应急自救组织机构、人员的具体职责，应同单位或车间、班组人员工作职责紧密结合，明确相关岗位和人员的应急工作职责。

10.3.2.3.3　应急处置

（1）事故应急处置程序。根据可能发生的事故类别及现场情况，明确事故报警、各项应急措施启动、应急救护人员的引导、事故扩大及同企业应急预案的衔接的程序。

（2）现场应急处置措施。针对可能发生的火灾、爆炸、危险化学品泄漏等，从操作措施、工艺流程、现场处置、事故控制，人员救护、消防、现场恢复等方面制定明确的应急处置措施。

（3）报警电话及上级管理部门、相关应急救援单位联络方式和联系人员，事故报告基本要求和内容。

10.3.2.3.4　注意事项

应急过程中的注意事项主要包括：

（1）佩戴个人防护器具方面的注意事项；

（2）使用抢险救援器材方面的注意事项；

（3）采取救援对策或措施方面的注意事项；

（4）现场自救和互救注意事项；

（5）现场应急处置能力确认和人员安全防护等事项；

（6）应急救援结束后的注意事项；

（7）其他需要特别警示的事项。

10.3.3　应急预案的类型及基本要素

10.3.3.1　应急救援预案的类型

根据事故应急预案的对象和级别，应急预案可分为下列4种类型：

10.3.3.1.1　应急行动指南或检查表

针对已辨识的危险采取特定应急行动。简要描述应急行动必须遵从的基本程序，如发生情况向谁报告，报告什么信息，采取哪些应急措施。这种应急预案主要起提示作用，对相关人员要进行培训，有时将这种预案作为其他类型应急预案的补充。

10.3.3.1.2　应急响应预案

针对现场每项设施和场所可能发生的事故情况编制的应急响应预案，如化学泄漏事故的应急响应预案、台风应急响应预案等。应急响应预案要包括所有可能的危险状况，明确有关人员在紧急状况下的职责。这类预案仅说明处理紧急事务的必需的行动，不包括事前要求(如培训、演练等)和事后措施。

10.3.3.1.3　互助应急预案

相邻企业为在事故应急处理中共享资源，相互帮助制定的应急预案。这类预案适合于资源有限的中、小企业以及高风险的大企业，需要明确协调管理的有效程序。

10.3.3.1.4　应急管理预案

应急管理预案是综合性的事故应急预案，这类预案详细描述事故前、事故过程中和事故后何人做何事、什么时候做、如何做。这类预案要明确完成每一项职责的具体实施程序。

10.3.3.2　应急预案基本要素

10.3.3.2.1　组织机构及其职责

(1) 明确应急反应组织机构、参加单位、人员及其作用；

(2) 明确应急反应总负责人，以及每一具体行动的负责人；

(3) 列出本区域以外能提供援助的有关机构；

(4) 明确政府和企业在事故应急中各自的职责。

10.3.3.2.2　危害辨识与风险评价

(1) 确认可能发生的事故类型、地点；

(2) 确定事故影响范围及可能影响的人数；

(3) 按所需应急反应的级别，划分事故严重度。

10.3.3.2.3　通告程序和报警系统

(1) 确定报警系统及程序；

(2) 确定现场 24h 的通告、报警方式，如电话、警报器等；

(3) 确定 24h 与政府主管部门的通信、联络方式，以便应急指挥和疏散居民；

(4) 明确相互认可的通告、报警形式和内容(避免误解)；

(5) 明确应急反应人员向外求援的方式；

(6) 明确向公众报警的标准、方式、信号等；

(7) 明确应急反应指挥中心怎样保证有关人员理解并对应急报警反应。

10.3.3.2.4　应急设备与设施

(1) 明确可用于应急救援的设施，如办公室、通信设备、应急物资等；列出有关部门，如企业现场、武警、消防、卫生、防疫等部门可用的应急设备；

(2) 描述与有关医疗机构的关系，如急救站、医院、救护队等；

(3) 描述可用的危险监测设备；

(4) 列出可用的个体防护装备(如呼吸器、防护服等)；

(5) 列出与有关机构签订的互援协议。

10.3.3.2.5　应急评价能力与资源

(1) 明确各项紧急事件危险程度评估的负责人；

(2) 描述评价危险程度的程序；

(3) 描述评估小组的能力；

(4) 描述评价危险场所使用的监测设备；

(5) 确定外援的专业人员。

10.3.3.2.6 保护措施程序

(1) 明确可授权发布疏散居民指令的负责人;

(2) 描述是否采取保护措施的程序;

(3) 明确负责执行和核实疏散居民(包括通告、运输、交通管制、警戒)的机构;

(4) 描述对特殊设施和人群的安全保护措施(如学校、幼儿园、残疾人等);

(5) 描述疏散居民的接收中心或避难场所;

(6) 描述决定终止保护措施的方法。

10.3.3.2.7 信息发布与公众教育

(1) 明确各应急小组在应急过程中对媒体和公众的发言人;

(2) 描述向媒体和公众发布事故应急信息的决定方法;

(3) 描述为确保公众了解如何面对应急情况所采取的周期性宣传以及提高安全意识的措施。

10.3.3.2.8 事故后的恢复程序

(1) 明确终止应急,恢复正常秩序的负责人;

(2) 描述确保不会发生未授权而进入事故现场的措施;

(3) 描述宣布应急取消的程序;

(4) 描述恢复正常状态的程序;

(5) 描述连续检测受影响区域的方法;

(6) 描述调查、记录、评估应急反应的方法。

10.3.3.2.9 培训与演练

(1) 对应急人员进行培训,并确保合格者上岗;

(2) 描述每年培训、演练计划;

(3) 描述定期检查应急预案的情况;

(4) 描述通信系统检测频度和程度;

(5) 描述进行公众通告测试的频度和程度并评价其效果;

(6) 描述对现场应急人员进行培训和更新安全宣传材料的频度和程度。

10.3.3.2.10 应急预案的维护

(1) 明确每项计划更新、维护的负责人;

(2) 描述每年更新和修订应急预案的方法;

(3) 根据演练、检测结果完善应急计划。

10.3.4 应急预案的附件

(1) 有关应急部门、机构或人员的联系方式。列出应急工作中需要联系的部门、机构或人员的多种联系方式,并不断进行更新。

(2) 重要物资装备的名录或清单。列出应急预案涉及的重要物资和装备名称、型号、存放地点和联系电话等。

(3) 信息接收、处理、上报等规范化格式文本。

(4) 关键的路线、标识和图纸。主要包括:

① 警报系统分布及覆盖范围；
② 重要防护目标一览表、分布图；
③ 应急救援指挥位置及救援队伍行动路线；
④ 疏散路线、重要地点等标识；
⑤ 相关平面布置图纸、救援力量的分布图纸等。
(5) 相关应急预案。列出直接与本应急预案相关的或相衔接的应急预案名称。
(6) 有关协议或备忘录。与相关应急救援部门签订的应急支援协议或备忘录。

10.3.5 应急预案修订

为了不断完善和改进应急预案并且保持预案的时效性，应就下述的情况对应急预案进行定期或不定期的修改或修订，如：
(1) 日常应急管理中发现预案的缺陷；
(2) 训练或演练过程中发现预案的缺陷；
(3) 实际应急过程中发现预案的缺陷；
(4) 组织机构发生变化；
(5) 原材料，生产工艺的危险性发生变化；
(6) 生产经营范围的变化；
(7) 厂址，布局，消防设施等发生变化；
(8) 人员及通信方式发生变化；
(9) 相关的法律法规标准发生变化；
(10) 其他情况。

应规定组织预案修改，修订的负责部门和工作程序。预案修改时要经审核、批准后发布，并根据预案发放登记表，发放预案更改通知单复印件至各部门，以更新预案。

当预案更改的内容变化较大，累计修改处较多，或已经到预案修改期限，则应对预案进行重新修订。预案的修订过程应采取与预案编制相同的过程，包括从成立预案编制小组到预案的评审，批准和实施全过程。预案经修订重新发布后，应按原预案发放登记表，收回旧版本预案，发放新版本并进行登记。

10.4 保障措施

10.4.1 通信与信息保障

公司各级应急领导机构建立通信信息采集制度，编制应急通信录，确保应急通信畅通，并明确和公布接警电话。应急通信录准确、方便、实用，并保证及时更新和突发公共事件发生时随时取用。各部门在部门内重点部位、重点场所醒目处公布报警电话及公司应急值班电话。保证应急值班电话、办公室主任和相关领导24h通信畅通。

10.4.2 应急队伍保障

企业应加强应急队伍建设，确保有一定数量、具有一定应急处置能力的应急救援队和应急增援队，人员变动后应及时充实调整，确保人员能及时到位。

10.4.3 应急物资装备保障

企业对各生产环节存在的可能诱发突发事件的危险部位，配备现场应急抢险救援必需的抢险设备，并标明其类型、数量、质量、性能、适用对象和存放的地点。建立专人保管、保养、维护、更新、动用等审批管理制度，确保抢险设备随时处于临战状态。

10.4.4 经费保障

有计划地合理安排日常应急管理经费和应急处置工作经费，保证经费及时到位。

10.4.5 技术储备与保障

加强与当地政府有关应急指挥、管理和技术部门的联系，不断引进新的应急处置技术，改进应急技术设备，加强安防设施的管理，为预防和处置突发事件提供技术保障。

10.4.6 交通运输保障

企业必须确保应急处置专用车辆的落实，加强对应急处置专用车辆的维护和管理，保证紧急情况下车辆的优先调度，确保应急处置工作的顺利开展。

10.4.7 医疗保障

加强与医疗救治单位的联系并签定互救协议，建立医疗救治信息，保证受伤人员得到及时救治，减少人员伤亡。

10.4.8 治安保障

企业应积极协助、配合地方党委、政府及时疏散、撤离无关人员，加强事件现场周边的治安管理，维护社会治安，配合做好事件现场警戒，防止无关人员进入。

10.4.9 社会动员保障

加强与相邻企业日常的沟通与协作，配合地方党委、政府，积极做好相邻区域、企业之间的联动工作。应急指挥部门还需与其他相关部门签定互救协议。

10.4.10 紧急避难场所保障

企业应按照突发公共事件类型，制定人员和财产的避难方案。协助配合地方党委、政府做好突发公共事件发生后人员和财产的疏散、避险等工作。

10.5 应急响应

10.5.1 现场应急救援

按照应急预案结合现场实际组织、实施现场应急救援，力争控制紧急事态。当难以控制紧急事态时，果断报当地应急救援机构实施外部紧急援助。

10.5.2 启动应急预案

针对事故性质、类型按安全生产事故应急预案体系要求启动相关应急预案。Ⅲ级以下应急响应由事发部门根据现场情况进行救援、处置。

10.5.3 现场应急救援要点

按照先控制后消除，严防次生、衍生事故发生的总体要求，迅速展开现场应急救援工作。突出第一时间：发现报警、紧急处置、疏散人员、应急救援。

10.5.4 应急救援指挥

以现场为主，所有应急队伍、人员必须在现场应急救援指挥部统一指挥下，密切配合，协同实施抢险和紧急处置行动；启动应急预案后，应在安全位置迅速设立现场应急指挥部，查明情况，调集应急队伍、装备器材，组织、指挥事故应急抢险。

当地政府应急力量进入现场后，一般应以当地政府为主指挥现场应急救援。

10.5.5 启动应急预案

Ⅰ、Ⅱ级应急响应，公司立即启动《应急预案》，设立指挥部，迅速集结应急人员，开展应急响应工作。

10.5.6 应急处置

(1) 抢救伤员、隔离事故现场、撤离无关人员。
(2) 核实现场情况、实施处置方案。
(3) 协调现场内外部应急资源，统一指挥抢险工作。
(4) 根据现场变化及时调整方案。
(5) 保持与外部有关机构的联系，请求外部支援。

10.5.7 信息畅通

保持信息渠道畅通，保持应急期间及时、统一、准确的上下通信畅通。安技环保部门应与事故部门、当地安全生产监督管理等相关管理部门建立专人联系。

10.5.8 应急响应终结

事故现场得以有效控制，人员救援终结，排除安全环境等次生、衍生事故隐患后，由现场总指挥宣布应急终结。

10.6 应急培训

基本应急培训是指对参与应急行动所有相关人员进行的最低程度的应急培训，要求应急人员了解和掌握如何识别危险、如何采取必要的应急措施、如何启动紧急警报系统、如何安全疏散人群等基本操作，尤其是火灾应急培训以及危险化学品事故应急的培训。因为火灾和危险品事故是常见的事故类型，因此培训中要加强与灭火操作有关的训练，强调危险化学品事故的不同应急水平和注意事项等内容。

10.6.1 报警

（1）使应急人员了解并掌握如何利用身边的工具最快最有效地报警，比如使用移动电话、固定电话、无线电、网络或其他方式报警。

（2）使应急人员熟悉发布紧急情况通告的方法，如使用警笛、警钟、电话或广播等。

（3）当事故发生后，为及时疏散事故现场的所有人员，应急队员应掌握如何在现场贴发警示标志的技术要求。

10.6.2 疏散

为避免事故中不必要的人员伤亡，应培训足够的应急队员在事故现场安全、有序的疏散被困人员或周围人员。对人员疏散的培训主要在应急演习中进行，通过演习还可以测试应急人员的疏散能力。

10.6.3 火灾应急培训

由于火灾的易发性和多发性，对火灾应急的培训显得尤为重要。要求应急队员必须掌握必要的灭火技术以便在着火初期迅速灭火，降低或减小导致灾难性事故的危险，掌握灭火装置的识别、使用、保养、维修等基本技术。

10.6.4 不同水平应急者培训

针对危险品事故的应急培训，应明确不同层次应急队员的培训要求。通过培训，使应急队员掌握必要的知识和技能以采取正确措施，同时具有识别危险、评价事故危险性进程和发展趋势的能力，以降低事故对应急人员自身的危害等。具体培训中，通常将应急者分为五种水平，每一种水平都有相应的培训要求。

10.6.4.1 初级意识水平应急者

该水平应急者通常是处于能首先发现事故险情并及时报警的岗位人员，例如保安、门卫、巡查人员等。对他们的要求主要包括：

（1）确认危险化学品并能识别危险化学品的泄漏迹象；

（2）了解所涉及的危险化学品泄漏的潜在后果；

（3）了解应急者自身的作用和责任；

（4）能确认必需的应急资源；

（5）如果需要疏散，则应限制未经授权人员进入事故现场；

（6）熟悉事故现场安全区域的划分；

（7）了解基本的事故控制技术。

10.6.4.2 初级操作水平应急者

该水平应急者主要参与预防危险化学品泄漏的操作，以及发生泄漏后的事故应急，其作用是有效阻止危险化学品的泄漏，降低泄漏事故可能造成的影响。对他们的培训要求包括：

（1）掌握危险化学品的辨识和危险程度分级方法；

（2）掌握基本的危险和风险评价技术；

（3）学会正确选择和使用个人防护设备；

（4）了解危险化学品的基本术语以及特性；

（5）掌握危险化学品泄漏的基本控制操作；

（6）掌握基本的危险化学品清除程序；

（7）熟悉应急预案的内容。

10.6.4.3 危险化学品专业水平应急者

该水平应急者的培训应根据有关指南要求来执行，达到或符合指南要求以后才能参与危险化学品的事故应急。对其培训要求除了掌握上述应急者的知识和技能以外还包括：

（1）保证事故现场的人员安全，防止不必要伤亡的发生；

（2）执行应急行动计划；

（3）识别、确认、证实危险化学品；

（4）了解应急救援系统各岗位的功能和作用；

（5）了解特殊化学品个人防护设备的选择和使用；

（6）掌握危险的识别和风险的评价技术；

（7）了解先进的危险化学品控制技术；

（8）执行事故现场清除程序；

（9）了解基本的化学、生物、放射学的术语和其表示形式。

10.6.4.4 危险化学品专家水平应急者

具有危险化学品专家水平的应急者通常与危险化学品专业人员一起对紧急情况做出应急处置，并向危险化学品专业人员提供技术支持。因此要求该类专家所具有的关于危险化学品的知识和信息必须比危险化学品专业人员更广博更精深。危险化学品专家必须接受足够的专业培训，以使其具有相当高的应急水平和能力：

（1）接受危险化学品专业水平应急者的所有培训要求；

（2）理解并参与应急救援系统的各岗位职责的分配；

（3）掌握风险评价技术；

（4）掌握危险化学品的有效控制操作；

（5）参加一般清除程序的制定与执行；

（6）参加特别清除程序的制定与执行；

（7）参加应急行动结束程序的执行；

（8）掌握化学、生物、毒理学的术语与表示形式。

10.6.4.5 应急指挥级水平应急者

该水平应急者主要负责的是对事故现场的控制并执行现场应急行动，协调应急队员之间的活动和通信联系。该水平的应急者都具有相当丰富的事故应急和现场管理的经验，由于他们责任重大，要求他们参加的培训应更为全面和严格，以提高应急指挥者的素质，保证事故应急的顺利完成。通常该类应急者应该具备下列能力：

（1）协调与指导所有的应急活动；

（2）负责执行一个综合性的应急救援预案；

（3）对现场内外应急资源的合理调用；

（4）提供管理和技术监督，协调后勤支持；

（5）协调信息发布和政府官员参与的应急工作；

（6）负责向国家、省市、当地政府主管部门递交事故报告；

(7) 负责提供事故和应急工作总结。

不同水平应急者的培训要与危险品公路运输应急救援系统相结合，以使应急队员接受充分的培训，从而提高应急救援人员的素质。

10.7 应急预案演练

10.7.1 演练目的

通过演练，一是检验预案的实用性、可用性、可靠性；二是检验全体人员是否明确自己的职责和应急行动程序，以及应急队伍的协同反应水平和实战能力；三是提高人们避免事故、防止事故、抵抗事故的能力，提高对事故的警惕性；四是取得经验以改进所制定的行动方案。演练分为室内演练(组织指挥演练)和现场演练，包括单项演练、多项演练和综合演练。生产经营单位在进行演练时，应让熟悉设施的作业人员参加应急预案的演习和操练；与设施无直接关联的人员，如高级应急官员、政府监察员，也应作为观察员监督整个演练过程。每一次演练后，应核对该计划是否被全面执行，并发现不足和缺陷。事故应急救援预案应随着条件的变化而调整，以适应新条件的要求。

10.7.2 演练分类

10.7.2.1 按演练的规模分类

可采用不同规模的应急演练方法对应急预案的完整性和周密性进行评估，如桌面演练、功能演练和全面演练等。

10.7.2.1.1 桌面演练

桌面演练是由应急组织的代表或关键岗位人员参加，按照应急预案及其标准工作程序，讨论紧急情况时应采取行动的演练活动。桌面演练的特点是对演练情景进行口头演练，一般是在会议室内举行。其主要目的是锻炼参演人员解决问题的能力，以及解决应急组织相互协作和职责划分的问题。

桌面演练一般仅限于有限的应急响应和内部协调活动，应急人员主要来自本地应急组织，事后一般采取口头评论形式收集参演人员的建议，并提交一份简短的书面报告，总结演练活动和提出有关改进应急响应工作的建议。桌面演练方法成本较低，主要为功能演练和全面演练做准备。

10.7.2.1.2 功能演练

功能演练是指针对某项应急响应功能或其中某些应急响应行动举行的演练活动，主要目的是针对应急响应功能，检验应急人员以及应急体系的策划和响应能力。例如，指挥和控制功能的演练，其目的是检测、评价多个政府部门在紧急状态下实现集权式的运行和响应能力，演练地点主要集中在若干个应急指挥中心或现场指挥部，并开展有限的现场活动，调用有限的外部资源。

功能演练比桌面演练规模要大，需动员更多的应急人员和机构，因而协调工作的难度也随着更多组织的参与而加大。演练完成后，除采取口头评论形式外，还应向地方提交有关演练活动的书面汇报，提出改进建议。

10.7.2.1.3 全面演练

全面演练指针对应急预案中全部或大部分应急响应功能，检验、评价应急组织应急运行能力的演练活动。全面演练一般要求持续几个小时，采取交互式方式进行，演练过程要求尽量真实，调用更多的应急人员和资源，并开展人员、设备及其他资源的实战性演练，以检验相互协调的应急响应能力。与功能演练类似，演练完成后，除采取口头评论、书面汇报外，还应提交正式的书面报告。

应急演练的组织者或策划者在确定采取哪种类型的演练方法时，应考虑以下因素：

（1）应急预案和响应程序制定工作的进展情况；

（2）本辖区面临风险的性质和大小；

（3）本辖区现有应急响应能力；

（4）应急演练成本及资金筹措状况；

（5）有关政府部门对应急演练工作的态度；

（6）应急组织投入的资源状况；

（7）国家及地方政府部门颁布的有关应急演练的规定。

无论选择何种演练方法，应急演练方案必须与辖区重大事故应急管理的需求和资源条件相适应。

10.7.3 化学品的应急事故演练工作程序

10.7.3.1 演练工作预备

（1）布置演练工作；

（2）观摩现场定点定位。

10.7.3.2 演练工作程序安排

（1）全体演练单位及观摩人员集中到指定区域待命。

（2）报警：发生化学品应急事故，向应急指挥部报告。

（3）应急指挥部下达启动相应的应急预案指令。

（4）交通治安管理组进行交通管制，设置警戒区域，除应急抢险人员和车辆外，其他人员和车辆不得进入该危险区域，对灾区实施治安巡逻，保证灾区安全。

（5）应急抢险组使用音响设备发出警报信息或鸣锣紧急通知危险区域的居民按原定的路线有序安全转移，组织应急小分队火速赶往灾区，按照原定的编制序列目标任务快速赶到事故区域实施抢救，迅速组织事故区域人员和物资快速有序安全撤离到各安置点。

（6）事故调查监测组继续跟踪监测事故情况，有情况及时报告。

（7）医疗卫生组组织医疗卫生紧急抢救队伍进入事故区域，进行伤病员的抢救及转移工作。

（8）后勤物资保障组负责转移到各临时安置点的灾民安置工作，认真做好各安置点灾民的思想工作，解决好灾民的吃、穿、住等问题，确保救灾抢险指挥的通信与网络的畅通。

（9）做好撤离、应急抢救、交通治安、后勤保障、医疗卫生和事故调查监测等应急演练的各项记录。

（10）由应急总指挥宣布演练结束。

10.8 应急预案示例

某化肥厂应急救援预案

一、基本情况

（一）企业简介

1. 工厂基本情况

包括：企业主要装置的生产能力及产量；化学危险物品的品名及正常储量；厂内职工三班的分布人数；工厂地理位置，地形特点；厂区占地面积，周边纵向、横向距离；距厂围墙外500~1000m范围内的居民(包括工矿企事业单位及人数)；气象状况。

2. 危险性分析

本厂是一个以生产化肥为主的大型化工企业，工艺流程复杂，具有易燃、易爆、有毒及生产过程连续性等特点。主要产品有合成氨、硝铵、尿素、浓硝酸、辛醇等25种。

上述物质在泄漏、操作失控或自然灾害的情况下，存在火灾爆炸、人员中毒、窒息等严重事故的潜在危险。

本厂化学事故的可能性尤以NH_3(气、液)储存量大而危险。

（二）厂内外消防设施及人员状况(略)

（三）本厂医疗设施及厂外医疗结构(略)

二、重大危险源的确定及分布

（一）根据本厂生产、使用、储存化学危险品的品种、数量、危险性质及可能引起重大事故的特点，确定以下3个危险场所(设备)为重大危险源。

1号危险源：合成车间671工号九台卧式液氨储槽；

2号危险源：合成车间671工号室外西两个液氨球罐；

3号危险源：合成车间两台氨气柜。

危险源分布图(略)

（二）毒物名称级别波及范围

三、应急救援指挥部的组成、职责和分工

（一）指挥机构

工厂成立重大事故应急救援“指挥领导小组”，由厂长、有关副厂长及生产、安全、设备、保卫、卫生、环保等部门领导组成，下设应急救援办公室(设在安全防火处)日常工作由安全防火处兼管。发生重大事故时，以指挥领导小组为基础，即重大事故应急救援指挥部，厂长任总指挥，有关副厂长任副总指挥，负责全厂应急救援工作的组织和指挥，指挥部设在生产调度室。

注：如果厂长和副厂长不在工厂时，由总调度长和安全防火处处长为临时总指挥和副总指挥，全权负责应急救援工作。

（二）职责

指挥领导小组：

1. 负责本单位“预案”的制定、修订；

2. 组建应急救援专业队伍，并组织实施和演练；

3. 检查督促做好重大事故的预防措施和应急救援的各项准备工作。

指挥部：

1. 发生事故时，由指挥部发布和解除应急救援命令、信号；

2. 组织指挥救援队伍实施救援行动；

3. 向上级汇报和向友邻单位通报事故情况，必要时向有关单位发出救援请求；

4. 组织事故调查，总结应急救援工作经验教训。

指挥部人员分工：

总指挥：组织指挥全厂的应急救援工作。

副总指挥：协助总指挥负责应急救援的具体指挥工作。

指挥部成员：

安全处长：协助总指挥做好事故报警、情况通报及事故处置工作。

公安处长：负责灭火、警戒、治安保卫、疏散、道路管制工作。

生产处长(或总调度长)：

1. 负责事故处置时生产系统开、停车调度工作；

2. 事故现场通信联络和对外联系；

3. 负责事故现场及有害物质扩散区域内的洗消、监测工作；

4. 必要时代表指挥部对外发布有关信息。

设备处长：协助总指挥负责工程抢险、抢修的现场指挥。

卫生所所长(包括气体防护站站长)：负责现场医疗救护指挥及中毒、受伤人员分类抢救和护送转院工作。

行政处长：负责受伤、中毒人员的生活必需品供应。

供销处长(包括车管站站长)：负责抢险救援物资的供应和运输工作。

四、救援专业队伍的组成及分工

工厂各职能部门和全体职工都负有重大事故应急救援的责任，各救援专业队伍是重大事故应急救援的骨干力量，其任务主要是担负本厂各类化学事故的救援及处置。救援专业队伍的组成(略)，任务分工如下：

(一) 通信联络队：由公安处、安全处、生产处、调度室组成，每处出×人，共×人。

负责人：公安处处长。担负各队之间的联络和对外联系通信任务。

(二) 治安队：由公安处负责组成，共×人。

负责人：公安处处长。担负现场治安，交通指挥，设立警戒，指导群众疏散。

(三) 防化连应急分队：由武装部负责组成，共×人

负责人：武装部部长。担负査明毒物性质，提出补救措施，抢救伤员，指导群众疏散。

(四) 消防队：驻厂消防队×人。公司消防队、市消防队。

负责人：安全防火处处长。担负灭火、洗消和抢救伤员任务。

(五) 抢险抢修队：由机械设备处、动力处、机修车间和电修车间组成，共×人包括：铆管工、电(气)焊、电工、起重工、钳工等。

负责人：机械设备处处长和动力处处长。担负抢险抢修指挥协调。

(六) 医疗救护队：由驻厂卫生所和气体防护站组成，共××人。

负责人：安全防火处副处长、气防站站长、卫生所所长。担负抢救受伤、中毒人员。

（七）物资供应队：供销处、行政处组成，共××人。

负责人：供销处、行政处处长。担负伤员生活必需品和抢救物资的供应任务。

（八）运输队：由车管站组成，共××人。

负责人：站长。担负物资的运输任务。

五、NH_3(气、液)重大事故的处置方案

本厂生产过程中有可能发生 NH_3(气、液)泄漏事故，主要部位如前所述的1号危险源，其泄漏量视泄漏点设备的腐蚀程度、工作压力等条件而不同。泄漏时又可因季节、风向等因素，波及范围也不一样。事故起因也是多样的，如：操作失误、设备失修、腐蚀、工艺失控、物料不纯等原因。

NH_3 一般事故，可因设备的微量泄漏，由安全报警系统、岗位操作人员巡检等方式及早发现，采取相应措施，予以处理。

NH_3 重大事故，可因设备事故、氨气柜的大量泄漏而发生重大事故，报警系统或操作人员虽能及时发现，但一时难以控制。毒物泄漏后，可能造成人员伤亡或伤害，波及周边范围：无风向××m 左右，顺风向××m。当发生 NH_3 泄漏事故时，应采取以下应急救援措施：

（一）最早发现者应立即向厂调度室、消防队报警，并采取一切办法切断事故源。

（二）调度接到报警后，应迅速通知有关部门、车间，要求查明 NH_3 外泄部位(装置)和原因，下达按应急救援预案处置的指令，同时发出警报，通知指挥部成员及消防队和各专业救援队伍迅速赶到现场。

（三）指挥部成员通知所在处室，按专业对口迅速向主管上级公安、安全、环保、卫生等领导机关报告事故情况。

（四）发生事故的车间，应迅速查明事故发生源点、泄漏部位和原因。凡能通过切断物料或倒槽等处理措施而消除事故的，则以自救为主。如泄漏部位自己不能控制的，应向指挥部报告并提出堵漏或抢修的具体措施建议。

（五）消防队到达事故现场后，消防人员配戴好空气面具，首先查明现场有无中毒人员，以最快速度将中毒者脱离现场，严重者尽快送医院抢救。

（六）指挥部成员到达事故现场后，根据事故状态及危害程度做出相应的应急决定，并命令各应急救援队立即开展救援。如事故扩大时，应请求支援。

（七）生产处、安全处到达事故现场后，会同发生事故的单位，在查明 NH_3 泄漏部位和范围后视能否控制，做出局部或全部停车的决定。若要紧急停车则按紧急停车程序通过三级调度网，即厂调度员，车间执班长或班长迅速执行。

（八）治安队到达事故现场后，担负治安和交通指挥，组织纠察，在事故现场周围设岗，划分禁区并加强警戒和巡逻检查。

（九）生产技术处到达事故现场后，查明 NH_3 泄漏浓度和扩散情况，根据当时风向、风速，判断扩散和方向和速度，并对下风区进行监测，确定结果，及时向指挥部报告情况，必要时根据决定通知该区域内的群众撤离或指导采取简易有效的技术措施。

（十）医疗队到达事故现场后与消防队配合，立即救护伤员和中毒人员，采取相应的急救措施。

（十一）抢险抢修队到达事故现场后，根据指挥部下达的抢修指令，迅速进行设备抢修。

（十二）当事故得到控制，立即成立两个专门工作小组：

1. 在生产副厂长的指挥下，组成由安全、保卫、生产、技术、环保、设备和发生事故

单位参加的事故调查小组。

2. 在设备副厂长的指挥下，组成由设备、动力、机修、电修和发生事故单位参加的抢修小组。

六、信号规定

厂救援信号主要使用电话报警联络。

厂报警电话：×××

消防队电话：×××

市消防：119

调度室：×××

气体防护站：×××

危险调度室设有对讲机××部。

危险区边界警戒线为黄黑带，警戒人员佩戴臂章，救护车鸣灯。

七、有关规定和要求

为能在事故发生后，迅速准确、有条不紊地处理事故，尽可能减小事故造成的损失必须做好应急救援的准备工作，落实岗位责任制和各项制度。具体措施有：

(一) 落实应急救援组织，救援指挥部成员和救援人员应按照专业分工，本着专业对口便于领导、便于集结和开展救援的原则，建立组织，落实人员，每年初要根据人员变化进行组织调整，确保救援组织的落实。

(二) 按照任务分工做好物资器材准备，如必要的指挥通信、报警、洗消、消防、抢修器材及交通工具。上述各种器材应指定专人保管，并定期检查保养，使其处于良好状态，各救援目标设救援器材柜，专人保管以备急用。

(三) 定期组织救援训练和学习，各队按专业分工每年训练两次，提高指挥水平和救援能力。

(四) 对全厂职工进行经常性的应急常识教育。

(五) 建立完善各项制度：

1. 值班制度，建立昼夜值班制度(工厂和各处室、车间均昼夜值班)。

2. 气体防护站24h值班制，每班×人；救护车内配备器材：担架×具、防毒衣×件、医务箱×个，防爆电筒×个，氧气呼吸器×个。

防护站接到事故报警后，立即全副着装出动急救车到达毒区，按调度指挥实施抢救等工作。

3. 检查制度，每月结合安全生产工作检查，定期检查应急救援工作落实情况及器材保管情况。

4. 例会制度，每季度第一个月的第一周召开领导小组成员和救援队负责人会议

5. 总结评比工作，与安全生产工作同检查、同讲评、同表彰奖励。

10.9 典型事故案例

案例1 某企业特大井喷失控事故

某企业位于重庆开县高桥镇晓阳村境内的“罗家16H”井，于2003年5月23日开钻，设计日产10^6m^3天然气。日常钻探过程中，该气井运行正常。2003年12月23日21时55分，

某石油管理局川东钻探公司川钻12队对该气井起钻时，突然发生井喷，来势特别猛烈，富含硫化氢的气体从钻具水眼喷涌达30m高，硫化氢浓度达到100ppm以上，预计无阻流量为$4×10^6$～$1×10^7m^3$/天。失控的有毒气体(硫化氢)随空气迅速扩散，导致在短时间内发生大面积灾害，人民群众的生命财产遭受了巨大损失。据统计，井喷事故造成243位无辜人员遇难，9.3万余人受灾，6.5万余人被迫疏散转移，累计门诊治疗27011人(次)，住院治疗2142人(次)，直接经济损失达8200余万元。

事故原因：

定向井服务中心工程师不严格执行规章，决定拆卸回压阀；钻井队安全防护人员明知这一决定违规，但没有表示异议，并指令卸下回压阀；钻井队队长发现这一情况后，也没有采取相应的措施立即整改，这是导致井喷的直接原因。副司钻在起钻作业中，违反“每起出3柱钻杆必须灌满钻井液”的规定，每起出6柱钻杆才灌注一次钻井液，导致井下液柱压力下降；负有监测起钻柱数和钻井液灌入量职责的录井工，因工作疏忽，未能及时发现这一严重违章行为，发现后也没有及时汇报和提醒，以致留下安全事故隐患。事故发生后，现场抢险负责人没有当机立断下令点火，导致有毒气体不断蔓延，扩大了损失。在各自的生产管理环节一连串的麻痹，甚至一连串的失误，共同导致了如此严重的后果。

此次事故的应急救援过程表明，企业未建立应急预案，使人民群众生命财产得不到及时挽回。石油天然气开采企业属于高危行业，应当有能力预见到作业过程可能诱发井喷并造成有毒气体硫化氢的外泄，也应当有能力采取防范措施并对事故加以有效控制，应加强对重大危险源的监控和重大隐患的治理，制定应急预案，建立预警和救援机制。相关法律法规也规定了高危行业应当制订特大事故的应急预案，但事实上却一片空白。企业没有组建抢险救援机构和队伍，应急救援必要的设备、器材均没有配备，井喷失控以后怎么控制住这个态势，如何进行预警报告，群众怎样逃离事故现场等等，企业预案一片空白，平时也未举行应急预案演练，缺乏应急处理措施。

此次事故灾难的报告程序不完善，严重贻误了应急救援时间。井喷事发当时，企业与地方政府之间缺乏及时沟通协调。事故发生后，钻探公司并没有在第一时间报告当地政府，而是先报告石油管理局，再转报市安监局，然后转报市政府，最后才通知当地县政府。当县政府接到钻井队的报告电话已是晚11时25分左右，离井喷时间已过了1个半小时，这时县政府才通知高桥镇、正坝镇、麻柳乡、天和乡启动预案做好应急救援，而受害最深的高桥镇却一直没有接到钻井队的电话，白白错失了应急处置的最佳时间。

此次事故还凸显了政府对突发事件应急救援机制不健全，企业和地方应急联动机制尚未形成，难以最大限度减少各类灾难损失。在事故应急救援的过程中，事故灾难应急指挥的科学、统一、规范、高效有待提高。应急处理保障体系和事故应急处理防范体系不够科学；预测预警、应急响应、后期处置等工作的开展，有时存在临时决策和组织安排的问题，特别是应急救援的设备、器材和专业队伍及应急处理技术等十分缺乏，救灾物资应急保障不力；应急救援队伍、交通、医疗、通信、治安、技术、专家等都还不能满足应急抢险救援工作的需要，造成应急救援处于被动应付的状态。可以说，尽快建立健全突发公共事件应急综合预案，形成企业和地方的联动机制，共同应对突发灾难是加固安全防护锁的有力支撑和重要屏障。

案例2　英国邦斯菲尔德油库火灾爆炸事故

2005年12月11日英国邦斯菲尔德油库发生爆炸火灾事故，共烧毁大型储油罐20余座，受伤43人，直接经济损失2.5亿英镑。

2005年12月10日19时，英国邦斯菲尔德油库HOSL西部区域A罐区的912号储罐开始接收来自T/K管线的无铅汽油，油料的输送流量为550m^3/h(该流量在允许范围以内)。12月11日零时，912号储罐停止收油，工作人员对该储罐进行了检查，检查过程大约在11日凌晨1时30分结束，此时尚未发现异常现象。

从12月11日凌晨3时开始，912号储罐的液位计停止变化，此时该储罐继续接收流量为550m^3/h的无铅汽油。912号储罐在12月11日5时20分已经完全装满。由于该储罐的保护系统在储罐液位达到所设置的最高液位时，未能自动启动以切断进油阀门，因此T/K管线继续向储罐输送油料，导致油料从罐顶不断溢出，储罐周围迅速形成油料蒸气云。一辆运送油品的油罐车经过邦斯菲尔德油库时，汽车排气管喷出的火花引燃了外溢油品形成的蒸气云引起爆炸、燃烧。

6时01分，发生了第一次爆炸，紧接着发生了多次爆炸。爆炸引起大火，超过20个储油罐陷入火海。爆炸造成40多人受伤，现场附近的商业和民用财产遭到很大破坏。6时10分，消防人员到达现场。大火持续燃烧了3天，破坏了绝大部分现场设施，并向空中释放出大团的黑色烟雾。12月13日晚上，除2个储油罐外，其余的大火全部被扑灭。

事故原因：

(1) 管理原因

① 对于某些处于非正常工作状态设备的检查不及时，响应迟钝，诸如储罐入口的自动切断阀和管线入口的控制阀等。

② 储罐的结构设计(如罐顶的设计)不尽合理，这在一定程度上加剧了油料蒸气云形成的可能性。

③ 罐区应急设施(如消防泵房等)的选址和保护措施不合理。

(2) 设备原因

① 912号储罐的自动测量系统(ATG)失灵，储罐装满时，液位计停止在储罐的2/3液位处，ATG报警系统没能启动，储罐独立的高高液位开关也未能自动开启切断储罐的进油阀门，致使油料从罐顶溢出，从罐顶泄漏的油料外溢，油料挥发，形成蒸气云，遇明火发生爆炸、起火。

② 邦斯菲尔德油库的三级设防没发挥作用。由于一级设防的缺陷使外溢的油料瀑布状倾泻，加速了蒸气云的形成，二级和三级设防主要是用于保护环境的，但由于泄漏的油料形成大面积池火，高温破坏了防火堤，致使防火堤围墙倒塌和断裂，同时殃及了第三级设防，大量的油料和消防泡沫流出库区。

③ 部分储罐和管道系统的电子监控器以及相关的报警设备处在非正常工作状态。

④ 储罐和管道系统附近的可燃气体检测仪器不灵敏。

事故总结：

本次事故尽管造成重大经济损失，但是没有造成一人死亡，也未引发社会恐慌。这一突发性公共事件之所以能够得到平稳处理，原因是多方面的。

首先，英国各有关部门反应迅速，措施得力，高度协调。事故发生后，交通部门立刻封锁了油库附近的两条高速公路，警方对爆炸现场周围实施戒严。消防部门动用了26辆消防车对起火的20个油罐进行扑救；当地消防部门在短短两个小时内从16个消防局抽调出180多名消防员参与扑救。警方在事发当天上午就将油库附近的2000多居民疏散到附近体育中心，并在第一时间通过媒体否定有“恐怖袭击”的可能，打消了英国公众和媒体对“恐怖袭击”的猜测，避免了社会恐慌。

其次是有得力的法规政策、充足的物资储备和科学的救援理念。1999 年英国就颁布了一套完整的法规，规范工业事故发生后警方、消防和企业各方的责任，并定期开展事故救援演习。此次事故救援中，一共使用 15000m^3，25000m^3 浓缩泡沫灭火剂，应急物资十分充足。消防废水被直接引入救援现场的地下排污系统，等灭火工作结束后再排出处理，避免了救援过程中的环境污染。此外，由于事故现场某油罐内储存了高挥发性燃料，为防止连锁爆炸，救援工作几度谨慎中断。所有这些，都保证了救援工作的有效、顺利进行。

第11章 工艺事故/事件管理

11.1 概述

工艺事故/事件管理(Incident Management)的主要目的是查清原因，吸取教训，避免再次发生同类事故。企业安全管理过程中，应形成鼓励员工报告各类事故、事件的企业文化。企业应制定未遂事故或事件管理程序，鼓励员工报告未遂事故/事件，组织对未遂事故/事件进行调查、分析，找出事故根源，预防事故发生。

事故调查包括事故报告、收集证据、分析原因和责任、提出整改建议等内容。

(1) 事故报告

事故报告要求事故发生单位及时按照事故等级向有关安全生产监管部门上报事故情况，以便有关部门确定事故的严重程度，根据事故情况逐级上报并制定相应的方案和采取有效的措施。

(2) 收集证据

收集证据是为了更好地将事故相关的细节罗列出来，以便事故调查组准确地分析事故原因，确定事故责任

(3) 分析原因和责任

事故调查组根据所收集的证据，确定事故发生的直接原因和间接原因，并进行责任分析。根据事故原因分析企业管理中存在的问题，包括制度的制定、执行、监督等方面存在的漏洞。

(4) 提出整改建议

事故调查组应在查明事故原因的基础，提出有针对性的纠正和预防措施，如工程技术措施、教育培训措施、管理措施等。

11.2 事故报告

所有事故，包括死亡事故、伤害、环境污染、财产损失、险情等都应该及时报告。如果不报告，就不可能进行事故调查。对于企业而言，必须制定相关的安全政策和制度，在员工培训中详细说明如何正确和系统地报告事故、事件或小的险情类事件。

(1) 死亡事故、伤害、环境污染、财产损失类事故必须在规定的时间内上报；

(2) 对于险情和隐患类小事件，应鼓励员工报告，建立激励机制，让员工个人对报告事故/事件没有任何畏惧或其他的担心。

事故发生后，事故现场的有关人员应当在妥善保护事故现场和有关证据的同时，立即向本单位负责人报告，单位负责人接到报告后，应当于1h内向事故发生地县级以上人民政府安全生产监督管理部门和负有安全生产监督管理职责的有关部门进行报告。情况紧急的，事故现场有关人员可以直接向事故发生地县级以上人民政府安全生产监督管理部门和负有安全

生产监督管理职责的有关部门报告。

安全生产监督管理部门和相关部门接到事故报告后应根据事故等级逐级上报事故情况，并通知相关部门，每级上报的时间不得超过 2h。必要时，安全生产监督管理部门和有关部门可以越级上报事故情况。

11.2.1 事故报告的内容

(1) 事故发生单位概况；
(2) 事故发生的时间、地点以及事故现场情况；
(3) 事故简要经过；
(4) 事故造成或可能造成的伤亡人数及直接经济损失；
(5) 已经采取的措施；
(6) 其他应报告的情况。

11.2.2 初期事故报告

事故发生后 24h 内，事故必须上报并存入数据库。

初期报告应包括以下内容：

(1) 事故情况描述；
(2) 事故发生时间；
(3) 事故发生地点；
(4) 事故造成的实际影响和潜在影响。

初期事故报告管理能确定事故严重程度，进而认定需要多少细节信息。重要的是及时报告事故，保存证据，以便调查需要时使用。

11.3 事故调查的原则与职责

11.3.1 基本原则

事故调查的基本原则为：政府统一领导，属地、分级负责和“四不放过”，“科学严谨，依法依规，实事求是，注重实效”的原则。

事故调查遵从的理念：

首先，应将事故看作是改善管理体系的一次机会，而不是相互推诿扯皮。其次，明确事故的根本原因，就能获得最大收益，因此查出事故的直接原因只能防止其再次发生；而查出事故的根本原因，就能避免许多事故而不是此类事故的再次发生。

11.3.2 调查组的职责

(1) 查清事故发生的原因；
(2) 核实伤亡人员和经济损失；
(3) 认定事故性质；
(4) 确定事故责任单位和个人，提出处理意见；
(5) 提出整改意见和建议；

(6) 完成事故调查报告。

11.3.3 事故背景与调查要求

(1) 每次工艺事故都是工艺故障的征兆。

(2) 工艺事故几乎很少是由于一种原因所引起的。

(3) 工艺事故的调查应遵循正式的逻辑推理方法。

(4) 为避免发生事故，企业各部门、所属各单位和人员都必须发扬团队精神共同合作。

(5) 有必要对工艺事故调查中所汲取的主要教训进行沟通和交流。

11.4 事故调查程序

11.4.1 事故等级的划分(表 11-1)

表 11-1 事故等级划分表

划分依据＼事故等级	一般事故	较大事故	重大事故	特别重大事故
死亡人数	3 人以下	3 人以上 10 人以下	10 人以上 30 人以下	30 人以上
重伤人数 (含急性工业中毒)	10 人以下	10 人以上 50 人以下	50 人以上 100 人以下	100 人以上
经济损失	1000 万元以下	1000 万元以上 5000 万元以下	5000 万元以上 1 亿元以下	1 亿元以上

注：以上均包含本数，满足一项划分依据即须划入相应事故等级中。

11.4.2 事故调查的组织

(1) 特别重大事故：国务院或者国务院授权有关部门；

(2) 重大事故：事故发生地省级人民政府；

(3) 较大事故：设区的市级人民政府；

(4) 一般事故：县级人民政府；

对于未造成人员伤亡的一般事故，县级人民政府也可以委托事故发生单位组织事故调查组进行调查。

注：省级人民政府、设区的市级人民政府、县级人民政府可以直接组织事故调查组进行调查，也可以授权或者委托有关部门组织事故调查组进行调查。

11.4.3 事故调查组

(1) 基本原则：遵循精简、效能的原则。

(2)具体要求：通常是指定一名事故调查组长，并由有关人民政府、安全生产监督管理部门、负有安全生产监督管理职责的有关部门、监察机关、公安机关以及工会派人组成调查组，并邀请人民检察院派人参加。根据事故复杂程度不同，事故调查组可以聘请有关方面专业人员或专家参与调查，每人负责一个方面。

注：调查组要包括至少一名工艺方面的专家，如果事故涉及承包商的工作还要包括承包商员工，还有其他具备相关知识的人员和有调查分析事故经验的人员。所选人员应有所需知识和专长，并与所调查的事故没有直接利害关系。

对企业内部的事故调查，一个调查小组至少应该包含下列人员：

组长：由熟悉该项作业类的管理层代表或外部相关人员担任；

成员：

① 事故根源分析专业人员或专家，通常是安全专业人员；

② 了解该项作业的专业技术人员 1~2 人或专家；

③ 其他特殊专业人员和事故调查根源分析的专家等。

11.4.4　事故调查任务与要求

(1) 查明事故发生经过、原因、人员伤亡情况及直接经济损失；

(2) 认定事故的性质和事故责任；

(3) 提出对事故责任者的处理建议；

(4) 总结事故教训，提出防范和整改措施；

(5) 提交事故调查报告。

注：报告包括了上述所谈内容之外，还要有抢险施救及事故是否存在迟、漏、谎、瞒报等情况。

11.4.5　事故调查的实施方法

事故需要搜集的信息主要包括：是否采取行动以减轻、遏制或控制事故；是否需要隔离事故场所，以保存证据；问题定义(即事故情况)、发生时间、发生地点和影响(损失数量、频繁程度、安全问题等)以及对事故的客观描述；对第一时间目击者的询问。

针对不同的信息，需要采取不同的实施方法进行采集：

(1) 问题定义

每份事故报告需要包括问题定义。完整的问题定义包括 4 部分：问题是什么、发生时间、发生地点和问题的影响。

① 问题定义是事故后果的影响，即我们力图避免发生的情况。这有时被成为初步影响，并用一个“名词-动词”的陈述句来进行表述，如“职工跌倒”、“化学品泄漏”或“手指划伤”。

② 事故时间是一个相对的时间概念。可包括以下内容：周几、事故发生是几时几分、事故发生的时间相当于某一时间点的先后顺序，如“水泵重新开始工作之后”。

③ 事故地点是一个相对于事故初步影响的位置概念。可包括以下内容：事故发生的地理位置或相对性的位置描述，如“维修间”、“水泵以南 5m”。

④ 问题的影响是事故初步影响的相对价值观念。因为事故造成了一定的影响，所以我们要报告事故。事故的影响包括：受伤情况、泄漏的化学品种类和数量、经济损失。分析事故的影响有助于我们确定调查的手段和力度。事故的影响越严重，就需要更清楚地了解事情发生的内容、时间和地点等相对概念描述。

(2) 保存证据

如果一开始能搜集到完整的信息，调查能很快找到事故起因。保存事故证据有很多方式。得到的证据越充分，就能更清晰地了解事故影响，进而更清楚地掌握事故情况。

(3) 对第一时间目击者的询问

初期响应应该尽可能询问第一时间目击者，以了解事故的内容、时间、地点和影响。不应该要求目击者写下看到的内容。初期事故响应团队应该训练，了解如何从目击者方面获取信息。没有受到训练的人不能参与对事故目击者的询问。进行询问的人必须有事先准备好的问题。等到搞清楚问题并搜集初期证据后，将事故报告存入该工作场所的事故数据库中。基于不同的事故影响，管理层应给出其他报告要求，如电了邮件、声音邮件、直接的电话报告等。

11.4.6 证据采集

证据是用来揭示事故真相的任何东西。在事故调查过程中需要采集的证据主要包括物理证据、位置证据、电子证据、书面证据及相关人员证据等几大类。

(1) 物理证据：残余的物料、受损的设备、仪表、管线等；

(2) 位置证据：事故发生时人、设备等所处的位置，工艺系统的位置状态；

(3) 电子证据：控制系统中保存的工艺数据、电子版的操作规程、电子文档记录、操作员操作记录等；

(4) 书面证据：交接班记录、开具的作业许可证、书面的操作规程、培训记录、检验报告、相关标准；

(5) 相关人员：目击者、受害人、现场作业人员及相关人员面谈、情况说明等。

11.4.7 事故分级管理

事故分为车间级事故、厂级事故、公司级事故和上报上级公司或地方政府安全生产监督管理部门一般事故、上报上级公司或地方政府安全生产监督管理部门较大事故、上报上级公司或地方政府安全生产监督管理部门重特大事故等6级。

(1) 符合下列情况之一的，一般划入车间级事故：

① 一次事故造成轻伤1人(休息3个工作日以上，10个工作日以内，不含10个工作日)。

② 发生生产、设备等事故，一次事故造成直接经济损失0.5万~2万元(不含2万元)。

③ 发生生产、设备等事故，一次事故造成跑、冒、漏、串等油(料)在0.2~2t(不含2t)。不论回收多少，均以跑出储罐、管线(设备)的数量为准(下同)。

④ 生产、施工过程中发生的闪(燃)爆，直接经济损失小于0.5万元(不含0.5万元)。

⑤ 生产、施工过程中发生火灾，直接经济损失在0.5万~2万元(不含2万元)。

⑥ 由于工艺、设备、仪表、电气管理不善或操作失误，一次事故造成1套生产装置停止进料或停工。

⑦ 发生其他各类事故或苗头，经直属单位确认为车间级事故。

(2) 符合下列情况之一的，一般列入厂级事故：

① 一次事故造成轻伤2人或轻伤1人(休息10个工作日以上，含10个工作日)。

② 发生火灾、爆炸、生产、设备等事故，一次事故造成直接经济损失2万~5万元(不

含5万元)。

③ 发生生产、设备等事故，一次事故造成跑、冒、漏、串油(料)2~5t(不含5t)。

④ 由于工艺、设备、仪表、电气管理不善或操作失误，一次事故造成2套生产装置停止进料或停工。

⑤ 发生其他事故或苗头，经公司主管部门确认为厂级事故。

(3) 符合下列情况之一的，一般列入公司级事故：

① 一次事故造成轻伤3人及以上。

② 发生火灾、爆炸、生产、设备等事故，一次事故造成直接经济损失在5万~10万元(不含10万元)。

③ 发生生产、设备等事故，一次事故造成跑油(料)5~10t(不含10t)。

④ 由于工艺、设备、仪表、电气管理不善或操作失误，一次事故造成3套及以上生产装置停止进料或停工。

⑤ 发生其他事故或苗头，经公司确认为公司级事故。

(4) 符合下列情况之一的，一般列入上报上级公司的一般事故：

① 一次事故造成重伤1~9人。

② 一次事故造成死亡1~2人。

③ 发生生产、设备等事故，一次事故造成跑、冒、漏油(料)及油品变质在10t及以上。

④ 发生火灾、爆炸、生产、设备等事故，一次事故直接经济损失在10万元以上，1000万元以下。

⑤ 发生一般环境污染事故。

(5) 符合下列情况之一的，一般列入上报上级公司的较大事故：

① 一次事故造成重伤10~50人。

② 一次事故造成死亡3~9人。

③ 发生火灾、爆炸、生产、设备等事故，一次事故直接经济损失在1000万元以上，5000万元以下。

④ 发生较大环境污染事故。

(6) 符合下列情况之一的，一般列入上报上级公司或地方政府安全生产主管部门重特大事故：

① 一次事故造成重伤50人以上。

② 一次事故造成死亡10人以上。

③ 一次事故直接经济损失在5000万元以上。

④ 发生重大、特大环境污染事故。

其中交通事故的分级，执行公安部有关规定；放射事故的分级，执行卫生部有关规定；特种设备事故的分级，执行国家质量技术监督检验检疫总局有关规定。重伤范围执行原劳动部《关于重伤事故范围的意见》(〔60〕中劳护久字第56号)。事故直接经济损失包括人身伤亡后支出的费用，善后费用及财产损失价值。人身伤亡后支出的费用、善后费用，执行有关工伤保险管理办法等现行法规。

固定资产损失价值计算方法为：报废的固定资产按照固定资产的净值减去残值计算；损坏后能修复使用的固定资产，按照实际损失的修复费用计算。

流动资产的损失价值计算方法为：原材料、燃料、辅助材料等均按账面原值减去残值计算；成品、半成品、在制品等均以实际成本减去残值计算；火灾事故损失按照公安部《火灾直接财产损失统计方法》(GA185)中关于火灾事故损失的计算方法计算。

11.4.8 事故原因分析

11.4.8.1 时间事件链

随着收集的事故证据越来越多，可以将事件和状态按照时间先后顺序进行分类编排，建立以发生时间为顺序的事件链，简称“时间事件链”。在事故调查的初期，调查人员的目的就是重建时间事件链，整理各项证据、事件和状态之间的顺序与关系。

11.4.8.2 根本原因

在时间事件链中，识别出导致事故发生的关键事件和状态，根本原因可能是某项事件、某项作业条件或设备状态、某项操作动作或行为等。

例如：

(1) 润滑路线的预防性维护保养自2002年以来就没有修改过。

(2) 泵房区域的责任未得到落实。

(3) 泵断路器无标识。

11.4.8.3 其他多种根源

一起事故的发生往往还有多种根源引起，针对这些原因可以采取更综合性的措施，从而提高工艺的安全性。

(1) 直接原因

直接原因包括设备、物质或环境的不安全状态，人的不安全行为等。

(2) 间接原因

间接原因包括设备状况、劳动管理、人员培训、制度建设、安全操作等不合理。

11.4.9 确定事故责任人

根据责任分析，可以明确相应的责任人，根据责任的不同对责任人员提出处理建议。

11.4.10 编制事故调查报告

事故调查完成后需要编制事故调查报告，报告至少包括以下几个内容：

(1) 事故发生的日期，简要概述事故的时间与后果。例如：由于轴故障和粉尘积聚导致泵皮带卡住，发生火灾，设备轻度损坏，无人员受到伤害。

(2) 调查初始数据。

(3) 事故过程、应急抢险、损失的描述。

(4) 造成事故的原因。

(5) 对责任人员的处理建议。

(6) 调查过程中提出的改进措施。识别和评估所建议的预防措施。

11.4.11 事故结案

11.4.11.1 批复

重大事故、较大事故、一般事故，负责事故调查的人民政府应当自收到事故调查报告之日起15天内做出批复；特别重大事故，30天内做出批复，特殊情况下，批复时间可以适当延长，但延长的时间最长不超过30天。

11.4.11.2　落实

相关部门和单位按照政府对事故调查报告的结案批复，司法、纪委、监察、安监等对负有事故责任人员、单位，按照调查组建议依法追究相应的刑事、党政纪及行政、经济责任。

11.4.11.3　整改监督

安全生产监督管理部门和负有安全生产监督管理职责的有关部门要对事故责任单位落实防范和整改措施的情况进行监督检查。

11.4.11.4　公布

企业内部事故应采取一定形式，在企业内部公开，以利于其他员工吸取事故教训。上报各级安全生产监督管理部门的事故，由负责事故调查的人民政府或者其授权的有关部门、机构向社会公布处理情况，依法应当保密的除外。

11.4.11.5　事故通报

所有初步的事故报告应该通报给受事故影响的人员。通报的主要理由是提高对事故的认识水平，尽量避免再次发生类似事故。通报以电子形式进行，如电子邮件、网站等。除了通报事故初期的情况，重特大事故调查的结果应该通报给受影响的职工。在这个阶段，事故原因和整改措施已经确定。通过通报事故原因和整改措施，能够提高对事故的认识水平，避免类似事故发生。

11.4.12　跟踪措施落实情况

11.4.12.1　改进措施

整改措施是为了解决事故调查过程中发现的根源问题。整改措施应该解决根源问题，从而避免再次发生类似事故。每项整改措施必须由专人负责，有期限要求，并且必须一直追踪落实情况。定期检测整改措施完成后的有效性，确保消灭事故根源。

11.4.12.2　改进措施的落实

企业应规定如何跟踪、落实事故调查小组提出的改进措施。在实际执行改进措施的过程中，可能会发现因为客观条件的限制，某些最初提出的改进措施难以实际落实，或者有更好的方案可以采用，都需要有书面的说明和记录。保证跟踪措施有效，以完善和/或审查所有建议。

根据上述所列原因，确定改进措施，责任人和整改的最后日期。例如：①检查所有润滑路线并进行修改。②给泵断路器加标牌，并检查所有断路器上的标牌是否正确。应明确以上措施由谁，并于什么时间执行和完成。

11.4.13　事故报告等资料存档及学习

重大事故报告永久保存，一般事故至少保存5年。除政府要求的报告外，企业应对事故报告保存的期限予以明确。

完成事故、未遂事故调查后，企业要组织开展内部经验交流，同时应注重外部事故信息和教训的引入，提高风险意识和控制水平。

11.5　未遂事件管理

未遂事件是指未发生人员伤(亡)、中毒、财产损失、环境破坏或声誉损害，但后果可能导致上述损失，且未达到企业事故等级的事件。

加强未遂事件的报告管理有助于分析和研究生产经营活动中事故发生的原因和规律，增强员工 HSE 意识，有效预防事故的发生。

未遂事件报告以鼓励为主，激励员工将发生在身边的未遂事件和采取的控制措施及时报告，共享事件经验教训，为改进管理体系提供依据。

11.5.1 未遂事件的分类

未遂事件按照事件主要原因可以分为以下三类：

(1) 人的不安全行为引发的未遂事件；

(2) 物的不安全状态引发的未遂事件；

(3) 环境的不安全因素引发的未遂事件。

11.5.2 未遂事件的等级

未遂事件按潜在后果的严重性分为以下两类。

(1) 一般未遂事件：指潜在后果可能导致部门(或子公司)级事故的事件；

(2) 高危未遂事件：潜在后果可能导致企业级事故的事件。

11.5.3 职责分配

(1) 员工

及时准确报告未遂事件，并配合事件分析。

(2) 基层部门

负责对发生的未遂事件进行分析、分级、建立台账、实施纠正预防措施。

(3) 安全管理部门

安全管理部门负责汇总、统计分析，建立未遂事件信息库，并对下属单位未遂事件管理情况进行督导和考核，跟踪验证防范措施的落实。

(4) 专业或职能部门

按照“谁主管谁负责”的原则，负责对本专业管理范围内的高危未遂事件进行分析，督导、验证防范措施的落实。

11.5.4 事件报告程序及要求

未遂事件发现人应及时填写《未遂事件报告卡》，报告至基层部门。基层部门应根据未遂事件的潜在严重性和分析难度决定是否报告至上级主管部门，高危未遂事件应逐级报告至上级主管部门。未遂事件发现人应于 12h 内报告至基层单位，高危未遂事件应于 24h 内逐级报告至企业主管部门。

11.5.5 事件分析和预防措施

(1) 事件分析的组织

一般未遂事件由基层部门组织分析，高危未遂事件由上级部门组织分析，必要时企业主管部门组织分析。承包商发生的未遂事件由承包商组织分析，甲方主管部门进行监督，必要时协助分析。

（2）事件分析的程序和要求

事件分析人员应具有足够技能、专业知识和经验。事件分析应找出未遂事件发生的原因和潜在后果，提出防范措施，填写《未遂事件报告卡》。事件分析结束后，事件主管部门将事件分析信息建立安全管理系统，15 个工作日内将事件分析结果反馈给有关单位和人员，并对相关人员进行教育。

（3）未遂事件的预防措施跟踪与统计分析

具有共性的未遂事件，应将事件分析报告上报给上级安全管理部门，基层部门、专业或职能部门应跟踪未遂事件防范措施的完成情况。企业安全管理部门定期对未遂事件的发生规律进行分析，提出安全管理改进建议，并定期将分析结果、典型未遂事件案例向企业发布，分享经验。

11.5.6 未遂事件上报的考评

企业可根据未遂事件的上报情况对未遂事件报告人予以奖励。企业安全管理部门对本企业未遂事件的管理情况进行监督检查和定期考评。

第 12 章　符合性审核

12.1　概述

符合性审核(Process Safety Audits, PSA)是指为获得审核证据并对其进行客观的评价，以确定满足审核准则的程度所进行的系统独立的并形成文件的过程。审核主要是指对管理体系(如成本管理体系、质量管理体系和环境管理体系等)的符合性、有效性和适宜性进行的检查活动和过程，就审核的方式来说审核具有系统性和独立性的特点。系统性是指被审核的所有要素都应覆盖；独立性是为了使审核活动独立于被审核部门和单位，以确保审核的公正和客观。

依据审核的目的和对象，审核可分为内部审核和外部审核。内部审核，也称第一方审核。外部审核，包括顾客审核(也称第二方审核)和认证机构审核(也称第三方审核)。

审核是经过授权和获得相应资格的审核员所从事的活动，是审核员收集客观证据，发现不合格，以促进管理体系持续改进的过程。

工艺安全管理内部审核作为一种重要的管理手段，能及时发现管理中的问题，组织力量加以纠正或预防，同时内部审核作为一种自我改进的机制，使其持续地保持其有效性，并能不断改进，不断完善。

审核过程一般包括：审核前准备，现场审核，编写审核报告，纠正措施的跟踪四个步骤。

12.2　术语和定义解释

(1) 审核准则：用作依据的一组程序或要求，包括应用的法规、条例等。不同审核要求有不同的审核准则。工艺安全管理审核的准则包括工艺文件、操作规程、管理程序和安全制度等。

(2) 审核证据：与审核准则有关的并且能够证实的记录、事实陈述或其他信息。

(3) 审核发现：将收集到的审核证据对照审核准则进行评价的结果。审核发现可表明符合或不符合审核准则和(或)识别出改进的机会。

(4) 审核结论：审核组考虑了审核目的和所有审核发现后得出的审核结果。

(5) 审核员：经证实具有实施审核的素质和能力的人员。

(6) 技术专家：向审核组提供特定知识或技术的人员。

注：特定知识或技术是指与受审核的组织、过程或活动，语言或文化有关的知识或技术。

(7) 审核组：实施审核的一名或多名审核员，一般包括技术专家提供支持。

(8) 审核方案：针对特定时间段所策划，并具有特定目的的一组(一次或多次)审核。

(9) 审核计划：是指审核组为了某次具体审核而编制的计划，包括审核目的、范围、时间安排、审核组成员、受审核部门(场所、项目)等内容。

12.3 审核范围和频次

审核范围通常包括对实际位置、组织单元、活动和过程以及所覆盖时期的描述，界定原则是对工艺过程安全管理体系覆盖的活动的管理过程。

根据拟审核的活动与区域的重要程度、及以往审核的结果，由主管负责人确定审核的范围、频次和方法，经企业主管领导审批。

过程安全管理审核应至少三年全面进行一次，覆盖所有的工艺过程和管理范围。

当出现下列情况时由企业负责人确定及时组织进行审核：

(1) 组织机构、管理体系发生重大变化；

(2) 出现重大安全事故；

(3) 法律、法规及其他外部要求的变更；

(4) 外部安全管理审查或审核之前。

12.4 审核原则

12.4.1 独立性

审核的公正性和审核结论的客观性。审核员独立于受审核的活动，并且不带偏见，没有利益上的冲突。审核员在审核过程中保持客观的心态，以保证审核结论仅建立在审核证据的基础上。

12.4.2 基于证据的方法

基于证据的方法是在一个系统的审核过程中，得出可信的和可重现的审核结论的合理方法。审核证据是可验证的。由于审核是在有限空间并在有限的资源条件下进行的，因此审核是建立在可得到信息样本的基础上进行。抽样的合理性与审核结论的可信性密切相关。

12.5 审核策划

12.5.1 编制审核方案

审核方案是指针对特定时间段所策划，并具有特定目的一组(一次或多次)审核。

审核方案的内容包括：

(1) 某一时间段内对企业组织的一组审核或某一次审核活动的安排；

(2) 为保证审核的有效实施，资源提供方面的活动安排，包括人力资源、技术资源、时间资源、财务资源的安排等。

策划审核方案应考虑：

(1) 上次审核的结果；

(2) 过程检查的情况；

（3）事故事件发生情况；

（4）上级的要求等；

（5）实施审核活动所必备的技术、人力、财务资源，包括：

① 专业审核指导书；

② 专业培训；

③ 某专业领域标准、规范的要求；

④ 某专业领域风险控制的要求；

⑤ 必备的人力资源；

⑥ 实施审核活动所需的时间要求等。

12.5.2 制定审核计划

依据策划的审核方案，制定具体的审核工作计划。审核计划应包括审核的目的、范围、日程安排、审核组成员及相关注意事项。

审核计划应当包括：

（1）审核目的；

（2）审核准则和引用文件；

（3）审核范围；

（4）现场审核活动的日期和地点；

（5）现场审核活动预期的时间和期限；

（6）审核组成员；

（7）为审核的关键区域配置适当的资源。

12.6 审核活动实施

12.6.1 审核的启动

12.6.1.1 指定审核组长

企业应以正式的形式，确定审核组长。

审核组长的条件：

（1）具备组织、管理、协调和处理问题的能力；

（2）具有相应的专业能力和广泛的相关技术知识；

（3）具有对管理体系的整体有效性作出判断的能力。

审核组长的职责：

（1）组织和指导审核组成员；

（2）与审核管理部门商定审核准则和范围；

（3）获取实现审核目的所需的背景资料；

（4）制定审核计划，分配审核任务；

（5）协调工作文件的准备，指导编制审核；

（6）代表审核组与受审核方进行沟通；

（7）主持现场审核；

（8）对审核过程进行有效的控制；

（9）领导审核组得出审核结论；

（10）组织编写和提交审核报告；

（11）组织跟踪审核。

12.6.1.2 组成审核组

审核组由审核组长、审核员、技术专家组成。审核组的人员组成和规模视审核的目的、范围和对象予以确定。

12.6.1.3 准备审核用文件

审核组长组织编制审核检查表，审核检查表的作用：

（1）保持审核目标的清晰和明确；

（2）保持审核内容的系统和完整及审核方法的合理性；

（3）保持审核时间分配及审核节奏的合理性；

（4）保持审核线路的清晰与明确；

（5）检查表是审核过程的重要审核记录。

编制检查表的要点：

（1）依据审核准则的要求和规定；

（2）体现审核思路和审核路线，内容反映过程方法，体现体系实施的计划、执行、检查和处理的循环过程（PDCA 循环）；

（3）选择典型的安全问题，突出部门的主要职能或过程的特点；

（4）策划的抽样应有代表性并保证足够的样本量；

（5）考虑审核员、技术专家的经验、知识等。

12.6.2 现场审核

12.6.2.1 首次会议

在进行现场审核之前，审核组长主持召开由受审核方管理层，或者（适当时）与受审核的职能或过程的负责人参加的首次会议，其主要目的是确认审核计划、简要介绍审核活动如何实施、确认沟通渠道。

在许多情况下，例如小型企业中的内部审核，首次会议可简单地包括对即将实施的审核的沟通和对审核性质的解释。对于其他审核情况，会议应当是正式的，并保存出席人员的记录。

首次会议的内容：

（1）介绍审核组成员；

（2）确认审核目的，范围和准则；

（3）与受审核方确认审核日程以及相关的其他安排；

（4）实施审核所用的方法和程序，包括告知受审核方审核证据只是基于可获得的信息样本；

（5）确认审核组和受审核方之间的正式沟通渠道；

（6）确认审核所使用的语言；

（7）确认在审核中将及时向受审核方通报审核进展情况；

（8）确认已具备审核组所需的资源和设施；

（9）确认有关保密事宜；

（10）确认审核组工作时的安全事项、应急和安全程序；

（11）确认向导的安排、作用和身份；

（12）报告的方法，包括不符合的分级。

会议时间一般不超过半个小时，尽量做到准时、简短、明了。

12.6.2.2 现场审核实施

审核最基本的方法是抽样，科学地选择样本对审核过程至关重要。虽然审核员在编制检查表时已确定了抽样方案，但在现场审核过程中还存在扩大样本、调整抽样、补充抽样等大量工作，现场选择样本时应考虑到部门存在问题的复杂性，并根据具体情况从样本总量中抽取足够数量的具有代表性的样本，以获得审核所需的信息和证据。

在准备阶段，审核员已经付出很多精力编制检查表，并且在编制检查表的过程中已经查阅了质量管理体系文件，检查表也已经有了较强的针对性。因此，审核员在审核时应充分利用检查表，不要轻易偏离检查表。当然也要注意不能过分依赖检查表，检查表往往只给出一个思路，真正找出过程安全管理体系运行好坏的证据还需要善于捕捉疑点问题并灵活追踪。

审核的方法可采用面谈、查阅文件资料、现场观察和确认等方式。一般在审核中同时使用这几种方法。

及时进行审核组内部沟通。现场审核活动往往需要分组进行，通常一人一组或两人一组，因而每位审核员所接触的只是管理体系的一部分，因此不仅要关注与本人承担的审核任务有关的信息以及其对管理体系的影响，还应特别关注各过程之间的相互作用和关系，分析其他审核员所获信息与本人所获信息之间的相互影响、因果关系、共性问题等，以便对管理体系的建立、实施、保持和改进等方面做出全面而综合评价。也正是基于这方面的因素，在现场审核活动中，不同小组的审核员应及时进行沟通，交流审核中所获得的信息，并在需要时相互协助证实有关的信息。

发现疑点或不符合迹象时，应追根溯源。疑点和不符合往往比较复杂，不能单从表面现象判定，要从多方面验证。善于捕捉疑点，及时有效追踪是审核员在审核过程中应该掌握的审核技巧。

与受审核方共同确认事实。当发现偏差时，审核员应尽量征得受审核方的认可，并使受审核方能较为主动地采取纠正或预防措施。

12.6.2.3 审核记录

审核过程中应及时进行相关记录，并保留审核过程记录。审核记录是审核结论的依据，也是审核过程文件化的体现。可用于审核过程的追溯，便于日后的查询。

12.6.2.4 不符合项判定

审核组依据审核准则，对审核发现进行分析后，做出不符合项的判定。不符合项一般指：

（1）安全管理体系文件不符合审核准则要求；

（2）没有得到有效实施，未能满足其管理体系文件的规定要求；

（3）运行结果未能实现其预期的目标指标及绩效的要求。

根据审核证据与审核准则相偏离的严重程度，以及不及时采取措施可能引致后果的严重性，可将不符合分为严重不符合、一般不符合。

出现下列情况之一，原则上可构成严重不符合：

① 管理体系出现系统性失效。如某一过程，某一关键过程重复出现失效现象，又未能采取有效的纠正措施加以消除，形成系统性失效。

② 管理体系运行区域性失效。如某一部门或场所的全面失效现象，或者各层次、各部门出现失效。

③ 造成严重的后果，或存在潜在严重后果的不符合或存在重大隐患。

④ 违反法律、法规或其他要求的行为较严重。

⑤ 反复出现的一般不符合项长期没有得到有效纠正或预防。

不符合项的形成：

① 必须以客观事实为基础；

② 必须以审核准则为依据；

③ 对产生不符合的原因要进行分析，找出存在的问题；

④ 形成不符合项前，审核组要充分讨论，互通情况，统一意见；

⑤ 与受审核方共同确认审核发现的事实。

不符合报告是记录不符合审核准则的审核发现的一种常用的方法。编写不符合报告，是审核员必须掌握的基本技能。不符合报告应包括下列主要内容：

① 受审核的部门或不符合发生的地点；

② 受审核部门负责人；

③ 审核员；

④ 审核日期；

⑤ 不合格事实的描述，即不符合项的支持性审核证据；

⑥ 不符合的审核准则(如标准、文件等)的名称和条款；

⑦ 不符合项的性质；

⑧ 审核员签字、审核组长认可签字和受审核部门代表确认签字；

⑨ 适用时，不符合报告的内容还可包括：

不符合项的原因分析；

纠正措施计划及预计完成日期；

纠正措施实施情况的说明；

纠正措施的完成情况及验证记录。

12.6.3 末次会议

在结束现场审核即收集证据及作出审核发现，并编制完成审核报告之后，审核组长应主持召开由最高层管理者、受审部门的负责人以及审核组成员共同参加的末次会议，通报审核发现和宣布审核结论，强调对发现问题的正确认识，提出纠正和预防要求，以维护管理体系的有效运行。

12.6.3.1 末次会议目的

(1) 向最高管理层和受审核部门负责人介绍审核情况；

(2) 宣布审核结果和审核结论；

(3) 提出纠正措施及跟踪验证要求；

(4) 宣布现场审核的结束。

12.6.3.2 末次会议议程

末次会议的主要任务为：

(1) 签到

(2) 致谢

审核组长主持末次会议，代表审核组对受审核方在审核中的配合和主持使审核顺利完成表示感谢。

(3) 重申审核类型、目的、范围、准则

审核组长在末次会议上重申审核的目的、范围和准则是十分必要的。因为尽管审核计划上和首次会议时均说明了审核的目的、准则和范围，但参加末次会议的人员未必都了解这些信息，通过重申这些信息向受审核方及其他与会人员表明，审核组的审核过程始终是遵循审核的目的、准则和约定的审核范围实施的。

(4) 提出审核发现

审核组长对管理体系实施的有效性作出基本评价，提出审核发现(包括符合的和不符合的)，宣读不符合报告，并提醒受审核方准确理解不符合事实，确保受审核方对不符合项的正确认识。充分肯定组织质量管理体系运行的优势，指出质量管理体系运行的菠萝环节和不符合的要点。

(5) 宣布审核结论

审核组长应依据汇总分析的结果，对组织的质量管理体系的符合性和有效性进行评价，宣布审核的结论性意见。

(6) 澄清疑问

审核组和受审核方应当就有关审核发现和结论的不同意见进行讨论，并尽可能予以解决。应让受审核方有机会对于不符合项提出意见，包括某些措辞修正。审核组在可能的情况下表现出一定灵活性，考虑意见的接受。如果未能解决，应当记录所有的意见。

(7) 纠正和预防要求

审核组长应提出对纠正和预防措施的要求，包括纠正和预防措施的制定、完成期限、追踪验证等的要求。

12.6.4 审核报告

现场审核完成后，审核组需要编制工艺审核报告，提出需要改进的方面。最近两次的审核报告应存档。

12.6.4.1 审核报告的要求

(1) 编制人：审核组长或其他审核员；

(2) 责任人：审核组长；

(3) 没有统一的格式；

(4) 内容应提供完整、准确、简明和清晰的审核记录；

(5) 通常由管理者代表审批。

12.6.4.2 审核报告的内容

(1) 审核目的；

(2) 审核范围，尤其是应当明确受审核的组织单元和职能的单元或过程以及审核所覆盖的时期；

(3) 明确审核委托方；

(4) 明确审核组长和成员；

(5) 现场审核活动实施的时间和地点；

(6) 审核准则；

(7) 审核发现；

(8) 审核结论；

(9) 审核计划；

(10) 受审核方代表名单；

(11) 审核过程综述，包括所遇到的降低审核结论可靠性的不确定因素和障碍；

(12) 确认在审核范围内，已按审核计划达到审核目的；

(13) 尽管在审核范围内，但没有覆盖到的区域；

(14) 审核组和受审核方之间没有解决的分歧意见；

(15) 审核报告的分发清单。

12.6.5 审核后续活动

在内部审核中，实施纠正和预防措施具有特别重要的意义。内部审核的重要目的之一就在于发现过程安全管理体系存在的问题并加以纠正或预防，使管理体系得到不断完善和改进。在内部审核现场审核完成，审核报告发布后，审核组或管理者代表仍要花许多精力促进纠正和预防措施或计划的有效实施。

审核后续活动的内容：

(1) 受审核部门确定和实施纠正、预防或改进措施，报告实施纠正、预防或改进措施的状态；

(2) 审核组对纠正措施的实施情况及其有效性进行验证、判断和记录。

12.7 工艺安全审核举例

12.7.1 审核检查表样例(表 12-1)

表 12-1 审核检查表格式(一般格式)

受审核部门			编制时间	
审核标准			审核员	
序号	要素	审核项目	审核方式	审核结果

12.7.2 工艺安全审核检查表举例

表12-2为某企业对其装置进行工艺安全审核的检查表，仅供参考。

表12-2 工艺安全审核检查表

1 安全文件	
1.1 安全理念	
1.	是否有关于控制设施/工艺危害安全理念的现存文件?
2.	是否就该工艺安全的理念与运行部门和服务部门进行协调?
3.	对DCS系统是否有信息保护的理念，对存在的风险(如：与因特网的连接)、保护范围、保护目标和措施是否明确?
4.	对DCS数据的保存是否有明确的“备份”规定?
5.	是否有技术安全参数(包括物理特性、反应热)?
6.	如何确保只使用对特定用途适合的设备(管道等级目录)?
1.2 安全审查	
7.	每个设施/工艺是否进行有效的安全审查?
8.	哪些部门参与了安全审查?
9.	是否有所有工艺安全相关的现行文件清单(MOC的依据)?
1.3 管道和仪表图(P&ID)	
10.	设施的每一部分是否都有有效的P&ID图?
11.	是否有一份清单显示每一份P&ID图和修订日期?
12.	相关人员是否都能获取P&ID图和相应的变更申请表?
13.	多久检查一次P&ID图是否更新?
1.4 测量和控制限值	
14.	是否书面定义与安全相关的测量和控制限值(报警和联锁)?
15.	多久检查限值的正确性?
16.	是否确保只有被授权的人员才能改动限值?
1.5 电器仪表保护设施	
17.	是否编制了所有安全综合等级为2~3(Z-type，class A)的安全仪表系统的一览表?
18.	故障条件?
19.	可能的影响?
20.	原因?
21.	防范措施(设定的功能)?
22.	功能测试(类型，频率)?
23.	DCS/ESD/PLC临时旁路?
24.	DCS/ESD/PLC临时旁路是否事先得到装置经理和电仪经理或者其授权人的许可?
25.	是否将这样的临时许可公布在控制室以告知生产人员?
26.	多久后复原DCS/ESD/PLC?
1.6 泄压设施	
27.	是否有关于泄压设施能力的有效文件?

续表

28.	设计泄压设施时考虑到的所有情形都文件化？
29.	泄压设施是否把压力释放到安全的地方？
30.	外部？
31.	滞留系统内？
32.	洗涤塔内？
33.	焚烧设施内？
1.7　组织保护措施	
34.	是否有通过组织措施而不是E/I保护设施保护的安全相关的操作过程？
35.	这些措施是如何执行的？
1.8　防爆区分级	
36.	是否有关于防爆区分级的有效文件？
37.	在防爆区分级的文件中是否包含如下信息： 物质相关的安全数据(比如：闪点、燃点、气体组别、最低点火能量)
38.	装置所有部分(包括到焚烧设施的尾气管的内部)的详细防爆区分级，包括理由？
39.	防爆区分级的平面图
40.	是否标识防爆区？
41.	所有仪表和管道根据爆炸分级都有足够的热绝缘体？
42.	所有设施是否适当地接地？
43.	叉车充装站的设计如何？
44.	在下水道系统中是否可能出现可燃/有毒气体？
1.9　装置开车	
45.	在改造或产品改变后进行开车前是否有正式的安全审查？ 开车前安全审查是否包括了交叉检查：
46.	设备的清洁度和密闭性？
47.	管线的正确连接和断开？
48.	阀门是锁开还是锁关？
49.	所有E/I设施有正确的限值？
50.	所有安全设施有正确的限值和良好的功能？
1.10　储存	
51.	储存什么类别的物质，储存量多少？
52.	你们是否遵守有害物质隔离储存的规定(比如，分隔：T，F，E，O，压缩气体)？
53.	你们在储存区域是否有足够的通风设施？
54.	你们是否在实验室的安全橱柜中存放易燃液体？
55.	是否有办公室或休息室靠近存放易燃液体的储存区？
56.	如何防止未经许可的人进入有害物储存区域？
57.	有害物质的储罐是否配备：
58.	液位计？
59.	独立的溢流装置？

续表

60.	冷却喷淋器？
偏差小计	
	2　装置条件
	就以下方面检查装置的结果：
61.	卫生管理？
62.	建筑施工？
63.	电气设备？
64.	技术设备？
65.	危险点？
偏差小计	
	3　变更管理
	3.1　程序
66.	是否了解公司的变更管理程序？
67.	你们是否考虑了以下问题： 变更的描述？ 工艺安全？ 职业安全？
68.	检查对安全、环保及批文情况的可能影响？
69.	环境保护？
70.	废物处理？
71.	消防？
72.	批文/告知要求？
73.	对操作文件的更新？
74.	对被授权的签字人是否有明确规定？
75.	你们是否在开车前把变更通知有关人员？有这方面的文件记录吗？
	3.2　移交给装置
76.	移交给装置是否按照正式的程序进行？
偏差小计	

英文缩略语对照表

缩略语	英文全称	中文全称
ALARP	As Low As Reasonable Practice	最低合理原则
CEI	Chemical Exposure Index	化学暴露指数
CM	Contractor Management	承包商管理
COD	Chemical Oxygen Demand	化学需氧量
DCS	Distributed Control System	分布式集散控制系统
EM	Emergency Management	应急管理
ESD	Emergency Shutdown Device	紧急停车系统
F&EI	Fire and Explosion Index	火灾爆炸指数
FMEA	Failure Mode and Effects Analysis	失效模式与效果分析
FTA	Fault Tree Analysis	故障树分析
GHS	Globally Harmonized System of Classification and Lablling of Chemicals	全球化学品统一分类和标签制度
HAZOP	Hazard and Operability	危险与可操作性分析
HSE	Health Safety and Environment	健康、安全与环境
HSSE	Health, Safety, Security, Environment	健康、安全、保障、环境
ITPM	Inspection, Test and Preventive Maintenance	检查、测试和预防性维护
JHA	Job Hazard Analysis	工作危害分析
LOPA	Layer of Protection Analysis	保护层分析
MAR	Major Accident Risk	重大事故风险
MEM	Minimum Endogenous Mortality	最小内生死亡率
MI	Mechanical Integrity	设备完整性
MOC	Management of Change	变更管理
OSHMS	Occupational Safety and Health Management Systems	职业安全健康管理体系
PDCA	Plan, Do, Check, Act	体系实施的计划、执行、检查和处理的循环过程
PFD	Process Flow Diagram	工艺物料平衡图

PHA	Process Hazard Assessment	工艺危险分析
P&ID	Process and Instrument Diagram	工艺管道及仪表流程图
PIP	Process Industry Practices	过程工业实践协会标准
PLC	Programmable Logic Controller	可编程逻辑控制器
PSA	Process Safety Audits	符合性审查
PSI	Process Safety Information	工艺安全信息
PSSR	Pre-Startup Safety Review	试生产前安全审查
QRA	Quantitative Risk Analysis	定量风险分析
RC-PHA	Reactive Chemical Process Hazard Assessment	活性化学品/工艺危险分析
SCL	Safety Check List	安全检查表
SDS	Safety Data Sheet for Chemical Products	化学品安全技术说明书
SIF	Safety Instrumentation Function	安全功能仪表
SIL	Safety Integrity Level	安全完整性等级
SIS	Safety Instrumentation System	安全仪表系统
SOP	Standard Operating Procedures	标准操作规程
SWP	Safe Work Practices	安全作业许可
TnPM	Total Normalized Productive Maintenance	全面规范化生产维护
UPS	Uninterruptible Power System	不间断电源

附录1　危险化学品安全管理条例

中华人民共和国国务院令第591号

《危险化学品安全管理条例》已经2011年2月16日国务院第144次常务会议修订通过，现将修订后的《危险化学品安全管理条例》公布，自2011年12月1日起施行。

总理　温家宝

二〇一一年三月二日

危险化学品安全管理条例

（2002年1月26日中华人民共和国国务院令第344号公布2011年2月16日国务院第144次常务会议修订通过）

第一章　总　　则

第一条　为了加强危险化学品的安全管理，预防和减少危险化学品事故，保障人民群众生命财产安全，保护环境，制定本条例。

第二条　危险化学品生产、储存、使用、经营和运输的安全管理，适用本条例。

废弃危险化学品的处置，依照有关环境保护的法律、行政法规和国家有关规定执行。

第三条　本条例所称危险化学品，是指具有毒害、腐蚀、爆炸、燃烧、助燃等性质，对人体、设施、环境具有危害的剧毒化学品和其他化学品。

危险化学品目录，由国务院安全生产监督管理部门会同国务院工业和信息化、公安、环境保护、卫生、质量监督检验检疫、交通运输、铁路、民用航空、农业主管部门，根据化学品危险特性的鉴别和分类标准确定、公布，并适时调整。

第四条　危险化学品安全管理，应当坚持安全第一、预防为主、综合治理的方针，强化和落实企业的主体责任。

生产、储存、使用、经营、运输危险化学品的单位(以下统称危险化学品单位)的主要负责人对本单位的危险化学品安全管理工作全面负责。

危险化学品单位应当具备法律、行政法规规定和国家标准、行业标准要求的安全条件，建立、健全安全管理规章制度和岗位安全责任制度，对从业人员进行安全教育、法制教育和岗位技术培训。从业人员应当接受教育和培训，考核合格后上岗作业；对有资格要求的岗位，应当配备依法取得相应资格的人员。

第五条　任何单位和个人不得生产、经营、使用国家禁止生产、经营、使用的危险化学品。

国家对危险化学品的使用有限制性规定的，任何单位和个人不得违反限制性规定使用危险化学品。

第六条　对危险化学品的生产、储存、使用、经营、运输实施安全监督管理的有关部门(以下统称负有危险化学品安全监督管理职责的部门)，依照下列规定履行职责：

（一）安全生产监督管理部门负责危险化学品安全监督管理综合工作，组织确定、公布、调整危险化学品目录，对新建、改建、扩建生产、储存危险化学品(包括使用长输管道输送危险化学品，下同)的建设项目进行安全条件审查，核发危险化学品安全生产许可证、危险化学品安全使用许可证和危险化学品经营许可证，并负责危险化学品登记工作。

（二）公安机关负责危险化学品的公共安全管理，核发剧毒化学品购买许可证、剧毒化学品道路运输通行证，并负责危险化学品运输车辆的道路交通安全管理。

（三）质量监督检验检疫部门负责核发危险化学品及其包装物、容器(不包括储存危险化学品的固定式大型储罐，下同)生产企业的工业产品生产许可证，并依法对其产品质量实施监督，负责对进出口危险化学品及其包装实施检验。

（四）环境保护主管部门负责废弃危险化学品处置的监督管理，组织危险化学品的环境危害性鉴定和环境风险程度评估，确定实施重点环境管理的危险化学品，负责危险化学品环境管理登记和新化学物质环境管理登记；依照职责分工调查相关危险化学品环境污染事故和生态破坏事件，负责危险化学品事故现场的应急环境监测。

（五）交通运输主管部门负责危险化学品道路运输、水路运输的许可以及运输工具的安全管理，对危险化学品水路运输安全实施监督，负责危险化学品道路运输企业、水路运输企业驾驶人员、船员、装卸管理人员、押运人员、申报人员、集装箱装箱现场检查员的资格认定。铁路主管部门负责危险化学品铁路运输的安全管理，负责危险化学品铁路运输承运人、托运人的资质审批及其运输工具的安全管理。民用航空主管部门负责危险化学品航空运输以及航空运输企业及其运输工具的安全管理。

（六）卫生主管部门负责危险化学品毒性鉴定的管理，负责组织、协调危险化学品事故受伤人员的医疗卫生救援工作。

（七）工商行政管理部门依据有关部门的许可证件，核发危险化学品生产、储存、经营、运输企业营业执照，查处危险化学品经营企业违法采购危险化学品的行为。

（八）邮政管理部门负责依法查处寄递危险化学品的行为。

第七条　负有危险化学品安全监督管理职责的部门依法进行监督检查，可以采取下列措施：

（一）进入危险化学品作业场所实施现场检查，向有关单位和人员了解情况，查阅、复制有关文件、资料；

（二）发现危险化学品事故隐患，责令立即消除或者限期消除；

（三）对不符合法律、行政法规、规章规定或者国家标准、行业标准要求的设施、设备、装置、器材、运输工具，责令立即停止使用；

（四）经本部门主要负责人批准，查封违法生产、储存、使用、经营危险化学品的场所，扣押违法生产、储存、使用、经营、运输的危险化学品以及用于违法生产、使用、运输危险化学品的原材料、设备、运输工具；

（五）发现影响危险化学品安全的违法行为，当场予以纠正或者责令限期改正。

负有危险化学品安全监督管理职责的部门依法进行监督检查，监督检查人员不得少于2人，并应当出示执法证件；有关单位和个人对依法进行的监督检查应当予以配合，不得拒绝、阻碍。

第八条　县级以上人民政府应当建立危险化学品安全监督管理工作协调机制，支持、督促负有危险化学品安全监督管理职责的部门依法履行职责，协调、解决危险化学品安全监督管理工作中的重大问题。

负有危险化学品安全监督管理职责的部门应当相互配合、密切协作，依法加强对危险化学品的安全监督管理。

第九条　任何单位和个人对违反本条例规定的行为，有权向负有危险化学品安全监督管理职责的部门举报。负有危险化学品安全监督管理职责的部门接到举报，应当及时依法处理；对不属于本部门职责的，应当及时移送有关部门处理。

第十条　国家鼓励危险化学品生产企业和使用危险化学品从事生产的企业采用有利于提高安全保障水平的先进技术、工艺、设备以及自动控制系统，鼓励对危险化学品实行专门储存、统一配送、集中销售。

第二章　生产、储存安全

第十一条　国家对危险化学品的生产、储存实行统筹规划、合理布局。

国务院工业和信息化主管部门以及国务院其他有关部门依据各自职责，负责危险化学品生产、储存的行业规划和布局。

地方人民政府组织编制城乡规划，应当根据本地区的实际情况，按照确保安全的原则，规划适当区域专门用于危险化学品的生产、储存。

第十二条 新建、改建、扩建生产、储存危险化学品的建设项目(以下简称建设项目)，应当由安全生产监督管理部门进行安全条件审查。

建设单位应当对建设项目进行安全条件论证，委托具备国家规定的资质条件的机构对建设项目进行安全评价，并将安全条件论证和安全评价的情况报告报建设项目所在地设区的市级以上人民政府安全生产监督管理部门；安全生产监督管理部门应当自收到报告之日起45日内作出审查决定，并书面通知建设单位。具体办法由国务院安全生产监督管理部门制定。

新建、改建、扩建储存、装卸危险化学品的港口建设项目，由港口行政管理部门按照国务院交通运输主管部门的规定进行安全条件审查。

第十三条 生产、储存危险化学品的单位，应当对其铺设的危险化学品管道设置明显标志，并对危险化学品管道定期检查、检测。

进行可能危及危险化学品管道安全的施工作业，施工单位应当在开工的7日前书面通知管道所属单位，并与管道所属单位共同制定应急预案，采取相应的安全防护措施。管道所属单位应当指派专门人员到现场进行管道安全保护指导。

第十四条 危险化学品生产企业进行生产前，应当依照《安全生产许可证条例》的规定，取得危险化学品安全生产许可证。

生产列入国家实行生产许可证制度的工业产品目录的危险化学品的企业，应当依照《中华人民共和国工业产品生产许可证管理条例》的规定，取得工业产品生产许可证。

负责颁发危险化学品安全生产许可证、工业产品生产许可证的部门，应当将其颁发许可证的情况及时向同级工业和信息化主管部门、环境保护主管部门和公安机关通报。

第十五条 危险化学品生产企业应当提供与其生产的危险化学品相符的化学品安全技术说明书，并在危险化学品包装(包括外包装件)上粘贴或者拴挂与包装内危险化学品相符的化学品安全标签。化学品安全技术说明书和化学品安全标签所载明的内容应当符合国家标准的要求。

危险化学品生产企业发现其生产的危险化学品有新的危险特性的，应当立即公告，并及时修订其化学品安全技术说明书和化学品安全标签。

第十六条 生产实施重点环境管理的危险化学品的企业，应当按照国务院环境保护主管部门的规定，将该危险化学品向环境中释放等相关信息向环境保护主管部门报告。环境保护主管部门可以根据情况采取相应的环境风险控制措施。

第十七条 危险化学品的包装应当符合法律、行政法规、规章的规定以及国家标准、行业标准的要求。

危险化学品包装物、容器的材质以及危险化学品包装的型式、规格、方法和单件质量(重量)，应当与所包装的危险化学品的性质和用途相适应。

第十八条 生产列入国家实行生产许可证制度的工业产品目录的危险化学品包装物、容器的企业，应当依照《中华人民共和国工业产品生产许可证管理条例》的规定，取得工业产品生产许可证；其生产的危险化学品包装物、容器经国务院质量监督检验检疫部门认定的检验机构检验合格，方可出厂销售。

运输危险化学品的船舶及其配载的容器，应当按照国家船舶检验规范进行生产，并经海事管理机构认定的船舶检验机构检验合格，方可投入使用。

对重复使用的危险化学品包装物、容器，使用单位在重复使用前应当进行检查；发现存在安全隐患的，应当维修或者更换。使用单位应当对检查情况作出记录，记录的保存期限不得少于2年。

第十九条 危险化学品生产装置或者储存数量构成重大危险源的危险化学品储存设施(运输工具加油站、加气站除外)，与下列场所、设施、区域的距离应当符合国家有关规定：

(一) 居住区以及商业中心、公园等人员密集场所；

(二) 学校、医院、影剧院、体育场(馆)等公共设施；

（三）饮用水源、水厂以及水源保护区；

（四）车站、码头（依法经许可从事危险化学品装卸作业的除外）、机场以及通信干线、通信枢纽、铁路线路、道路交通干线、水路交通干线、地铁风亭以及地铁站出入口；

（五）基本农田保护区、基本草原、畜禽遗传资源保护区、畜禽规模化养殖场（养殖小区）、渔业水域以及种子、种畜禽、水产苗种生产基地；

（六）河流、湖泊、风景名胜区、自然保护区；

（七）军事禁区、军事管理区；

（八）法律、行政法规规定的其他场所、设施、区域。

已建的危险化学品生产装置或者储存数量构成重大危险源的危险化学品储存设施不符合前款规定的，由所在地设区的市级人民政府安全生产监督管理部门会同有关部门监督其所属单位在规定期限内进行整改；需要转产、停产、搬迁、关闭的，由本级人民政府决定并组织实施。

储存数量构成重大危险源的危险化学品储存设施的选址，应当避开地震活动断层和容易发生洪灾、地质灾害的区域。

本条例所称重大危险源，是指生产、储存、使用或者搬运危险化学品，且危险化学品的数量等于或者超过临界量的单元（包括场所和设施）。

第二十条　生产、储存危险化学品的单位，应当根据其生产、储存的危险化学品的种类和危险特性，在作业场所设置相应的监测、监控、通风、防晒、调温、防火、灭火、防爆、泄压、防毒、中和、防潮、防雷、防静电、防腐、防泄漏以及防护围堤或者隔离操作等安全设施、设备，并按照国家标准、行业标准或者国家有关规定对安全设施、设备进行经常性维护、保养，保证安全设施、设备的正常使用。

生产、储存危险化学品的单位，应当在其作业场所和安全设施、设备上设置明显的安全警示标志。

第二十一条　生产、储存危险化学品的单位，应当在其作业场所设置通信、报警装置，并保证处于适用状态。

第二十二条　生产、储存危险化学品的企业，应当委托具备国家规定的资质条件的机构，对本企业的安全生产条件每3年进行一次安全评价，提出安全评价报告。安全评价报告的内容应当包括对安全生产条件存在的问题进行整改的方案。

生产、储存危险化学品的企业，应当将安全评价报告以及整改方案的落实情况报所在地县级人民政府安全生产监督管理部门备案。在港区内储存危险化学品的企业，应当将安全评价报告以及整改方案的落实情况报港口行政管理部门备案。

第二十三条　生产、储存剧毒化学品或者国务院公安部门规定的可用于制造爆炸物品的危险化学品（以下简称易制爆危险化学品）的单位，应当如实记录其生产、储存的剧毒化学品、易制爆危险化学品的数量、流向，并采取必要的安全防范措施，防止剧毒化学品、易制爆危险化学品丢失或者被盗；发现剧毒化学品、易制爆危险化学品丢失或者被盗的，应当立即向当地公安机关报告。

生产、储存剧毒化学品、易制爆危险化学品的单位，应当设置治安保卫机构，配备专职治安保卫人员。

第二十四条　危险化学品应当储存在专用仓库、专用场地或者专用储存室（以下统称专用仓库）内，并由专人负责管理；剧毒化学品以及储存数量构成重大危险源的其他危险化学品，应当在专用仓库内单独存放，并实行双人收发、双人保管制度。

危险化学品的储存方式、方法以及储存数量应当符合国家标准或者国家有关规定。

第二十五条　储存危险化学品的单位应当建立危险化学品出入库核查、登记制度。

对剧毒化学品以及储存数量构成重大危险源的其他危险化学品，储存单位应当将其储存数量、储存地点以及管理人员的情况，报所在地县级人民政府安全生产监督管理部门（在港区内储存的，报港口行政管理部门）和公安机关备案。

第二十六条　危险化学品专用仓库应当符合国家标准、行业标准的要求，并设置明显的标志。储存剧毒化学品、易制爆危险化学品的专用仓库，应当按照国家有关规定设置相应的技术防范设施。

储存危险化学品的单位应当对其危险化学品专用仓库的安全设施、设备定期进行检测、检验。

第二十七条　生产、储存危险化学品的单位转产、停产、停业或者解散的，应当采取有效措施，及时、妥善处置其危险化学品生产装置、储存设施以及库存的危险化学品，不得丢弃危险化学品；处置方案应当报所在地县级人民政府安全生产监督管理部门、工业和信息化主管部门、环境保护主管部门和公安机关备案。安全生产监督管理部门应当会同环境保护主管部门和公安机关对处置情况进行监督检查，发现未依照规定处置的，应当责令其立即处置。

第三章　使用安全

第二十八条　使用危险化学品的单位，其使用条件(包括工艺)应当符合法律、行政法规的规定和国家标准、行业标准的要求，并根据所使用的危险化学品的种类、危险特性以及使用量和使用方式，建立、健全使用危险化学品的安全管理规章制度和安全操作规程，保证危险化学品的安全使用。

第二十九条　使用危险化学品从事生产并且使用量达到规定数量的化工企业(属于危险化学品生产企业的除外，下同)，应当依照本条例的规定取得危险化学品安全使用许可证。

前款规定的危险化学品使用量的数量标准，由国务院安全生产监督管理部门会同国务院公安部门、农业主管部门确定并公布。

第三十条　申请危险化学品安全使用许可证的化工企业，除应当符合本条例第二十八条的规定外，还应当具备下列条件：

(一) 有与所使用的危险化学品相适应的专业技术人员；

(二) 有安全管理机构和专职安全管理人员；

(三) 有符合国家规定的危险化学品事故应急预案和必要的应急救援器材、设备；

(四) 依法进行了安全评价。

第三十一条　申请危险化学品安全使用许可证的化工企业，应当向所在地设区的市级人民政府安全生产监督管理部门提出申请，并提交其符合本条例第三十条规定条件的证明材料。设区的市级人民政府安全生产监督管理部门应当依法进行审查，自收到证明材料之日起45日内作出批准或者不予批准的决定。予以批准的，颁发危险化学品安全使用许可证；不予批准的，书面通知申请人并说明理由。

安全生产监督管理部门应当将其颁发危险化学品安全使用许可证的情况及时向同级环境保护主管部门和公安机关通报。

第三十二条　本条例第十六条关于生产实施重点环境管理的危险化学品的企业的规定，适用于使用实施重点环境管理的危险化学品从事生产的企业；第二十条、第二十一条、第二十三条第一款、第二十七条关于生产、储存危险化学品的单位的规定，适用于使用危险化学品的单位；第二十二条关于生产、储存危险化学品的企业的规定，适用于使用危险化学品从事生产的企业。

第四章　经营安全

第三十三条　国家对危险化学品经营(包括仓储经营，下同)实行许可制度。未经许可，任何单位和个人不得经营危险化学品。

依法设立的危险化学品生产企业在其厂区范围内销售本企业生产的危险化学品，不需要取得危险化学品经营许可。

依照《中华人民共和国港口法》的规定取得港口经营许可证的港口经营人，在港区内从事危险化学品仓储经营，不需要取得危险化学品经营许可。

第三十四条　从事危险化学品经营的企业应当具备下列条件：

(一) 有符合国家标准、行业标准的经营场所，储存危险化学品的，还应当有符合国家标准、行业标准的储存设施；

(二) 从业人员经过专业技术培训并经考核合格；

(三) 有健全的安全管理规章制度；

（四）有专职安全管理人员；

（五）有符合国家规定的危险化学品事故应急预案和必要的应急救援器材、设备；

（六）法律、法规规定的其他条件。

第三十五条　从事剧毒化学品、易制爆危险化学品经营的企业，应当向所在地设区的市级人民政府安全生产监督管理部门提出申请，从事其他危险化学品经营的企业，应当向所在地县级人民政府安全生产监督管理部门提出申请（有储存设施的，应当向所在地设区的市级人民政府安全生产监督管理部门提出申请）。申请人应当提交其符合本条例第三十四条规定条件的证明材料。设区的市级人民政府安全生产监督管理部门或者县级人民政府安全生产监督管理部门应当依法进行审查，并对申请人的经营场所、储存设施进行现场核查，自收到证明材料之日起30日内作出批准或者不予批准的决定。予以批准的，颁发危险化学品经营许可证；不予批准的，书面通知申请人并说明理由。

设区的市级人民政府安全生产监督管理部门和县级人民政府安全生产监督管理部门应当将其颁发危险化学品经营许可证的情况及时向同级环境保护主管部门和公安机关通报。

申请人持危险化学品经营许可证向工商行政管理部门办理登记手续后，方可从事危险化学品经营活动。法律、行政法规或者国务院规定经营危险化学品还需要经其他有关部门许可的，申请人向工商行政管理部门办理登记手续时还应当持相应的许可证件。

第三十六条　危险化学品经营企业储存危险化学品的，应当遵守本条例第二章关于储存危险化学品的规定。危险化学品商店内只能存放民用小包装的危险化学品。

第三十七条　危险化学品经营企业不得向未经许可从事危险化学品生产、经营活动的企业采购危险化学品，不得经营没有化学品安全技术说明书或者化学品安全标签的危险化学品。

第三十八条　依法取得危险化学品安全生产许可证、危险化学品安全使用许可证、危险化学品经营许可证的企业，凭相应的许可证件购买剧毒化学品、易制爆危险化学品。民用爆炸物品生产企业凭民用爆炸物品生产许可证购买易制爆危险化学品。

前款规定以外的单位购买剧毒化学品的，应当向所在地县级人民政府公安机关申请取得剧毒化学品购买许可证；购买易制爆危险化学品的，应当持本单位出具的合法用途说明。

个人不得购买剧毒化学品（属于剧毒化学品的农药除外）和易制爆危险化学品。

第三十九条　申请取得剧毒化学品购买许可证，申请人应当向所在地县级人民政府公安机关提交下列材料：

（一）营业执照或者法人证书（登记证书）的复印件；

（二）拟购买的剧毒化学品品种、数量的说明；

（三）购买剧毒化学品用途的说明；

（四）经办人的身份证明。

县级人民政府公安机关应当自收到前款规定的材料之日起3日内，作出批准或者不予批准的决定。予以批准的，颁发剧毒化学品购买许可证；不予批准的，书面通知申请人并说明理由。

剧毒化学品购买许可证管理办法由国务院公安部门制定。

第四十条　危险化学品生产企业、经营企业销售剧毒化学品、易制爆危险化学品，应当查验本条例第三十八条第一款、第二款规定的相关许可证件或者证明文件，不得向不具有相关许可证件或者证明文件的单位销售剧毒化学品、易制爆危险化学品。对持剧毒化学品购买许可证购买剧毒化学品的，应当按照许可证载明的品种、数量销售。

禁止向个人销售剧毒化学品（属于剧毒化学品的农药除外）和易制爆危险化学品。

第四十一条　危险化学品生产企业、经营企业销售剧毒化学品、易制爆危险化学品，应当如实记录购买单位的名称、地址、经办人的姓名、身份证号码以及所购买的剧毒化学品、易制爆危险化学品的品种、数量、用途。销售记录以及经办人的身份证明复印件、相关许可证件复印件或者证明文件的保存期限不得少于1年。

剧毒化学品、易制爆危险化学品的销售企业、购买单位应当在销售、购买后5日内，将所销售、购买的剧毒化学品、易制爆危险化学品的品种、数量以及流向信息报所在地县级人民政府公安机关备案，并输入计算机系统。

第四十二条　使用剧毒化学品、易制爆危险化学品的单位不得出借、转让其购买的剧毒化学品、易制爆危险化学品；因转产、停产、搬迁、关闭等确需转让的，应当向具有本条例第三十八条第一款、第二款规定的相关许可证件或者证明文件的单位转让，并在转让后将有关情况及时向所在地县级人民政府公安机关报告。

第五章　运输安全

第四十三条　从事危险化学品道路运输、水路运输的，应当分别依照有关道路运输、水路运输的法律、行政法规的规定，取得危险货物道路运输许可、危险货物水路运输许可，并向工商行政管理部门办理登记手续。

危险化学品道路运输企业、水路运输企业应当配备专职安全管理人员。

第四十四条　危险化学品道路运输企业、水路运输企业的驾驶人员、船员、装卸管理人员、押运人员、申报人员、集装箱装箱现场检查员应当经交通运输主管部门考核合格，取得从业资格。具体办法由国务院交通运输主管部门制定。

危险化学品的装卸作业应当遵守安全作业标准、规程和制度，并在装卸管理人员的现场指挥或者监控下进行。水路运输危险化学品的集装箱装箱作业应当在集装箱装箱现场检查员的指挥或者监控下进行，并符合积载、隔离的规范和要求；装箱作业完毕后，集装箱装箱现场检查员应当签署装箱证明书。

第四十五条　运输危险化学品，应当根据危险化学品的危险特性采取相应的安全防护措施，并配备必要的防护用品和应急救援器材。

用于运输危险化学品的槽罐以及其他容器应当封口严密，能够防止危险化学品在运输过程中因温度、湿度或者压力的变化发生渗漏、洒漏；槽罐以及其他容器的溢流和泄压装置应当设置准确、起闭灵活。

运输危险化学品的驾驶人员、船员、装卸管理人员、押运人员、申报人员、集装箱装箱现场检查员，应当了解所运输的危险化学品的危险特性及其包装物、容器的使用要求和出现危险情况时的应急处置方法。

第四十六条　通过道路运输危险化学品的，托运人应当委托依法取得危险货物道路运输许可的企业承运。

第四十七条　通过道路运输危险化学品的，应当按照运输车辆的核定载质量装载危险化学品，不得超载。

危险化学品运输车辆应当符合国家标准要求的安全技术条件，并按照国家有关规定定期进行安全技术检验。

危险化学品运输车辆应当悬挂或者喷涂符合国家标准要求的警示标志。

第四十八条　通过道路运输危险化学品的，应当配备押运人员，并保证所运输的危险化学品处于押运人员的监控之下。

运输危险化学品途中因住宿或者发生影响正常运输的情况，需要较长时间停车的，驾驶人员、押运人员应当采取相应的安全防范措施；运输剧毒化学品或者易制爆危险化学品的，还应当向当地公安机关报告。

第四十九条　未经公安机关批准，运输危险化学品的车辆不得进入危险化学品运输车辆限制通行的区域。危险化学品运输车辆限制通行的区域由县级人民政府公安机关划定，并设置明显的标志。

第五十条　通过道路运输剧毒化学品的，托运人应当向运输始发地或者目的地县级人民政府公安机关申请剧毒化学品道路运输通行证。

申请剧毒化学品道路运输通行证，托运人应当向县级人民政府公安机关提交下列材料：

（一）拟运输的剧毒化学品品种、数量的说明；

（二）运输始发地、目的地、运输时间和运输路线的说明；

（三）承运人取得危险货物道路运输许可、运输车辆取得营运证以及驾驶人员、押运人员取得上岗资格的证明文件；

（四）本条例第三十八条第一款、第二款规定的购买剧毒化学品的相关许可证件，或者海关出具的进出口证明文件。

县级人民政府公安机关应当自收到前款规定的材料之日起 7 日内，作出批准或者不予批准的决定。予以批准的，颁发剧毒化学品道路运输通行证；不予批准的，书面通知申请人并说明理由。

剧毒化学品道路运输通行证管理办法由国务院公安部门制定。

第五十一条　剧毒化学品、易制爆危险化学品在道路运输途中丢失、被盗、被抢或者出现流散、泄漏等情况的，驾驶人员、押运人员应当立即采取相应的警示措施和安全措施，并向当地公安机关报告。公安机关接到报告后，应当根据实际情况立即向安全生产监督管理部门、环境保护主管部门、卫生主管部门通报。有关部门应当采取必要的应急处置措施。

第五十二条　通过水路运输危险化学品的，应当遵守法律、行政法规以及国务院交通运输主管部门关于危险货物水路运输安全的规定。

第五十三条　海事管理机构应当根据危险化学品的种类和危险特性，确定船舶运输危险化学品的相关安全运输条件。

拟交付船舶运输的化学品的相关安全运输条件不明确的，应当经国家海事管理机构认定的机构进行评估，明确相关安全运输条件并经海事管理机构确认后，方可交付船舶运输。

第五十四条　禁止通过内河封闭水域运输剧毒化学品以及国家规定禁止通过内河运输的其他危险化学品。

前款规定以外的内河水域，禁止运输国家规定禁止通过内河运输的剧毒化学品以及其他危险化学品。

禁止通过内河运输的剧毒化学品以及其他危险化学品的范围，由国务院交通运输主管部门会同国务院环境保护主管部门、工业和信息化主管部门、安全生产监督管理部门，根据危险化学品的危险特性、危险化学品对人体和水环境的危害程度以及消除危害后果的难易程度等因素规定并公布。

第五十五条　国务院交通运输主管部门应当根据危险化学品的危险特性，对通过内河运输本条例第五十四条规定以外的危险化学品（以下简称通过内河运输危险化学品）实行分类管理，对各类危险化学品的运输方式、包装规范和安全防护措施等分别作出规定并监督实施。

第五十六条　通过内河运输危险化学品，应当由依法取得危险货物水路运输许可的水路运输企业承运，其他单位和个人不得承运。托运人应当委托依法取得危险货物水路运输许可的水路运输企业承运，不得委托其他单位和个人承运。

第五十七条　通过内河运输危险化学品，应当使用依法取得危险货物适装证书的运输船舶。水路运输企业应当针对所运输的危险化学品的危险特性，制定运输船舶危险化学品事故应急救援预案，并为运输船舶配备充足、有效的应急救援器材和设备。

通过内河运输危险化学品的船舶，其所有人或者经营人应当取得船舶污染损害责任保险证书或者财务担保证明。船舶污染损害责任保险证书或者财务担保证明的副本应当随船携带。

第五十八条　通过内河运输危险化学品，危险化学品包装物的材质、型式、强度以及包装方法应当符合水路运输危险化学品包装规范的要求。国务院交通运输主管部门对单船运输的危险化学品数量有限制性规定的，承运人应当按照规定安排运输数量。

第五十九条　用于危险化学品运输作业的内河码头、泊位应当符合国家有关安全规范，与饮用水取水口保持国家规定的距离。有关管理单位应当制定码头、泊位危险化学品事故应急预案，并为码头、泊位配备充足、有效的应急救援器材和设备。

用于危险化学品运输作业的内河码头、泊位，经交通运输主管部门按照国家有关规定验收合格后方可投入使用。

第六十条　船舶载运危险化学品进出内河港口，应当将危险化学品的名称、危险特性、包装以及进出港时间等事项，事先报告海事管理机构。海事管理机构接到报告后，应当在国务院交通运输主管部门规定的时间内作出是否同意的决定，通知报告人，同时通报港口行政管理部门。定船舶、定航线、定货种的船舶可以定期报告。

在内河港口内进行危险化学品的装卸、过驳作业，应当将危险化学品的名称、危险特性、包装和作业的时间、地点等事项报告港口行政管理部门。港口行政管理部门接到报告后，应当在国务院交通运输主管部门规定的时间内作出是否同意的决定，通知报告人，同时通报海事管理机构。

载运危险化学品的船舶在内河航行，通过过船建筑物的，应当提前向交通运输主管部门申报，并接受交通运输主管部门的管理。

第六十一条　载运危险化学品的船舶在内河航行、装卸或者停泊，应当悬挂专用的警示标志，按照规定显示专用信号。

载运危险化学品的船舶在内河航行，按照国务院交通运输主管部门的规定需要引航的，应当申请引航。

第六十二条　载运危险化学品的船舶在内河航行，应当遵守法律、行政法规和国家其他有关饮用水水源保护的规定。内河航道发展规划应当与依法经批准的饮用水水源保护区划定方案相协调。

第六十三条　托运危险化学品的，托运人应当向承运人说明所托运的危险化学品的种类、数量、危险特性以及发生危险情况的应急处置措施，并按照国家有关规定对所托运的危险化学品妥善包装，在外包装上设置相应的标志。

运输危险化学品需要添加抑制剂或者稳定剂的，托运人应当添加，并将有关情况告知承运人。

第六十四条　托运人不得在托运的普通货物中夹带危险化学品，不得将危险化学品匿报或者谎报为普通货物托运。

任何单位和个人不得交寄危险化学品或者在邮件、快件内夹带危险化学品，不得将危险化学品匿报或者谎报为普通物品交寄。邮政企业、快递企业不得收寄危险化学品。

对涉嫌违反本条第一款、第二款规定的，交通运输主管部门、邮政管理部门可以依法开拆查验。

第六十五条　通过铁路、航空运输危险化学品的安全管理，依照有关铁路、航空运输的法律、行政法规、规章的规定执行。

第六章　危险化学品登记与事故应急救援

第六十六条　国家实行危险化学品登记制度，为危险化学品安全管理以及危险化学品事故预防和应急救援提供技术、信息支持。

第六十七条　危险化学品生产企业、进口企业，应当向国务院安全生产监督管理部门负责危险化学品登记的机构(以下简称危险化学品登记机构)办理危险化学品登记。

危险化学品登记包括下列内容：

(一) 分类和标签信息；

(二) 物理、化学性质；

(三) 主要用途；

(四) 危险特性；

(五) 储存、使用、运输的安全要求；

(六) 出现危险情况的应急处置措施。

对同一企业生产、进口的同一品种的危险化学品，不进行重复登记。危险化学品生产企业、进口企业发现其生产、进口的危险化学品有新的危险特性的，应当及时向危险化学品登记机构办理登记内容变更手续。

危险化学品登记的具体办法由国务院安全生产监督管理部门制定。

第六十八条　危险化学品登记机构应当定期向工业和信息化、环境保护、公安、卫生、交通运输、铁路、质量监督检验检疫等部门提供危险化学品登记的有关信息和资料。

第六十九条　县级以上地方人民政府安全生产监督管理部门应当会同工业和信息化、环境保护、公安、卫生、交通运输、铁路、质量监督检验检疫等部门，根据本地区实际情况，制定危险化学品事故应急预案，报本级人民政府批准。

第七十条　危险化学品单位应当制定本单位危险化学品事故应急预案，配备应急救援人员和必要的应急救援器材、设备，并定期组织应急救援演练。

危险化学品单位应当将其危险化学品事故应急预案报所在地设区的市级人民政府安全生产监督管理部门备案。

第七十一条　发生危险化学品事故，事故单位主要负责人应当立即按照本单位危险化学品应急预案组织救援，并向当地安全生产监督管理部门和环境保护、公安、卫生主管部门报告；道路运输、水路运输过程中发生危险化学品事故的，驾驶人员、船员或者押运人员还应当向事故发生地交通运输主管部门报告。

第七十二条　发生危险化学品事故，有关地方人民政府应当立即组织安全生产监督管理、环境保护、公安、卫生、交通运输等有关部门，按照本地区危险化学品事故应急预案组织实施救援，不得拖延、推诿。

有关地方人民政府及其有关部门应当按照下列规定，采取必要的应急处置措施，减少事故损失，防止事故蔓延、扩大：

（一）立即组织营救和救治受害人员，疏散、撤离或者采取其他措施保护危害区域内的其他人员；

（二）迅速控制危害源，测定危险化学品的性质、事故的危害区域及危害程度；

（三）针对事故对人体、动植物、土壤、水源、大气造成的现实危害和可能产生的危害，迅速采取封闭、隔离、洗消等措施；

（四）对危险化学品事故造成的环境污染和生态破坏状况进行监测、评估，并采取相应的环境污染治理和生态修复措施。

第七十三条　有关危险化学品单位应当为危险化学品事故应急救援提供技术指导和必要的协助。

第七十四条　危险化学品事故造成环境污染的，由设区的市级以上人民政府环境保护主管部门统一发布有关信息。

第七章　法律责任

第七十五条　生产、经营、使用国家禁止生产、经营、使用的危险化学品的，由安全生产监督管理部门责令停止生产、经营、使用活动，处 20 万元以上 50 万元以下的罚款，有违法所得的，没收违法所得；构成犯罪的，依法追究刑事责任。

有前款规定行为的，安全生产监督管理部门还应当责令其对所生产、经营、使用的危险化学品进行无害化处理。

违反国家关于危险化学品使用的限制性规定使用危险化学品的，依照本条第一款的规定处理。

第七十六条　未经安全条件审查，新建、改建、扩建生产、储存危险化学品的建设项目的，由安全生产监督管理部门责令停止建设，限期改正；逾期不改正的，处 50 万元以上 100 万元以下的罚款；构成犯罪的，依法追究刑事责任。

未经安全条件审查，新建、改建、扩建储存、装卸危险化学品的港口建设项目的，由港口行政管理部门依照前款规定予以处罚。

第七十七条　未依法取得危险化学品安全生产许可证从事危险化学品生产，或者未依法取得工业产品生产许可证从事危险化学品及其包装物、容器生产的，分别依照《安全生产许可证条例》、《中华人民共和国工业产品生产许可证管理条例》的规定处罚。

违反本条例规定，化工企业未取得危险化学品安全使用许可证，使用危险化学品从事生产的，由安全生产监督管理部门责令限期改正，处 10 万元以上 20 万元以下的罚款；逾期不改正的，责令停产整顿。

违反本条例规定，未取得危险化学品经营许可证从事危险化学品经营的，由安全生产监督管理部门责令停止经营活动，没收违法经营的危险化学品以及违法所得，并处 10 万元以上 20 万元以下的罚款；构成犯罪的，依法追究刑事责任。

第七十八条　有下列情形之一的，由安全生产监督管理部门责令改正，可以处 5 万元以下的罚款；拒不改正的，处 5 万元以上 10 万元以下的罚款；情节严重的，责令停产停业整顿：

（一）生产、储存危险化学品的单位未对其铺设的危险化学品管道设置明显的标志，或者未对危险化学品管道定期检查、检测的；

（二）进行可能危及危险化学品管道安全的施工作业，施工单位未按照规定书面通知管道所属单位，或者未与管道所属单位共同制定应急预案、采取相应的安全防护措施，或者管道所属单位未指派专门人员到现场进行管道安全保护指导的；

（三）危险化学品生产企业未提供化学品安全技术说明书，或者未在包装（包括外包装件）上粘贴、拴挂化学品安全标签的；

（四）危险化学品生产企业提供的化学品安全技术说明书与其生产的危险化学品不相符，或者在包装（包括外包装件）粘贴、拴挂的化学品安全标签与包装内危险化学品不相符，或者化学品安全技术说明书、化学品安全标签所载明的内容不符合国家标准要求的；

（五）危险化学品生产企业发现其生产的危险化学品有新的危险特性不立即公告，或者不及时修订其化学品安全技术说明书和化学品安全标签的；

（六）危险化学品经营企业经营没有化学品安全技术说明书和化学品安全标签的危险化学品的；

（七）危险化学品包装物、容器的材质以及包装的型式、规格、方法和单件质量（重量）与所包装的危险化学品的性质和用途不相适应的；

（八）生产、储存危险化学品的单位未在作业场所和安全设施、设备上设置明显的安全警示标志，或者未在作业场所设置通信、报警装置的；

（九）危险化学品专用仓库未设专人负责管理，或者对储存的剧毒化学品以及储存数量构成重大危险源的其他危险化学品未实行双人收发、双人保管制度的；

（十）储存危险化学品的单位未建立危险化学品出入库核查、登记制度的；

（十一）危险化学品专用仓库未设置明显标志的；

（十二）危险化学品生产企业、进口企业不办理危险化学品登记，或者发现其生产、进口的危险化学品有新的危险特性不办理危险化学品登记内容变更手续的。

从事危险化学品仓储经营的港口经营人有前款规定情形的，由港口行政管理部门依照前款规定予以处罚。储存剧毒化学品、易制爆危险化学品的专用仓库未按照国家有关规定设置相应的技术防范设施的，由公安机关依照前款规定予以处罚。

生产、储存剧毒化学品、易制爆危险化学品的单位未设置治安保卫机构、配备专职治安保卫人员的，依照《企业事业单位内部治安保卫条例》的规定处罚。

第七十九条　危险化学品包装物、容器生产企业销售未经检验或者经检验不合格的危险化学品包装物、容器的，由质量监督检验检疫部门责令改正，处10万元以上20万元以下的罚款，有违法所得的，没收违法所得；拒不改正的，责令停产停业整顿；构成犯罪的，依法追究刑事责任。

将未经检验合格的运输危险化学品的船舶及其配载的容器投入使用的，由海事管理机构依照前款规定予以处罚。

第八十条　生产、储存、使用危险化学品的单位有下列情形之一的，由安全生产监督管理部门责令改正，处5万元以上10万元以下的罚款；拒不改正的，责令停产停业整顿直至由原发证机关吊销其相关许可证件，并由工商行政管理部门责令其办理经营范围变更登记或者吊销其营业执照；有关责任人员构成犯罪的，依法追究刑事责任：

（一）对重复使用的危险化学品包装物、容器，在重复使用前不进行检查的；

（二）未根据其生产、储存的危险化学品的种类和危险特性，在作业场所设置相关安全设施、设备，或者未按照国家标准、行业标准或者国家有关规定对安全设施、设备进行经常性维护、保养的；

（三）未依照本条例规定对其安全生产条件定期进行安全评价的；

（四）未将危险化学品储存在专用仓库内，或者未将剧毒化学品以及储存数量构成重大危险源的其他危险化学品在专用仓库内单独存放的；

（五）危险化学品的储存方式、方法或者储存数量不符合国家标准或者国家有关规定的；

（六）危险化学品专用仓库不符合国家标准、行业标准的要求的；

（七）未对危险化学品专用仓库的安全设施、设备定期进行检测、检验的。

从事危险化学品仓储经营的港口经营人有前款规定情形的，由港口行政管理部门依照前款规定予以处罚。

第八十一条　有下列情形之一的，由公安机关责令改正，可以处1万元以下的罚款；拒不改正的，处1万元以上5万元以下的罚款：

（一）生产、储存、使用剧毒化学品、易制爆危险化学品的单位不如实记录生产、储存、使用的剧毒化学品、易制爆危险化学品的数量、流向的；

（二）生产、储存、使用剧毒化学品、易制爆危险化学品的单位发现剧毒化学品、易制爆危险化学品丢失或者被盗，不立即向公安机关报告的；

（三）储存剧毒化学品的单位未将剧毒化学品的储存数量、储存地点以及管理人员的情况报所在地县级人民政府公安机关备案的；

（四）危险化学品生产企业、经营企业不如实记录剧毒化学品、易制爆危险化学品购买单位的名称、地址、经办人的姓名、身份证号码以及所购买的剧毒化学品、易制爆危险化学品的品种、数量、用途，或者保存销售记录和相关材料的时间少于1年的；

（五）剧毒化学品、易制爆危险化学品的销售企业、购买单位未在规定的时限内将所销售、购买的剧毒化学品、易制爆危险化学品的品种、数量以及流向信息报所在地县级人民政府公安机关备案的；

（六）使用剧毒化学品、易制爆危险化学品的单位依照本条例规定转让其购买的剧毒化学品、易制爆危险化学品，未将有关情况向所在地县级人民政府公安机关报告的。

生产、储存危险化学品的企业或者使用危险化学品从事生产的企业未按照本条例规定将安全评价报告以及整改方案的落实情况报安全生产监督管理部门或者港口行政管理部门备案，或者储存危险化学品的单位未将其剧毒化学品以及储存数量构成重大危险源的其他危险化学品的储存数量、储存地点以及管理人员的情况报安全生产监督管理部门或者港口行政管理部门备案的，分别由安全生产监督管理部门或者港口行政管理部门依照前款规定予以处罚。

生产实施重点环境管理的危险化学品的企业或者使用实施重点环境管理的危险化学品从事生产的企业未按照规定将相关信息向环境保护主管部门报告的，由环境保护主管部门依照本条第一款的规定予以处罚。

第八十二条　生产、储存、使用危险化学品的单位转产、停产、停业或者解散，未采取有效措施及时、妥善处置其危险化学品生产装置、储存设施以及库存的危险化学品，或者丢弃危险化学品的，由安全生产监督管理部门责令改正，处5万元以上10万元以下的罚款；构成犯罪的，依法追究刑事责任。

生产、储存、使用危险化学品的单位转产、停产、停业或者解散，未依照本条例规定将其危险化学品生产装置、储存设施以及库存危险化学品的处置方案报有关部门备案的，分别由有关部门责令改正，可以处1万元以下的罚款；拒不改正的，处1万元以上5万元以下的罚款。

第八十三条　危险化学品经营企业向未经许可违法从事危险化学品生产、经营活动的企业采购危险化学品的，由工商行政管理部门责令改正，处10万元以上20万元以下的罚款；拒不改正的，责令停业整顿直至由原发证机关吊销其危险化学品经营许可证，并由工商行政管理部门责令其办理经营范围变更登记或者吊销其营业执照。

第八十四条　危险化学品生产企业、经营企业有下列情形之一的，由安全生产监督管理部门责令改正，没收违法所得，并处10万元以上20万元以下的罚款；拒不改正的，责令停产停业整顿直至吊销其危险化学品安全生产许可证、危险化学品经营许可证，并由工商行政管理部门责令其办理经营范围变更登记或者吊销其营业执照：

（一）向不具有本条例第三十八条第一款、第二款规定的相关许可证件或者证明文件的单位销售剧毒化学品、易制爆危险化学品的；

（二）不按照剧毒化学品购买许可证载明的品种、数量销售剧毒化学品的；

（三）向个人销售剧毒化学品（属于剧毒化学品的农药除外）、易制爆危险化学品的。

不具有本条例第三十八条第一款、第二款规定的相关许可证件或者证明文件的单位购买剧毒化学品、易制爆危险化学品，或者个人购买剧毒化学品(属于剧毒化学品的农药除外)、易制爆危险化学品的，由公安机关没收所购买的剧毒化学品、易制爆危险化学品，可以并处5000元以下的罚款。

使用剧毒化学品、易制爆危险化学品的单位出借或者向不具有本条例第三十八条第一款、第二款规定的相关许可证件的单位转让其购买的剧毒化学品、易制爆危险化学品，或者向个人转让其购买的剧毒化学品(属于剧毒化学品的农药除外)、易制爆危险化学品的，由公安机关责令改正，处10万元以上20万元以下的罚款；拒不改正的，责令停产停业整顿。

第八十五条　未依法取得危险货物道路运输许可、危险货物水路运输许可，从事危险化学品道路运输、水路运输的，分别依照有关道路运输、水路运输的法律、行政法规的规定处罚。

第八十六条　有下列情形之一的，由交通运输主管部门责令改正，处5万元以上10万元以下的罚款；拒不改正的，责令停产停业整顿；构成犯罪的，依法追究刑事责任：

（一）危险化学品道路运输企业、水路运输企业的驾驶人员、船员、装卸管理人员、押运人员、申报人员、集装箱装箱现场检查员未取得从业资格上岗作业的；

（二）运输危险化学品，未根据危险化学品的危险特性采取相应的安全防护措施，或者未配备必要的防护用品和应急救援器材的；

（三）使用未依法取得危险货物适装证书的船舶，通过内河运输危险化学品的；

（四）通过内河运输危险化学品的承运人违反国务院交通运输主管部门对单船运输的危险化学品数量的限制性规定运输危险化学品的；

（五）用于危险化学品运输作业的内河码头、泊位不符合国家有关安全规范，或者未与饮用水取水口保持国家规定的安全距离，或者未经交通运输主管部门验收合格投入使用的；

（六）托运人不向承运人说明所托运的危险化学品的种类、数量、危险特性以及发生危险情况的应急处置措施，或者未按照国家有关规定对所托运的危险化学品妥善包装并在外包装上设置相应标志的；

（七）运输危险化学品需要添加抑制剂或者稳定剂，托运人未添加或者未将有关情况告知承运人的。

第八十七条　有下列情形之一的，由交通运输主管部门责令改正，处10万元以上20万元以下的罚款，有违法所得的，没收违法所得；拒不改正的，责令停产停业整顿；构成犯罪的，依法追究刑事责任：

（一）委托未依法取得危险货物道路运输许可、危险货物水路运输许可的企业承运危险化学品的；

（二）通过内河封闭水域运输剧毒化学品以及国家规定禁止通过内河运输的其他危险化学品的；

（三）通过内河运输国家规定禁止通过内河运输的剧毒化学品以及其他危险化学品的；

（四）在托运的普通货物中夹带危险化学品，或者将危险化学品谎报或者匿报为普通货物托运的。

在邮件、快件内夹带危险化学品，或者将危险化学品谎报为普通物品交寄的，依法给予治安管理处罚；构成犯罪的，依法追究刑事责任。

邮政企业、快递企业收寄危险化学品的，依照《中华人民共和国邮政法》的规定处罚。

第八十八条　有下列情形之一的，由公安机关责令改正，处5万元以上10万元以下的罚款；构成违反治安管理行为的，依法给予治安管理处罚；构成犯罪的，依法追究刑事责任：

（一）超过运输车辆的核定载质量装载危险化学品的；

（二）使用安全技术条件不符合国家标准要求的车辆运输危险化学品的；

（三）运输危险化学品的车辆未经公安机关批准进入危险化学品运输车辆限制通行的区域的；

（四）未取得剧毒化学品道路运输通行证，通过道路运输剧毒化学品的。

第八十九条　有下列情形之一的，由公安机关责令改正，处1万元以上5万元以下的罚款；构成违反治安管理行为的，依法给予治安管理处罚：

（一）危险化学品运输车辆未悬挂或者喷涂警示标志，或者悬挂或者喷涂的警示标志不符合国家标准要求的；

（二）通过道路运输危险化学品，不配备押运人员的；

（三）运输剧毒化学品或者易制爆危险化学品途中需要较长时间停车，驾驶人员、押运人员不向当地公安机关报告的；

（四）剧毒化学品、易制爆危险化学品在道路运输途中丢失、被盗、被抢或者发生流散、泄漏等情况，驾驶人员、押运人员不采取必要的警示措施和安全措施，或者不向当地公安机关报告的。

第九十条　对发生交通事故负有全部责任或者主要责任的危险化学品道路运输企业，由公安机关责令消除安全隐患，未消除安全隐患的危险化学品运输车辆，禁止上道路行驶。

第九十一条　有下列情形之一的，由交通运输主管部门责令改正，可以处1万元以下的罚款；拒不改正的，处1万元以上5万元以下的罚款：

（一）危险化学品道路运输企业、水路运输企业未配备专职安全管理人员的；

（二）用于危险化学品运输作业的内河码头、泊位的管理单位未制定码头、泊位危险化学品事故应急救援预案，或者未为码头、泊位配备充足、有效的应急救援器材和设备的。

第九十二条　有下列情形之一的，依照《中华人民共和国内河交通安全管理条例》的规定处罚：

（一）通过内河运输危险化学品的水路运输企业未制定运输船舶危险化学品事故应急救援预案，或者未为运输船舶配备充足、有效的应急救援器材和设备的；

（二）通过内河运输危险化学品的船舶的所有人或者经营人未取得船舶污染损害责任保险证书或者财务担保证明的；

（三）船舶载运危险化学品进出内河港口，未将有关事项事先报告海事管理机构并经其同意的；

（四）载运危险化学品的船舶在内河航行、装卸或者停泊，未悬挂专用的警示标志，或者未按照规定显示专用信号，或者未按照规定申请引航的。

未向港口行政管理部门报告并经其同意，在港口内进行危险化学品的装卸、过驳作业的，依照《中华人民共和国港口法》的规定处罚。

第九十三条　伪造、变造或者出租、出借、转让危险化学品安全生产许可证、工业产品生产许可证，或者使用伪造、变造的危险化学品安全生产许可证、工业产品生产许可证的，分别依照《安全生产许可证条例》、《中华人民共和国工业产品生产许可证管理条例》的规定处罚。

伪造、变造或者出租、出借、转让本条例规定的其他许可证，或者使用伪造、变造的本条例规定的其他许可证的，分别由相关许可证的颁发管理机关处10万元以上20万元以下的罚款，有违法所得的，没收违法所得；构成违反治安管理行为的，依法给予治安管理处罚；构成犯罪的，依法追究刑事责任。

第九十四条　危险化学品单位发生危险化学品事故，其主要负责人不立即组织救援或者不立即向有关部门报告的，依照《生产安全事故报告和调查处理条例》的规定处罚。

危险化学品单位发生危险化学品事故，造成他人人身伤害或者财产损失的，依法承担赔偿责任。

第九十五条　发生危险化学品事故，有关地方人民政府及其有关部门不立即组织实施救援，或者不采取必要的应急处置措施减少事故损失，防止事故蔓延、扩大的，对直接负责的主管人员和其他直接责任人员依法给予处分；构成犯罪的，依法追究刑事责任。

第九十六条　负有危险化学品安全监督管理职责的部门的工作人员，在危险化学品安全监督管理工作中滥用职权、玩忽职守、徇私舞弊，构成犯罪的，依法追究刑事责任；尚不构成犯罪的，依法给予处分。

第八章　附　　则

第九十七条　监控化学品、属于危险化学品的药品和农药的安全管理，依照本条例的规定执行；法律、行政法规另有规定的，依照其规定。

民用爆炸物品、烟花爆竹、放射性物品、核能物质以及用于国防科研生产的危险化学品的安全管理，不适用本条例。

法律、行政法规对燃气的安全管理另有规定的，依照其规定。

危险化学品容器属于特种设备的，其安全管理依照有关特种设备安全的法律、行政法规的规定执行。

第九十八条　危险化学品的进出口管理，依照有关对外贸易的法律、行政法规、规章的规定执行；进口的危险化学品的储存、使用、经营、运输的安全管理，依照本条例的规定执行。

危险化学品环境管理登记和新化学物质环境管理登记，依照有关环境保护的法律、行政法规、规章的规定执行。危险化学品环境管理登记，按照国家有关规定收取费用。

第九十九条　公众发现、捡拾的无主危险化学品，由公安机关接收。公安机关接收或者有关部门依法没收的危险化学品，需要进行无害化处理的，交由环境保护主管部门组织其认定的专业单位进行处理，或者交由有关危险化学品生产企业进行处理。处理所需费用由国家财政负担。

第一百条　化学品的危险特性尚未确定的，由国务院安全生产监督管理部门、国务院环境保护主管部门、国务院卫生主管部门分别负责组织对该化学品的物理危险性、环境危害性、毒理特性进行鉴定。根据鉴定结果，需要调整危险化学品目录的，依照本条例第三条第二款的规定办理。

第一百零一条　本条例施行前已经使用危险化学品从事生产的化工企业，依照本条例规定需要取得危险化学品安全使用许可证的，应当在国务院安全生产监督管理部门规定的期限内，申请取得危险化学品安全使用许可证。

第一百零二条　本条例自 2011 年 12 月 1 日起施行。

附录2　国家安全监管总局关于加强化工过程安全管理的指导意见

（安监总管三〔2013〕88号）

各省、自治区、直辖市及新疆生产建设兵团安全生产监督管理局，有关中央企业：

化工过程（chemical process）伴随易燃易爆、有毒有害等物料和产品，涉及工艺、设备、仪表、电气等多个专业和复杂的公用工程系统。加强化工过程安全管理，是国际先进的重大工业事故预防和控制方法，是企业及时消除安全隐患、预防事故、构建安全生产长效机制的重要基础性工作。为深入贯彻落实《国务院关于进一步加强企业安全生产工作的通知》（国发〔2010〕23号）和《国务院关于坚持科学发展安全发展促进安全生产形势持续稳定好转的意见》（国发〔2011〕40号）精神，加强化工企业安全生产基础工作，全面提升化工过程安全管理水平，现提出以下指导意见：

一、化工过程安全管理的主要内容和任务

（一）化工过程安全管理的主要内容和任务包括：收集和利用化工过程安全生产信息；风险辨识和控制；不断完善并严格执行操作规程；通过规范管理，确保装置安全运行；开展安全教育和操作技能培训；严格新装置试车和试生产的安全管理；保持设备设施完好性；作业安全管理；承包商安全管理；变更管理；应急管理；事故和事件管理；化工过程安全管理的持续改进等。

二、安全生产信息管理

（二）全面收集安全生产信息。企业要明确责任部门，按照《化工企业工艺安全管理实施导则》（AQ/T 3034）的要求，全面收集生产过程涉及的化学品危险性、工艺和设备等方面的全部安全生产信息，并将其文件化。

（三）充分利用安全生产信息。企业要综合分析收集到的各类信息，明确提出生产过程安全要求和注意事项。通过建立安全管理制度、制定操作规程、制定应急救援预案、制作工艺卡片、编制培训手册和技术手册、编制化学品间的安全相容矩阵表等措施，将各项安全要求和注意事项纳入自身的安全管理中。

（四）建立安全生产信息管理制度。企业要建立安全生产信息管理制度，及时更新信息文件。企业要保证生产管理、过程危害分析、事故调查、符合性审核、安全监督检查、应急救援等方面的相关人员能够及时获取最新安全生产信息。

三、风险管理

（五）建立风险管理制度。企业要制定化工过程风险管理制度，明确风险辨识范围、方法、频次和责任人，规定风险分析结果应用和改进措施落实的要求，对生产全过程进行风险辨识分析。

对涉及重点监管危险化学品、重点监管危险化工工艺和危险化学品重大危险源（以下统称“两重点一重大”）的生产储存装置进行风险辨识分析，要采用危险与可操作性分析（HAZOP）技术，一般每3年进行一次。对其他生产储存装置的风险辨识分析，针对装置不同的复杂程度，选用安全检查表、工作危害分析、预危险性分析、故障类型和影响分析（FMEA）、HAZOP技术等方法或多种方法组合，可每5年进行一次。企业管理机构、人员构成、生产装置等发生重大变化或发生生产安全事故时，要及时进行风险辨识分析。企业要组织所有人员参与风险辨识分析，力求风险辨识分析全覆盖。

（六）确定风险辨识分析内容。化工过程风险分析应包括：工艺技术的本质安全性及风险程度；工艺系统可能存在的风险；对严重事件的安全审查情况；控制风险的技术、管理措施及其失效可能引起的后果；现场设施失控和人为失误可能对安全造成的影响。在役装置的风险辨识分析还要包括发生的变更是否存在风险，吸取本企业和其他同类企业事故及事件教训的措施等。

（七）制定可接受的风险标准。企业要按照《危险化学品重大危险源监督管理暂行规定》（国家安全监管总局令第 40 号）的要求，根据国家有关规定或参照国际相关标准，确定本企业可接受的风险标准。对辨识分析发现的不可接受风险，企业要及时制定并落实消除、减小或控制风险的措施，将风险控制在可接受的范围。

四、装置运行安全管理

（八）操作规程管理。企业要制定操作规程管理制度，规范操作规程内容，明确操作规程编写、审查、批准、分发、使用、控制、修改及废止的程序和职责。操作规程的内容应至少包括：开车、正常操作、临时操作、应急操作、正常停车和紧急停车的操作步骤与安全要求；工艺参数的正常控制范围，偏离正常工况的后果，防止和纠正偏离正常工况的方法及步骤；操作过程的人身安全保障、职业健康注意事项等。

操作规程应及时反映安全生产信息、安全要求和注意事项的变化。企业每年要对操作规程的适应性和有效性进行确认，至少每 3 年要对操作规程进行审核修订；当工艺技术、设备发生重大变更时，要及时审核修订操作规程。

企业要确保作业现场始终存有最新版本的操作规程文本，以方便现场操作人员随时查用；定期开展操作规程培训和考核，建立培训记录和考核成绩档案；鼓励从业人员分享安全操作经验，参与操作规程的编制、修订和审核。

（九）异常工况监测预警。企业要装备自动化控制系统，对重要工艺参数进行实时监控预警；要采用在线安全监控、自动检测或人工分析数据等手段，及时判断发生异常工况的根源，评估可能产生的后果，制定安全处置方案，避免因处理不当造成事故。

（十）开停车安全管理。企业要制定开停车安全条件检查确认制度。在正常开停车、紧急停车后的开车前，都要进行安全条件检查确认。开停车前，企业要进行风险辨识分析，制定开停车方案，编制安全措施和开停车步骤确认表，经生产和安全管理部门审查同意后，要严格执行并将相关资料存档备查。

企业要落实开停车安全管理责任，严格执行开停车方案，建立重要作业责任人签字确认制度。开车过程中装置依次进行吹扫、清洗、气密试验时，要制定有效的安全措施；引进蒸汽、氮气、易燃易爆介质前，要指定有经验的专业人员进行流程确认；引进物料时，要随时监测物料流量、温度、压力、液位等参数变化情况，确认流程是否正确。要严格控制进退料顺序和速率，现场安排专人不间断巡检，监控有无泄漏等异常现象。

停车过程中的设备、管线低点的排放要按照顺序缓慢进行，并做好个人防护；设备、管线吹扫处理完毕后，要用盲板切断与其他系统的联系。抽堵盲板作业应在编号、挂牌、登记后按规定的顺序进行，并安排专人逐一进行现场确认。

五、岗位安全教育和操作技能培训

（十一）建立并执行安全教育培训制度。企业要建立厂、车间、班组三级安全教育培训体系，制定安全教育培训制度，明确教育培训的具体要求，建立教育培训档案；要制定并落实教育培训计划，定期评估教育培训内容、方式和效果。从业人员应经考核合格后方可上岗，特种作业人员必须持证上岗。

（十二）从业人员安全教育培训。企业要按照国家和企业要求，定期开展从业人员安全培训，使从业人员掌握安全生产基本常识及本岗位操作要点、操作规程、危险因素和控制措施，掌握异常工况识别判定、应急处置、避险避灾、自救互救等技能与方法，熟练使用个体防护用品。当工艺技术、设备设施等发生改变时，要及时对操作人员进行再培训。要重视开展从业人员安全教育，使从业人员不断强化安全意识，充分认识化工安全生产的特殊性和极端重要性，自觉遵守企业安全管理规定和操作规程。企业要采取有效的监督检查评估措施，保证安全教育培训工作质量和效果。

（十三）新装置投用前的安全操作培训。新建企业应规定从业人员文化素质要求，变招工为招生，加强从业人员专业技能培养。工厂开工建设后，企业就应招录操作人员，使操作人员在上岗前先接受规范的基础知识和专业理论培训。装置试生产前，企业要完成全体管理人员和操作人员岗位技能培训，确保全体管理人员和操作人员考核合格后参加全过程的生产准备。

六、试生产安全管理

（十四）明确试生产安全管理职责。企业要明确试生产安全管理范围，合理界定项目建设单位、总承包商、设计单位、监理单位、施工单位等相关方的安全管理范围与职责。

项目建设单位或总承包商负责编制总体试生产方案、明确试生产条件，设计、施工、监理单位要对试生产方案及试生产条件提出审查意见。对采用专利技术的装置，试生产方案经设计、施工、监理单位审查同意后，还要经专利供应商现场人员书面确认。

项目建设单位或总承包商负责编制联动试车方案、投料试车方案、异常工况处置方案等。试生产前，项目建设单位或总承包商要完成工艺流程图、操作规程、工艺卡片、工艺和安全技术规程、事故处理预案、化验分析规程、主要设备运行规程、电气运行规程、仪表及计算机运行规程、联锁整定值等生产技术资料、岗位记录表和技术台账的编制工作。

（十五）试生产前各环节的安全管理。建设项目试生产前，建设单位或总承包商要及时组织设计、施工、监理、生产等单位的工程技术人员开展“三查四定”（三查：查设计漏项、查工程质量、查工程隐患；四定：整改工作定任务、定人员、定时间、定措施），确保施工质量符合有关标准和设计要求，确认工艺危害分析报告中的改进措施和安全保障措施已经落实。

系统吹扫冲洗安全管理。在系统吹扫冲洗前，要在排放口设置警戒区，拆除易被吹扫冲洗损坏的所有部件，确认吹扫冲洗流程、介质及压力。蒸汽吹扫时，要落实防止人员烫伤的防护措施。

气密试验安全管理。要确保气密试验方案全覆盖、无遗漏，明确各系统气密的最高压力等级。高压系统气密试验前，要分成若干等级压力，逐级进行气密试验。真空系统进行真空试验前，要先完成气密试验。要用盲板将气密试验系统与其他系统隔离，严禁超压。气密试验时，要安排专人监控，发现问题，及时处理；做好气密检查记录，签字备查。

单机试车安全管理。企业要建立单机试车安全管理程序。单机试车前，要编制试车方案、操作规程，并经各专业确认。单机试车过程中，应安排专人操作、监护、记录，发现异常立即处理。单机试车结束后，建设单位要组织设计、施工、监理及制造商等方面人员签字确认并填写试车记录。

联动试车安全管理。联动试车应具备下列条件：所有操作人员考核合格并已取得上岗资格；公用工程系统已稳定运行；试车方案和相关操作规程、经审查批准的仪表报警和联锁值已整定完毕；各类生产记录、报表已印发到岗位；负责统一指挥的协调人员已经确定。引入燃料或窒息性气体后，企业必须建立并执行每日安全调度例会制度，统筹协调全部试车的安全管理工作。

投料安全管理。投料前，要全面检查工艺、设备、电气、仪表、公用工程和应急准备等情况，具备条件后方可进行投料。投料及试生产过程中，管理人员要现场指挥，操作人员要持续进行现场巡查，设备、电气、仪表等专业人员要加强现场巡检，发现问题及时报告和处理。投料试生产过程中，要严格控制现场人数，严禁无关人员进入现场。

七、设备完好性（完好性）

（十六）建立并不断完善设备管理制度。

建立设备台账管理制度。企业要对所有设备进行编号，建立设备台账、技术档案和备品配件管理制度，编制设备操作和维护规程。设备操作、维修人员要进行专门的培训和资格考核，培训考核情况要记录存档。

建立装置泄漏监（检）测管理制度。企业要统计和分析可能出现泄漏的部位、物料种类和最大量。定期监（检）测生产装置动静密封点，发现问题及时处理。定期标定各类泄漏检测报警仪器，确保准确有效。要加强防腐蚀管理，确定检查部位，定期检测，建立检测数据库。对重点部位要加大检测检查频次，及时发现和处理管道、设备壁厚减薄情况；定期评估防腐效果和核算设备剩余使用寿命，及时发现并更新更换存在安全隐患的设备。

建立电气安全管理制度。企业要编制电气设备设施操作、维护、检修等管理制度。定期开展企业电源系统安全可靠性分析和风险评估。要制定防爆电气设备、线路检查和维护管理制度。

建立仪表自动化控制系统安全管理制度。新（改、扩）建装置和大修装置的仪表自动化控制系统投用前、长期停用的仪表自动化控制系统再次启用前，必须进行检查确认。要建立健全仪表自动化控制系统日常维护保养制度，建立安全联锁保护系统停运、变更专业会签和技术负责人审批制度。

（十七）设备安全运行管理。

开展设备预防性维修。关键设备要装备在线监测系统。要定期监（检）测检查关键设备、连续监（检）测检查仪表，及时消除静设备密封件、动设备易损件的安全隐患。定期检查压力管道阀门、螺栓等附件的安全状态，及早发现和消除设备缺陷。

加强动设备管理。企业要编制动设备操作规程，确保动设备始终具备规定的工况条件。自动监测大机组和重点动设备的转速、振动、位移、温度、压力、腐蚀性介质含量等运行参数，及时评估设备运行状况。加强动设备润滑管理，确保动设备运行可靠。

开展安全仪表系统安全完好性等级评估。企业要在风险分析的基础上，确定安全仪表功能（SIF）及其相应的功能安全要求或安全完好性等级（SIL）。企业要按照《过程工业领域安全仪表系统的功能安全》（GB/T 21109）和《石油化工安全仪表系统设计规范》的要求，设计、安装、管理和维护安全仪表系统。

八、作业安全管理

（十八）建立危险作业许可制度。企业要建立并不断完善危险作业许可制度，规范动火、进入受限空间、动土、临时用电、高处作业、断路、吊装、抽堵盲板等特殊作业安全条件和审批程序。实施特殊作业前，必须办理审批手续。

（十九）落实危险作业安全管理责任。实施危险作业前，必须进行风险分析、确认安全条件，确保作业人员了解作业风险和掌握风险控制措施、作业环境符合安全要求、预防和控制风险措施得到落实。危险作业审批人员要在现场检查确认后签发作业许可证。现场监护人员要熟悉作业范围内的工艺、设备和物料状态，具备应急救援和处置能力。作业过程中，管理人员要加强现场监督检查，严禁监护人员擅离现场。

九、承包商管理

（二十）严格承包商管理制度。企业要建立承包商安全管理制度，将承包商在本企业发生的事故纳入企业事故管理。企业选择承包商时，要严格审查承包商有关资质，定期评估承包商安全生产业绩，及时淘汰业绩差的承包商。企业要对承包商作业人员进行严格的入厂安全培训教育，经考核合格的方可凭证入厂，禁止未经安全培训教育的承包商作业人员入厂。企业要妥善保存承包商作业人员安全培训教育记录。

（二十一）落实安全管理责任。承包商进入作业现场前，企业要与承包商作业人员进行现场安全交底，审查承包商编制的施工方案和作业安全措施，与承包商签订安全管理协议，明确双方安全管理范围与责任。现场安全交底的内容包括：作业过程中可能出现的泄漏、火灾、爆炸、中毒窒息、触电、坠落、物体打击和机械伤害等方面的危害信息。承包商要确保作业人员接受了相关的安全培训，掌握与作业相关的所有危害信息和应急预案。企业要对承包商作业进行全程安全监督。

十、变更管理

（二十二）建立变更管理制度。企业在工艺、设备、仪表、电气、公用工程、备件、材料、化学品、生产组织方式和人员等方面发生的所有变化，都要纳入变更管理。变更管理制度至少包含以下内容：变更的事项、起始时间，变更的技术基础、可能带来的安全风险，消除和控制安全风险的措施，是否修改操作规程，变更审批权限，变更实施后的安全验收等。实施变更前，企业要组织专业人员进行检查，确保变更具备安全条件；明确受变更影响的本企业人员和承包商作业人员，并对其进行相应的培训。变更完成后，企业要及时更新相应的安全生产信息，建立变更管理档案。

（二十三）严格变更管理。

工艺技术变更。主要包括生产能力，原辅材料（包括助剂、添加剂、催化剂等）和介质（包括成分比例的变化），工艺路线、流程及操作条件，工艺操作规程或操作方法，工艺控制参数，仪表控制系统（包括安全报警和联锁整定值的改变），水、电、汽、风等公用工程方面的改变等。

设备设施变更。主要包括设备设施的更新改造、非同类型替换（包括型号、材质、安全设施的变更）、布局改变，备件、材料的改变，监控、测量仪表的变更，计算机及软件的变更，电气设备的变更，增加临时的电气设备等。

管理变更。主要包括人员、供应商和承包商、管理机构、管理职责、管理制度和标准发生变化等。

（二十四）变更管理程序。

申请。按要求填写变更申请表，由专人进行管理。

审批。变更申请表应逐级上报企业主管部门，并按管理权限报主管负责人审批。

实施。变更批准后，由企业主管部门负责实施。没有经过审查和批准，任何临时性变更都不得超过原批准范围和期限。

验收。变更结束后，企业主管部门应对变更实施情况进行验收并形成报告，及时通知相关部门和有关人员。相关部门收到变更验收报告后，要及时更新安全生产信息，载入变更管理档案。

十一、应急管理

（二十五）编制应急预案并定期演练完善。企业要建立完整的应急预案体系，包括综合应急预案、专项应急预案、现场处置方案等。要定期开展各类应急预案的培训和演练，评估预案演练效果并及时完善预案。企业制定的预案要与周边社区、周边企业和地方政府的预案相互衔接，并按规定报当地政府备案。企业要与当地应急体系形成联动机制。

（二十六）提高应急响应能力。企业要建立应急响应系统，明确组成人员（必要时可吸收企外人员参加），并明确每位成员的职责。要建立应急救援专家库，对应急处置提供技术支持。发生紧急情况后，应急处置人员要在规定时间内到达各自岗位，按照应急预案的要求进行处置。要授权应急处置人员在紧急情况下组织装置紧急停车和相关人员撤离。企业要建立应急物资储备制度，加强应急物资储备和动态管理，定期核查并及时补充和更新。

十二、事故和事件管理

（二十七）未遂事故等安全事件的管理。企业要制定安全事件管理制度，加强未遂事故等安全事件（包括生产事故征兆、非计划停车、异常工况、泄漏、轻伤等）的管理。要建立未遂事故和事件报告激励机制。要深入调查分析安全事件，找出事件的根本原因，及时消除人的不安全行为和物的不安全状态。

（二十八）吸取事故（事件）教训。企业完成事故（事件）调查后，要及时落实防范措施，组织开展内部分析交流，吸取事故（事件）教训。要重视外部事故信息收集工作，认真吸取同类企业、装置的事故教训，提高安全意识和防范事故能力。

十三、持续改进化工过程安全管理工作

（二十九）企业要成立化工过程安全管理工作领导机构，由主要负责人负责，组织开展本企业化工过程安全管理工作。

（三十）企业要把化工过程安全管理纳入绩效考核。要组成由生产负责人或技术负责人负责，工艺、设备、电气、仪表、公用工程、安全、人力资源和绩效考核等方面的人员参加的考核小组，定期评估本企业化工过程安全管理的功效，分析查找薄弱环节，及时采取措施，限期整改，并核查整改情况，持续改进。要编制功效评估和整改结果评估报告，并建立评估工作记录。

化工企业要结合本企业实际，认真学习贯彻落实相关法律法规和本指导意见，完善安全生产责任制和安全生产规章制度，开展全员、全过程、全方位、全天候化工过程安全管理。

国家安全生产监督管理总局

二〇一三年七月二十九日

附录3 国家安全监管总局 工业和信息化部关于危险化学品企业贯彻落实《国务院关于进一步加强企业安全生产工作的通知》的实施意见

（安监总管三〔2010〕186号）

各省、自治区、直辖市及新疆生产建设兵团安全生产监督管理局、工业和信息化部门，有关中央企业：

为认真贯彻落实《国务院关于进一步加强企业安全生产工作的通知》（国发〔2010〕23号，以下简称国务院《通知》）精神，推动危险化学品企业（指生产、储存危险化学品的企业和使用危险化学品从事化工生产的企业）落实安全生产主体责任，全面加强和改进安全生产工作，建立和不断完善安全生产长效机制，切实提高安全生产水平，结合危险化学品企业（以下简称企业）安全生产特点，制定本实施意见。

一、强化安全生产体制、机制建设，建立健全企业全员安全生产责任体系

1. 建立和不断完善安全生产责任体系。坚持"谁主管、谁负责"的原则，明确企业主要负责人、分管负责人、各职能部门、各级管理人员、工程技术人员和岗位操作人员的安全生产职责，做到全员每个岗位都有明确的安全生产职责并与相应的职务、岗位匹配。

企业的主要负责人（包括企业法定代表人等其他主要负责人）是企业安全生产的第一责任人，对安全生产负总责。要认真贯彻落实党和国家安全生产的方针、政策，严格执行国家有关安全生产法律法规和标准，把安全生产纳入企业发展战略和长远规划，领导企业建立并不断完善安全生产的体制机制；建立健全安全生产责任制，建立和不断完善安全生产规章制度和操作规程；保证安全投入满足安全生产的需要；加强全体从业人员的安全教育和技能培训；督促检查安全生产工作，及时消除隐患；制定事故应急救援预案；及时、如实报告生产安全事故；履行安全监督与指导责任；定期听取安全生产工作汇报，研究新情况、解决新问题；大力推进安全管理信息化建设，积极采用先进适用技术。分管负责人要认真履行本岗位安全生产职责。

企业安全生产管理部门要加强对企业安全生产的综合管理，组织贯彻落实国家有关安全生产法律法规和标准；定期组织安全检查，及时排查和治理事故隐患；监督检查安全生产责任制和安全生产规章制度的落实。其他职能部门要按照本部门的职责，在各自的工作范围内，对安全生产负责。

各级管理人员要遵守安全生产规章制度和操作规程，不违章指挥，不违章作业，不强令从业人员冒险作业，对本岗位安全生产负责，发现直接危及人身安全的紧急情况时，要立即组织处理或者人员疏散。

岗位操作人员必须遵守安全生产规章制度、操作规程和劳动纪律，不违章作业、不违反劳动纪律；有权拒绝违章指挥，有权了解本岗位的职业危害；发现直接危及人身安全的紧急情况时，有权停止作业和撤离危险场所。

企业要不断完善安全生产责任制。要建立检查监督和考核奖惩机制，以确保安全生产责任制能够得到有效落实。

企业主要负责人要定期向安全监管部门和企业员工大会通报安全生产工作情况，主动接受全体员工监督；要充分发挥工会、共青团等群众组织在安全生产中的作用，鼓励并奖励员工积极举报事故隐患和不安全行为，推动企业安全生产全员参与、全员管理。

2. 建立和不断完善安全生产规章制度。企业要主动识别和获取与本企业有关的安全生产法律法规、标准和规范性文件，结合本企业安全生产特点，将法律法规的有关规定和标准的有关要求转化为企业安全生产规章制度或安全操作规程的具体内容，规范全体员工的行为。应建立至少包含以下内容的安全生产规章制度：安全生产例会，工艺管理，开停车管理，设备管理，电气管理，公用工程管理，施工与检维修（特

别是动火作业、进入受限空间作业、高处作业、起重作业、临时用电作业、破土作业等)安全规程，安全技术措施管理，变更管理，巡回检查，安全检查和隐患排查治理；干部值班，事故管理，厂区交通安全，防火防爆，防尘防毒，防泄漏，重大危险源，关键装置与重点部位管理；危险化学品安全管理，承包商管理，劳动防护用品管理；安全教育培训，安全生产奖惩等。

要依据国家有关标准和规范，针对工艺、技术、设备设施特点和原材料、辅助材料、产品的特性，根据风险评价结果，及时完善操作规程，规范从业人员的操作行为，防范生产安全事故的发生。

安全生产规章制度、安全操作规程至少每3年评审和修订一次，发生重大变更应及时修订。修订完善后，要及时组织相关管理人员、作业人员培训学习，确保有效贯彻执行。

3. 加强安全生产管理机构建设。企业要设置安全生产管理机构或配备专职安全生产管理人员。安全生产管理机构要具备相对独立职能。专职安全生产管理人员应不少于企业员工总数的2%(不足50人的企业至少配备1人)，要具备化工或安全管理相关专业中专以上学历，有从事化工生产相关工作2年以上经历，取得安全管理人员资格证书。

4. 建立和严格执行领导干部带班制度。企业要建立领导干部现场带班制度，带班领导负责指挥企业重大异常生产情况和突发事件的应急处置，抽查企业各项制度的执行情况，保障企业的连续安全生产。企业副总工程师以上领导干部要轮流带班。生产车间也要建立由管理人员参加的车间值班制度。要切实加强企业夜间和节假日值班工作，及时报告和处理异常情况和突发事件。

5. 及时排查治理事故隐患。企业要建立健全事故隐患排查治理和监控制度，逐级建立并落实从主要负责人到全体员工的隐患排查治理和监控机制。要将隐患排查治理纳入日常安全管理，形成全面覆盖、全员参与的隐患排查治理工作机制，使隐患排查治理工作制度化、常态化，做到隐患整改的措施、责任、资金、时限和预案"五到位"。建立事故隐患报告和举报奖励制度，动员、鼓励从业人员及时发现和消除事故隐患。对发现、消除和举报事故隐患的人员，应当给予奖励和表彰。

企业要建立生产工艺装置危险有害因素辨识和风险评估制度，定期开展全面的危险有害因素辨识，采用相应的安全评价方法进行风险评估，提出针对性的对策措施。企业要积极利用危险与可操作性分析(HAZOP)等先进科学的风险评估方法，全面排查本单位的事故隐患，提高安全生产水平。

6. 切实加强职业健康管理。企业要明确职业健康管理机构及其职责，完善职业健康管理制度，加强从业人员职业健康培训和健康监护、个体防护用品配备及使用管理，保障职业危害防治经费投入，完善职业危害防护设施，做好职业危害因素的检测、评价与治理，进行职业危害申报，按规定在可能发生急性职业损伤的场所设置报警、冲洗等设施，建立从业人员上岗前、岗中和离岗时的职业健康档案，切实保护劳动者的职业健康。

7. 建立健全安全生产投入保障机制。企业的安全投入要满足安全生产的需要。要严格执行安全生产费用提取使用管理制度，明确负责人，按时、足额提取和规范使用安全生产费用。安全生产费用的提取和使用要符合《高危行业企业安全生产费用财务管理暂行办法》(财企〔2006〕478号)要求。主要负责人要为安全生产正常运行提供人力、财力、物力、技术等资源保障。企业要积极推行安全生产责任险，实现安全生产保障渠道多样化。

二、强化工艺过程安全管理，提升本质化安全水平

8. 加强建设项目安全管理。企业新建、改建、扩建危险化学品建设项目要严格按照《危险化学品建设项目安全许可实施办法》(国家安全监管总局令第8号)的规定执行，严格执行建设项目安全设施"三同时"制度。新建企业必须在化工园区或集中区建设。

建设项目必须由具备相应资质的单位负责设计、施工、监理。大型和采用危险化工工艺的装置，原则上要由具有甲级资质的化工设计单位设计。设计单位要严格遵守设计规范和标准，将安全技术与安全设施纳入初步设计方案，生产装置设计的自控水平要满足工艺安全的要求；大型和采用危险化工工艺的装置在初步设计完成后要进行HAZOP分析。施工单位要严格按设计图纸施工，保证质量，不得撤减安全设施项目。企业要对施工质量进行全过程监督。

建设项目建成试生产前，建设单位要组织设计、施工、监理和建设单位的工程技术人员进行"三查四

定”(三查：查设计漏项、查工程质量、查工程隐患；四定：定任务、定人员、定时间、定整改措施)，聘请有经验的工程技术人员对项目试车和投料过程进行指导。试车和投料过程要严格按照设备管道试压、吹扫、气密、单机试车、仪表调校、联动试车、化工投料试生产的程序进行。试车引入化工物料(包括氮气、蒸汽等)后，建设单位要对试车过程的安全进行总协调和负总责。

9. 积极开展工艺过程风险分析。企业要按照《化工企业工艺安全管理实施导则》(AQ/T 3034—2010)要求，全面加强化工工艺安全管理。

企业应建立风险管理制度，积极组织开展危害辨识、风险分析工作。要从工艺、设备、仪表、控制、应急响应等方面开展系统的工艺过程风险分析，预防重特大事故的发生。

新开发的危险化学品生产工艺，必须在小试、中试、工业化试验的基础上逐步放大到工业化生产。国内首次采用的化工工艺，要通过省级有关部门组织专家组进行安全论证。

10. 确保设备设施完好性。企业要制定特种设备、安全设施、电气设备、仪表控制系统、安全联锁装置等日常维护保养管理制度，确保运行可靠；防雷防静电设施、安全阀、压力容器、仪器仪表等均应按照有关法规和标准进行定期检测检验。对风险较高的系统或装置，要加强在线检测或功能测试，保证设备、设施的完好性和生产装置的长周期安全稳定运行。

要加强公用工程系统管理，保证公用工程安全、稳定运行。供电、供热、供水、供气及污水处理等设施必须符合国家标准，要制定并落实公用工程系统维修计划，定期对公用工程设施进行维护、检查。使用外部公用工程的企业应与公用工程的供应单位建立规范的联系制度，明确检修维护、信息传递、应急处置等方面的程序和责任。

11. 大力提高工艺自动化控制与安全仪表水平。新建大型和危险程度高的化工装置，在设计阶段要进行仪表系统安全完好性等级评估，选用安全可靠的仪表、联锁控制系统，配备必要的有毒有害、可燃气体泄漏检测报警系统和火灾报警系统，提高装置安全可靠性。

重点危险化学品企业(剧毒化学品、易燃易爆化学品生产企业和涉及危险工艺的企业)要积极采用新技术，改造提升现有装置以满足安全生产的需要。工艺技术自动控制水平低的重点危险化学品企业要制定技术改造计划，尽快完成自动化控制技术改造，通过装备基本控制系统和安全仪表系统，提高生产装置本质安全化水平。

12. 加强变更管理。企业要制定并严格执行变更管理制度。对采用的新工艺、新设备、新材料、新方法等，要严格履行申请、安全论证审批、实施、验收的变更程序，实施变更前应对变更过程产生的风险进行分析和控制。任何未履行变更程序的变更，不得实施。任何超出变更批准范围和时限的变更必须重新履行变更程序。

13. 加强重大危险源管理。企业要按有关标准辨识重大危险源，建立健全重大危险源安全管理制度，落实重大危险源管理责任，制定重大危险源安全管理与监控方案，建立重大危险源安全管理档案，按照有关规定做好重大危险源备案工作。

要保证重大危险源安全管理与监控所必需的资金投入，定期检查维护，对存在事故隐患和缺陷的，要立即整改；重大危险源涉及的压力、温度、液位、泄漏报警等重要参数的测量要有远传和连续记录，液化气体、剧毒液体等重点储罐要设置紧急切断装置。要按照有关规定配备足够的消防、气防设施和器材，建立稳定可靠的消防系统，设置必要的视频监控系统，但不能以视频监控代替压力、温度、液位、泄漏报警等自动监控措施。

在重大危险源现场明显处设置安全警示牌、危险化学品安全告知牌，并将重大危险源可能发生事故的危害后果、应急措施等信息告知周边单位和有关人员。

14. 高度重视储运环节的安全管理。制订和不断完善危险化学品收、储、装、卸、运等环节安全管理制度，严格产品收储管理。根据危险化学品的特点，合理选用合适的液位测量仪表，实现储罐收料液位动态监控。建立储罐区高效的应急响应和快速灭火系统；加强危险化学品输送管道安全管理，对经过社会公共区域的危险化学品输送管道，要完善标志标识，明确管理责任，建立和落实定期巡线制度。要采取有效措施将危险化学品输送管道危险性告知沿途的所有单位和居民。严防占压危险化学品输送管道。道路运输危险化学品的专用车辆，要在2011年底前全部安装使用具有行驶记录功能的卫星定位装置。在危险化学品槽车充装环节，推广使用金属万向管道充装系统代替充装软管，禁止使用软管充装液氯、液氨、液化石油气、液化天然气等液化危险化学品。

15. 加快安全生产先进技术研发和应用。企业应积极开发具有安全生产保障能力的关键技术和装备。鼓励企业采用先进适用的工艺、技术和装备，淘汰落后的技术、工艺和装备。加快对化工园区整体安全、大型油库、事故状态下危害控制技术和危险化学品输送管道安全防护等技术研究。

三、加强作业过程管理，确保现场作业安全

16. 开展作业前风险分析。企业要根据生产操作、工程建设、检维修、维护保养等作业的特点，全面开展作业前风险分析。要根据风险分析的结果采取相应的预防和控制措施，消除或降低作业风险。

作业前风险分析的内容要涵盖作业过程的步骤、作业所使用的工具和设备、作业环境的特点以及作业人员的情况等。未实施作业前风险分析、预防控制措施不落实不得作业。

17. 严格作业许可管理。企业要建立作业许可制度，对动火作业、进入受限空间作业、破土作业、临时用电作业、高处作业、起重作业、抽堵盲板作业、设备检维修作业等危险性作业实施许可管理。

作业前要明确作业过程中所有相关人员的职责，明确安全作业规程或标准，确保作业过程涉及到的人员都经过了适当的培训并具备相应资质，参与作业的所有人员都应掌握作业的范围、风险和相应的预防和控制措施。必要时，作业前要进行预案演练。无关人员禁止进入危险作业场所。

企业应加强对作业对象、作业环境和作业过程的安全监管和风险控制，制定相应的安全防范措施，按规定程序进行作业许可证的会签审批。进行作业前，对作业任务和安全措施要进一步确认，施工过程中要及时纠正违章行为，发现异常现象时要立即停止作业，消除隐患后方可继续作业，认真组织施工收尾前的安全检查确认。

18. 加强作业过程监督。企业要加强对作业过程的监督，对所有作业，特别是需要办理作业许可证的作业，都要明确专人进行监督和管理，以便于识别现场条件有无变化、初始办理的作业许可能否覆盖现有作业任务。进行监督和管理的人员应是作业许可审批人或其授权人员，须具备基本救护技能和作业现场的应急处理能力。

(1)加强动火作业的安全管理。凡在安全动火管理范围内进行动火作业，必须对作业对象和环境进行危害分析和可燃气体检测分析，必须按程序办理和签发动火作业许可证，必须现场检查和确认安全措施的落实情况，必须安排熟悉作业部位及周边安全状况、且具备基本救护技能和作业现场应急处理能力的企业人员进行全过程监护。

(2)加强进入受限空间作业的安全管理。进入受限空间作业前，必须按规定进行安全处理和可燃、有毒有害气体和氧含量检测分析，必须办理进入受限空间作业许可证，必须检查隔离措施、通风排毒、呼吸防护及逃生救护措施的可靠性，防止出现有毒有害气体串入、呼吸防护器材失效、风源污染等危险因素，必须安排具备基本救护技能和作业现场应急处理能力的企业人员进行全过程监护。

(3)加强高处作业、临时用电、破土作业、起重作业、抽堵盲板作业的安全管理。作业人员在2m以上的高处作业时，必须系好安全带，在15m以上的高处作业时，必须办理高处作业许可证，系好安全带，禁止从高处抛扔工具、物体和杂物等。临时用电作业必须办理临时用电作业许可证，在易燃易爆区必须同时办理动火作业许可证，进入受限空间作业必须使用安全电压和防爆灯具。移动式电器具要装有漏电保护装置，做到“一机一闸一保护”。破土作业必须办理破土作业许可证，情况复杂区域尽量避免采用机械破土作业，防止损坏地下电缆、管道，严禁在施工现场堆积泥土覆盖设备仪表和堵塞消防通道，未及时完成施工的地沟、井、槽应悬挂醒目的警示标志。起重作业必须办理起重作业许可证，起重机械必须按规定进行检验，大中型设备、构件或小型设备在特殊条件下起重应编制起重方案及安全措施，吊件吊装必须设置溜绳，防止碰坏周围设施。大件运输时必须对其所经路线的框架、管线、桥涵及其他构筑物的宽度、高度及承重能力进行测量核算，编制运输方案。盲板抽堵作业必须办理盲板抽堵作业许可证，盲板材质、尺寸必须符合设备安全要求，必须安排专人负责执行、确认和标识管理，高处、有毒及有其他危险的盲板抽堵作业，必须根据危害分析的结果，采取防毒、防坠落、防烫伤、防酸碱的综合防护措施。

19. 加强对承包商的管理。企业要加强对承担工程建设、检维修、维护保养的承包商的管理。要对承包商进行资质审查，选择具备相应资质、安全业绩好的企业作为承包商，要对进入企业的承包商人员进行全员安全教育，向承包商进行作业现场安全交底，对承包商的安全作业规程、施工方案和应急预案进行审查，对承包商的作业过程进行全过程监督。

承包商作业时要执行与企业完全一致的安全作业标准。严格控制工程分包，严禁层层转包。

四、实施规范化安全培训管理，提高全员安全意识和操作技能

20. 进一步规范和强化企业安全培训教育管理。企业要制定安全培训教育管理制度，编制年度安全培训教育计划，制定安全培训教育方案，建立培训档案，实施持续不断的安全培训教育，使从业人员满足本岗位对安全生产知识和操作技能的要求。

强化从业人员安全培训教育。企业必须对新录用的员工(包括临时工、合同工、劳务工、轮换工、协议工等)进行强制性安全培训教育，经过厂、车间、班组三级安全培训教育，保证其了解危险化学品安全生产相关的法律法规，熟悉从业人员安全生产的权利和义务；掌握安全生产基本常识及操作规程；具备对工作环境的危险因素进行分析的能力；掌握应急处置、个人防险、避灾、自救方法；熟悉劳动防护用品的使用和维护，经考核合格后方可上岗作业。对转岗、脱离岗位1年(含)以上的从业人员，要进行车间级和班组级安全培训教育，经考核合格后，方可上岗作业。

新建企业要在装置建成试车前6个月(至少)完成全部管理人员和操作人员的聘用、招工工作，进行安全培训，经考核合格后，方可上岗作业；新工艺、新设备、新材料、新方法投用前，要按新的操作规程，对岗位操作人员和相关人员进行专门教育培训，经考核合格后，方可上岗作业。

21. 企业主要负责人和安全生产管理人员要主动接受安全管理资格培训考核。企业的主要负责人和安全生产管理人员必须接受具有相应资质培训机构组织的培训，参加相关部门组织的考试(考核)，取得安全管理资格证书。企业主要负责人应了解国家新发布的法律、法规；掌握安全管理知识和技能；具有一定的企业安全管理经验。安全生产管理人员应掌握国家有关法律法规；掌握风险管理、隐患排查、应急管理和事故调查等专项技能、方法和手段。

22. 加强特种作业人员资格培训。特种作业人员须参加由具有特种作业人员培训资质的机构举办的培训，掌握与其所从事的特种作业相应的安全技术理论知识和实际操作技能，经相关部门考核合格，取得特种作业操作证后，持证上岗。

五、加强应急管理，提高应急响应水平

23. 建立健全企业应急体系。企业要依据国家相关法律法规及标准要求，建立、健全应急组织和专(兼)职应急队伍，明确职责。鼓励企业与周边其他企业签订应急救援和应急协议，提高应对突发事件的能力。

企业应依据对安全生产风险的评估结果和国家有关规定，配置与抵御企业风险要求相适应的应急装备、物资，做好应急装备、物资的日常管理维护，满足应急的需要。

大中型和有条件的企业应建设具有日常应急管理、风险分析、监测监控、预测预警、动态决策、应急联动等功能的应急指挥平台。

24. 完善应急预案管理。企业应依据国家相关法规及标准要求，规范应急预案的编制、评审、发布、备案、培训、演练和修订等环节的管理。企业的应急预案要与周边相关企业(单位)和当地政府应急预案相互衔接，形成应急联动机制。

要在做好风险分析和应急能力评估的基础上分级制定应急预案。要针对重大危险源和危险目标，做好基层作业场所的现场处置方案。现场处置方案的编制要简明、可操作，应针对岗位生产、设备及其次生灾害事故的特点，制定具体的报警报告、生产处理、灾害扑救程序，做到一事一案或一岗一案。在预案编制过程中要始终把从业人员及周边居民的人身安全和环境保护作为事故应急响应的首要任务，赋予企业生产现场的带班人员、班组长、生产调度人员在遇到险情时第一时间下达停产撤人的直接决策权和指挥权，提高突发事件初期处置能力，最大程度地减少或避免事故造成的人员伤亡。

企业要积极进行危险化学品登记工作，落实危害信息告知制度，定期组织开展各层次的应急预案演

练、培训和危害告知，及时补充和完善应急预案，不断提高应急预案的针对性和可操作性，增强企业应急响应能力。

25. 建立完善企业安全生产预警机制。企业要建立完善安全生产动态监控及预警预报体系，每月进行一次安全生产风险分析。发现事故征兆要立即发布预警信息，落实防范和应急处置措施。对重大危险源和重大隐患要报当地安全生产监管部门和行业管理部门备案。

六、加强事故事件管理，进一步提升事故防范能力

26. 加强安全事件管理。企业应对涉险事故、未遂事故等安全事件(如生产事故征兆、非计划停工、异常工况、泄漏等)，按照重大、较大、一般等级别，进行分级管理，制定整改措施，防患于未然；建立安全事故事件报告激励机制，鼓励员工和基层单位报告安全事件，使企业安全生产管理由单一事后处罚，转向事前奖励与事后处罚相结合；强化事故事前控制，关口前移，积极消除不安全行为和不安全状态，把事故消灭在萌芽状态。

27. 加强事故管理。企业要根据国家相关法律、法规和标准的要求，制定本企业的事故管理制度，规范事故调查工作，保证调查结论的客观完好性；事故发生后，要按照事故等级、分类时限，上报政府有关部门，并按照相关规定，积极配合政府有关部门开展事故调查工作。事故调查处理应坚持“四不放过”和“依法依规、实事求是、注重实效”的原则。

28. 深入分析事故事件原因。企业要根据国家相关法律、法规和标准的规定，运用科学的事故分析手段，深入剖析事故事件的原因，找出安全管理体系的漏洞，从整体上提出整改措施，改善安全管理体系。

29. 切实吸取事故教训。建立事故通报制度，及时通报本企业发生的事故，组织员工学习事故经验教训，完善相应的操作规程和管理制度，共同探讨事故防范措施，防范类似事故的再次发生；对国内外同行业发生的重大事故，要主动收集事故信息，加强学习和研究，对照本企业的生产现状，借鉴同行业事故暴露出的问题，查找事故隐患和类似的风险，警示本企业员工，落实防范措施；充分利用现代网络信息平台，建立事故事件快报制度和案例信息库，实现基层单位、基层员工及时上报、及时查寻、及时共享事故事件资源，促进全员安全意识的提高；充分利用事故案例资源，提高安全教育培训的针对性和有效性；对本单位、相关单位在一段时间内发生的所有事故事件进行统计分析，研究事故事件发生的特点、趋势，制定防范事故的总体策略。

七、严格检查和考核，促进管理制度的有效执行

30. 加强安全生产监督检查。企业要完善安全生产监督检查制度，采取定期和不定期的形式对各项管理制度以及安全管理要求落实情况进行监督检查。

企业安全检查分日常检查、专业性检查、季节性检查、节假日检查和综合性检查。日常检查应根据管理层次、不同岗位与职责定期进行，班组和岗位员工应进行交接班检查和班中不间断地巡回检查，基层单位(车间)和企业应根据实际情况进行周检、月检和季检。专业检查分别由各专业部门负责定期进行。季节性检查和节假日检查由企业根据季节和节假日特点组织进行。综合性检查由厂和车间分别负责定期进行。

中小企业可聘请外部专家对企业进行安全检查，鼓励企业聘请外部机构对企业进行安全管理评估或安全审核。

企业应对检查发现的问题或外部评估的问题及时进行整改，并对整改情况进行验证。企业应分析形成问题的原因，以便采取措施，避免同类或类似问题再次发生。

31. 严格绩效考核。企业应对安全生产情况进行绩效考核。要设置绩效考核指标，绩效考核指标要包含人身伤害、泄漏、着火和爆炸事故等情况，以及内部检查的结果、外部检查的结果和安全生产基础工作情况、安全生产各项制度的执行情况等。要建立员工安全生产行为准则，对员工的安全生产表现进行考核。

八、全面开展安全生产标准化建设，持续提升企业安全管理水平

32. 全面开展安全达标。企业要全面贯彻落实《企业安全生产标准化基本规范》(AQ/T 9006—2010)、《危险化学品从业单位安全标准化通用规范》(AQ 3013—2008)，积极开展安全生产标准化工作。要通过开展岗位达标、专业达标，推进企业的安全生产标准化工作，不断提高企业安全管理水平。

要确定“岗位达标”标准，包括建立健全岗位安全生产职责和操作规程，明确从业人员作业时的具体做

法和注意事项。从业人员要学习、掌握、落实标准，形成良好的作业习惯和规范的作业行为。企业要依据“岗位达标”标准中的各项要求进行考核，通过理论考试、实际操作考核、评议等方法，全面客观地反映每位从业人员的岗位技能情况，实现岗位达标，从而确保减少人为事故。

要确定“专业达标”标准，明确所涉及的专业定位，进行科学、精细的分类管理。按月评、季评、抽查和年综合考评相结合的方式对专业业绩进行评估，对不具备专业能力的实行资格淘汰，建立优胜劣汰的良性循环机制，使企业专业化管理水平不断提高，提高生产力效率及风险控制水平。

企业在开展安全生产标准化时，要借助有经验的专业人员查找企业安全生产存在的问题，从安全管理制度、安全生产条件、制度执行和人员素质等方面逐项改进，建立完善的安全生产标准化体系，实现企业安全生产标准化达标。通过开展安全生产标准化达标工作，进一步强化落实安全生产“双基”(基层、基础)工作，不断提高企业的安全管理水平和安全生产保障能力。

33. 深入开展安全文化建设。企业要按照《企业安全文化建设导则》(AQ/T 9004—2008)要求，充分考虑企业自身安全生产的特点和内、外部的文化特征，积极开展和加强安全文化建设，提高从业人员的安全意识和遵章守纪的自觉性，逐渐消除“三违”现象。主要负责人是企业安全文化的倡导者和企业安全文化建设的直接责任者。

企业安全文化建设，可以通过建立健全安全生产责任制，系统的风险辨识、评价、控制等措施促进管理层安全意识与管理素质的提高，避免违章指挥，提高管理水平。通过各种安全教育和安全活动，强化作业人员安全意识、规范操作行为，杜绝违章作业、违反劳动纪律的现象和行为，提高安全技能。企业要结合全面开展安全生产标准化工作，大力推进企业安全文化建设，使企业安全生产水平持续提高，从根本上建立安全生产的长效机制。

九、切实加强危险化学品安全生产的监督和指导管理

34. 进一步加大安全监管力度。地方各级政府有关部门要从加强安全生产和保障社会公共安全的角度审视加强危险化学品安全生产工作的重要性，强化对危险化学品安全生产工作的组织领导。安全监管部门、负有危险化学品安全生产监管职责的有关部门和工业管理部门要按职责分工，创新监管思路，监督指导企业建立和不断完善安全生产长效机制。要以监督指导企业主要负责人切实落实安全生产职责、建立和不断完善并严格履行全员安全生产责任制、建立和不断完善并严格执行各项安全生产规章制度、建立安全生产投入保障机制、强化隐患排查治理、加强安全教育与培训、加强重大危险源监控和应急工作、加强承包商管理为重点，推动企业切实履行安全生产主体责任。

35. 制定落实化工行业安全发展规划，严格危险化学品安全生产准入。各地区、各有关部门要把危险化学品安全生产作为重要内容纳入本地区、本部门安全生产总体规划布局，推动各地做好化工行业安全发展规划，规划化工园区(化工集中区)，确定危险化学品储存专门区域，新建化工项目必须进入化工园区(化工集中区)。各地区要大力支持有效消除重大安全隐患的技术改造和搬迁项目，推动现有风险大的化工企业搬迁进入化工园区(化工集中区)，防范企业危险化学品事故影响社会公共安全。

严格危险化学品安全生产许可制度。严把危险化学品安全生产许可证申请、延期和变更审查关，逐步提高安全准入条件，持续提高安全准入门槛。要紧紧抓住当前转变经济发展方式和调整产业结构的有利时机，对不符合有关安全标准、安全保障能力差、职业危害严重、危及安全生产等落后的化工技术、工艺和装备要列入产业结构调整指导目录，明令禁止使用，予以强制淘汰。加强危险化学品经营许可的管理，对于带有储存的经营许可申请要严格把关。严格执行《危险化学品建设项目安全许可实施办法》，对新建、改建、扩建危险化学品生产、储存装置和设施项目，进行建设项目设立安全审查、安全设施设计的审查、试生产方案备案和竣工验收。加强对化工建设项目设计单位的安全管理，提高化工建设项目安全设计水平和新建化工装置本质安全度。

36. 加强对化工园区、大型石油储罐区和危险化学品输送管道的安全监管。科学规划化工园区，从严控制化工园区的数量。化工园区要做整体风险评估，化工园区内企业整体布局要统一科学规划。化工园区要有专门的安全监管机构，要有统一的一体化应急系统，提高化工园区管理水平。

要加强大型石油储罐区的安全监管。大型石油储罐区选址要科学合理，储罐区的罐容总量和储罐区的

总体布局要满足安全生产的需要，涉及多家企业(单位)大型石油储罐区要建立统一的安全生产管理和应急保障系统。

切实加强危险化学品输送管道的安全监管。各地区要明确辖区内危险化学品输送管道安全监管工作的牵头部门，对辖区内危险化学品输送管道开展全面排查，摸清有关情况。特别是要摸清辖区内穿越公共区域以及公共区域内地下危险化学品输送管道的情况，并建立长期档案。针对地下危险化学品输送管道普遍存在的违章建筑占压和安全距离不够的问题，切实采取有效措施加强监管，要组织开展集中整治，彻底消除隐患。要督促有关企业进一步落实安全生产责任，完善危险化学品管道标志和警示标识，健全有关资料档案；落实管理责任，对危险化学品输送管道定期进行检测，加强日常巡线，发现隐患及时处置。确保危险化学品输送管道及其附属设施的安全运行。

37. 加强城市危险化学品安全监管。各地区要严格执行城市发展规划，严格限制在城市人口密集区周边建立涉及危险化学品的企业(单位)。要督促指导城区内危险化学品重大危险源企业(单位)，认真落实危险化学品重大危险源安全管理责任，采用先进的仪表自动监控系统强化监控措施，确保重大危险源安全。要加强对城市危险化学品重大危险源的安全监管，明确责任，加大监督检查的频次和力度。要进一步发挥危险化学品安全生产部门联席会议制度的作用，制定政策措施，积极推动城区内危险化学品企业搬迁工作。

38. 严格执行危险化学品重大隐患政府挂牌督办制度，严肃查处危险化学品生产安全事故。各地要按国务院《通知》的有关要求，对危险化学品重大隐患治理实行下达整改指令和逐级挂牌督办、公告制度。对存在重大隐患限期不能整改的企业，要依法责令停产整改。要按照“四不放过”和“依法依规、实事求是、注重实效”的原则，严肃查处危险化学品生产安全事故。要在认真分析事故技术原因的同时，彻底查清事故的管理原因，不断完善安全生产规章制度和法规标准。要监督企业制定有针对性防范措施并限期落实。对发生的危险化学品事故除依法追究有关责任人的责任外，发生较大以上死亡事故的企业依法要停产整顿；情节严重的要依法暂扣安全生产许可证；情节特别严重的要依法吊销安全生产许可证。对发生重大事故或一年内发生两次以上较大事故的企业，一年内禁止新建和扩建危险化学品建设项目。

企业要认真学习、深刻领会国务院《通知》精神，依据本实施意见并结合企业安全生产实际，制定具体的落实本实施意见的工作方案，并积极采取措施确保工作方案得到有效实施，建立安全生产长效机制，持续改进安全绩效，切实落实企业安全生产主体责任，全面提高安全生产水平。

各地工业和信息化主管部门要切实落实安全生产指导管理职责。制定落实危险化学品布局规划，按照产业集聚和节约用地原则，统筹区域环境容量、安全容量，充分考虑区域产业链的合理性，有序规划化工园区(化工集中区)，推动现有风险大的化工企业搬迁进入园区，规范区域产业转移政策，加大安全保障能力低的项目和企业淘汰力度；提高行业准入条件，加快产业重组与淘汰落后，优化产业结构和布局，将安全风险大的落后能力列入淘汰落后产能目录；加大安全生产技术改造的支持力度，优先安排有效消除重大安全隐患的技术改造、搬迁和信息化建设项目。

各级安全监管部门和工业主管部门要根据国务院《通知》和本实施意见，结合当地实际，加强对企业落实国务院《通知》和本实施意见工作的监督和指导，推动企业切实贯彻落实好国务院《通知》和本实施意见的有关要求，努力尽快实现本地区危险化学品安全生产形势根本好转。

国家安全生产监督管理总局工业和信息化部

二〇一〇年十一月三日

附录4 国家安全监管总局关于公布首批重点监管的危险化工工艺目录的通知

（安监总管三〔2009〕116号）

各省、自治区、直辖市及新疆生产建设兵团安全生产监督管理局，有关中央企业：

为贯彻落实《国务院安委会办公室关于进一步加强危险化学品安全生产工作的指导意见》（安委办〔2008〕26号，以下简称《指导意见》）有关要求，提高化工生产装置和危险化学品储存设施本质安全水平，指导各地对涉及危险化工工艺的生产装置进行自动化改造，国家安全监管总局组织编制了《首批重点监管的危险化工工艺目录》和《首批重点监管的危险化工工艺安全控制要求、重点监控参数及推荐的控制方案》，现予公布，并就有关事项通知如下：

一、化工企业要按照《首批重点监管的危险化工工艺目录》、《首批重点监管的危险化工工艺安全控制要求、重点监控参数及推荐的控制方案》要求，对照本企业采用的危险化工工艺及其特点，确定重点监控的工艺参数，装备和完善自动控制系统，大型和高度危险化工装置要按照推荐的控制方案装备紧急停车系统。今后，采用危险化工工艺的新建生产装置原则上要由甲级资质化工设计单位进行设计。

二、各地安全监管部门要根据《指导意见》的要求，对本辖区化工企业采用危险化工工艺的生产装置自动化改造工作，要制定计划、落实措施、加快推进，力争在2010年底前完成所有采用危险化工工艺的生产装置自动化改造工作，促进化工企业安全生产条件的进一步改善。

三、在涉及危险化工工艺的生产装置自动化改造过程中，各有关单位如果发现《首批重点监管的危险化工工艺目录》和《首批重点监管的危险化工工艺安全控制要求、重点监控参数及推荐的控制方案》存在问题，请认真研究提出处理意见，并及时反馈国家安全监管总局（安全监督管理三司）。各地安全监管部门也可根据当地化工产业和安全生产的特点，补充和确定本辖区重点监管的危险化工工艺目录。

四、请各省级安全监管局将本通知转发给辖区内（或者所属）的化工企业，并抄送从事化工建设项目设计的单位，以及有关具有乙级资质的安全评价机构。

附件：1. 首批重点监管的危险化工工艺目录

2. 首批重点监管的危险化工工艺安全控制要求、重点监控参数及推荐的控制方案

国家安全生产监督管理总局

二〇〇九年六月十二日

附件 1

首批重点监管的危险化工工艺目录

一、光气及光气化工艺
二、电解工艺(氯碱)
三、氯化工艺
四、硝化工艺
五、合成氨工艺
六、裂解(裂化)工艺
七、氟化工艺
八、加氢工艺
九、重氮化工艺
十、氧化工艺
十一、过氧化工艺
十二、胺基化工艺
十三、磺化工艺
十四、聚合工艺
十五、烷基化工艺

附件 2

首批重点监管的危险化工工艺安全控制要求、重点监控参数及推荐的控制方案

1. 光气及光气化工艺

<table>
<tr><td>反应类型</td><td>放热反应</td><td>重点监控单元</td><td>光气化反应釜、光气储运单元</td></tr>
<tr><td colspan="4">工艺简介</td></tr>
<tr><td colspan="4">光气及光气化工艺包含光气的制备工艺，以及以光气为原料制备光气化产品的工艺路线，光气化工艺主要分为气相和液相两种。</td></tr>
<tr><td colspan="4">工艺危险特点</td></tr>
<tr><td colspan="4">(1)光气为剧毒气体，在储运、使用过程中发生泄漏后，易造成大面积污染、中毒事故；
(2)反应介质具有燃爆危险性；
(3)副产物氯化氢具有腐蚀性，易造成设备和管线泄漏使人员发生中毒事故。</td></tr>
<tr><td colspan="4">典型工艺</td></tr>
<tr><td colspan="4">一氧化碳与氯气的反应得到光气；
光气合成双光气、三光气；
采用光气作单体合成聚碳酸酯；
甲苯二异氰酸酯(TDI)的制备；
4，4′-二苯基甲烷二异氰酸酯(MDI)的制备等。</td></tr>
<tr><td colspan="4">重点监控工艺参数</td></tr>
<tr><td colspan="4">一氧化碳、氯气含水量；反应釜温度、压力；反应物质的配料比；光气进料速度；冷却系统中冷却介质的温度、压力、流量等。</td></tr>
<tr><td colspan="4">安全控制的基本要求</td></tr>
<tr><td colspan="4">事故紧急切断阀；紧急冷却系统；反应釜温度、压力报警联锁；局部排风设施；有毒气体回收及处理系统；自动泄压装置；自动氨或碱液喷淋装置；光气、氯气、一氧化碳监测及超限报警；双电源供电。</td></tr>
<tr><td colspan="4">宜采用的控制方式</td></tr>
<tr><td colspan="4">光气及光气化生产系统一旦出现异常现象或发生光气及其剧毒产品泄漏事故时，应通过自控联锁装置启动紧急停车并自动切断所有进出生产装置的物料，将反应装置迅速冷却降温，同时将发生事故设备内的剧毒物料导入事故槽内，开启氨水、稀碱液喷淋，启动通风排毒系统，将事故部位的有毒气体排至处理系统。</td></tr>
</table>

2. 电解工艺(氯碱)

反应类型	吸热反应	重点监控单元	电解槽、氯气储运单元
工艺简介			
电流通过电解质溶液或熔融电解质时，在两个极上所引起的化学变化称为电解反应。涉及电解反应的工艺过程为电解工艺。许多基本化学工业产品(氢、氧、氯、烧碱、过氧化氢等)的制备，都是通过电解来实现的。			
工艺危险特点			
(1)电解食盐水过程中产生的氢气是极易燃烧的气体，氯气是氧化性很强的剧毒气体，两种气体混合极易发生爆炸，当氯气中含氢量达到5%以上，则随时可能在光照或受热情况下发生爆炸； (2)如果盐水中存在的铵盐超标，在适宜的条件(pH<4.5)下，铵盐和氯作用可生成氯化铵，浓氯化铵溶液与氯还可生成黄色油状的三氯化氮。三氯化氮是一种爆炸性物质，与许多有机物接触或加热至90℃以上以及被撞击、摩擦等，即发生剧烈的分解而爆炸； (3)电解溶液腐蚀性强； (4)液氯的生产、储存、包装、输送、运输可能发生液氯的泄漏。			
典型工艺			
氯化钠(食盐)水溶液电解生产氯气、氢氧化钠、氢气； 氯化钾水溶液电解生产氯气、氢氧化钾、氢气。			
重点监控工艺参数			
电解槽内液位；电解槽内电流和电压；电解槽进出物料流量；可燃和有毒气体浓度；电解槽的温度和压力；原料中铵含量；氯气杂质含量(水、氢气、氧气、三氯化氮等)等。			
安全控制的基本要求			
电解槽温度、压力、液位、流量报警和联锁；电解供电整流装置与电解槽供电的报警和联锁；紧急联锁切断装置；事故状态下氯气吸收中和系统；可燃和有毒气体检测报警装置等。			
宜采用的控制方式			
将电解槽内压力、槽电压等形成联锁关系，系统设立联锁停车系统。 安全设施，包括安全阀、高压阀、紧急排放阀、液位计、单向阀及紧急切断装置等。			

3. 氯化工艺

反应类型	放热反应	重点监控单元	氯化反应釜、氯气储运单元
工艺简介			
氯化是化合物的分子中引入氯原子的反应，包含氯化反应的工艺过程为氯化工艺，主要包括取代氯化、加成氯化、氧氯化等。			
工艺危险特点			
(1)氯化反应是一个放热过程，尤其在较高温度下进行氯化，反应更为剧烈，速度快，放热量较大； (2)所用的原料大多具有燃爆危险性； (3)常用的氯化剂氯气本身为剧毒化学品，氧化性强，储存压力较高，多数氯化工艺采用液氯生产是先汽化再氯化，一旦泄漏危险性较大； (4)氯气中的杂质，如水、氢气、氧气、三氯化氮等，在使用中易发生危险，特别是三氯化氮积累后，容易引发爆炸危险； (5)生成的氯化氢气体遇水后腐蚀性强； (6)氯化反应尾气可能形成爆炸性混合物。			

续表

反应类型	放热反应	重点监控单元	氯化反应釜、氯气储运单元
典型工艺			
(1)取代氯化 氯取代烷烃的氢原子制备氯代烷烃； 氯取代苯的氢原子生产六氯化苯； 氯取代萘的氢原子生产多氯化萘； 甲醇与氯反应生产氯甲烷； 乙醇和氯反应生产氯乙烷(氯乙醛类)； 醋酸与氯反应生产氯乙酸； 氯取代甲苯的氢原子生产苄基氯等。 (2)加成氯化 乙烯与氯加成氯化生产1，2-二氯乙烷； 乙炔与氯加成氯化生产1，2-二氯乙烯； 乙炔和氯化氢加成生产氯乙烯等。 (3)氧氯化 乙烯氧氯化生产二氯乙烷； 丙烯氧氯化生产1，2-二氯丙烷； 甲烷氧氯化生产甲烷氯化物； 丙烷氧氯化生产丙烷氯化物等。 (4)其他工艺 硫与氯反应生成一氯化硫； 四氯化钛的制备； 黄磷与氯气反应生产三氯化磷、五氯化磷等。			
重点监控工艺参数			
氯化反应釜温度和压力；氯化反应釜搅拌速率；反应物料的配比；氯化剂进料流量；冷却系统中冷却介质的温度、压力、流量等；氯气杂质含量(水、氢气、氧气、三氯化氮等)；氯化反应尾气组成等。			
安全控制的基本要求			
反应釜温度和压力的报警和联锁；反应物料的比例控制和联锁；搅拌的稳定控制；进料缓冲器；紧急进料切断系统；紧急冷却系统；安全泄放系统；事故状态下氯气吸收中和系统；可燃和有毒气体检测报警装置等。			
宜采用的控制方式			
将氯化反应釜内温度、压力与釜内搅拌、氯化剂流量、氯化反应釜夹套冷却水进水阀形成联锁关系，设立紧急停车系统。 安全设施，包括安全阀、高压阀、紧急放空阀、液位计、单向阀及紧急切断装置等。			

4. 硝化工艺

反应类型	放热反应	重点监控单元	硝化反应釜、分离单元
工艺简介			
硝化是有机化合物分子中引入硝基($-NO_2$)的反应，最常见的是取代反应。硝化方法可分成直接硝化法、间接硝化法和亚硝化法，分别用于生产硝基化合物、硝胺、硝酸酯和亚硝基化合物等。涉及硝化反应的工艺过程为硝化工艺。			
工艺危险特点			
(1)反应速度快，放热量大。大多数硝化反应是在非均相中进行的，反应组分的不均匀分布容易引起局部过热导致危险。尤其在硝化反应开始阶段，停止搅拌或由于搅拌叶片脱落等造成搅拌失效是非常危险的，一旦搅拌再次开动，就会突然引发局部激烈反应，瞬间释放大量的热量，引起爆炸事故； (2)反应物料具有燃爆危险性； (3)硝化剂具有强腐蚀性、强氧化性，与油脂、有机化合物(尤其是不饱和有机化合物)接触能引起燃烧或爆炸； (4)硝化产物、副产物具有爆炸危险性。			
典型工艺			
(1)直接硝化法 丙三醇与混酸反应制备硝酸甘油； 氯苯硝化制备邻硝基氯苯、对硝基氯苯； 苯硝化制备硝基苯； 蒽醌硝化制备1-硝基蒽醌； 甲苯硝化生产三硝基甲苯(俗称梯恩梯，TNT)； 丙烷等烷烃与硝酸通过气相反应制备硝基烷烃等。 (2)间接硝化法 苯酚采用磺酰基的取代硝化制备苦味酸等。 (3)亚硝化法 2-萘酚与亚硝酸盐反应制备1-亚硝基-2-萘酚； 二苯胺与亚硝酸钠和硫酸水溶液反应制备对亚硝基二苯胺等。			
重点监控工艺参数			
硝化反应釜内温度、搅拌速率；硝化剂流量；冷却水流量；pH值；硝化产物中杂质含量；精馏分离系统温度；塔釜杂质含量等。			
安全控制的基本要求			
反应釜温度的报警和联锁；自动进料控制和联锁；紧急冷却系统；搅拌的稳定控制和联锁系统；分离系统温度控制与联锁；塔釜杂质监控系统；安全泄放系统等。			
宜采用的控制方式			
将硝化反应釜内温度与釜内搅拌、硝化剂流量、硝化反应釜夹套冷却水进水阀形成联锁关系，在硝化反应釜处设立紧急停车系统，当硝化反应釜内温度超标或搅拌系统发生故障，能自动报警并自动停止加料。分离系统温度与加热、冷却形成联锁，温度超标时，能停止加热并紧急冷却。 硝化反应系统应设有泄爆管和紧急排放系统。			

5. 合成氨工艺

反应类型	吸热反应	重点监控单元	合成塔、压缩机、氨储存系统

工艺简介

氮和氢两种组分按一定比例(1∶3)组成的气体(合成气)，在高温、高压下(一般为400~450℃，15~30MPa)经催化反应生成氨的工艺过程。

工艺危险特点

(1)高温、高压使可燃气体爆炸极限扩宽，气体物料一旦过氧(亦称透氧)，极易在设备和管道内发生爆炸；

(2)高温、高压气体物料从设备管线泄漏时会迅速膨胀与空气混合形成爆炸性混合物，遇到明火或因高流速物料与裂(喷)口处摩擦产生静电火花引起着火和空间爆炸；

(3)气体压缩机等转动设备在高温下运行会使润滑油挥发裂解，在附近管道内造成积炭，可导致积炭燃烧或爆炸；

(4)高温、高压可加速设备金属材料发生蠕变、改变金相组织，还会加剧氢气、氮气对钢材的氢蚀及渗氮，加剧设备的疲劳腐蚀，使其机械强度减弱，引发物理爆炸；

(5)液氨大规模事故性泄漏会形成低温云团引起大范围人群中毒，遇明火还会发生空间爆炸。

典型工艺

(1)节能AMV法；

(2)德士古水煤浆加压气化法；

(3)凯洛格法；

(4)甲醇与合成氨联合生产的联醇法；

(5)纯碱与合成氨联合生产的联碱法；

(6)采用变换催化剂、氧化锌脱硫剂和甲烷催化剂的“三催化”气体净化法等。

重点监控工艺参数

合成塔、压缩机、氨储存系统的运行基本控制参数，包括温度、压力、液位、物料流量及比例等。

安全控制的基本要求

合成氨装置温度、压力报警和联锁；物料比例控制和联锁；压缩机的温度、入口分离器液位、压力报警联锁；紧急冷却系统；紧急切断系统；安全泄放系统；可燃、有毒气体检测报警装置。

宜采用的控制方式

将合成氨装置内温度、压力与物料流量、冷却系统形成联锁关系；将压缩机温度、压力、入口分离器液位与供电系统形成联锁关系；紧急停车系统。

合成单元自动控制还需要设置以下几个控制回路：

(1)氨分、冷交液位；(2)废锅液位；(3)循环量控制；(4)废锅蒸汽流量；(5)废锅蒸汽压力。

安全设施，包括安全阀、爆破片、紧急放空阀、液位计、单向阀及紧急切断装置等。

6. 裂解(裂化)工艺

反应类型	高温吸热反应	重点监控单元	裂解炉、制冷系统、压缩机、引风机、分离单元

工艺简介

裂解是指石油系的烃类原料在高温条件下，发生碳链断裂或脱氢反应，生成烯烃及其他产物的过程。产品以乙烯、丙烯为主，同时副产丁烯、丁二烯等烯烃和裂解汽油、柴油、燃料油等产品。

烃类原料在裂解炉内进行高温裂解，产出组成为氢气、低/高碳烃类、芳烃类以及馏分为288℃以上的裂解燃料油的裂解气混合物。经过急冷、压缩、激冷、分馏以及干燥和加氢等方法，分离出目标产品和副产品。

在裂解过程中，同时伴随缩合、环化和脱氢等反应。由于所发生的反应很复杂，通常把反应分成两个阶段。第一阶段，原料变成的目的产物为乙烯、丙烯，这种反应称为一次反应。第二阶段，一次反应生成的乙烯、丙烯继续反应转化为炔烃、二烯烃、芳烃、环烷烃，甚至最终转化为氢气和焦炭，这种反应称为二次反应。裂解产物往往是多种组分混合物。影响裂解的基本因素主要为温度和反应的持续时间。化工生产中用热裂解的方法生产小分子烯烃、炔烃和芳香烃，如乙烯、丙烯、丁二烯、乙炔、苯和甲苯等。

工艺危险特点

(1)在高温(高压)下进行反应，装置内的物料温度一般超过其自燃点，若漏出会立即引起火灾；

(2)炉管内壁结焦会使流体阻力增加，影响传热，当焦层达到一定厚度时，因炉管壁温度过高，而不能继续运行下去，必须进行清焦，否则会烧穿炉管，裂解气外泄，引起裂解炉爆炸；

(3)如果由于断电或引风机机械故障而使引风机突然停转，则炉膛内很快变成正压，会从窥视孔或烧嘴等处向外喷火，严重时会引起炉膛爆炸；

(4)如果燃料系统大幅度波动，燃料气压力过低，则可能造成裂解炉烧嘴回火，使烧嘴烧坏，甚至会引起爆炸；

(5)有些裂解工艺产生的单体会自聚或爆炸，需要向生产的单体中加阻聚剂或稀释剂等。

典型工艺

热裂解制烯烃工艺；

重油催化裂化制汽油、柴油、丙烯、丁烯；

乙苯裂解制苯乙烯；

二氟一氯甲烷(HCFC-22)热裂解制得四氟乙烯(TFE)；

二氟一氯乙烷(HCFC-142b)热裂解制得偏氟乙烯(VDF)；

四氟乙烯和八氟环丁烷热裂解制得六氟乙烯(HFP)等。

重点监控工艺参数

裂解炉进料流量；裂解炉温度；引风机电流；燃料油进料流量；稀释蒸汽比及压力；燃料油压力；滑阀差压超驰控制、主风流量控制、外取热器控制、机组控制、锅炉控制等。

安全控制的基本要求

裂解炉进料压力、流量控制报警与联锁；紧急裂解炉温度报警和联锁；紧急冷却系统；紧急切断系统；反应压力与压缩机转速及入口放火炬控制；再生压力的分程控制；滑阀差压与料位；温度的超驰控制；再生温度与外取热器负荷控制；外取热器汽包和锅炉汽包液位的三冲量控制；锅炉的熄火保护；机组相关控制；可燃与有毒气体检测报警装置等。

宜采用的控制方式

将引风机电流与裂解炉进料阀、燃料油进料阀、稀释蒸汽阀之间形成联锁关系，一旦引风机故障停车，则裂解炉自动停止进料并切断燃料供应，但应继续供应稀释蒸汽，以带走炉膛内的余热。

将燃料油压力与燃料油进料阀、裂解炉进料阀之间形成联锁关系，燃料油压力降低，则切断燃料油进料阀，同时切断裂解炉进料阀。

分离塔应安装安全阀和放空管，低压系统与高压系统之间应有逆止阀并配备固定的氮气装置、蒸汽灭火装置。

将裂解炉电流与锅炉给水流量、稀释蒸汽流量之间形成联锁关系；一旦水、电、蒸汽等公用工程出现故障，裂解炉能自动紧急停车。

反应压力正常情况下由压缩机转速控制，开工及非正常工况下由压缩机入口放火炬控制。

再生压力由烟机入口蝶阀和旁路滑阀(或蝶阀)分程控制。

再生、待生滑阀正常情况下分别由反应温度信号和反应器料位信号控制，一旦滑阀差压出现低限，则转由滑阀差压控制。

再生温度由外取热器催化剂循环量或流化介质流量控制。

外取热汽包和锅炉汽包液位采用液位、补水量和蒸发量三冲量控制。

带明火的锅炉设置熄火保护控制。

大型机组设置相关的轴温、轴震动、轴位移、油压、油温、防喘振等系统控制。

在装置存在可燃气体、有毒气体泄漏的部位设置可燃气体报警仪和有毒气体报警仪。

7. 氟化工艺

反应类型	放热反应	重点监控单元	氟化剂储运单元

工艺简介

氟化是化合物的分子中引入氟原子的反应，涉及氟化反应的工艺过程为氟化工艺。氟与有机化合物作用是强放热反应，放出大量的热可使反应物分子结构遭到破坏，甚至着火爆炸。氟化剂通常为氟气、卤族氟化物、惰性元素氟化物、高价金属氟化物、氟化氢、氟化钾等。

工艺危险特点

(1)反应物料具有燃爆危险性；

(2)氟化反应为强放热反应，不及时排除反应热量，易导致超温超压，引发设备爆炸事故；

(3)多数氟化剂具有强腐蚀性、剧毒，在生产、储存、运输、使用等过程中，容易因泄漏、操作不当、误接触以及其他意外而造成危险。

典型工艺

(1)直接氟化

黄磷氟化制备五氟化磷等。

(2)金属氟化物或氟化氢气体氟化

SbF_3、AgF_2、CoF_3 等金属氟化物与烃反应制备氟化烃；

氟化氢气体与氢氧化铝反应制备氟化铝等。

(3)置换氟化

三氯甲烷氟化制备二氟一氯甲烷；

2，4，5，6-四氯嘧啶与氟化钠制备 2，4，6-三氟-5-氟嘧啶等。

(4)其他氟化物的制备

浓硫酸与氟化钙(萤石)制备无水氟化氢等。

重点监控工艺参数

氟化反应釜内温度、压力；氟化反应釜内搅拌速率；氟化物流量；助剂流量；反应物的配料比；氟化物浓度。

安全控制的基本要求

反应釜内温度和压力与反应进料、紧急冷却系统的报警和联锁；搅拌的稳定控制系统；安全泄放系统；可燃和有毒气体检测报警装置等。

宜采用的控制方式

氟化反应操作中，要严格控制氟化物浓度、投料配比、进料速度和反应温度等。必要时应设置自动比例调节装置和自动联锁控制装置。

将氟化反应釜内温度、压力与釜内搅拌、氟化物流量、氟化反应釜夹套冷却水进水阀形成联锁控制，在氟化反应釜处设立紧急停车系统，当氟化反应釜内温度或压力超标或搅拌系统发生故障时自动停止加料并紧急停车。安全泄放系统。

8. 加氢工艺

反应类型	放热反应	重点监控单元	加氢反应釜、氢气压缩机
工艺简介			
加氢是在有机化合物分子中加入氢原子的反应，涉及加氢反应的工艺过程为加氢工艺，主要包括不饱和键加氢、芳环化合物加氢、含氮化合物加氢、含氧化合物加氢、氢解等。			
工艺危险特点			
(1)反应物料具有燃爆危险性，氢气的爆炸极限为4%~75%，具有高燃爆危险特性； (2)加氢为强烈的放热反应，氢气在高温高压下与钢材接触，钢材内的碳分子易与氢气发生反应生成碳氢化合物，使钢制设备强度降低，发生氢脆； (3)催化剂再生和活化过程中易引发爆炸； (4)加氢反应尾气中有未完全反应的氢气和其他杂质在排放时易引发着火或爆炸。			
典型工艺			
(1)不饱和炔烃、烯烃的三键和双键加氢 环戊二烯加氢生产环戊烯等。 (2)芳烃加氢 苯加氢生成环己烷； 苯酚加氢生产环己醇等。 (3)含氧化合物加氢 一氧化碳加氢生产甲醇； 丁醛加氢生产丁醇； 辛烯醛加氢生产辛醇等。 (4)含氮化合物加氢 己二腈加氢生产己二胺； 硝基苯催化加氢生产苯胺等。 (5)油品加氢 馏分油加氢裂化生产石脑油、柴油和尾油； 渣油加氢改质； 减压馏分油加氢改质； 催化(异构)脱蜡生产低凝柴油、润滑油基础油等。			
重点监控工艺参数			
加氢反应釜或催化剂床层温度、压力；加氢反应釜内搅拌速率；氢气流量；反应物质的配料比；系统氧含量；冷却水流量；氢气压缩机运行参数、加氢反应尾气组成等。			
安全控制的基本要求			
温度和压力的报警和联锁；反应物料的比例控制和联锁系统；紧急冷却系统；搅拌的稳定控制系统；氢气紧急切断系统；加装安全阀、爆破片等安全设施；循环氢压缩机停机报警和联锁；氢气检测报警装置等。			
宜采用的控制方式			
将加氢反应釜内温度、压力与釜内搅拌电流、氢气流量、加氢反应釜夹套冷却水进水阀形成联锁关系，设立紧急停车系统。加入急冷氮气或氢气的系统。当加氢反应釜内温度或压力超标或搅拌系统发生故障时自动停止加氢，泄压，并进入紧急状态。安全泄放系统。			

9. 重氮化工艺

反应类型	绝大多数是放热反应	重点监控单元	重氮化反应釜、后处理单元

工艺简介

一级胺与亚硝酸在低温下作用，生成重氮盐的反应。脂肪族、芳香族和杂环的一级胺都可以进行重氮化反应。涉及重氮化反应的工艺过程为重氮化工艺。通常重氮化试剂是由亚硝酸钠和盐酸作用临时制备的。除盐酸外，也可以使用硫酸、高氯酸和氟硼酸等无机酸。脂肪族重氮盐很不稳定，即使在低温下也能迅速自发分解，芳香族重氮盐较为稳定。

工艺危险特点

(1)重氮盐在温度稍高或光照的作用下，特别是含有硝基的重氮盐极易分解，有的甚至在室温时亦能分解。在干燥状态下，有些重氮盐不稳定，活性强，受热或摩擦、撞击等作用能发生分解甚至爆炸；

(2)重氮化生产过程所使用的亚硝酸钠是无机氧化剂，175℃时能发生分解、与有机物反应导致着火或爆炸；

(3)反应原料具有燃爆危险性。

典型工艺

(1)顺法

对氨基苯磺酸钠与2-萘酚制备酸性橙-II染料；

芳香族伯胺与亚硝酸钠反应制备芳香族重氮化合物等。

(2)反加法

间苯二胺生产二氟硼酸间苯二重氮盐；

苯胺与亚硝酸钠反应生产苯胺基重氮苯等。

(3)亚硝酰硫酸法

2-氰基-4-硝基苯胺、2-氰基-4-硝基-6-溴苯胺、2，4-二硝基-6-溴苯胺、2，6-二氰基-4-硝基苯胺和2，4-二硝基-6-氰基苯胺为重氮组分与端氨基含醚基的偶合组分经重氮化、偶合成单偶氮分散染料；

2-氰基-4-硝基苯胺为原料制备蓝色分散染料等。

(4)硫酸铜触媒法

邻、间氨基苯酚用弱酸(醋酸、草酸等)或易于水解的无机盐和亚硝酸钠反应制备邻、间氨基苯酚的重氮化合物等。

(5)盐析法

氨基偶氮化合物通过盐析法进行重氮化生产多偶氮染料等。

重点监控工艺参数

重氮化反应釜内温度、压力、液位、pH值；重氮化反应釜内搅拌速率；亚硝酸钠流量；反应物质的配料比；后处理单元温度等。

安全控制的基本要求

反应釜温度和压力的报警和联锁；反应物料的比例控制和联锁系统；紧急冷却系统；紧急停车系统；安全泄放系统；后处理单元配置温度监测、惰性气体保护的联锁装置等。

宜采用的控制方式

将重氮化反应釜内温度、压力与釜内搅拌、亚硝酸钠流量、重氮化反应釜夹套冷却水进水阀形成联锁关系，在重氮化反应釜处设立紧急停车系统，当重氮化反应釜内温度超标或搅拌系统发生故障时自动停止加料并紧急停车。安全泄放系统。

重氮盐后处理设备应配置温度检测、搅拌、冷却联锁自动控制调节装置，干燥设备应配置温度测量、加热热源开关、惰性气体保护的联锁装置。

安全设施，包括安全阀、爆破片、紧急放空阀等。

10. 氧化工艺

<table>
<tr><td>反应类型</td><td>放热反应</td><td>重点监控单元</td><td>氧化反应釜</td></tr>
<tr><td colspan="4">工艺简介</td></tr>
<tr><td colspan="4">氧化为有电子转移的化学反应中失电子的过程，即氧化数升高的过程。多数有机化合物的氧化反应表现为反应原料得到氧或失去氢。涉及氧化反应的工艺过程为氧化工艺。常用的氧化剂有：空气、氧气、双氧水、氯酸钾、高锰酸钾、硝酸盐等。</td></tr>
<tr><td colspan="4">工艺危险特点</td></tr>
<tr><td colspan="4">(1)反应原料及产品具有燃爆危险性；
(2)反应气相组成容易达到爆炸极限，具有闪爆危险；
(3)部分氧化剂具有燃爆危险性，如氯酸钾，高锰酸钾、铬酸酐等都属于氧化剂，如遇高温或受撞击、摩擦以及与有机物、酸类接触，皆能引起火灾爆炸；
(4)产物中易生成过氧化物，化学稳定性差，受高温、摩擦或撞击作用易分解、燃烧或爆炸。</td></tr>
<tr><td colspan="4">典型工艺</td></tr>
<tr><td colspan="4">乙烯氧化制环氧乙烷；
甲醇氧化制备甲醛；
对二甲苯氧化制备对苯二甲酸；
异丙苯经氧化-酸解联产苯酚和丙酮；
环己烷氧化制环己酮；
天然气氧化制乙炔；
丁烯、丁烷、C_4馏分或苯的氧化制顺丁烯二酸酐；
邻二甲苯或萘的氧化制备邻苯二甲酸酐；
均四甲苯的氧化制备均苯四甲酸二酐；
苊的氧化制1，8-萘二甲酸酐；
3-甲基吡啶氧化制3-吡啶甲酸(烟酸)；
4-甲基吡啶氧化制4-吡啶甲酸(异烟酸)；
2-乙基己醇(异辛醇)氧化制备2-乙基己酸(异辛酸)；
对氯甲苯氧化制备对氯苯甲醛和对氯苯甲酸；
甲苯氧化制备苯甲醛、苯甲酸；
对硝基甲苯氧化制备对硝基苯甲酸；
环十二醇/酮混合物的开环氧化制备十二碳二酸；
环己酮/醇混合物的氧化制己二酸；
乙二醛硝酸氧化法合成乙醛酸；
丁醛氧化制丁酸；
氨氧化制硝酸等。</td></tr>
<tr><td colspan="4">重点监控工艺参数</td></tr>
<tr><td colspan="4">氧化反应釜内温度和压力；氧化反应釜内搅拌速率；氧化剂流量；反应物料的配比；气相氧含量；过氧化物含量等。</td></tr>
<tr><td colspan="4">安全控制的基本要求</td></tr>
<tr><td colspan="4">反应釜温度和压力的报警和联锁；反应物料的比例控制和联锁及紧急切断动力系统；紧急断料系统；紧急冷却系统；紧急送入惰性气体的系统；气相氧含量监测、报警和联锁；安全泄放系统；可燃和有毒气体检测报警装置等。</td></tr>
<tr><td colspan="4">宜采用的控制方式</td></tr>
<tr><td colspan="4">将氧化反应釜内温度和压力与反应物的配比和流量、氧化反应釜夹套冷却水进水阀、紧急冷却系统形成联锁关系，在氧化反应釜处设立紧急停车系统，当氧化反应釜内温度超标或搅拌系统发生故障时自动停止加料并紧急停车。配备安全阀、爆破片等安全设施。</td></tr>
</table>

11. 过氧化工艺

反应类型	吸热反应或放热反应	重点监控单元	过氧化反应釜
工艺简介			
向有机化合物分子中引入过氧基(-O-O-)的反应称为过氧化反应，得到的产物为过氧化物的工艺过程为过氧化工艺。			
工艺危险特点			
(1)过氧化物都含有过氧基(-O-O-)，属含能物质，由于过氧键结合力弱，断裂时所需的能量不大，对热、振动、冲击或摩擦等都极为敏感，极易分解甚至爆炸； (2)过氧化物与有机物、纤维接触时易发生氧化、产生火灾； (3)反应气相组成容易达到爆炸极限，具有燃爆危险。			
典型工艺			
双氧水的生产； 乙酸在硫酸存在下与双氧水作用，制备过氧乙酸水溶液； 酸酐与双氧水作用直接制备过氧二酸； 苯甲酰氯与双氧水的碱性溶液作用制备过氧化苯甲酰； 异丙苯经空气氧化生产过氧化氢异丙苯等。			
重点监控工艺参数			
过氧化反应釜内温度；pH；过氧化反应釜内搅拌速率；(过)氧化剂流量；参加反应物质的配料比；过氧化物浓度；气相氧含量等。			
安全控制的基本要求			
反应釜温度和压力的报警和联锁；反应物料的比例控制和联锁及紧急切断动力系统；紧急断料系统；紧急冷却系统；紧急送入惰性气体的系统；气相氧含量监测、报警和联锁；紧急停车系统；安全泄放系统；可燃和有毒气体检测报警装置等。			
宜采用的控制方式			
将过氧化反应釜内温度与釜内搅拌电流、过氧化物流量、过氧化反应釜夹套冷却水进水阀形成联锁关系，设置紧急停车系统。 过氧化反应系统应设置泄爆管和安全泄放系统。			

12. 胺基化工艺

反应类型	放热反应	重点监控单元	胺基化反应釜
工艺简介			
胺化是在分子中引入胺基(R_2N-)的反应，包括 $R-CH_3$ 烃类化合物(R：氢、烷基、芳基)在催化剂存在下，与氨和空气的混合物进行高温氧化反应，生成腈类等化合物的反应。涉及上述反应的工艺过程为胺基化工艺。			
工艺危险特点			
(1)反应介质具有燃爆危险性； (2)在常压下20℃时，氨气的爆炸极限为15%~27%，随着温度、压力的升高，爆炸极限的范围增大。因此，在一定的温度、压力和催化剂的作用下，氨的氧化反应放出大量热，一旦氨气与空气比失调，就可能发生爆炸事故； (3)由于氨呈碱性，具有强腐蚀性，在混有少量水分或湿气的情况下无论是气态或液态氨都会与铜、银、锡、锌及其合金发生化学作用； (4)氨易与氧化银或氧化汞反应生成爆炸性化合物(雷酸盐)。			
典型工艺			
邻硝基氯苯与氨水反应制备邻硝基苯胺； 对硝基氯苯与氨水反应制备对硝基苯胺； 间甲酚与氯化铵的混合物在催化剂和氨水作用下生成间甲苯胺； 甲醇在催化剂和氨气作用下制备甲胺； 1-硝基蒽醌与过量的氨水在氯苯中制备1-氨基蒽醌； 2，6-蒽醌二磺酸氨解制备2，6-二氨基蒽醌； 苯乙烯与胺反应制备N-取代苯乙胺； 环氧乙烷或亚乙基亚胺与胺或氨发生开环加成反应，制备氨基乙醇或二胺； 甲苯经氨氧化制备苯甲腈； 丙烯氨氧化制备丙烯腈等。			
重点监控工艺参数			
胺基化反应釜内温度、压力；胺基化反应釜内搅拌速率；物料流量；反应物质的配料比；气相氧含量等。			
安全控制的基本要求			
反应釜温度和压力的报警和联锁；反应物料的比例控制和联锁系统；紧急冷却系统；气相氧含量监控联锁系统；紧急送入惰性气体的系统；紧急停车系统；安全泄放系统；可燃和有毒气体检测报警装置等。			
宜采用的控制方式			
将胺基化反应釜内温度、压力与釜内搅拌、胺基化物料流量、胺基化反应釜夹套冷却水进水阀形成联锁关系，设置紧急停车系统。 安全设施，包括安全阀、爆破片、单向阀及紧急切断装置等。			

13. 磺化工艺

反应类型	放热反应	重点监控单元	磺化反应釜

工艺简介

磺化是向有机化合物分子中引入磺酰基(-SO_3H)的反应。磺化方法分为三氧化硫磺化法、共沸去水磺化法、氯磺酸磺化法、烘焙磺化法和亚硫酸盐磺化法等。涉及磺化反应的工艺过程为磺化工艺。磺化反应除了增加产物的水溶性和酸性外，还可以使产品具有表面活性。芳烃经磺化后，其中的磺酸基可进一步被其他基团[如羟基(-OH)、氨基(-NH_2)、氰基(-CN)等]取代，生产多种衍生物。

工艺危险特点

(1)应原料具有燃爆危险性；磺化剂具有氧化性、强腐蚀性；如果投料顺序颠倒、投料速度过快、搅拌不良、冷却效果不佳等，都有可能造成反应温度异常升高，使磺化反应变为燃烧反应，引起火灾或爆炸事故；

(2)氧化硫易冷凝堵管，泄漏后易形成酸雾，危害较大。

典型工艺

(1)三氧化硫磺化法

气体三氧化硫和十二烷基苯等制备十二烷基苯磺酸钠；

硝基苯与液态三氧化硫制备间硝基苯磺酸；

甲苯磺化生产对甲基苯磺酸和对位甲酚；

对硝基甲苯磺化生产对硝基甲苯邻磺酸等。

(2)共沸去水磺化法

苯磺化制备苯磺酸；

甲苯磺化制备甲基苯磺酸等。

(3)氯磺酸磺化法

芳香族化合物与氯磺酸反应制备芳磺酸和芳磺酰氯；

乙酰苯胺与氯磺酸生产对乙酰氨基苯磺酰氯等。

(4)烘焙磺化法

苯胺磺化制备对氨基苯磺酸等。

(5)亚硫酸盐磺化法

2，4-二硝基氯苯与亚硫酸氢钠制备2，4-二硝基苯磺酸钠；

1-硝基蒽醌与亚硫酸钠作用得到α-蒽醌硝酸等。

重点监控工艺参数

磺化反应釜内温度；磺化反应釜内搅拌速率；磺化剂流量；冷却水流量。

安全控制的基本要求

反应釜温度的报警和联锁；搅拌的稳定控制和联锁系统；紧急冷却系统；紧急停车系统；安全泄放系统；三氧化硫泄漏监控报警系统等。

宜采用的控制方式

将磺化反应釜内温度与磺化剂流量、磺化反应釜夹套冷却水进水阀、釜内搅拌电流形成联锁关系，紧急断料系统，当磺化反应釜内各参数偏离工艺指标时，能自动报警、停止加料，甚至紧急停车。

磺化反应系统应设有泄爆管和紧急排放系统。

14. 聚合工艺

反应类型	放热反应	重点监控单元	聚合反应釜、粉体聚合物料仓
工艺简介			
聚合是一种或几种小分子化合物变成大分子化合物(也称高分子化合物或聚合物，通常相对分子质量为 $1\times10^4\sim1\times10^7$)的反应,涉及聚合反应的工艺过程为聚合工艺。聚合工艺的种类很多，按聚合方法可分为本体聚合、悬浮聚合、乳液聚合、溶液聚合等。			
工艺危险特点			
(1)聚合原料具有自聚和燃爆危险性; (2)如果反应过程中热量不能及时移出，随物料温度上升，发生裂解和暴聚，所产生的热量使裂解和暴聚过程进一步加剧，进而引发反应器爆炸; (3)部分聚合助剂危险性较大。			
典型工艺			
(1)聚烯烃生产 聚乙烯生产；聚丙烯生产；聚苯乙烯生产等。 (2)聚氯乙烯生产 (3)合成纤维生产 涤纶生产；锦纶生产；维纶生产；腈纶生产；尼龙生产等。 (4)橡胶生产 丁苯橡胶生产；顺丁橡胶生产；丁腈橡胶生产等。 (5)乳液生产 醋酸乙烯乳液生产；丙烯酸乳液生产等。 (6)涂料粘合剂生产 醇酸油漆生产；聚酯涂料生产；环氧涂料粘合剂生产；丙烯酸涂料黏合剂生产等。 (7)氟化物聚合 四氟乙烯悬浮法、分散法生产聚四氟乙烯; 四氟乙烯(TFE)和偏氟乙烯(VDF)聚合生产氟橡胶和偏氟乙烯-全氟丙烯共聚弹性体(俗称26型氟橡胶或氟橡胶-26)等。			
重点监控工艺参数			
聚合反应釜内温度、压力，聚合反应釜内搅拌速率；引发剂流量；冷却水流量；料仓静电、可燃气体监控等。			
安全控制的基本要求			
反应釜温度和压力的报警和联锁；紧急冷却系统；紧急切断系统；紧急加入反应终止剂系统；搅拌的稳定控制和联锁系统；料仓静电消除、可燃气体置换系统，可燃和有毒气体检测报警装置；高压聚合反应釜设有防爆墙和泄爆面等。			
宜采用的控制方式			
将聚合反应釜内温度、压力与釜内搅拌电流、聚合单体流量、引发剂加入量、聚合反应釜夹套冷却水进水阀形成联锁关系，在聚合反应釜处设立紧急停车系统。当反应超温、搅拌失效或冷却失效时，能及时加入聚合反应终止剂。安全泄放系统。			

15. 烷基化工艺

反应类型	放热反应	重点监控单元	烷基化反应釜

工艺简介

把烷基引入有机化合物分子中的碳、氮、氧等原子上的反应称为烷基化反应。涉及烷基化反应的工艺过程为烷基化工艺，可分为C-烷基化反应、N-烷基化反应、O-烷基化反应等。

工艺危险特点

(1)反应介质具有燃爆危险性；

(2)烷基化催化剂具有自燃危险性，遇水剧烈反应，放出大量热量，容易引起火灾甚至爆炸；

(3)烷基化反应都是在加热条件下进行，原料、催化剂、烷基化剂等加料次序颠倒、加料速度过快或者搅拌中断停止等异常现象容易引起局部剧烈反应，造成跑料，引发火灾或爆炸事故。

典型工艺

(1)C-烷基化反应

乙烯、丙烯以及长链α-烯烃，制备乙苯、异丙苯和高级烷基苯；

苯系物与氯代高级烷烃在催化剂作用下制备高级烷基苯；

用脂肪醛和芳烃衍生物制备对称的二芳基甲烷衍生物；

苯酚与丙酮在酸催化下制备2，2-对(对羟基苯基)丙烷(俗称双酚A)；

乙烯与苯发生烷基化反应生产乙苯等。

(2)*N*-烷基化反应

苯胺和甲醚烷基化生产苯甲胺；

苯胺与氯乙酸生产苯基氨基乙酸；

苯胺和甲醇制备*N*，*N*-二甲基苯胺；

苯胺和氯乙烷制备*N*，*N*-二烷基芳胺；

对甲苯胺与硫酸二甲酯制备*N*，*N*-二甲基对甲苯胺；

环氧乙烷与苯胺制备*N*-(β-羟乙基)苯胺；

氨或脂肪胺和环氧乙烷制备乙醇胺类化合物；

苯胺与丙烯腈反应制备*N*-(β-氰乙基)苯胺等。

(3)O-烷基化反应

对苯二酚、氢氧化钠水溶液和氯甲烷制备对苯二甲醚；

硫酸二甲酯与苯酚制备苯甲醚；

高级脂肪醇或烷基酚与环氧乙烷加成生成聚醚类产物等。

重点监控工艺参数

烷基化反应釜内温度和压力；烷基化反应釜内搅拌速率；反应物料的流量及配比等。

安全控制的基本要求

反应物料的紧急切断系统；紧急冷却系统；安全泄放系统；可燃和有毒气体检测报警装置等。

宜采用的控制方式

将烷基化反应釜内温度和压力与釜内搅拌、烷基化物料流量、烷基化反应釜夹套冷却水进水阀形成联锁关系，当烷基化反应釜内温度超标或搅拌系统发生故障时自动停止加料并紧急停车。

安全设施包括安全阀、爆破片、紧急放空阀、单向阀及紧急切断装置等。

附录5　国家安全监管总局关于公布第二批重点监管危险化工工艺目录和调整首批重点监管危险化工工艺中部分典型工艺的通知

（安监总管三〔2013〕3号）

各省、自治区、直辖市及新疆生产建设兵团安全生产监督管理局，有关中央企业：

《首批重点监管的危险化工工艺目录》（安监总管三〔2009〕116号）发布后，对指导各地区开展涉及危险化工工艺的生产装置自动化控制改造，提升化工生产装置本质安全水平起到了积极推动作用。根据3年来各地区施行情况，我局研究确定了第二批重点监管危险化工工艺（见附件1），组织编制了《第二批重点监管危险化工工艺重点监控参数、安全控制基本要求及推荐的控制方案》（见附件2），并对首批重点监管危险化工艺中的部分典型工艺进行了调整（见附件3），现予公布，并就有关事项通知如下：

一、化工企业要根据第二批重点监管危险化工工艺目录及其重点监控参数、安全控制基本要求和推荐的控制方案要求，对照本企业采用的危险化工工艺及其特点，确定重点监控的工艺参数，装备和完善自动控制系统，大型和高度危险的化工装置要按照推荐的控制方案装备安全仪表系统（紧急停车或安全联锁）。

二、地方各级安全监管部门要督促本辖区涉及第二批重点监管危险化工工艺的化工企业积极开展自动化控制改造工作，并确保于2014年底前完成。

三、各省级安全监管部门可以根据本辖区内化工产业和安全生产的特点，补充本辖区内重点监管的危险化工工艺目录和自动化控制要求。

四、请各省级安全监管部门立即将本通知精神（《重点监管危险化工工艺目录（2013年完整版）》可从国家安全监管总局网站“在线办事”栏目中“表格下载”之“危化品”下载）传达至辖区内的化工企业和其他相关单位。

各单位在执行中如发现问题，请及时反馈国家安全监管总局监管三司。

附件：1. 第二批重点监管危险化工工艺目录

2. 第二批重点监管危险化工工艺重点监控参数、安全控制基本要求及推荐的控制方案

3. 调整的首批重点监管危险化工工艺中的部分典型工艺

国家安全监管总局

二〇一三年一月十五日

附件 1

第二批重点监管的危险化工工艺目录

一、新型煤化工工艺：煤制油（甲醇制汽油、费-托合成油）、煤制烯烃（甲醇制烯烃）、煤制二甲醚、煤制乙二醇（合成气制乙二醇）、煤制甲烷气（煤气甲烷化）、煤制甲醇、甲醇制醋酸等工艺。

二、电石生产工艺

三、偶氮化工艺

附件 2

第二批重点监管危险化工工艺重点监控参数、安全控制基本要求及推荐的控制方案

一、新型煤化工工艺

<table>
<tr><td>反应类型</td><td>放热反应</td><td>重点监控单元</td><td>煤气化炉</td></tr>
<tr><td colspan="4">工艺简介</td></tr>
<tr><td colspan="4">以煤为原料，经化学加工使煤直接或者间接转化为气体、液体和固体燃料、化工原料或化学品的工艺过程。主要包括煤制油(甲醇制汽油、费-托合成油)、煤制烯烃(甲醇制烯烃)、煤制二甲醚、煤制乙二醇(合成气制乙二醇)、煤制甲烷气(煤气甲烷化)、煤制甲醇、甲醇制醋酸等工艺。</td></tr>
<tr><td colspan="4">工艺危险特点</td></tr>
<tr><td colspan="4">1. 反应介质涉及一氧化碳、氢气、甲烷、乙烯、丙烯等易燃气体，具有燃爆危险性；
2. 反应过程多为高温、高压过程，易发生工艺介质泄漏，引发火灾、爆炸和一氧化碳中毒事故；
3. 反应过程可能形成爆炸性混合气体；
4. 多数煤化工新工艺反应速度快，放热量大，造成反应失控；
5. 反应中间产物不稳定，易造成分解爆炸。</td></tr>
<tr><td colspan="4">典型工艺</td></tr>
<tr><td colspan="4">煤制油(甲醇制汽油、费-托合成油)；
煤制烯烃(甲醇制烯烃)；
煤制二甲醚；
煤制乙二醇(合成气制乙二醇)；
煤制甲烷气(煤气甲烷化)；
煤制甲醇；
甲醇制醋酸。</td></tr>
<tr><td colspan="4">重点监控工艺参数</td></tr>
<tr><td colspan="4">反应器温度和压力；反应物料的比例控制；料位；液位；进料介质温度、压力与流量；氧含量；外取热器蒸汽温度与压力；风压和风温；烟气压力与温度；压降；H_2/CO 比；NO/O_2 比；NO/醇比；H_2、H_2S、CO_2 含量等。</td></tr>
<tr><td colspan="4">安全控制的基本要求</td></tr>
<tr><td colspan="4">反应器温度、压力报警与联锁；进料介质流量控制与联锁；反应系统紧急切断进料联锁；料位控制回路；液位控制回路；H_2/CO 比例控制与联锁；NO/O_2 比例控制与联锁；外取热器蒸汽热水泵联锁；主风流量联锁；可燃和有毒气体检测报警装置；紧急冷却系统；安全泄放系统。</td></tr>
<tr><td colspan="4">宜采用的控制方式</td></tr>
<tr><td colspan="4">将进料流量、外取热蒸汽流量、外取热蒸汽包液位、H_2/CO 比例与反应器进料系统设立联锁关系，一旦发生异常工况启动联锁，紧急切断所有进料，开启事故蒸汽阀或氮气阀，迅速置换反应器内物料，并将反应器进行冷却、降温。
安全设施，包括安全阀、防爆膜、紧急切断阀及紧急排放系统等。</td></tr>
</table>

二、电石生产工艺

反应类型	吸热反应	重点监控单元	电石炉
工艺简介			
电石生产工艺是以石灰和炭素材料(焦炭、兰炭、石油焦、冶金焦、白煤等)为原料，在电石炉内依靠电弧热和电阻热在高温进行反应，生成电石的工艺过程。电石炉型式主要分为两种：内燃型和全密闭型。			
工艺危险特点			
1. 电石炉工艺操作具有火灾、爆炸、烧伤、中毒、触电等危险性； 2. 电石遇水会发生激烈反应，生成乙炔气体，具有燃爆危险性； 3. 电石的冷却、破碎过程具有人身伤害、烫伤等危险性； 4. 反应产物一氧化碳有毒，与空气混合到12.5%~74%时会引起燃烧和爆炸； 5. 生产中漏糊造成电极软断时，会使炉气出口温度突然升高，炉内压力突然增大，造成严重的爆炸事故。			
典型工艺			
石灰和炭素材料(焦炭、兰炭、石油焦、冶金焦、白煤等)反应制备电石。			
重点监控工艺参数			
炉气温度；炉气压力；料仓料位；电极压放量；一次电流；一次电压；电极电流；电极电压；有功功率；冷却水温度、压力；液压箱油位、温度；变压器温度；净化过滤器入口温度、炉气组分分析等。			
安全控制的基本要求			
设置紧急停炉按钮；电炉运行平台和电极压放视频监控、输送系统视频监控和启停现场声音报警；原料称重和输送系统控制；电石炉炉压调节、控制；电极升降控制；电极压放控制；液压泵站控制；炉气组分在线检测、报警和联锁；可燃和有毒气体检测和声光报警装置；设置紧急停车按钮等。			
宜采用的控制方式			
将炉气压力、净化总阀与放散阀形成联锁关系；将炉气组分氢、氧含量高与净化系统形成联锁关系；将料仓超料位、氢含量与停炉形成联锁关系。 安全设施，包括安全阀、重力泄压阀、紧急放空阀、防爆膜等。			

三、偶氮化工艺

反应类型	放热反应	重点监控单元	偶氮化反应釜、后处理单元
工艺简介			
合成通式为 R-N=N-R 的偶氮化合物的反应为偶氮化反应，式中 R 为脂烃基或芳烃基，两个 R 基可相同或不同。涉及偶氮化反应的工艺过程为偶氮化工艺。脂肪族偶氮化合物由相应的肼经过氧化或脱氢反应制取。芳香族偶氮化合物一般由重氮化合物的偶联反应制备。			
工艺危险特点			
1. 部分偶氮化合物极不稳定，活性强，受热或摩擦、撞击等作用能发生分解甚至爆炸； 2. 偶氮化生产过程所使用的肼类化合物，高毒，具有腐蚀性，易发生分解爆炸，遇氧化剂能自燃； 3. 反应原料具有燃爆危险性。			
典型工艺			
1. 脂肪族偶氮化合物合成：水合肼和丙酮氰醇反应，再经液氯氧化制备偶氮二异丁腈；次氯酸钠水溶液氧化氨基庚腈，或者甲基异丁基酮和水合肼缩合后与氰化氢反应，再经氯气氧化制取偶氮二异庚腈；偶氮二甲酸二乙酯 DEAD 和偶氮二甲酸二异丙酯 DIAD 的生产工艺。 2. 芳香族偶氮化合物合成：由重氮化合物的偶联反应制备的偶氮化合物。			
重点监控工艺参数			
偶氮化反应釜内温度、压力、液位、pH；偶氮化反应釜内搅拌速率；肼流量；反应物质的配料比；后处理单元温度等。			
安全控制的基本要求			
反应釜温度和压力的报警和联锁；反应物料的比例控制和联锁系统；紧急冷却系统；紧急停车系统；安全泄放系统；后处理单元配置温度监测、惰性气体保护的联锁装置等。			
宜采用的控制方式			
将偶氮化反应釜内温度、压力与釜内搅拌、肼流量、偶氮化反应釜夹套冷却水进水阀形成联锁关系。在偶氮化反应釜处设立紧急停车系统，当偶氮化反应釜内温度超标或搅拌系统发生故障时，自动停止加料，并紧急停车。 后处理设备应配置温度检测、搅拌、冷却联锁自动控制调节装置，干燥设备应配置温度测量、加热热源开关、惰性气体保护的联锁装置。 安全设施，包括安全阀、爆破片、紧急放空阀等。			

附件 3

调整的首批重点监管危险化工工艺中的部分典型工艺

一、涉及涂料、粘合剂、油漆等产品的常压条件生产工艺不再列入“聚合工艺”。

二、将“异氰酸酯的制备”列入“光气及光气化工艺”的典型工艺中。

三、将“次氯酸、次氯酸钠或 *N*-氯代丁二酰亚胺与胺反应制备 *N*-氯化物”、“氯化亚砜作为氯化剂制备氯化物”列入“氯化工艺”的典型工艺中。

四、将“硝酸胍、硝基胍的制备”、“浓硝酸、亚硝酸钠和甲醇制备亚硝酸甲酯”列入“硝化工艺”的典型工艺中。

五、将“三氟化硼的制备”列入“氟化工艺”的典型工艺中。

六、将“克劳斯法气体脱硫”、“一氧化氮、氧气和甲(乙)醇制备亚硝酸甲(乙)酯”、“以双氧水或有机过氧化物为氧化剂生产环氧丙烷、环氧氯丙烷”的列入“氧化工艺”的典型工艺。

七、将“叔丁醇与双氧水制备叔丁基过氧化氢”列入“过氧化工艺”的典型工艺中。

八、将“氯氨法生产甲基肼”列入“胺基化工艺”的典型工艺中。

附录6　国家安全监管总局关于公布首批重点监管的危险化学品名录的通知

（安监总管三〔2011〕95号）

各省、自治区、直辖市及新疆生产建设兵团安全生产监督管理局，有关中央企业：

为深入贯彻落实《国务院关于进一步加强企业安全生产工作的通知》（国发〔2010〕23号）和《国务院安委会办公室关于进一步加强危险化学品安全生产工作的指导意见》（安委办〔2008〕26号）精神，进一步突出重点、强化监管，指导安全监管部门和危险化学品单位切实加强危险化学品安全管理工作，在综合考虑2002年以来国内发生的化学品事故情况、国内化学品生产情况、国内外重点监管化学品品种、化学品固有危险特性和近四十年来国内外重特大化学品事故等因素的基础上，国家安全监管总局组织对现行《危险化学品名录》中的3800余种危险化学品进行了筛选，编制了《首批重点监管的危险化学品名录》（见附件，以下简称《名录》），现予公布，并就有关事项通知如下：

一、重点监管的危险化学品是指列入《名录》的危险化学品以及在温度20℃和标准大气压101.3kPa条件下属于以下类别的危险化学品：

1. 易燃气体类别（爆炸下限≤13%或爆炸极限范围≥12%的气体）；

2. 易燃液体类别（闭杯闪点<23℃并初沸点≤35℃的液体）；

3. 自燃液体类别（与空气接触不到5min便燃烧的液体）；

4. 自燃固体类别（与空气接触不到5min便燃烧的固体）；

5. 遇水放出易燃气体的物质类别（在环境温度下与水剧烈反应所产生的气体通常显示自燃的倾向，或释放易燃气体的速度等于或大于1kg物质在任何1min内释放10L的任何物质或混合物）；

6. 三光气等光气类化学品。

二、涉及重点监管的危险化学品的生产、储存装置，原则上须由具有甲级资质的化工行业设计单位进行设计。

三、地方各级安全监管部门应当将生产、储存、使用、经营重点监管的危险化学品的企业，优先纳入年度执法检查计划，实施重点监管。

四、生产、储存重点监管的危险化学品的企业，应根据本企业工艺特点，装备功能完善的自动化控制系统，严格工艺、设备管理。对使用重点监管的危险化学品数量构成重大危险源的企业的生产储存装置，应装备自动化控制系统，实现对温度、压力、液位等重要参数的实时监测。

五、生产重点监管的危险化学品的企业，应针对产品特性，按照有关规定编制完善的、可操作性强的危险化学品事故应急预案，配备必要的应急救援器材、设备，加强应急演练，提高应急处置能力。

六、各省级安全监管部门可根据本辖区危险化学品安全生产状况，补充和确定本辖区内实施重点监管的危险化学品类项及具体品种。在安全监管工作中如发现重点监管的危险化学品存在问题，请认真研究提出处理意见，并及时报告国家安全监管总局。地方各级安全监管部门在做好危险化学品重点监管工作的同时，要全面推进本地区危险化学品安全生产工作，督促企业落实安全生产主体责任，切实提高企业本质安全水平，有效防范和坚决遏制危险化学品重特大事故发生，促进全国危险化学品安全生产形势持续稳定好转。

请各省级安全监管部门及时将本通知精神传达至本辖区内有关企业。

附件：首批重点监管的危险化学品名录

国家安全生产监督管理总局

二〇一一年六月二十一日

附件

首批重点监管的危险化学品名录

序 号	化学品名称	别 名	CAS 号
1	氯	液氯、氯气	7782-50-5
2	氨	液氨、氨气	7664-41-7
3	液化石油气		68476-85-7
4	硫化氢		7783-06-4
5	甲烷、天然气		74-82-8(甲烷)
6	原油		
7	汽油(含甲醇汽油、乙醇汽油)、石脑油		8006-61-9(汽油)
8	氢	氢气	1333-74-0
9	苯(含粗苯)		71-43-2
10	碳酰氯	光气	75-44-5
11	二氧化硫		7446-09-5
12	一氧化碳		630-08-0
13	甲醇	木醇、木精	67-56-1
14	丙烯腈	氰基乙烯、乙烯基氰	107-13-1
15	环氧乙烷	氧化乙烯	75-21-8
16	乙炔	电石气	74-86-2
17	氟化氢、氢氟酸		7664-39-3
18	氯乙烯		75-01-4
19	甲苯	甲基苯、苯基甲烷	108-88-3
20	氰化氢、氢氰酸		74-90-8
21	乙烯		74-85-1
22	三氯化磷		7719-12-2
23	硝基苯		98-95-3
24	苯乙烯		100-42-5
25	环氧丙烷		75-56-9
26	一氯甲烷		74-87-3
27	1，3-丁二烯		106-99-0
28	硫酸二甲酯		77-78-1
29	氰化钠		143-33-9
30	1-丙烯、丙烯		115-07-1

续表

序　号	化学品名称	别　　名	CAS 号
31	苯胺		62-53-3
32	甲醚		115-10-6
33	丙烯醛、2-丙烯醛		107-02-8
34	氯苯		108-90-7
35	乙酸乙烯酯		108-05-4
36	二甲胺		124-40-3
37	苯酚	石炭酸	108-95-2
38	四氯化钛		7550-45-0
39	甲苯二异氰酸酯	TDI	584-84-9
40	过氧乙酸	过乙酸、过醋酸	79-21-0
41	六氯环戊二烯		77-47-4
42	二硫化碳		75-15-0
43	乙烷		74-84-0
44	环氧氯丙烷	3-氯-1，2-环氧丙烷	106-89-8
45	丙酮氰醇	2-甲基-2-羟基丙腈	75-86-5
46	磷化氢	膦	7803-51-2
47	氯甲基甲醚		107-30-2
48	三氟化硼		7637-07-2
49	烯丙胺	3-氨基丙烯	107-11-9
50	异氰酸甲酯	甲基异氰酸酯	624-83-9
51	甲基叔丁基醚		1634-04-4
52	乙酸乙酯		141-78-6
53	丙烯酸		79-10-7
54	硝酸铵		6484-52-2
55	三氧化硫	硫酸酐	7446-11-9
56	三氯甲烷	氯仿	67-66-3
57	甲基肼		60-34-4
58	一甲胺		74-89-5
59	乙醛		75-07-0
60	氯甲酸三氯甲酯	双光气	503-38-8

附录7　国家安全监管总局关于公布第二批重点监管危险化学品名录的通知

（安监总管三〔2013〕12号）

各省、自治区、直辖市及新疆生产建设兵团安全生产监督管理局，有关中央企业：

为进一步做好重点监管的危险化学品安全管理工作，国家安全监管总局在分析国内危险化学品生产情况和近年来国内发生的危险化学品事故情况、国内外重点监管化学品品种、化学品固有危险特性及国内外重特大化学品事故等因素的基础上，研究确定了《第二批重点监管的危险化学品名录》（见附件），现予公布，并就有关事项通知如下：

一、生产、储存、使用重点监管的危险化学品的企业，应当积极开展涉及重点监管危险化学品的生产、储存设施自动化监控系统改造提升工作，高度危险和大型装置要依法装备安全仪表系统（紧急停车或安全联锁），并确保于2014年底前完成。

二、地方各级安全监管部门应当按照有关法律法规和本通知的要求，对生产、储存、使用、经营重点监管的危险化学品的企业实施重点监管。

三、各省级安全监管部门可以根据本辖区危险化学品安全生产状况，补充和确定本辖区内实施重点监管的危险化学品类项及具体品种。

四、请各省级安全监管部门立即将本通知要求（《重点监管的危险化学品名录（2013年完整版）》可从国家安全监管总局网站“在线办事”栏目中“表格下载”之“危化品”下载）传达至辖区内的化工企业和其他相关单位。

各单位在执行中如发现问题，请及时反馈国家安全监管总局监管三司。

附件：1. 第二批重点监管的危险化学品名录

2. 第二批重点监管的危险化学品安全措施和应急处置原则

国家安全监管总局

二〇一三年二月五日

附件 1

第二批重点监管的危险化学品名录

序 号	化学品品名	CAS 号
1	氯酸钠	7775-9-9
2	氯酸钾	3811-4-9
3	过氧化甲乙酮	1338-23-4
4	过氧化(二)苯甲酰	94-36-0
5	硝化纤维素	9004-70-0
6	硝酸胍	506-93-4
7	高氯酸铵	7790-98-9
8	过氧化苯甲酸叔丁酯	614-45-9
9	*N*，*N′*-二亚硝基五亚甲基四胺	101-25-7
10	硝基胍	556-88-7
11	2，2′-偶氮二异丁腈	78-67-1
12	2，2′-偶氮-二-（2，4-二甲基戊腈）(即偶氮二异庚腈)	4419-11-8
13	硝化甘油	55-63-0
14	乙醚	60-29-7

附件 2

略。

附录8　国家安全监管总局关于印发危险化学品企业事故隐患排查治理实施导则的通知

（安监总管三〔2012〕103号）

各省、自治区、直辖市及新疆生产建设兵团安全生产监督管理局，有关中央企业：

隐患排查治理是安全生产的重要工作，是企业安全生产标准化风险管理要素的重点内容，是预防和减少事故的有效手段。为了推动和规范危险化学品企业隐患排查治理工作，国家安全监管总局制定了《危险化学品企业事故隐患排查治理实施导则》（以下简称《导则》，请从国家安全监管总局网站下载），现印发给你们，请认真贯彻执行。

危险化学品企业要高度重视并持之以恒做好隐患排查治理工作。要按照《导则》要求，建立隐患排查治理工作责任制，完善隐患排查治理制度，规范各项工作程序，实时监控重大隐患，逐步建立隐患排查治理的常态化机制。强化《导则》的宣传培训，确保企业员工了解《导则》的内容，积极参与隐患排查治理工作。

各级安全监管部门要督促指导危险化学品企业规范开展隐患排查治理工作。要采取培训、专家讲座等多种形式，大力开展《导则》宣贯，增强危险化学品企业开展隐患排查治理的主动性，指导企业掌握隐患排查治理的基本方法和工作要求；及时搜集和研究辖区内企业隐患排查治理情况，建立隐患排查治理信息管理系统，建立安全生产工作预警预报机制，提升危险化学品安全监管水平。

国家安全监管总局

二〇一二年八月七日

附件：《危险化学品企业事故隐患排查治理实施导则》

附件

危险化学品企业事故隐患排查治理实施导则

1 总则

1.1 为了切实落实企业安全生产主体责任，促进危险化学品企业建立事故隐患排查治理的长效机制，及时排查、消除事故隐患，有效防范和减少事故，根据国家相关法律、法规、规章及标准，制定本实施导则。

1.2 本导则适用于生产、使用和储存危险化学品企业(以下简称企业)的事故隐患排查治理工作。

1.3 本导则所称事故隐患(以下简称隐患)，是指不符合安全生产法律、法规、规章、标准、规程和安全生产管理制度的规定，或者因其他因素在生产经营活动中存在可能导致事故发生或导致事故后果扩大的物的危险状态、人的不安全行为和管理上的缺陷，包括：

(1)作业场所、设备设施、人的行为及安全管理等方面存在的不符合国家安全生产法律法规、标准规范和相关规章制度规定的情况。

(2)法律法规、标准规范及相关制度未作明确规定，但企业危害识别过程中识别出作业场所、设备设施、人的行为及安全管理等方面存在的缺陷。

2 基本要求

2.1 隐患排查治理是企业安全管理的基础工作，是企业安全生产标准化风险管理要素的重点内容，应按照“谁主管、谁负责”和“全员、全过程、全方位、全天候”的原则，明确职责，建立健全企业隐患排查治理制度和保证制度有效执行的管理体系，努力做到及时发现、及时消除各类安全生产隐患，保证企业安全生产。

2.2 企业应建立和不断完善隐患排查体制机制，主要包括：

2.2.1 企业主要负责人对本单位事故隐患排查治理工作全面负责，应保证隐患治理的资金投入，及时掌握重大隐患治理情况，治理重大隐患前要督促有关部门制定有效的防范措施，并明确分管负责人。

分管负责隐患排查治理的负责人，负责组织检查隐患排查治理制度落实情况，定期召开会议研究解决隐患排查治理工作中出现的问题，及时向主要负责人报告重大情况，对所分管部门和单位的隐患排查治理工作负责。

其他负责人对所分管部门和单位的隐患排查治理工作负责。

2.2.2 隐患排查要做到全面覆盖、责任到人，定期排查与日常管理相结合，专业排查与综合排查相结合，一般排查与重点排查相结合，确保横向到边、纵向到底、及时发现、不留死角。

2.2.3 隐患治理要做到方案科学、资金到位、治理及时、责任到人、限期完成。能立即整改的隐患必须立即整改，无法立即整改的隐患，治理前要研究制定防范措施，落实监控责任，防止隐患发展为事故。

2.2.4 技术力量不足或危险化学品安全生产管理经验欠缺的企业应聘请有经验的化工专家或注册安全工程师指导企业开展隐患排查治理工作。

2.2.5 涉及重点监管危险化工工艺、重点监管危险化学品和重大危险源(以下简称“两重点一重大”)的危险化学品生产、储存企业应定期开展危险与可操作性分析(HAZOP)，用先进科学的管理方法系统排查事故隐患。

2.2.6 企业要建立健全隐患排查治理管理制度，包括隐患排查、隐患监控、隐患治理、隐患上报等内容。

隐患排查要按专业和部位，明确排查的责任人、排查内容、排查频次和登记上报的工作流程。

隐患监控要建立事故隐患信息档案，明确隐患的级别，按照“五定”(定整改方案、定资金来源、定项目负责人、定整改期限、定控制措施）的原则，落实隐患治理的各项措施，对隐患治理情况进行监控，保证隐患治理按期完成。

隐患治理要分类实施：能够立即整改的隐患，必须确定责任人组织立即整改，整改情况要安排专人进行确认；无法立即整改的隐患，要按照评估—治理方案论证—资金落实—限期治理—验收评估—销号的工作流程，明确每一工作节点的责任人，实行闭环管理；重大隐患治理工作结束后，企业应组织技术人员和专家对隐患治理情况进行验收，保证按期完成和治理效果。

隐患上报要按照安全监管部门的要求，建立与安全生产监督管理部门隐患排查治理信息管理系统联网的“隐患排查治理信息系统”，每个月将开展隐患排查治理情况和存在的重大事故隐患上报当地安全监管部门，发现无法立即整改的重大事故隐患，应当及时上报。

2.2.7 要借助企业的信息化系统对隐患排查、监控、治理、验收评估、上报情况实行建档登记，重大隐患要单独建档。

3 隐患排查方式及频次

3.1 隐患排查方式

3.1.1 隐患排查工作可与企业各专业的日常管理、专项检查和监督检查等工作相结合，科学整合下述方式进行：

（1）日常隐患排查；

（2）综合性隐患排查；

（3）专业性隐患排查；

（4）季节性隐患排查；

（5）重大活动及节假日前隐患排查；

（6）事故类比隐患排查。

3.1.2 日常隐患排查是指班组、岗位员工的交接班检查和班中巡回检查，以及基层单位领导和工艺、设备、电气、仪表、安全等专业技术人员的日常性检查。日常隐患排查要加强对关键装置、要害部位、关键环节、重大危险源的检查和巡查。

3.1.3 综合性隐患排查是指以保障安全生产为目的，以安全责任制、各项专业管理制度和安全生产管理制度落实情况为重点，各有关专业和部门共同参与的全面检查。

3.1.4 专业隐患排查主要是指对区域位置及总图布置、工艺、设备、电气、仪表、储运、消防和公用工程等系统分别进行的专业检查。

3.1.5 季节性隐患排查是指根据各季节特点开展的专项隐患检查，主要包括：

（1）春季以防雷、防静电、防解冻泄漏、防解冻坍塌为重点；

（2）夏季以防雷暴、防设备容器高温超压、防台风、防洪、防暑降温为重点；

（3）秋季以防雷暴、防火、防静电、防凝保温为重点；

（4）冬季以防火、防爆、防雪、防冻防凝、防滑、防静电为重点。

3.1.6 重大活动及节假日前隐患排查主要是指在重大活动和节假日前，对装置生产是否存在异常状况和隐患、备用设备状态、备品备件、生产及应急物资储备、保运力量安排、企业保卫、应急工作等进行的检查，特别是要对节日期间干部带班值班、机电仪保运及紧急抢修力量安排、备件及各类物资储备和应急工作进行重点检查。

3.1.7 事故类比隐患排查是对企业内和同类企业发生事故后的举一反三的安全检查。

3.2 隐患排查频次确定

3.2.1 企业进行隐患排查的频次应满足：

（1）装置操作人员现场巡检间隔不得大于2小时，涉及“两重点一重大”的生产、储存装置和部位的操作人员现场巡检间隔不得大于1小时，宜采用不间断巡检方式进行现场巡检。

（2）基层车间（装置，下同）直接管理人员（主任、工艺设备技术人员）、电气、仪表人员每天至少两次对装置现场进行相关专业检查。

(3) 基层车间应结合岗位责任制检查，至少每周组织一次隐患排查，并和日常交接班检查和班中巡回检查中发现的隐患一起进行汇总；基层单位(厂)应结合岗位责任制检查，至少每月组织一次隐患排查。

(4) 企业应根据季节性特征及本单位的生产实际，每季度开展一次有针对性的季节性隐患排查；重大活动及节假日前必须进行一次隐患排查。

(5) 企业至少每半年组织一次，基层单位至少每季度组织一次综合性隐患排查和专业隐患排查，两者可结合进行。

(6) 当获知同类企业发生伤亡及泄漏、火灾爆炸等事故时，应举一反三，及时进行事故类比隐患专项排查。

(7) 对于区域位置、工艺技术等不经常发生变化的，可依据实际变化情况确定排查周期，如果发生变化，应及时进行隐患排查。

3.2.2 当发生以下情形之一，企业应及时组织进行相关专业的隐患排查：

(1) 颁布实施有关新的法律法规、标准规范或原有适用法律法规、标准规范重新修订的；

(2) 组织机构和人员发生重大调整的；

(3) 装置工艺、设备、电气、仪表、公用工程或操作参数发生重大改变的，应按变更管理要求进行风险评估；

(4) 外部安全生产环境发生重大变化；

(5) 发生事故或对事故、事件有新的认识；

(6) 气候条件发生大的变化或预报可能发生重大自然灾害。

3.2.3 涉及“两重点一重大”的危险化学品生产、储存企业应每五年至少开展一次危险与可操作性分析(HAZOP)。

4 隐患排查内容

根据危险化学品企业的特点，隐患排查包括但不限于以下内容：

(1) 安全基础管理；

(2) 区域位置和总图布置；

(3) 工艺；

(4) 设备；

(5) 电气系统；

(6) 仪表系统；

(7) 危险化学品管理；

(8) 储运系统；

(9) 公用工程；

(10) 消防系统。

4.1 安全基础管理

4.1.1 安全生产管理机构建立健全情况、安全生产责任制和安全管理制度建立健全及落实情况。

4.1.2 安全投入保障情况，参加工伤保险、安全生产责任险的情况。

4.1.3 安全培训与教育情况，主要包括：

(1) 企业主要负责人、安全管理人员的培训及持证上岗情况；

(2) 特种作业人员的培训及持证上岗情况；

(3) 从业人员安全教育和技能培训情况。

4.1.4 企业开展风险评价与隐患排查治理情况，主要包括：

(1) 法律、法规和标准的识别和获取情况；

(2) 定期和及时对作业活动和生产设施进行风险评价情况；

(3) 风险评价结果的落实、宣传及培训情况；

(4) 企业隐患排查治理制度是否满足安全生产需要。

4.1.5 事故管理、变更管理及承包商的管理情况。

4.1.6 危险作业和检维修的管理情况，主要包括：

(1) 危险性作业活动作业前的危险有害因素识别与控制情况；

(2) 动火作业、进入受限空间作业、破土作业、临时用电作业、高处作业、断路作业、吊装作业、设备检修作业和抽堵盲板作业等危险性作业的作业许可管理与过程监督情况。

(3) 从业人员劳动防护用品和器具的配置、佩戴与使用情况；

4.1.7 危险化学品事故的应急管理情况。

4.2 区域位置和总图布置

4.2.1 危险化学品生产装置和重大危险源储存设施与《危险化学品安全管理条例》中规定的重要场所的安全距离。

4.2.2 可能造成水域环境污染的危险化学品危险源的防范情况。

4.2.3 企业周边或作业过程中存在的易由自然灾害引发事故灾难的危险点排查、防范和治理情况。

4.2.4 企业内部重要设施的平面布置以及安全距离，主要包括：

(1) 控制室、变配电所、化验室、办公室、机柜间以及人员密集区或场所；

(2) 消防站及消防泵房；

(3) 空分装置、空压站；

(4) 点火源(包括火炬)；

(5) 危险化学品生产与储存设施等；

(6) 其他重要设施及场所。

4.2.5 其他总图布置情况，主要包括：

(1) 建构筑物的安全通道；

(2) 厂区道路、消防道路、安全疏散通道和应急通道等重要道路(通道)的设计、建设与维护情况；

(3) 安全警示标志的设置情况；

(4) 其他与总图相关的安全隐患。

4.3 工艺管理

4.3.1 工艺的安全管理，主要包括：

(1) 工艺安全信息的管理；

(2) 工艺风险分析制度的建立和执行；

(3) 操作规程的编制、审查、使用与控制；

(4) 工艺安全培训程序、内容、频次及记录的管理。

4.3.2 工艺技术及工艺装置的安全控制，主要包括：

(1) 装置可能引起火灾、爆炸等严重事故的部位是否设置超温、超压等检测仪表、声和/或光报警、泄压设施和安全联锁装置等设施；

(2) 针对温度、压力、流量、液位等工艺参数设计的安全泄压系统以及安全泄压措施的完好性；

(3) 危险物料的泄压排放或放空的安全性；

(4) 按照《首批重点监管的危险化工工艺目录》和《首批重点监管的危险化工工艺安全控制要求、重点监控参数及推荐的控制方案》(安监总管三〔2009〕116号)的要求进行危险化工工艺的安全控制情况；

(5) 火炬系统的安全性；

(6) 其他工艺技术及工艺装置的安全控制方面的隐患。

4.3.3 现场工艺安全状况，主要包括：

(1) 工艺卡片的管理，包括工艺卡片的建立和变更，以及工艺指标的现场控制；

(2) 现场联锁的管理，包括联锁管理制度及现场联锁投用、摘除与恢复；

(3) 工艺操作记录及交接班情况；

(4) 剧毒品部位的巡检、取样、操作与检维修的现场管理。

4.4 设备管理

4.4.1 设备管理制度与管理体系的建立与执行情况，主要包括：

(1) 按照国家相关法律法规制定修订本企业的设备管理制度；

(2) 有健全的设备管理体系，设备管理人员按要求配备；

(3) 建立健全安全设施管理制度及台账。

4.4.2 设备现场的安全运行状况，包括：

(1) 大型机组、机泵、锅炉、加热炉等关键设备装置的联锁自保护及安全附件的设置、投用与完好状况；

(2) 大型机组关键设备特级维护到位，备用设备处于完好备用状态；

(3) 转动机器的润滑状况，设备润滑的"五定""三级过滤"；

(4) 设备状态监测和故障诊断情况；

(5) 设备的腐蚀防护状况，包括重点装置设备腐蚀的状况、设备腐蚀部位、工艺防腐措施，材料防腐措施等。

4.4.3 特种设备(包括压力容器及压力管道)的现场管理，主要包括：

(1) 特种设备(包括压力容器、压力管道)的管理制度及台账；

(2) 特种设备注册登记及定期检测检验情况；

(3) 特种设备安全附件的管理维护。

4.5 电气系统

4.5.1 电气系统的安全管理，主要包括：

(1) 电气特种作业人员资格管理；

(2) 电气安全相关管理制度、规程的制定及执行情况。

4.5.2 供配电系统、电气设备及电气安全设施的设置，主要包括：

(1) 用电设备的电力负荷等级与供电系统的匹配性；

(2) 消防泵、关键装置、关键机组等特别重要负荷的供电；

(3) 重要场所事故应急照明；

(4) 电缆、变配电相关设施的防火防爆；

(5) 爆炸危险区域内的防爆电气设备选型及安装；

(6) 建构筑、工艺装置、作业场所等的防雷防静电。

4.5.3 电气设施、供配电线路及临时用电的现场安全状况。

4.6 仪表系统

4.6.1 仪表的综合管理，主要包括：

(1) 仪表相关管理制度建立和执行情况；

(2) 仪表系统的档案资料、台账管理；

(3) 仪表调试、维护、检测、变更等记录；

(4) 安全仪表系统的投用、摘除及变更管理等。

4.6.2 系统配置，主要包括：

(1) 基本过程控制系统和安全仪表系统的设置满足安全稳定生产需要；

(2) 现场检测仪表和执行元件的选型、安装情况；

(3) 仪表供电、供气、接地与防护情况；

(4) 可燃气体和有毒气体检测报警器的选型、布点及安装；

(5) 安装在爆炸危险环境仪表满足要求等。

4.6.3 现场各类仪表完好有效，检验维护及现场标识情况，主要包括：

(1) 仪表及控制系统的运行状况稳定可靠，满足危险化学品生产需求；

(2) 按规定对仪表进行定期检定或校准；

（3）现场仪表位号标识是否清晰等。

4.7　危险化学品管理

4.7.1　危险化学品分类、登记与档案的管理，主要包括：

（1）按照标准对产品、所有中间产品进行危险性鉴别与分类，分类结果汇入危险化学品档案；

（2）按相关要求建立健全危险化学品档案；

（3）按照国家有关规定对危险化学品进行登记。

4.7.2　化学品安全信息的编制、宣传、培训和应急管理，主要包括：

（1）危险化学品安全技术说明书和安全标签的管理；

（2）危险化学品"一书一签"制度的执行情况；

（3）24 小时应急咨询服务或应急代理；

（4）危险化学品相关安全信息的宣传与培训。

4.8　储运系统

4.8.1　储运系统的安全管理情况，主要包括：

（1）储罐区、可燃液体、液化烃的装卸设施、危险化学品仓库储存管理制度以及操作、使用和维护规程制定及执行情况；

（2）储罐的日常和检维修管理。

4.8.2　储运系统的安全设计情况，主要包括：

（1）易燃、可燃液体及可燃气体的罐区，如罐组总容、罐组布置；防火堤及隔堤；消防道路、排水系统等；

（2）重大危险源罐区现场的安全监控装备是否符合《危险化学品重大危险源监督管理暂行规定》（国家安全监管总局令第 40 号）的要求；

（3）天然气凝液、液化石油气球罐或其他危险化学品压力或半冷冻低温储罐的安全控制及应急措施；

（4）可燃液体、液化烃和危险化学品的装卸设施；

（5）危险化学品仓库的安全储存。

4.8.3　储运系统罐区、储罐本体及其安全附件、铁路装卸区、汽车装卸区等设施的完好性。

4.9　消防系统

4.9.1　建设项目消防设施验收情况；企业消防安全机构、人员设置与制度的制定，消防人员培训、消防应急预案及相关制度的执行情况；消防系统运行检测情况。

4.9.2　消防设施与器材的设置情况，主要包括：

（1）消防站设置情况，如消防站、消防车、消防人员、移动式消防设备、通信等；

（2）消防水系统与泡沫系统，如消防水源、消防泵、泡沫液储罐、消防给水管道、消防管网的分区阀门、消火栓、泡沫栓，消防水炮、泡沫炮、固定式消防水喷淋等；

（3）油罐区、液化烃罐区、危险化学品罐区、装置区等设置的固定式和半固定式灭火系统；

（4）甲、乙类装置、罐区、控制室、配电室等重要场所的火灾报警系统；

（5）生产区、工艺装置区、建构筑物的灭火器材配置；

（6）其他消防器材。

4.9.3　固定式与移动式消防设施、器材和消防道路的现场状况

4.10　公用工程系统

4.10.1　给排水、循环水系统、污水处理系统的设置与能力能否满足各种状态下的需求。

4.10.2　供热站及供热管道设备设施、安全设施是否存在隐患。

4.10.3　空分装置、空压站位置的合理性及设备设施的安全隐患。

各部分具体排查内容详见附件。

5　隐患治理与上报

5.1　隐患级别

5.1.1　事故隐患可按照整改难易及可能造成的后果严重性，分为一般事故隐患和重大事故隐患。

5.1.2　一般事故隐患，是指能够及时整改，不足以造成人员伤亡、财产损失的隐患。对于一般事故隐患，可按照隐患治理的负责单位，分为班组级、基层车间级、基层单位(厂)级直至企业级。

5.1.3　重大事故隐患，是指无法立即整改且可能造成人员伤亡、较大财产损失的隐患。

5.2　隐患治理

5.2.1　企业应对排查出的各级隐患，做到“五定”，并将整改落实情况纳入日常管理进行监督，及时协调在隐患整改中存在的资金、技术、物资采购、施工等各方面问题。

5.2.2　对一般事故隐患，由企业[基层车间、基层单位(厂)]负责人或者有关人员立即组织整改。

5.2.3　对于重大事故隐患，企业要结合自身的生产经营实际情况，确定风险可接受标准，评估隐患的风险等级。评估风险的方法可参考附录A。

5.2.4　重大事故隐患的治理应满足以下要求：

(1)当风险处于很高风险区域时，应立即采取充分的风险控制措施，防止事故发生，同时编制重大事故隐患治理方案，尽快进行隐患治理，必要时立即停产治理；

(2)当风险处于一般高风险区域时，企业应采取充分的风险控制措施，防止事故发生，并编制重大事故隐患治理方案，选择合适的时机进行隐患治理；

(3)对于处于中风险的重大事故隐患，应根据企业实际情况，进行成本—效益分析，编制重大事故隐患治理方案，选择合适的时机进行隐患治理，尽可能将其降低到低风险。

5.2.5　对于重大事故隐患，由企业主要负责人组织制定并实施事故隐患治理方案。重大事故隐患治理方案应包括：

(1)治理的目标和任务；

(2)采取的方法和措施；

(3)经费和物资的落实；

(4)负责治理的机构和人员；

(5)治理的时限和要求；

(6)防止整改期间发生事故的安全措施。

5.2.6　事故隐患治理方案、整改完成情况、验收报告等应及时归入事故隐患档案。隐患档案应包括以下信息：隐患名称、隐患内容、隐患编号、隐患所在单位、专业分类、归属职能部门、评估等级、整改期限、治理方案、整改完成情况、验收报告等。事故隐患排查、治理过程中形成的传真、会议纪要、正式文件等，也应归入事故隐患档案。

5.3　隐患上报

5.3.1　企业应当定期通过“隐患排查治理信息系统”向属地安全生产监督管理部门和相关部门上报隐患统计汇总及存在的重大隐患情况。

5.3.2　对于重大事故隐患，企业除依照前款规定报送外，应当及时向安全生产监督管理部门和有关部门报告。重大事故隐患报告的内容应当包括：

(1)隐患的现状及其产生原因；

(2)隐患的危害程度和整改难易程度分析；

(3)隐患的治理方案。

附件A

重大事故隐患风险评估方法

表1　事故隐患后果定性分级方法

很低后果	
人员	轻微伤害或没有受伤；不会损失工作时间
财产	损失很小
声誉	企业内部关注；形象没有受损
较低后果	
人员	人员轻微受伤，不严重；可能会损失工作时间
财产	损失较小
声誉	社区、邻居、合作伙伴影响
中等后果	
人员	3人以上轻伤，1~2人重伤
财产	损失较小
声誉	本地区内影响；政府管制，公众关注负面后果
高后果	
人员	1~2人死亡或丧失劳动能力；3~9人重伤
财产	损失较大
声誉	国内影响；政府管制，媒体和公众关注负面后果
非常高的后果	
人员	死亡3人以上
财产	损失很大
声誉	国际影响

表2　重大事故隐患风险评估矩阵

后果等级	$1E^{-6}$~$1E^{-7}$	$1E^{-5}$~$1E^{-6}$	$1E^{-4}$~$1E^{-5}$	$1E^{-3}$~$1E^{-4}$	$1E^{-2}$~$1E^{-3}$	$1E^{-1}$~$1E^{-2}$	1~$1E^{-1}$
5	低	中	中	高	高	很高	很高
4	低	低	中	中	高	高	很高
3	低	低	低	中	中	中	高
2	低	低	低	低	中	中	中
1	低	低	低	低	低	中	中

事故发生的可能性/a^{-1}

附件 B

6.1 安全基础管理隐患排查表

序号	排查内容	依据	检查频次
一、安全管理机构、安全生产责任制，安全管理制度的建立			
1	企业应当依法设置安全生产管理机构，配备专职安全生产管理人员。配备的专职安全生产管理人员必须能够满足安全生产的需要。	《安全生产法》第19条 《危险化学品生产企业安全生产许可证实施办法》第12条	
2	建立、健全安全生产责任制度，包括单位主要负责人在内的各级人员岗位安全责任制度。	《危险化学品安全管理条例》第4条《危险化学品生产企业安全生产许可证实施办法》第13条	
3	企业应设置安委会，建立、健全从安委会到基层班组的安全生产管理网络。	《危险化学品从业单位安全标准化通用规范》(AQ 3013—2008)	
4	企业应建立安全生产责任制考核机制，对各级管理部门、管理人员及从业人员安全职责的履行情况和安全生产责任制的实现情况进行定期考核，予以奖惩。	《危险化学品从业单位安全标准化通用规范》(AQ 3013—2008)	
5	企业应当根据化工工艺、装置、设施等实际情况，制定完善下列主要安全生产规章制度： 1）安全生产例会等安全生产会议制度； 2）安全投入保障制度； 3）安全生产奖惩制度； 4）安全培训教育制度； 5）领导干部轮流现场带班制度； 6）特种作业人员管理制度； 7）安全检查和隐患排查治理制度； 8）重大危险源评估和安全管理制度； 9）变更管理制度； 10）应急管理制度； 11）安全事故或者重大事件管理制度； 12）防火、防爆、防中毒、防泄漏管理制度； 13）工艺、设备、电气仪表、公用工程安全管理制度； 14）动火、进入受限空间、吊装、高处、盲板抽堵、动土、断路、设备检维修等作业安全管理制度； 15）危险化学品安全管理制度； 16）职业健康相关管理制度； 17）劳动防护用品使用维护管理制度； 18）承包商管理制度； 19）安全管理制度及操作规程定期修订制度。	《安全生产法》第17条《危险化学品生产企业安全生产许可证实施办法》第14条	

续表

序号	排查内容	依据	检查频次
二、企业安全生产费用的提取、使用以及工伤保险			
1	企业应当按照国家规定提取与安全生产有关的费用，并保证安全生产所必须的资金投入。危险品生产与储存企业以上年度实际营业收入为计提依据，采取超额累退方式按照以下标准平均逐月提取： （一）营业收入不超过1000万元的，按照4%提取； （二）营业收入超过1000万元至1亿元的部分，按照2%提取； （三）营业收入超过1亿元至10亿元的部分，按照0.5%提取； （四）营业收入超过10亿元的部分，按照0.2%提取。	《安全生产法》第18条 《危险化学品生产企业安全生产许可证实施办法》第17条 《企业安全生产费用提取和使用管理办法》第8条	
2	企业应按照规定的安全生产费用使用范围，合理使用安全生产费用，建立安全生产费用台账。 安全生产的费用应当按照以下范围使用： （一）完善、改造和维护安全防护设施设备支出； （二）配备、维护、保养应急救援器材、设备支出和应急演练支出； （三）开展重大危险源和事故隐患评估、监控和整改支出； （四）安全生产检查、评价（不包括新建、改建、扩建项目安全评价）、咨询和标准化建设支出； （五）配备和更新现场作业人员安全防护用品支出； （六）安全生产宣传、教育、培训支出； （七）安全生产适用的新技术、新标准、新工艺、新装备的推广应用支出； （八）安全设施及特种设备检测检验支出； （九）其他与安全生产直接相关的支出	危险化学品从业单位安全标准化通用规范（AQ 3013—2008） 《企业安全生产费用提取和使用管理办法》第20条	
3	企业应当依法参加工伤保险，为从业人员缴纳保险费。	《安全生产法》第43条 《危险化学品生产企业安全生产许可证实施办法》第18条	
三、安全培训教育管理			
1	企业应当对从业人员进行安全生产教育和培训，保证从业人员具备必要的安全生产知识，熟悉有关的安全生产规章制度和安全操作规程，掌握本岗位的安全操作技能。从业人员应当接受教育和培训，考核合格后上岗作业；对有资格要求的岗位，应当配备依法取得相应资格的人员。	《安全生产法》第21条 《生产经营单位安全培训规定》第四条 《危险化学品安全管理条例》第4条	
2	企业采用新工艺、新技术、新材料或者使用新设备，必须了解、掌握其安全技术特性，采取有效的安全防护措施，并对从业人员进行专门的安全生产教育和培训。	《安全生产法》第22条	
3	企业主要负责人和安全生产管理人员应接受专门的安全培训教育，经安全生产监管部门对其安全生产知识和管理能力考核合格，取得安全资格证书后方可任职。主要负责人和安全生产管理人员安全资格培训时间不得少于48学时；每年再培训时间不得少于16学时。	《生产经营单位安全培训规定》第二章	

续表

序号	排查内容	依据	检查频次
4	企业必须对新上岗的从业人员等进行强制性安全培训，保证其具备本岗位安全操作、自救互救以及应急处置所需的知识和技能后，方能安排上岗作业。新上岗的从业人员安全培训时间不得少于72学时，每年接受再培训的时间不得少于20学时。从业人员在本企业内调整工作岗位或离岗一年以上重新上岗时，应当重新接受车间(工段、区、队)和班组级的安全培训。	《生产经营单位安全培训规定》第三章	
5	企业特种作业人员应按有关规定参加安全培训教育，取得特种作业操作证，方可上岗作业，并定期复审。	《安全生产法》第23条《特种作业人员安全技术培训考核管理规定》	
6	企业应当将安全培训工作纳入本单位年度工作计划。保证本单位安全培训工作所需资金。企业应建立健全从业人员安全培训档案，详细、准确记录培训考核情况。	《生产经营单位安全培训规定》第23条、第24条	
7	企业管理部门、班组应按照月度安全活动计划开展安全活动和基本功训练。班组安全活动每月不少于2次，每次活动时间不少于1学时。班组安全活动应有负责人、有计划、有内容、有记录。企业负责人应每月至少参加1次班组安全活动，基层单位负责人及其管理人员应每月至少参加2次班组安全活动。	危险化学品从业单位安全标准化通用规范(AQ 3013—2008)	
四、风险评价与隐患控制			
1	法律、法规和标准的识别和获取方面：1. 企业应建立识别和获取适用的安全生产法律法规、标准及其他要求的管理制度，明确责任部门，确定获取渠道、方式和时机，及时识别和获取，并定期进行更新。2. 企业应将适用的安全生产法律、法规、标准及其他要求及时传达给相关方。	危险化学品从业单位安全标准化通用规范(AQ 3013—2008)	
2	企业应依据风险评价准则，选定合适的评价方法，定期和及时对作业活动和设备设施进行危险、有害因素识别和风险评价，并满足以下要求： 1. 企业各级管理人员应参与风险评价工作，鼓励从业人员积极参与风险评价和风险控制。 2. 企业应根据风险评价结果及经营运行情况等，确定不可接受的风险，制定并落实控制措施，将风险尤其是重大风险控制在可以接受的程度。 3. 企业应将风险评价的结果及所采取的控制措施对从业人员进行宣传、培训，使其熟悉工作岗位和作业环境中存在的危险、有害因素，掌握、落实应采取的控制措施。 4. 企业应定期评审或检查风险评价结果和风险控制效果。 5. 企业应在下列情形发生时及时进行风险评价： 1）新的或变更的法律法规或其他要求； 2）操作条件变化或工艺改变； 3）技术改造项目； 4）有对事件、事故或其他信息的新认识； 5）组织机构发生大的调整。	危险化学品从业单位安全标准化通用规范(AQ 3013—2008)	

续表

序号	排查内容	依据	检查频次
3	在隐患治理方面，应满足： 1. 企业应对风险评价出的隐患项目，下达隐患治理通知，限期治理，做到定治理措施、定负责人、定资金来源、定治理期限。企业应建立隐患治理台账。 2. 企业应对确定的重大隐患项目建立档案，档案内容应包括： 1）评价报告与技术结论； 2）评审意见； 3）隐患治理方案，包括资金概预算情况等； 4）治理时间表和责任人； 5）竣工验收报告； 6）备案文件。 3. 企业无力解决的重大事故隐患，除应书面向企业直接主管部门和当地政府报告外，应采取有效防范措施。 4. 企业对不具备整改条件的重大事故隐患，必须采取防范措施，并纳入计划，限期解决或停产。	危险化学品从业单位安全标准化通用规范（AQ 3013—2008）	
五、事故管理、变更管理与承包商管理			
1	生产经营单位不得以任何形式与从业人员订立协议，免除或者减轻其对从业人员因生产安全事故伤亡依法应承担的责任。	《安全生产法》第44条	
2	生产经营单位发生生产安全事故后，事故现场有关人员应当立即报告本单位负责人。单位负责人接到事故报告后，应当迅速采取有效措施，组织抢救并在接到报告后1小时内向事故发生地县级以上人民政府安全生产监督管理部门和负有安全生产监督管理职责的有关部门报告。	《安全生产法》第70条 《生产安全事故报告和调查处理条例》第9条	
3	事故调查处理应当按照实事求是、尊重科学的原则，及时、准确地查清事故原因，查明事故性质和责任，提出整改措施，并对事故责任者提出处理意见。	《安全生产法》第73条	
4	企业应落实事故整改和预防措施，防止事故再次发生。整改和预防措施应包括： 1）工程技术措施； 2）培训教育措施； 3）管理措施。 企业应建立事故档案和事故管理台账。	《危险化学品从业单位安全生产标准化通用规范》（AQ 3013—2008）	

续表

序号	排查内容	依据	检查频次
5	企业应严格执行变更管理，并满足： 1. 建立变更管理制度，履行下列变更程序： 1）变更申请：按要求填写变更申请表，由专人进行管理； 2）变更审批：变更申请表应逐级上报主管部门，并按管理权限报主管领导审批； 3）变更实施：变更批准后，由主管部门负责实施。不经过审查和批准，任何临时性的变更都不得超过原批准范围和期限； 4）变更验收：变更实施结束后，变更主管部门应对变更的实施情况进行验收，形成报告，并及时将变更结果通知相关部门和有关人员。 2. 企业应对变更过程产生的风险进行分析和控制。	危险化学品从业单位安全标准化通用规范（AQ 3013—2008）	
6	在承包商管理方面，企业应满足： 1. 企业应严格执行承包商管理制度，对承包商资格预审、选择、开工前准备、作业过程监督、表现评价、续用等过程进行管理，建立合格承包商名录和档案。企业应与选用的承包商签订安全协议书。 2. 企业应对承包商的作业人员进行入厂安全培训教育，经考核合格发放入厂证，保存安全培训教育记录。进入作业现场前，作业现场所在基层单位应对施工单位的作业人员进行进入现场前安全培训教育，保存安全培训教育记录。	危险化学品从业单位安全标准化通用规范（AQ 3013—2008）	
六、作业管理			
1	企业应根据接触毒物的种类、浓度和作业性质、劳动强度，为从业人员提供符合国家标准或者行业标准的劳动防护用品和器具，并监督、教育从业人员按照使用规则佩戴、使用。	《安全生产法》第37、39条	
2	企业为从业人员提供的劳动防护用品，不得超过使用期限。企业应当督促、教育从业人员正确佩戴和使用劳动防护用品。从业人员在作业过程中，必须按照安全生产规章制度和劳动防护用品使用规则，正确佩戴和使用劳动防护用品；未按规定佩戴和使用劳动防护用品的，不得上岗作业。	《劳动防护用品监督管理规定》第16、19条	
3	企业应在危险性作业活动作业前进行危险、有害因素识别，制定控制措施。在作业现场配备相应的安全防护用品（具）及消防设施与器材，规范现场人员作业行为。	危险化学品从业单位安全标准化通用规范（AQ 3013 2008）	
4	企业作业活动的负责人应严格按照规定要求科学指挥；作业人员应严格执行操作规程，不违章作业，不违反劳动纪律。		
5	企业作业人员在进行作业活动时，应持相应的作业许可证作业。		
6	企业作业活动监护人员应具备基本救护技能和作业现场的应急处理能力，持相应作业许可证进行监护作业，作业过程中不得离开监护岗位。		

续表

序号	排查内容	依　据	检查频次
7	对动火作业、进入受限空间作业、破土作业、临时用电作业、高处作业、断路作业、吊装作业、设备检修作业和抽堵盲板作业等危险性作业实施作业许可管理，严格履行审批手续；并严格按照相关作业安全规程的要求执行	化学品生产单位吊装作业安全规范（AQ 3021—2008） 化学品生产单位动火作业安全规范（AQ 3022—2008） 化学品生产单位动土作业安全规范（AQ 3023—2008） 化学品生产单位断路作业安全规范（AQ 3024—2008） 化学品生产单位高处作业安全规范（AQ 3025—2008） 化学品生产单位设备检修作业安全规范（AQ 3026—2008） 化学品生产单位盲板抽堵作业安全规范（AQ 3027—2008） 化学品生产单位受限空间作业安全规范（AQ 3028—2008）	
七、应急管理			
1	危险物品的生产、经营、储存单位应建立应急救援组织；生产经营规模较小，可以不建立应急救援组织的，应当指定兼职的应急救援人员。企业应建立应急指挥系统，实行厂级、车间级分级管理，建立应急救援队伍；明确各级应急指挥系统和救援队的职责。	《安全生产法》第69条 《危险化学品从业单位安全生产标准化通用规范》（AQ 3013—2008）	
2	企业制定并实施本单位的生产安全事故应急救援预案；是否按照国家有关要求，针对不同情况，制定了综合应急预案、专项应急预案和现场处置方案。	《安全生产法》第17条 《生产安全事故应急预案管理办法》（安监总局令第17号） 《生产经营单位安全生产事故应急预案编制导则》（AQ/T 9002—2006）	
3	企业综合应急预案和专项应急预案是否按照规定报政府有关部门备案；是否组织专家对本单位编制的应急预案进行了评审，应急预案经评审后，是否由企业主要负责人签署公布。	《生产安全事故应急预案管理办法》（安监总局令第17号）	
4	危险物品的生产、经营、储存单位应配备必要的应急救援器材、设备，并进行经常性维护、保养并记录，保证其处于完好状态。	《安全生产法》第69条 《危险化学品从业单位安全生产标准化通用规范》（AQ 3013—2008）	
5	企业应对从业人员进行应急救援预案的培训；企业是否制定了本单位的应急预案演练计划，并且每年至少组织一次综合应急预案演练或者专项应急预案演练，每半年至少组织一次现场处置方案演练。应急预案演练结束后，应急预案演练组织单位是否对应急预案演练效果进行评估，并撰写应急预案演练评估报告。	《生产安全事故应急预案管理办法》（安监总局令第17号）	

续表

序号	排 查 内 容	依 据	检查频次
6	企业制定的应急预案应当至少每三年修订一次，预案修订情况应有记录并归档。 有下列情形之一的，应急预案应当及时修订： 1. 生产经营单位因兼并、重组、转制等导致隶属关系、经营方式、法定代表人发生变化的； 2. 生产经营单位生产工艺和技术发生变化的； 3. 周围环境发生变化，形成新的重大危险源的； 4. 应急组织指挥体系或者职责已经调整的； 5. 依据的法律、法规、规章和标准发生变化的； 6. 应急预案演练评估报告要求修订的； 7. 应急预案管理部门要求修订的。	《生产安全事故应急预案管理办法》(安监总局令第17号)	

6.2 区域位置及总图布置隐患排查表

序号	排 查 内 容	排 查 依 据	排查频次
一	区域位置		
1	危险化学品生产装置和储存危险化学品数量构成重大危险源的储存设施，与下列场所、区域的距离是否符合国家相关法律、法规、规章和标准的规定： 1. 居民区、商业中心、公园等人口密集区域； 2. 学校、医院、影剧院、体育场(馆)等公共设施； 3. 供水水源、水厂及水源保护区； 4. 车站、码头(按照国家规定，经批准专门从事危险化学品装卸作业的除外)、机场以及公路、铁路、水路交通干线、地铁风亭及出入口； 5. 基本农田保护区、畜牧区、渔业水域和种子、种畜、水产苗种生产基地； 6. 河流、湖泊、风景名胜区和自然保护区； 7. 军事禁区、军事管理区； 8. 法律、行政法规规定予以保护的其他区域。	《危险化学品安全管理条例》第十条、《危险化学品生产企业安全生产许可证实施办法》第十二条	
2	石油化工装置(设施)与居住区之间的卫生防护距离，应按《石油化工企业卫生防护距离》SH 3093—1999中表2.0.1确定，表中未列出的装置(设施)与居住区之间的卫生防护距离一般不应小于150m。卫生防护距离范围内不应设置居住性建筑物，并宜绿化。	《石油化工企业卫生防护距离》SH 3093—1999	
3	严重产生有毒有害气体、恶臭、粉尘、噪声且目前尚无有效控制技术的工业企业，不得在居住区、学校、医院和其他人口密集的被保护区域内建设。	《工业企业卫生设计标准》GBZ 1—2002 第4.1.1条	
4	危险化学品企业与相邻工厂或设施，同类企业及油库的防火间距是否满足GB 50016、GB 50160、GB 50074、GB 50183等相关规范的要求。		

续表

序号	排查内容	排查依据	排查频次
5	邻近江河、湖、海岸布置的危险化学品装置和罐区，是否采取防止泄漏的危险化学品液体和受污染的消防水进入水域的措施。	《石油化工企业设计防火规范》GB 50160—2008 第4.1.5条	
6	当区域排洪沟通过厂区时： 1. 不宜通过生产区； 2. 应采取防止泄漏的可燃液体和受污染的消防水流入区域排洪沟的措施。	GB 50160—2008 第4.1.7条	
7	危险化学品企业对下列自然灾害因素是否采取了有效的防范措施。抗震、抗洪、抗地质灾害等设计标准是否符合要求： 1. 破坏性地震； 2. 洪汛灾害（江河洪水、渍涝灾害、山洪灾害、风暴潮灾害）； 3. 气象灾害（强热带风暴、飓风、暴雨、冰雪、海啸、海冰等）； 4. 由于地震、洪汛、气象灾害而引发的其他灾害。		
二	总图布置		
1	可能散发可燃气体的工艺装置、罐组、装卸区或全厂性污水处理场等设施，宜布置在人员集中场所，及明火或散发火花地点的全年最小频率风向的上风侧。	GB 50160—2008 第4.2.2条	
2	危险化学品生产装置与下列场所防火安全间距是否符合规范要求： 1. 控制室； 2. 变配电室； 3. 点火源（包括火炬）； 4. 办公楼； 5. 厂房； 6. 消防站及消防泵房； 7. 空分空压站； 8. 危险化学品生产与储存设施； 9. 其他重要设施及场所。		
3	液化烃罐组或可燃液体罐组不应毗邻布置在高于工艺装置、全厂性重要设施或人员集中场所的阶梯上。如受条件限制或者工艺要求，可燃液体原料储罐毗邻布置在高于工艺装置的阶梯上时是否采取了防止泄漏的可燃液体流入工艺装置、全厂性重要设施或人员集中场所的措施。	GB 50160—2008 第4.2.3条	
4	空分站应布置在空气清洁地段，并宜位于散发乙炔及其他可燃气体、粉尘等场所的全年最小频率风向的下风侧。	GB 50160—2008 第4.2.5条	
5	汽车装卸设施、液化烃灌装站及各类物品仓库等机动车辆频繁进出的设施应布置在厂区边缘或厂区外，并宜设围墙独立成区。	GB 50160—2008 第3.2.7条	

续表

序号	排查内容	排查依据	排查频次
6	下列设施应满足： 1. 公路和地区架空电力线不应穿越生产区； 2. 地区输油（输气）管道不应穿越厂区； 3. 采用架空电力线路进出厂区的总变电所，应布置在厂区边缘。	GB 50160—2008 第 4.1.6 条 第 4.1.8 条 第 4.2.9 条	
7	在布置产生剧毒物质、高温以及强放射性装置的车间时，同时考虑相应事故防范和应急、救援设施和设备的配套并留有应急通道。	GBZ 1—2002 第 4.2.1.6 条	
8	严禁将泡沫站设置在防火堤内、围堰内、泡沫灭火系统保护区或其他火灾及爆炸危险区内；当泡沫站靠近防火堤设置时，其与各甲、乙、丙类液体储罐罐壁之间的间距应大于 20m，且应具备远程控制功能；当泡沫站设置在室内时，其建筑的耐火等级不应低于二级。		
三	道路、建构筑物		
1	装置区、罐区、仓库区、可燃物料装卸区四周是否有环形消防车道；转弯半径、净空高度是否满足规范要求？	GB 50160—2008 GB 50016—2006	
2	原料及产品运输道路与生产设施的防火间距是否符合规范要求？	GB 50160—2008 GB 50016—2006	
3	石油化工企业的主要出入口不应少于两个，并宜位于不同方位；石油库通向公路的车辆出入口（公路装卸区的单独出入口除外），一、二、三级石油库不宜少于 2 处；其他厂区面积大于 $5\times10^4 m^2$ 的化工企业应有两个以上的出入口，人流和货运应明确分开，大宗危险货物运输须有单独路线，不与人流及其他货流混行或平交。		
4	当大型石油化工装置的设备、建筑物区占地面积大于 $10000m^2$ 小于 $20000m^2$ 时，在设备、建筑物区四周应设环形道路，道路路面宽度不应小于 6m，设备、建筑物区的宽度不应大于 120m，相邻两设备、建筑物区的防火间距不应小于 15m。	GB 50160—2008 第 5.2.11 条	
5	两条或两条以上的工厂主要出入口的道路，应避免与同一条铁路平交；若必须平交时，其中至少有两条道路的间距不应小于所通过的最长列车的长度；若小于所通过的最长列车的长度，应另设消防车道。	GB 50160—2008 第 4.3.2 条	
6	建、构筑物安全设施是否符合规范要求： 1. 安全通道； 2. 安全出口； 3. 耐火等级。	GB 50016—2006	
7	建、构筑物抗震设计是否满足 GB50223、GB50011、GB50453 等规范要求		

续表

序号	排查内容	排查依据	排查频次
8	建、构筑物防雷(感应雷、直击雷)措施是否符合规范要求	《建筑物防雷设计规范》 GB 50057—2010	
9	大型机组(压缩机、泵等)、散发油气的生产设备宜采用敞开式或半敞开式厂房。有爆炸危险的甲、乙类厂房泄压设施是否满足规定?	GB 50016—2006	
10	生产、储存危险化学品的车间、仓库不得与员工宿舍在同一座建筑物内，且与员工宿舍保持符合规定的安全距离	《安全生产法》第34条	
11	储存化学危险品的建筑物应满足： 1. 不得有地下室或其他地下建筑。甲、乙类仓库不应设置在地下或半地下。 2. 仓库内容严禁设置员工宿舍。甲乙类仓库内严禁设置办公室、休息室。	GB 50016—2006 第3.3.7条 3.3.15条	
四	安全警示标志		
1	企业应按照GB 16179规定，在易燃、易爆、有毒有害等危险场所的醒目位置设置符合GB 2894规定的安全标志。	《危险化学品从业单位安全标准化通用规范》AQ 3013—2008 第5.2.1条	
2	企业应在重大危险源现场设置明显的安全警示标志。	AQ 3013—2008 第5.2.2条	
3	企业应按有关规定，在厂内道路设置限速、限高、禁行等标志。	AQ 3013—2008 第5.2.3条	
4	企业应在检维修、施工、吊装等作业现场设置警戒区域和安全标志，在检修现场的坑、井、洼、沟、陡坡等场所设置围栏和警示灯。	AQ 3013—2008 第5.2.4条	
5	企业应在可能产生严重职业危害作业岗位的醒目位置，按照GBZ 158设置职业危害警示标识，同时设置告知牌，告知产生职业危害的种类、后果、预防及应急救治措施、作业场所职业危害因素检测结果等。	AQ 3013—2008 第5.2.5条	
6	企业应按有关规定在生产区域设置风向标	AQ 3013—2008 第5.2.6条	

6.3 工艺隐患排查表

序号	排查内容	排查依据	排查频次
一	工艺的安全管理		
1	企业应进行工艺安全信息管理，工艺安全信息文件应纳入企业文件控制系统予以管理，保持最新版本。工艺安全信息包括： 1）危险品危害信息； 2）工艺技术信息； 3）工艺设备信息； 4）工艺安全安全信息。	《化工企业工艺安全管理实施导则》 AQ/T 3034—2010 第4.1条	

续表

序号	排查内容	排查依据	排查频次
2	企业应建立风险管理制度，积极组织开展危害辨识、风险分析工作。应定期开展系统的工艺过程风险分析。 企业应在工艺装置建设期间进行一次工艺危害分析，识别、评估和控制工艺系统相关的危害，所选择的方法要与工艺系统的复杂性相适应。企业应每三年对以前完成的工艺危害分析重新进行确认和更新，涉及剧毒化学品的工艺可结合法规对现役装置评价要求频次进行。	《危险化学品从业单位安全生产标准化通用规范》(AQ 3013—2008) AQ/T 3034—2010 第4.2.3条	
3	大型和采用危险化工工艺的装置在初步设计完成后要进行HAZOP分析。国内首次采用的化工工艺，要通过省级有关部门组织专家组进行安全论证。	安监总管三〔2010〕186号	
4	企业应编制并实施书面的操作规程，规程应与工艺安全信息保持一致。企业应鼓励员工参与操作规程的编制，并组织进行相关培训。操作规程应至少包括以下内容： 1. 初始开车、正常操作、临时操作、应急操作、正常停车、紧急停车等各个操作阶段的操作步骤； 2. 正常工况控制范围、偏离正常工况的后果；纠正或防止偏离正常工况的步骤； 3. 安全、健康和环境相关的事项。如危险化学品的特性与危害、防止暴露的必要措施、发生身体接触或暴露后的处理措施、安全系统及其功能(联锁、监测和抑制系统)等。	AQ/T 3034—2010 第4.3.1条	
5	操作规程的审查、发布等应满足： 1. 企业应根据需要经常对操作规程进行审核，确保反映当前的操作状况，包括化学品、工艺技术设备和设施的变更。企业应每年确认操作规程的适应性和有效性。 2. 企业应确保操作人员可以获得书面的操作规程。通过培训，帮助他们掌握如何正确使用操作规程，并且使他们意识到操作规程是强制性的。 3. 企业应明确操作规程编写、审查、批准、分发、修改以及废止的程序和职责，确保使用最新版本的操作规程。	AQ/T 3034—2010 第4.3.2条	
6	工艺的安全培训应包括： 1. 应建立并实施工艺安全培训管理程序。根据岗位特点和应具备的技能，明确制订各个岗位的具体培训要求，编制落实相应的培训计划，并定期对培训计划进行审查和演练。 2. 培训管理程序应包含培训反馈评估方法和再培训规定。对培训内容、培训方式、培训人员、教师的表现以及培训效果进行评估，并作为改进和优化培训方案的依据；再培训至少每三年举办一次，根据需要可适当增加频次。当工艺技术、工艺设备发生变更时，需要按照变更管理程序的要求，就变更的内容和要求告知或培训操作人员及其他相关人员。 3. 应保存好员工的培训记录。包括员工的姓名、培训时间和培训效果等都要以记录形式保存。	AQ/T 3034—2010 第4.4条	

续表

序号	排查内容	排查依据	排查频次
二	工艺技术及工艺装置的安全控制		
1	生产经营单位不得使用国家明令淘汰、禁止使用的危及生产安全的工艺、设备。	《安全生产法》第三十一条	
2	危险化工工艺的安全控制应按照《首批重点监管的危险化工工艺目录》和《首批重点监管的危险化工工艺安全控制要求、重点监控参数及推荐的控制方案》的要求进行设置。	安监总管三〔2009〕116号	
3	大型和高度危险化工装置要按照《首批重点监管的危险化工工艺目录》和《首批重点监管的危险化工工艺安全控制要求、重点监控参数及推荐的控制方案》推荐的控制方案装备紧急停车系统。	安监总管三〔2009〕116号	
4	装置可能引起火灾、爆炸等严重事故的部位应设置超温、超压等检测仪表、声和/或光报警、泄压设施和安全联锁装置等设施。	AQ 3013—2008 第5.5.2.2条	
5	在非正常条件下，下列可能超压的设备或管道是否设置可靠的安全泄压措施以及安全泄压措施的完好性： 1. 顶部最高操作压力大于等于0.1MPa的压力容器； 2. 顶部最高操作压力大于0.03MPa的蒸馏塔、蒸发塔和汽提塔(汽提塔顶蒸汽通入另一蒸馏塔者除外)； 3. 往复式压缩机各段出口或电动往复泵、齿轮泵、螺杆泵等容积式泵的出口(设备本身已有安全阀者除外)； 4. 凡与鼓风机、离心式压缩机、离心泵或蒸汽往复泵出口连接的设备不能承受其最高压力时，鼓风机、离心式压缩机、离心泵或蒸汽往复泵的出口； 5. 可燃气体或液体受热膨胀，可能超过设计压力的设备顶部最高操作压力为0.03~0.1MPa的设备应根据工艺要求设置； 6. 两端阀门关闭且因外界影响可能造成介质压力升高的液化烃、甲B、乙A类液体管道。	《石油化工设计防火规范》GB 50160—2008 第5.5.1条 《石油天然气工程设计防火规范》GB 50183—2004 第6.8.1条	
6	因物料爆聚、分解造成超温、超压，可能引起火灾、爆炸的反应设备应设报警信号和泄压排放设施，以及自动或手动遥控的紧急切断进料设施。	GB 50160—2008 第5.5.13条	
7	安全阀、防爆膜、防爆门的设置应满足安全生产要求，如： 1. 突然超压或发生瞬时分解爆炸危险物料的反应设备，如设安全阀不能满足要求时，应装爆破片或爆破片和导爆管，导爆管口必须朝向无火源的安全方向；必要时应采取防止二次爆炸、火灾的措施； 2. 有可能被物料堵塞或腐蚀的安全阀，在安全阀前应设爆破片或在其他出入口管道上采取吹扫、加热或保温等措施； 3. 较高浓度环氧乙烷设备的安全阀前应设爆破片。爆破片入口管道应设氮封，且安全阀的出口管道应充氮。	GB 50160—2008 第5.5.9条 第5.5.12条	

续表

序号	排查内容	排查依据	排查频次
8	危险物料的泄压排放或放空的安全性，主要包括： 1. 可燃气体、可燃液体设备的安全阀出口应连接至适宜的设施或系统； 2. 对液化烃或可燃液体设备紧急排放时，液化烃或可燃液体应排放至安全地点，剩余的液化烃应排入火炬； 3. 对可燃气体设备，应能将设备内的可燃气体排入火炬或安全放空系统； 4. 氨的安全阀排放气应经处理后放空。	GB 50160—2008 第 5. 5. 7 条 第 5. 5. 10 条	
9	无法排入火炬或装置处理排放系统的可燃气体，当通过排气筒、放空管直接向大气排放时，排气筒、放空管的高度应满足 GB 50160、GB 50183 等规范的要求。	GB 50160—2008 第 5. 5. 11 条 GB 50183 第 6. 8. 8 条	
10	火炬系统的安全性是否满足以下要求： 1. 火炬系统的能力是否满足装置事故状态下的安全泄放； 2. 火炬系统是否设置了足够的长明灯，并有可靠的点火系统及燃料气源； 3. 火炬系统是否设置了可靠的防回火设施； 4. 火炬气的分液、排凝是否符合要求。	GB 50160—2008 SH 3009	
三	现场工艺安全		
1	企业应严格执行工艺卡片管理，并符合以下要求： 1. 操作室要有工艺卡片，并定期修订； 2. 现场装置的工艺指标应按工艺卡片严格控制； 3. 工艺卡片变更必须按规定履行变更审批手续。	企业管理制度	
2	企业应建立联锁管理制度，严格执行，并符合以下要求： 1. 现场联锁装置必须投用，完好； 2. 摘除联锁有审批手续，有安全措施。 3. 恢复联锁按规定程序进行。	企业管理制度	
3	企业应建立操作记录和交接班管理制度，并符合以下要求： 1. 岗位职工严格遵守操作规程；岗位职工严格遵守操作规程，按照工艺卡片参数平稳操作，巡回检查有检查标志。 2. 定时进行巡回检查，要有操作记录；操作记录真实、及时、齐全，字迹工整、清晰、无涂改。 3. 严格执行交接班制度。日志内容完整、真实。	企业管理制度	
4	剧毒品部位的巡检、取样、操作、检维修加强监护，有监护制度，并符合 GB/T 3723—1999 的要求。	《工业用化学品采样安全通则》 GB/T 3723—1999	

6.4 设备隐患排查表

序号	排查内容	依据	排查频率
一	设备管理制度及管理体系		
1	按国家相关法规制定和及时修订本企业的设备管理制度。	企业管理制度	
2	依据设备管理制度制定检查和考评办法，定期召开设备工作例会，按要求执行并追踪落实整改结果。	企业管理制度	
3	有健全的设备管理体系，设备专业管理人员配备齐全。	企业管理制度	
4	生产及检维修单位巡回检查制度健全，巡检时间、路线、内容、标识、记录准确、规范，设备缺陷及隐患及时上报处理。	企业管理制度	
5	企业应严格执行安全设施管理制度，建立安全设施管理台账。	AQ 3013—2008 第5.5.2.1条	
6	企业的各种安全设施应有专人负责管理，定期检查和维护保养。	AQ 3013—2008 第5.5.2.3条	
7	安全设施应编入设备检维修计划，定期检维修。安全设施不得随意拆除、挪用或弃置不用，因检维修拆除的，检维修完毕后应立即复原。	AQ 3013—2008 第5.5.2.4条	
8	企业应对监视和测量设备进行规范管理，建立监视和测量设备台账，定期进行校准和维护，并保存校准和维护活动的记录。	AQ 3013—2008 第5.5.2.5条	
9	生产经营单位不得使用国家明令淘汰、禁止使用的危及生产安全的设备。	《中华人民共和国安全生产法》第三十一条	
二	大型机组、机泵的管理和运行状况		
1	各企业应建立健全大型机组的管理体系及制度。	企业管理制度	
2	大型机组联锁保护系统应正常投用，变更、解除时要办理相关手续，并制订相应的防范措施。	企业管理制度	
3	大型机组润滑油应定期分析，其机组油质按要求定期分析，有分析指标，分析不合格有措施并得到落实。	企业管理制度	
4	大型机组的运行管理应符合以下要求： 1. 机组运行参数应符合工艺规程要求； 2. 机组轴(承)振动、温度、转子轴位移小于报警值； 3. 机组轴封系统参数、泄漏等在规定范围内； 4. 机组润滑油、密封油、控制油系统工艺参数等正常； 5. 机组辅机(件)齐全完好； 6. 机组现场整洁、规范。	《石油化工企业设备完好标准》企业管理制度	
5	机泵的运行管理应满足以下要求： 1. 机泵运行参数应符合工艺操作规程； 2. 有联锁、报警装置的机泵，报警和联锁系统应投入使用，完好； 3. 机泵运行平稳，振动、温度、泄漏等符合要求； 4. 机泵现场整洁、规范； 5. 机泵辅件要求完好； 6. 建立备用设备相关管理制度并得到落实，备用机泵完好； 7. 重要机泵检修要有针对性的检修规程(方案)要求，机泵技术档案资料齐全符合要求。	企业管理制度《石油化工企业设备完好标准》	

续表

序号	排查内容	依据	排查频率
6	机泵电器接线符合电气安全技术要求，有接地线。	企业管理制度	
7	易燃介质的泵密封的泄漏量不应大于设计的规定值。	《风机、压缩机、泵安装工程施工及验收规范》GB 50275—2010	
8	转动设备应有可靠的安全防护装置并符合有关标准要求。	《生产过程安全卫生要求总则》GB 12801—2008	
9	可燃气体压缩机、液化烃、可燃液体泵不得使用皮带传动；在爆炸危险区范围内的其他传动设备若必须使用皮带传动时，应采用防静电皮带。	GB 50160—2008 第5.7.8条	
10	可燃气体压缩机的吸入管道应有防止产生负压的设施。	GB 50160—2008 第7.2.10条	
11	离心式可燃气体压缩机和可燃液体泵应在其出口管道上安装止回阀。	GB 50160—2008 第7.2.11条	
12	单个安全阀的起跳压力不应大于设备的设计压力。当一台设备安装多个安全阀时，其中一个安全阀的起跳压力不应大于设备的设计压力；其他安全阀的起跳压力可以提高，但不应大于设备设计压力的1.05倍。	GB 50160—2008 第5.5.1条	
13	可燃气体、可燃液体设备的安全阀出口应连接至适宜的设施或系统。	GB50160—2008 第5.5.4条	
三	加热炉/工业炉的管理与运行状况		
•	企业应制定加热炉管理规定，建立健全加热炉基础档案资料和运行记录，并照国家标准和当地环保部门规定的指标定期对加热炉的烟气排放进行环保监测。	企业管理制度	
•	加热炉现场运行管理，应满足： 1. 加热炉应在在设计允许的范围内运行，严禁超温、超压、超负荷运行； 2. 加热炉膛内燃烧状况良好，不存在火焰偏烧、燃烧器结焦等； 3. 燃料油（气）线无泄漏，燃烧器无堵塞、漏油、漏气、结焦，长明灯正常点燃，油枪、瓦斯枪定期清洗、保养和及时更换，备用的燃烧器已将风门、汽门关闭； 4. 灭火蒸汽系统处于完好备用状态； 5. 炉体及附件的隔热、密封状况，检查看火窗、看火孔、点火孔、防爆门、人孔门、弯头箱门是否严密，有无漏风；炉体钢架和炉体钢板是否完好严密； 6. 辐射炉管有无局部超温、结焦、过热、鼓包、弯曲等异常现象； 7. 炉内壁衬无脱落，炉内构件无异常； 8. 有吹灰器的加热炉，吹灰器应正常投用； 9. 加热炉的炉用控制仪表以及检测仪表应正常投用，无故障。并定期对所有氧含量分析仪进行校验。	《石油化工企业设备完好标准》企业标准	

续表

序号	排 查 内 容	依　据	排查频率
•	每台加热炉应按要求设置烟气取样点运行状况进行监测。		
•	加热炉基础外观不得有裂纹、蜂窝、露筋、疏松等缺陷。	《石油化工工艺装置布置设计通则》SH 3011—2000 第2.21.4条	
•	钢结构安装立柱不得向同一方向倾斜。	《管式炉安装工程施工及验收规范》SH 3506—2000	
•	人孔门、观察孔和防爆门安装位置的偏差应小于8mm。人孔门与门框、观察孔与孔盖均应接触严密，转动灵活。	SH 3506—2000	
•	烟、风道挡板和烟囱挡板的调节系统应进行试验，检查其启闭是否准确、转动是否灵活，开关位置应与标记相一致。	SH 3506—2000 第5.0.3条	
•	加热炉的烟道和封闭炉膛均应设置爆破门，加热炉机械鼓风的主风管道应设置爆破膜。	《石油化工企业安全卫生设计规范》SH 3047—93 第2.2.11条	
•	对加热炉有失控可能的工艺过程，应根据不同情况采取停止加入物料、通入惰性气体等应急措施。	SH 3047—93 第2.2.11条	
•	加热炉保护层必须采用不燃材料。	GB 50264	
•	设备的外表面温度在50~850℃时，除工艺有散热要求外，均应设置绝热层。	《工业设备及管道绝热工程设计规范》GB 50264 第5.2.1条	
•	绝热结构外层应设置保护层，保护层结构应严密和牢固。	GB 50264 第5.4.1条	
•	明火加热炉附属的燃料气分液罐、燃料气加热器等与炉体的防火间距，不应小于6m。	GB 50160—2008	
•	烧燃料气的加热炉应设长明灯，并宜设置火焰检测器。	GB 50160—2008 第5.7.8条	
•	加热炉燃料气调节阀前的管道压力等于或小于0.4MPa，且无低压自动保护仪表时，应在每个燃料气调节阀与加热炉之间设阻火器。	GB 50160—2008 第7.2.12条	
•	加热炉燃料气管道上的分液罐的凝液不应敞开排放。	GB 50160—2008 第7.2.13条	
四	防腐蚀		
1	腐蚀、易磨损的容器及管道，应定期测厚和进行状态分析，有监测记录。	企业管理制度	
2	大型、关键容器(如液化气球罐等)中的腐蚀性介质含量的监控措施，如进行定期分析，有无H_2S含量超标的情况存在等。	企业管理制度	
3	重点容器、管道腐蚀状况监测工作的开展情况。如对重点容器和管道是否进行在线的定期、定点测厚或采用腐蚀探针等方法进行监测，以及这些措施的实际效果等。	企业管理制度	

续表

序号	排查内容	依据	排查频率
4	重点容器、管道腐蚀状况的监测、检查记录，如测厚报告等，以及这方面工作实际开展的情况及效果。	企业管理制度	
五	压力容器		
1	使用单位技术负责人应对压力容器的安全管理负责，并指定具有压力容器专业知识，熟悉国家相关法规标准的工程技术人员负责压力容器的安全管理工作。	《压力容器安全技术监察规程》质技监局锅发(1999)154号第115条	
2	压力容器的使用单位，必须建立压力容器技术档案并由管理部门统一保管。	《压力容器安全技术监察规程》质技监局锅发(1999)154号第117条	
3	压力容器的使用单位，在压力容器投入使用前，应按《压力容器使用登记管理规则》的要求，到安全监察机构或授权的部门逐台使用登记。	《压力容器安全技术监察规程》质技监局锅发(1999)154号第118条	
4	应在工艺操作规程和岗位操作规程中明确压力容器安全操作要求。	《压力容器安全技术监察规程》质技监局锅发(1999)154号第119条	
5	压力容器操作人员应持证上岗。压力容器使用单位应对压力容器操作人员定期进行专业培训与安全教育，培训考核工作由地、市级安全监察机构或授权的使用单位负责。	《压力容器安全技术监察规程》质技监局锅发(1999)154号第120条	
6	压力容器的使用单位及其主管部门，必须及时安排压力容器的定期检验工作，并将压力容器年度检验计划报当地安全监察机构及检验单位。	《压力容器安全技术监察规程》质技监局锅发(1999)154号第130条	
7	在用压力空器，按照《压力容器定期检验规则》TSG R 7001、《压力容器使用登记管理规则》劳部发[1993]442号的规定，进行定期检验、评定安全等级和办理注册登记。	《压力容器安全技术监察规程》质技监局锅发(1999)154号第131条	
六	压力管道		
1	全厂性工艺及热力管道易地上敷设；沿地面或低支架敷设的管道不应环绕工艺装置或罐布置，并不应妨碍消防车的通行。	GB 50160—2008 第7.1.1条	
2	永久性的地上、地下管道不得穿越或跨越与其无关的工艺装置、系统单元或储罐组；在跨越罐区泵房的可燃气体、液态烃和可燃液体的管道上不应设置阀门和易发生泄漏的管道附件。	GB 50160—2008 第7..1.4条	
3	液化烃设备抽出管道应在靠近设备根部设置切断阀。容积超过50m^{3}的液化烃设备与其抽出泵的间距小于15m时，该切断阀应为带手动功能的遥控阀，遥控阀就地操作按钮距抽出泵的间距不应小丁15m。	GB 50160—2008 第7.2.15条	
4	压力管道使用单位应建立、健全本单位的压力管道安全管理制度并有效实施。	《压力管道安全技术监察规程》 TSG D0001—2009 第一百条	
5	应有专职或兼职专业技术人员负责压力管道安全管理工作。	《压力管道安全技术监察规程》 TSG D0001—2009 第九十八条	

续表

序号	排查内容	依据	排查频率
6	应建立管道安全技术档案并妥善保管。包括：(一)管道元件产品质量证明、管道设计文件、管道安装质量证明、安装技术文件和资料、安装质量监督检验证书、使用维护说明等文件；(二)管道定期检验和定期自行检查的记录；(三)管道日常使用状况记录；(四)管道安全保护组织、测量调控装置以及相关附属仪器仪表的日常维护保养记录；(五)管道运行故障和事故记录。	《压力管道安全技术监察规程》TSG D0001—2009 第九十九条	
7	对压力管道操作人员进行管道安全教育和培训，保证其具备必要的规定安全作业知识。 管道操作人员应当在取得《特种设备作业人员证》后，方可从事管道的操作工作。	《压力管道安全技术监察规程》TSG D0001—2009 第一百零二条	
8	管道发生事故有可能造成严重后果或产生重大社会影响的使用单位，应当制定应急救援预案，建立相应的应急救援组织机构，配备救援装备，并且适时演练。	《压力管道安全技术监察规程》TSG D0001—2009 第一百零三条	
9	管道使用单位，应当按照《压力管道使用登记管理规则》的要求，办理管道使用登记，登记标志置于或附着于管道的显著位置。	《压力管道安全技术监察规程》TSG D0001—2009 第一百零四条	
10	压力管道进行在线检验每年至少一次。	《压力管道安全技术监察规程》TSG D0001—2009 第一百一十六条	
11	压力管道全面检验是按一定的检验周期在管道停车期间进行的较为全面的检验。GC1、GC2级压力管道的全面检验周期按照以下原则之一确定：(一)检验周期一般不超过6年；(二)按照基于风险检验的结果确定的检验周期，一般不超过9年。 GC3级管道的全面检验周期一般不超过9年。	《压力管道安全技术监察规程》TSG D0001—2009 第一百一十六条	
12	压力管道在线检验工作由使用单位进行，使用单位从事在线检验的人员应当取得《特种设备作业人员证》，使用单位也可将在线检验工作委托给具有压力管道检验资格的机构。全面检验工作由国家质检总局核准的具有压力管道检验资格的检验机构进行；基于风险的检验(RBI)由国家总局指定的技术机构承担。	《压力管道安全技术监察规程》TSG D0001—2009 第一百一十九条	
七	其他特种设备		
1	特种设备生产、使用单位应当建立健全特种设备安全、节能管理制度和岗位安全、节能责任制度。 特种设备生产、使用单位的主要负责人应当对本单位特种设备的安全和节能全面负责。	《特种设备安全监察条例》(国务院令 第549号 自2009年5月1日起施行)第五条	
2	特种设备在投入使用前或者投入使用后30日内，特种设备使用单位应当向直辖市或者设区的市的特种设备安全监督管理部门登记。登记标志应当置于或者附着于该特种设备的显著位置。	《特种设备安全监察条例》(国务院令 第549号 自2009年5月1日起施行)第二十五条	

续表

序号	排查内容	依据	排查频率
3	特种设备使用单位应当建立特种设备安全技术档案。安全技术档案应当包括以下内容：(一)特种设备的设计文件、制造单位、产品质量合格证明、使用维护说明等文件以及安装技术文件和资料；(二)特种设备的定期检验和定期自行检查的记录；(三)特种设备的日常使用状况记录(四)特种设备及其安全附件、安全保护装置、测量调控装置及有关附属仪器仪表的日常维护保养记录；(五)特种设备运行故障和事故记录。(六)高耗能特种设备的能效测试报告、能耗状况记录以及节能改造技术资料。	《特种设备安全监察条例》(国务院令 第549号 自2009年5月1日起施行)第二十六条	
4	特种设备使用单位对在用特种设备应当至少每月进行一次自行检查，并作出记录。特种设备使用单位在对在用特种设备进行自行检查和日常维护保养时发现异常情况的，应当及时处理。 特种设备使用单位应当对在用特种设备的安全附件、安全保护装置、测量调控装置及有关附属仪器仪表进行定期校验、检修，并作出记录。	《特种设备安全监察条例》(国务院令 第549号 自2009年5月1日起施行)第二十七条	
5	特种设备使用单位应当按照安全技术规范的定期检验要求，在安全检验合格有效期届满前1个月向特种设备检验检测机构提出定期检验要求。	《特种设备安全监察条例》(国务院令 第549号 自2009年5月1日起施行)第二十八条	
6	特种设备作业人员应当按照国家有关规定经特种设备安全监督管理部门考核合格，取得国家统一格式的特种作业人员证书，方可从事相应的作业或者管理工作。	《特种设备安全监察条例》(国务院令 第549号 自2009年5月1日起施行)第三十八条	
八	安全附件管理与运行状况		
1	安全附件应实行定期检验制度。安全附件的定期检验按照《压力容器定期检验规则》TSG R7001的规定进行。《压力容器定期检验规则》TSG R7001未作规定的，由检验单位提出检验方案，报省级安全监察机构批准。	《压力容器安全技术监察规程》质技监局锅发(1999)154号第154条	
2	安全阀应满足下列要求： 1. 应垂直安装并应装设在压力容器液面上的气相空间部分或装在与压力容器气相空间相连的管道上； 2. 安全阀一般每年至少校验一次。对于弹簧直接载荷式安全阀，当满足《压力容器定期检验规则》TSG R7001第十七条所规定的条件时，经过使用单位技术负责人批准可以适当延长校验周期； 3. 压力容器与安全阀之间的隔离阀应全开，并加链锁或铅封，且有专人定期检查； 4. 安全阀的开启压力不得高于设备的设计压力。	《压力容器安全技术监察规程》	
3	爆破片装置应定期更换，在苛刻条件下使用的爆破片装置，应每年更换一次，一般爆破片2~3年更换。	第154条	

续表

序号	排查内容	依据	排查频率
4	安装于管道中的阻火器应用法兰连接安装于管端的阻火器；当公称直径*DN*小于50mm时宜采用螺段连接，当公称直径*DN*≥50mm时采用法兰连接。	SH 3413—1999 4.3.5 4.3.6	
5	压力表应满足： 1. 压力表定期校验，有校验记录，有检查合格证和校验日期； 2. 在刻度盘上应划出指示最高工作压力的红线，注明下次校验日期。压力表校验后应加铅封。	《压力容器安全技术监察规程》质技监局锅发(1999)154号	
6	压力容器用液面计应符合《压力容器安全技术监察规程》质技监局锅发(1999)154号第164条的要求： 1. 液面计应安装在便于观察的位置，如液面计的安装位置不便于观察，则应增加其他辅助设施。大型压力容器还应有集中控制的设施和警报装置。液面计上最高和最低安全液位，应作出明显的标志。 2. 盛装易燃、毒性大等高度危害介质的压力容器上的液位指示计，应有安全防护装置 3. 压力容器运行操作人员，应加强对液面计的维护管理，保持完好和清晰。使用单位应对液面计实行定期检修制度，可根据运行实际情况，规定检修周期，但不应超过压力容器内外部检验周期。	《压力容器安全技术监察规程》质技监局锅发(1999)154号	
7	液面计有下列情况之一的，应停止使用并更换： 1. 超过检修周期。 2. 玻璃板(管)有裂纹、破碎。 3. 阀件固死。 4. 出现假液位。 5. 液面计指示模糊不清。	《压力容器安全技术监察规程》质技监局锅发(1999)154号	

6.5 电气系统隐患排查表

序号	排查内容	排查依据	排查频率
一	电气安全管理		
1	企业应建立、健全电气安全管理制度和台账。 三图：系统模拟图、二次线路图、电缆走向图； 三票：工作票、操作票、临时用电票； 三定：定期检修、定期试验、定期清理； 五规程：检修规程、运行规程、试验规程、安全作业规程、事故处理规程； 五记录：检修记录、运行记录、试验记录、事故记录、设备缺陷记录。	《电力生产安全工作规定》； 《变配电室安全管理规范》DB 11/527—2008	
2	“三票”填写清楚，不得涂改、缺项，执行完毕划√或盖已执行章。	企业管理制度	
3	从事电气作业中的特种作业人员应经专门的安全作业培训，在取得相应特种作业操作资格证书后，方可上岗。	《用电安全导则》第10.4条	

续表

序号	排 查 内 容	排 查 依 据	排查频率
4	临时用电应经有关主管部门审查批准，并有专人负责管理，限期拆除。	《用电安全导则》第10.6条	
二	供配电系统设置及电气设备设施		
1	企业的供电电源应满足不同负荷等级的供电要求： （1）一级负荷应由双重电源供电，当一电源发生故障时，另一电源不应同时受到损坏。 （2）一级负荷中特别重要的负荷供电，应符合下列要求：除应由双重电源供电外，尚应增设应急电源，并严禁将其他负荷接入应急供电系统；设备的供电电源的切换时间，应满足设备允许中断供电的要求。 （3）二级负荷的供电系统，宜由两回线路供电。在负荷较小或地区供电条件困难时，二级负荷可由一回6kV及以上专用的架空线路供电。	《供配电系统设计规范》GB 50052—2009	
2	消防泵、关键装置、关键机组等重点部位以及符合中的特别重要负荷的供电应满足《供配电系统设计规范》GB 50052所规定的一级负荷供电要求。	《供配电系统设计规范》GB 50052—2009	
3	企业供配电系统设计应按照负荷性质、用电容量、工程特点等条件进行设计。满足相关标准规范的规定： 《供配电系统设计规范》GB 50052—2009 《10kV及以下变电所设计规范》GB 50053 《低压配电设计规范》GB 50054 《35kV~110kV变电所设计规范》GB 50059 《3kV~110kV高压配电装置设计规范》GB 50060		
4	企业供配电系统设计应采用符合国家现行有关标准的高效节能、环保、安全、性能先进的电气产品。不应使用国家已经明令淘汰的电气设备设施。	《供配电系统设计规范》GB 50052—2009	
5	企业变配电室设备设施、配电线路应满足相关标准规范的规定。如： （1）变配电室的地面应采用防滑、不起尘、不发火的耐火材料。变配电室变压器、高压开关柜、低压开关柜操作面地面应铺设绝缘胶垫。 （2）用电产品的电气线路须具有足够的绝缘强度、机械强度和导电能力并定期检查。 （3）变配电室应设置防止雨、雪和小动物从采光窗、通风窗、门、电缆沟等进入室内的设施。变配电室的电缆夹层、电缆沟和电缆室应采取防水、排水措施。 （4）通往室外的门应向外开。设备间与附属房间之间的门应向附属房间方向开。高压间与低压间之间的门，应向低压间方向开。配电装置室的中间门应采用双向开启门。 （5）变配电室出入口应设置高度不低于400mm的挡板。 （6）变配电室应设置有明显的临时接地点，接地点应采用铜制或钢制镀锌蝶形螺栓。 （7）变配电室内应设有等电位联结板。 （8）变配电室应急照明灯具和疏散指示标志灯的备用充电电源的放电时间不低于20min。	《变配电室安全管理规范》DB 11/527—2008 《低压配电设计规范》GB 50054—2011 《用电安全导则》GB/T 13869—2008 6.7	

续表

序号	排查内容	排查依据	排查频率
6	爆炸危险区域内的防爆电气设备应符合AQ 3009—2007《危险场所电气防爆安全规范》的要求。	《危险场所电气防爆安全规范》AQ 3009—2007	
7	电气设备的安全性能，应满足相关标准规范的规定。如： 设备的金属外壳应采取防漏电保护接地； PE线若明设时，应选用不小于4mm^{2}的铜芯线，不得使用铝芯线； PE线若随穿线管接入设备本体时，应选用不小于2.5mm^{2}的铜芯线或不小于4mm^{2}的铝芯线； PE线不得搭接或串接，接线规范、接触可靠； 明设的应沿管道或设备外壳敷设，暗设的在接线处外部应有接地标志； PE线接线间不得涂漆或加绝缘垫。	《国家电气设备安全技术规范》GB 19517—2009	
8	电缆必须有阻燃措施。电缆桥架符合相关设计规范。如《电力工程电缆设计规范》GB 50217—2007		
9	隔离开关与相应的断路器和接地刀闸之间，应装设闭锁装置。屋内的配电装置，应装设防止误入带电间隔的设施。	《35kV~110kV变电站设计规范》GB 50059—1992 3.5.3	
10	重要作业场所如消防泵房及其配电室、控制室、变配电室、需人工操作的泡沫站等场所应设置有事故应急照明。	《石油化工企业设计防火规范》GB 50160—2008	
三	防雷防静电设施		
1	工艺装置内露天布置的塔、容器等，当顶板厚度等于或大于4mm时，可不设避雷针保护，但必须设防雷接地。	GB 50160—2008 9.2.2	
2	可燃气体、液化烃、可燃液体的钢罐，必须设防雷接地，并应符合下列规定： 1. 甲$_B$、乙类可燃液体地上固定顶罐，当顶板厚度小于4mm时应设避雷针、线，其保护范围应包括整个储罐； 2. 丙类液体储罐，可不设避雷针、线，但必须设防感应雷接地； 3. 浮顶罐(含内浮顶罐)可不设避雷针、线，但应将浮顶与罐体用两根截面不小于25mm^{2}的软铜线作电气连接； 4. 压力储罐不设避雷针、线，但应作接地。	GB 50160—2008 9.2.3	
3	可燃液体储罐的温度、液位等测量装置，应采用铠装电缆或钢管配线，电缆外皮或配线钢管与罐体应作电气连接。	GB 50160—2008 9.2.4	
4	宜按照SH 9037—2000在输送易燃物料的设备、管道安装防静电设施。	AQ 3013—2008 第5.5.2条	
5	在聚烯烃树脂处理系统、输送系统和料仓区应设置静电接地系统，不得出现不接地的孤立导体。	GB 50160—2008 第9.3.2条	
6	可燃气体、液化烃、可燃液体、可燃固体的管道在下列部位应设静电接地设施： 1. 进出装置或设施处； 2. 爆炸危险场所的边界； 3. 管道泵及泵入口永久过滤器、缓冲器等。	GB 50160—2008 第9.3.3条	

续表

序号	排查内容	排查依据	排查频率
7	汽车罐车、铁路罐车和装卸场所，应设防静电专用接地线。	GB 50160—2008 第9.3.5条	
8	可燃液体、液化烃的装卸栈台和码头的管道、设备、建筑物、构筑物的金属构件和铁路钢轨等(作阴极保护者除外)，均应作电气连接并接地。	GB 50160—2008 第9.3.4条	
四	现场安全		
1	企业变配电设备设施、电气设备、电气线路、及工作接地、保护接地、防雷击、防静电接地系统等应完好有效，功能正常。	企业管理制度	
2	主控室有模拟系统图，与实际相符。高压室钥匙按要求配备，严格管理。	企业管理制度	
3	用电设备和电气线路的周围应留有足够的安全通道和工作空间。且不应堆放易燃、易爆和腐蚀性物品。	《用电安全导则》第6.5条	
4	电缆必须有阻燃措施。电缆沟防窜油汽、防腐蚀、防水措施落实；电缆隧道防火、防沉陷措施落实。	企业管理制度	
5	临时电源、手持式电动工具、施工电源、插座回路均应采用TN-S供电方式，并采用剩余电流动作保护装置。	《变配电室安全管理规范》 DB 11/527—2008	
6	暂设电源线路，应采用绝缘良好、完整无损的橡皮线，室内沿墙敷设，其高度不得低于2.5m，室外跨过道路时，不得低于4.5m，不允许借用暖气、水管及其他气体管道架设导线，沿地面敷设时，必须加可靠的保护装置和明显标志。	《电气安全工作规程》	
7	在爆炸性气体环境内钢管配线的电气线路是否作好隔离密封。	《爆炸和火灾危险环境电力装置设计规范》GB 50058—1992 第2.5.12条	
8	防雷防劲敌接地装置的电阻应符合《石油库设计规范》GB 50074、GB 50057、GB 50183等相关规范的要求。		

6.6 仪表隐患排查表

序号	排查内容	排查依据	排查频率
一	仪表安全管理		
1	企业应建立、健全仪表管理制度和台账。包括检查、维护、使用、检定等制度及各类仪表台账。	企业管理制度	
2	仪表调试、维护及检测记录齐全，主要包括： 1. 仪表定期校验、回路调试记录； 2. 检测仪表和控制系统检维护记录等齐全。	企业管理制度	
3	控制系统管理满足以下要求： 1. 控制方案变更应办理审批手续； 2. 控制系统故障处理、检修及组态修改记录应齐全； 3. 控制系统建立有事故应急预案。	企业管理制度	

续表

序号	排查内容	排查依据	排查频率
4	可燃气体、有毒气体检测报警器管理应满足以下要求： 1. 有可燃、有毒气体检测器检测点布置图； 2. 可燃、有毒气体报警按规定周期进行校准和检定，检定人有效资质证书。	企业管理制度	
5	联锁保护系统的管理应满足： 1. 联锁逻辑图、定期维修校验记录、临时停用记录等技术资料齐全； 2. 工艺和设备联锁回路调试记录； 3. 联锁保护系统（设定值、联锁程序、联锁方式、取消）变更应办理审批手续； 4. 联锁摘除和恢复应办理工作票，有部门会签和领导签批手续； 5. 摘除联锁保护系统应有防范措施及整改方案。	企业管理制度	
二 仪表系统设置			
1	危险化工工艺的安全仪表控制应按照《首批重点监管的危险化工工艺目录》和《首批重点监管的危险化工工艺安全控制要求、重点监控参数及推荐的控制方案》（安监总管三〔2009〕116号）的要求进行设置。	安监总管三〔2009〕116号	
2	危险化学品生产企业应按照相关规范的要求设置过程控制、安全仪表及联锁系统，并满足《石油化工安全仪表系统设计规范》SH 3018—2003要求，重点排查内容： （1）安全仪表系统配置：安全仪表系统独立于过程控制系统，独立完成安全保护功能。 （2）过程接口：输入输出卡相连接的传感器和最终执行元件应设计成故障安全型；不应采取现场总线通信方式；若采用三取二过程信号应分别接到三个不同的输入卡； （3）逻辑控制器：安全仪表系统宜采用经权威机构认证的可编程逻辑控制器； （4）传感器与执行元件：安全仪表系统的传感器、最终执行元件宜单独设置； （5）检定与测试：传感器与执行元件应进行定期检定，检定周期随装置检修；回路投用前应进行测试并做好相关记录。	《石油化工安全仪表系统设计规范》SH 3018—2003	
3	下列情况仪表电源宜采用不间断电源： 1. 大、中型石化生产装置、重要公用工程系统及辅助生产装置； 2. 高温高压、有爆炸危险的生产装置； 3. 设置较多、较复杂信号联锁系统的生产装置； 4. 重要的在线分析仪表（如：参与控制、安全联锁）； 5. 大型压缩机、泵的监控系统； 6. 可燃气体和有毒气体检测系统，应采用UPS供电。	《石油化工仪表供电设计规范》SH/T 3082—2003	

续表

序号	排查内容	排查依据	排查频率
4	仪表气源应满足： 1. 应采用清洁、干燥的空气，备用气源也可用干燥的氮气； 2. 为了保证仪表气源装置的安全供气，应设置备用气源。备用气源可采用备用压缩机组、储气罐或第二气源。	《石油化工仪表供气设计规范》SH 3020 第 3.0.1 条 第 4.3.1 条	
5	安装 DCS、PLC、SIS 等设备的控制室、机柜室、过程控制计算机的机房，应考虑防静电接地。这些室内的导静电地面、活动地板、工作台等应进行防静电接地。	《石油化工仪表接地设计规范》SH/T 3081—2003 第 2.4.1 条	
6	可燃气体和有毒气体检测器设置应满足《石油化工可燃气体和有毒气体检测报警设计规范》GB 50493—2009。 排查重点： (1) 检测点的设置：应符合《石油化工可燃气体和有毒气体检测报警设计规范》GB 50493—2009 第 4 章，第 4.1 条至第 4.4 条； (2) 检(探)测器的安装：应符合 GB 50493—2009 第 6.1 条； (3) 检(探)测器的选用：应符合 GB 50493—2009 第 5.2 条； (4) 指示报警设备的选用：应符合 GB 50493—2009 第 5.3.1 条和第 5.3.2 条； (5) 报警点的设置：应符合 GB 50493—2009 第 5.3.3 条； (6) 检测报警器的定期检定：检定周期一般不超过一年。	《石油化工可燃气体和有毒气体检测报警设计规范》GB 50493—2009 《可燃气体检测报警器检定规程》JJG 693—2011 第 5.5 条	
7	爆炸危险场所的仪表、仪表线路的防爆等级应满足区域的防爆要求。且应具有国家授权的机构发给的产品防爆合格证。	《爆炸和火灾危险环境电力装置设计规范》GB 50058—1992	
8	保护管与检测元件或现场仪表之间应采取相应的防水措施。防爆场合，应采取相应防爆级别的密封措施	《石油化工仪表配管、配线设计规范》SH/T 3019—2003	
三	仪表现场安全		
1	机房防小动物、防静电、防尘及电缆进出口防水措施完好	企业管理制度	
2	联锁系统设备、开关、端子排的标识齐全准确清晰。紧急停车按钮是否有可靠防护措施	企业管理制度	
3	可燃气体检测报警器、有毒气体报警器传感器探头完好，无腐蚀、无灰尘；手动试验声光报警正常，故障报警完好；	企业管理制度	
4	仪表系统维护、防冻、防凝、防水措施落实，仪表完好有效。	企业管理制度	
5	SIS 的现场检测元件，执行元件应有联锁标志警示牌，防止误操作引起停车。	企业管理制度	
6	放射性仪表现场有明显的警示标志，安装使用符合国家规范	企业管理制度	

6.7 危险化学品管理隐患排查表

序号	排查内容	排查依据	排查频率
1	企业应对所有危险化学品，包括产品、原料和中间产品进行普查，建立危险化学品档案，包括： 1）名称，包括别名、英文名等； 2）存放、生产、使用地点； 3）数量； 4）危险性分类、危规号、包装类别、登记号； 5）安全技术说明书与安全标签。	《危险化学品从业单位安全生产标准化通用规范》(AQ 3013—2008)	
2	企业应按照国家有关规定对其产品、所有中间产品进行分类，并将分类结果汇入危险化学品档案。	《危险化学品从业单位安全生产标准化通用规范》(AQ 3013—2008)	
3	危险化学品生产企业应当提供与其生产的危险化学品相符的化学品安全技术说明书，并在危险化学品包装(包括外包装件)上粘贴或者拴挂与包装内危险化学品相符的化学品安全标签。化学品安全技术说明书和化学品安全标签所载明的内容应当符合国家标准的要求。 危险化学品生产企业发现其生产的危险化学品有新的危险特性的，应当立即公告，并及时修订其化学品安全技术说明书和化学品安全标签。	《危险化学品安全管理条例》第15条	
4	生产企业的产品属危险化学品时，应按 GB 16483 和 GB 15258 编制产品安全技术说明书和安全标签，并提供给用户。	《化学品安全技术说明书内容和项目顺序》(GB 16483—2008) 《化学品安全标签编写规定》(GB 15258—2009)	
5	企业采购危险化学品时，应索取危险化学品安全技术说明书和安全标签，不得采购无安全技术说明书和安全标签的危险化学品。	《危险化学品从业单位安全生产标准化通用规范》(AQ 3013—2008)	
6	生产企业应设立 24 小时应急咨询服务固定电话，有专业人员值班并负责相关应急咨询。没有条件设立应急咨询服务电话的，应委托危险化学品专业应急机构作为应急咨询服务代理。	《危险化学品从业单位安全生产标准化通用规范》(AQ 3013—2008)	
7	企业应按照国家有关规定对危险化学品进行登记，取得危险化学品登记证书。	《危险化学品从业单位安全生产标准化通用规范》(AQ 3013—2008)	
8	对生产过程中危险化学品的危险特性、活性危害、禁配物等，以及采取的预防及应急处理措施，企业应对从业人员及相关方进行了宣传、培训。	《危险化学品从业单位安全生产标准化通用规范》(AQ 3013—2008)	
9	生产、储存剧毒化学品或者国务院公安部门规定的可用于制造爆炸物品的危险化学品(以下简称易制爆危险化学品)的单位，应当如实记录其生产、储存的剧毒化学品、易制爆危险化学品的数量、流向，并采取必要的安全防范措施，防止剧毒化学品、易制爆危险化学品丢失或者被盗；发现剧毒化学品、易制爆危险化学品丢失或者被盗的，应当立即向当地公安机关报告。 生产、储存剧毒化学品、易制爆危险化学品的单位，应当设置治安保卫机构，配备专职治安保卫人员。	《危险化学品安全管理条例》第23条	

续表

序号	排查内容	排查依据	排查频率
10	危险化学品应当储存在专用仓库、专用场地或者专用储存室(以下统称专用仓库)内，并由专人负责管理；剧毒化学品以及储存数量构成重大危险源的其他危险化学品，应当在专用仓库内单独存放，并实行双人收发、双人保管制度。 危险化学品的储存方式、方法以及储存数量应当符合国家标准或者国家有关规定。	《危险化学品安全管理条例》第24条	
11	储存危险化学品的单位应当建立危险化学品出入库核查、登记制度。 对剧毒化学品以及储存数量构成重大危险源的其他危险化学品，储存单位应当将其储存数量、储存地点以及管理人员的情况，报所在地县级人民政府安全生产监督管理部门(在港区内储存的，报港口行政管理部门)和公安机关备案。	《危险化学品安全管理条例》第25条	
12	危险化学品专用仓库应当符合国家标准、行业标准的要求，并设置明显的标志。储存剧毒化学品、易制爆危险化学品的专用仓库，应当按照国家有关规定设置相应的技术防范设施。 储存危险化学品的单位应当对其危险化学品专用仓库的安全设施、设备定期进行检测、检验。	《危险化学品安全管理条例》第26条	
13	企业应严格执行危险化学品运输、装卸安全管理制度，规范运输、装卸人员行为。	《危险化学品从业单位安全生产标准化通用规范》(AQ 3013—2008)	

6.8 储运系统隐患排查表

序号	排查内容	排查依据	排查频率
一	储运系统的安全管理制度及执行情况		
1	储运系统的管理制度： 1. 制定了储罐、可燃液体、液化烃的装卸设施、危险化学品仓库储存管理制度； 2. 储运系统基础资料和技术档案齐全； 3. 当储运介质或运行条件发生变化应有审批手续并及时修订操作规程。	企业管理制度	
2	严格执行储罐的外部检查： 1. 定期进行外部检查； 2. 检查罐顶和罐壁变形、腐蚀情况，有记录、有测厚数据； 3. 检查罐底边缘板及外角焊缝腐蚀情况，有记录、有测厚数据； 4. 检查阀门、人孔、清扫孔等处的紧固件，有记录； 5. 检查罐体外部防腐涂层保温层及防水檐； 6. 检查储罐基础及防火堤，有记录。	企业管理制度	
3	执行储罐的全面检查和压力储罐的法定检测：严格按要求定期进行储罐全面检查；．腐蚀严重的储罐已确定合理的全面检查周期。特殊情况无法按期检查的储罐有延期手续并有监控措施。	企业管理制度	

续表

序号	排查内容	排查依据	排查频率
4	储罐的日常和检维修管理应满： 1. 有储罐年度检测、修理、防腐计划； 2. 认真按规定的时间、路线和内容进行巡回检查，记录齐全； 3. 对储罐呼吸阀、阻火器、量油孔、泡沫发生器、转动扶梯、自动脱水器、. 高低液位报警器、人孔、透光孔、排污阀、液压安全阀、通气管、浮顶罐密封装置、罐壁通气孔、液面计等附件定期检查或检测，有储罐附件检查维护记录； 4. 定期进行储罐防雷防静电接地电阻测试，有测试记录。		
二	储罐区的安全设计		
1	易燃、可燃液体及可燃气体罐区下列方面应符合《石油和天然气工程设计防火规范》GB 50183、《石油化工企业设计防火规范》GB 50160 及《石油库设计规范》GB 50074 等相关规范要求： 1. 防火间距； 2. 罐组总容、罐组布置； 3. 防火堤及隔堤； 4. 放空或转移； 5. 液位报警、快速切断； 6. 安全附件(如呼吸阀、阻火器、安全阀等)； 7. 水封井、排水闸阀。	GB 50183 GB 50160 GB 50074	
2	危险化学品重大危险源罐区下列安全监控装备应满足《危险化学品重大危险源罐区现场安全监控装备设置规范》AQ 3036 的规定： 1. 储罐运行参数的监控与重要运行参数的联锁； 2. 储罐区可燃气体或有毒气体监测报警和泄漏控制设备的设置； 3. 罐区气象监测、防雷和防静电装备的设置； 4. 罐区火灾监控装置的设置； 5. 音频视频监控装备的设置。	AQ 3036—2010	
3	防火堤应《防火堤设计规范》GB 50351—2005 规范的相关要求： 1. 防火堤的材质、耐火性能以及伸缩缝配置应满足规范要求； 2. 防火堤容积应满足规范要求，并能承受所容纳油品的静压力且不渗漏； 3. 防火堤内不得种植作物或树木，不得有超过 0.15m 高的草坪； 4. 液化烃罐区防火堤内严禁绿化。	GB 50351—2005	
4	当防火堤容积不能满足"清净下水"的收容要求时，按要求设置事故存液池。	安监总危化字[2006]10 号	

续表

序号	排查内容	排查依据	排查频率
5	储存、收发甲、乙$_A$类易燃、可燃液体的储罐区、泵房、装卸作业等场所可燃气体报警器的设置应满足《石油化工企业可燃气体和有毒气体检测报警设计规范》GB 50493 的要求。 对于液化烃、甲$_B$、乙$_A$类液体等产生可燃气体的液体储罐的防火堤内，应设检(探)测器，并符合下列规定： (1) 当检(探)测点位于释放源的全年最小频率风向的上风侧时，可燃气体检(探)测点与释放源的距离不宜大于 15m，有毒气体检(探)测点与释放源的距离不宜大于 2m； (2) 当检(探)测点位于释放源的全年最小频率风向的下风侧时，可燃气体检(探)测点与释放源的距离不宜大于 5m，有毒气体检(探)测点与释放源的距离不宜大于 1m。	GB 50493—2009 第 4.3.1 条	
6	易燃、可燃液体及可燃气体罐区消防系统应符合 GB 50183、GB 50160 及 GB 50074 等规范要求： 1. 消防设施配置(火灾报警装置、灭火器材、消防车等)； 2. 消防水源、水质、补水情况； 3. 消防冷却系统配置情况； 4. 泡沫灭火系统(包括泡沫消防水系统及泡沫系统)配置情况； 5. 消防道路； 6. 其他消防设施。	GB 50183 GB 50160 GB 50074	
7	靠山修建的石油库、覆土隐蔽库应修筑了防止山火侵袭的防火沟、防火墙或防火带等设施。	企业管理制度	
8	储罐区、装卸作业区、泵房、消防泵房、锅炉房、配电室等重点部分安全标志和警示牌齐全，安全标志的使用应符合《安全标志及其使用导则》GB 2894 的规定。	GB 2894—2008	
9	外浮顶罐浮顶与罐壁之间的环向间隙应安装有效的密封装置。	《立式圆筒形钢制焊接油罐设计规范》GB 50341—2003	
10	3 万方及以上大型浮顶储罐浮盘的密封圈处应设置火灾自动检测报警设施，检测报警设施宜为无电检测系统?	企业管理制度	
11	石油天然气工程的天然气凝液及液化石油气罐区内可燃气体检测报警装置设置应满足《石油天然气工程可燃气体检测报警系统安全技术规范》SY 6053 的要求，其他天然气凝液及液化石油气罐区内可燃气体检测报警装置应满足《石油化工企业可燃气体和有毒气体检测报警设计规范》GB 50493 的要求。	SY 6053—2008 GB 50493—2009	
12	天然气凝液储罐及液化石油气储罐应设置适应存储介质的液位计、温度计、压力表、安全阀，以及高液位报警装置或高液位自动联锁切断进料措施。对于全冷冻式液化烃储罐还应设真空泄放设施和高、低温温度检测，并与自动控制系统相联。	GB 50160—2008 第 6.3.11 条	

续表

序号	排查内容	排查依据	排查频率
13	天然气凝液储罐及液化石油气储罐的安全阀出口管应接至火炬系统，确有困难而采取就地放空时，其排气管口高度应高出8m范围内储罐罐顶平台3m以上。	GB 50160—2008第6.3.13条	
14	全压力式液化烃球罐应采取防止液化烃泄漏的注水措施。	GB 50160—2008第6.3.16条	
15	全压力式液化烃储罐宜采用有防冻措施的二次脱水系统，储罐根部宜设紧急切断阀。	GB 50160—2008第6.3.14条	
16	全压力式天然气凝液储罐及液化石油气储罐进、出口阀门及管件的压力等级不应低于2.5MPa，其垫片应采用缠绕式垫片。阀门压盖的密封材料应采用难燃材料。	GB 50160—2008第6.3.16条	
三	可燃液体、液化烃的装卸设施		
1	可燃液体的铁路装卸设施应符合下列规定： 1. 装卸栈台两端和沿栈台每隔60m左右应设梯子； 2. 甲$_B$、乙、丙$_A$类的液体严禁采用沟槽卸车系统； 3. 顶部敞口装车的甲$_B$、乙、丙$_A$类的液体应采用液下装车鹤管； 4. 在距装车栈台边缘10m以外的可燃液体(润滑油除外)输入管道上应设便于操作的紧急切断阀； 5. 丙$_B$类液体装卸栈台宜单独设置； 6. 零位罐至罐车装卸线不应小于6m； 7. 甲$_B$、乙$_A$类液体装卸鹤管与集中布置的泵的距离不应小于8m； 8. 同一铁。路装卸线一侧两个装卸栈台相邻鹤位之间的距离不应小于24m。	GB 50160—2008第6.4.1条	
2	可燃液体的汽车装卸站应符合下列规定： 1. 装卸站的进、出口宜分开设置；当进、出口合用时，站内应设回车场； 2. 装卸车场应采用现浇混凝土地面； 3. 装卸车鹤位与缓冲罐之间的距离不应小于5m，高架罐之间的距离不应小于0.6m； 4. 甲$_B$、乙$_A$类液体装卸车鹤位与集中布置的泵的距离不应小于8m； 5. 站内无缓冲罐时，在距装卸车鹤位10m以外的装卸管道上应设便于操作的紧急切断阀； 6. 甲$_B$、乙、丙$_A$类液体的装卸车应采用液下装卸车鹤管； 7. 甲$_B$、乙、丙$_A$类液体与其他类液体的两个装卸车栈台相邻鹤位之间的距离不应小于8m； 8. 装卸车鹤位之间的距离不应小于4m；双侧装卸车栈台相邻鹤位之间或同一鹤位相邻鹤管之间的距离应满足鹤管正常操作和检修的要求。	GB 50160—2008第6.4.2条	

续表

序号	排查内容	排查依据	排查频率
3	液化烃铁路和汽车的装卸设施应符合下列规定： 1. 液化烃严禁就地排放； 2. 低温液化烃装卸鹤位应单独设置； 3. 铁路装卸栈台宜单独设置，当不同时作业时，可与可燃液体铁路装卸共台设置； 4. 同一铁路装卸线一侧两个装卸栈台相邻鹤位之间的距离不应小于24m； 5. 铁路装卸栈台两端和沿栈台每隔60m左右应设梯子； 6. 汽车装卸车鹤位之间的距离不应小于4m；双侧装卸车栈台相邻鹤位之间或同一鹤位相邻鹤管之间的距离应满足鹤管正常操作和检修的要求，液化烃汽车装卸栈台与可燃液体汽车装卸栈台相邻鹤位之间的距离不应小于8m； 7. 在距装卸车鹤位10m以外的装卸管道上应设便于操作的紧急切断阀； 8. 汽车装卸车场应采用现浇混凝土地面； 9. 装卸车鹤位与集中布置的泵的距离不应小于10m。	GB 50160—2008第6.4.3条	
4	液化石油气的灌装站应符合下列规定： 1. 液化石油气的灌瓶间和储瓶库宜为敞开式或半敞开式建筑物，半敞开式建筑物下部应采取防止油气积聚的措施； 2. 液化石油气的残液应密闭回收，严禁就地排放； 3. 灌装站应设不燃烧材料隔离墙。如采用实体围墙，其下部应设通风口； 4. 灌瓶间和储瓶库的室内应采用不发生火花的地面，室内地面应高于室外地坪，其高差不应小于0.6m； 5. 液化石油气缓冲罐与灌瓶间的距离不应小于10m； 6. 灌装站内应设有宽度不小于4m的环形消防车道，车道内缘转弯半径不宜小于6m。	GB 50160—2008第6.4.4条	
四	危险化学品仓库		
1	化学品和危险品库区的防火间距应满足国家相关标准规范要求。		
2	仓库的安全出口设置应满足《建筑设计防火规范》GB 50016的有关规定。		
3	有爆炸危险的甲、乙类库房泄压设施应满足GB 50016的规定。		
4	仓库内严禁设置员工宿舍。甲、乙类仓库内严禁设置办公室、休息室等，并不应贴邻建造。在丙、丁类仓库内设置的办公室、休息室，应采用耐火极限不低于2.50h的不燃烧隔墙和不低于1.00h的楼板与库房隔开，并应设置独立的安全出口。如隔墙需开设相互连通的门时，应采用乙级防火门。	GB 50016—2008 第3.3.15条	
5	危险化学品应按化学物理特性分类储存，当物料性质不允许相互接触时，应用实体墙隔开，并各设出入口。各种危险化学品储存应满足《常用化学危险品储存通则》GB 15603的规定。	GB 15603—1995	

续表

序号	排查内容	排查依据	排查频率
6	压缩气体和液化气体必须与爆炸物品、氧化剂、易燃物品、自燃物品、腐蚀性物品隔离储存。易燃气体不得与助燃气体、剧毒气体同储；氧气不得与油脂混合储存。	GB 15603—1995 第6.6条	
7	易燃液体、遇湿易燃物品、易燃固体不得与氧化剂混合储存，具有还原性氧化剂应单独存放。	GB 15603—1995 第6.6条	
8	有毒物品应储存在阴凉、通风、干燥的场所，不要露天存放，不要接近酸类物质。	GB 15603—1995 第6.8条	
9	低、中闪点液体、一级易燃固体、自燃物品、压缩气体和液化气体类宜储藏于一级耐火建筑的库房内。遇湿易燃物品、氧化剂和有机过氧化物可储藏于一、二级耐火建筑的库房内。二级易燃固体、高闪点液体可储藏于耐火等级不低于三级的库房内。	GB 17914—1999 第3.2.1条	
10	易燃气体、不燃气体和有毒气体分别专库储藏。易燃液体均可同库储藏；但甲醇、乙醇、丙酮等应专库储存。遇湿易燃物品专库储藏。	GB 17914—1999 第3.3.2条	
11	剧毒品应专库储存或存放在彼此间隔的单间内，需安装防盗报警器，库门装双锁。	GB 17916—1999 第3.2.4条	
12	氯气生产、使用、储存等厂房结构，应充分利用自然通风条件换气，在环境、气候条件允许下，可采用半敞开式结构；不能采用自然通风的场所，应采用机械通风，但不宜使用循环风。	GB 11984—2008	
13	生产、使用和储存氯气的作业场所，是否采取了以下安全措施： a. 设有醒目的警示标志和警示说明； b. 场所内是否按 GB 11984 的要求配备足够的防毒面具、正压式空气呼吸器和防化服等专用防护用品，同时配置自救、急救药品等； c. 配置洗眼、冲淋等个体防护设备； d. 装置高处显眼位置设置风向标； e. 液氯钢瓶存放处，应设中和吸收装置，真空吸收等事故处理的设施和工具。	企业管理制度	
14	甲、乙、丙类液体仓库应设置防止液体流散的设施。遇湿会发生燃烧爆炸的物品仓库应设置防止水浸渍的措施。	GB 50016—2006 第3.6.11	
15	化工企业合成纤维、合成树脂及塑料等产品的高架仓库是否满足下列规定： a. 仓库的耐火等级不应低于二级； b. 货架应采用不燃烧材料。	GB 50160—2008 第6.6.3条	
16	化工企业袋装硝酸铵仓库是否满足下列规定： a. 仓库的耐火等级不应低于二级； b. 仓库内严禁存放其他物品。	GB 50160—2008 第6.6.5条	

续表

序号	排查内容	排查依据	排查频率
五	储运系统的安全运行状况		
1	储罐附件如呼吸阀、安全阀、阻火器等齐全完好；通风管、加热盘管不堵不漏；升降管灵活；排污阀畅通；扶梯牢固；静电消除、接地装置有效；储罐进出口阀门和人孔无渗漏；浮盘、浮梯运行正常，无卡阻；浮盘，浮仓无渗漏；浮盘无积油、排水管畅通。	企业管理制度	
2	储罐按规范要求设置防腐措施。 罐体无严重变形，无渗漏，无严重腐蚀。	《钢质石油储罐防腐蚀工程技术规范》GB 50393—2008	
3	罐区环境应满足： 1. 罐区无脏、乱、差、锈、漏，无杂草等易燃物； 2. 消防道路畅通无阻，消防设施齐全完好； 3. 水封井及排水闸完好可靠； 4. 照明设施齐全，符合安全防爆规定； 5. 喷淋冷却设施齐全好用，切水系统可靠好用； 6. 有氮封系统的，氮封系统正常投用、完好； 7. 防雷、防静电设施良好，接地电阻满足要求。	企业管理制度	
六	汽车、铁路装卸设施		
1	可燃液体、液化烃装卸设施： a. 流速应符合防静电规范要求； b. 甲类、乙$_A$类液体为密闭装车； c. 汽车、火车和船装卸应有静电接地安全装置； d. 装车时采用液下装车。	企业管理制度	
2	铁路装卸站台应满足： 1. 装卸栈台的金属管架接地装置必须完好、牢固，装卸车线路及整个调车作业区采用轨道绝缘线路； 2. 栈桥照明灯具、导线、信号联络装置等完好，无断落、破损和短路现象。配电要符合防爆要求； 3. 装油鹤管、管道槽罐必须跨接或接地； 4. 消防设施齐全，消防器材的配置符合规定； 5. 安全护栏和防滑设施良好； 6. 轻油罐车进出栈桥加隔离车； 7. 劳保着装、工具等符合安全规定。	《石油化工液体物料铁路装卸车设施设计规范》SH/T 3107—2007 企业管理制度	
3	汽车装卸站台应满足： 1. 汽车装卸栈台场地分设出、入口，并设置停车场； 2. 液化气装车栈台与灌瓶站分开； 3. 装卸栈台与汽车槽罐静电接地良好； 4. 装运危险品的汽车必须“三证”(驾驶证、危险品准运证、危险品押运证)齐全； 5. 汽车安装阻火器； 6. 液化气槽车定位后必须熄火。充装完毕，确认管线与接头断开后，方能开车； 7. 消防设施齐全； 8. 劳保着装、工具符合安全要求。	《汽车危险货物运输、装卸作业规程》JT 618—2004	
4	液化石油气、液氨或液氯等的实瓶不应露天堆放。	GB 50160—2008 第 6.5.5 条	

6.9 消防系统隐患排查表

序号	排查内容	排查依据	排查频率
一	消防安全管理		
1	按照国家工程建筑消防技术标准进行消防设计的新建、改扩建的建设工程应通过公安消防机构的消防验收；未经验收或者经验收不合格的，不得投入使用	消防法，第十三条	
2	生产、储存易燃易爆危险品的大型企业；应当建立单位专职消防队，承担本单位的火灾扑救工作	消防法，第三十九条	
3	危险化学品企业应当履行下列消防安全职责： (1) 落实消防安全责任制，制定本单位的消防安全制度、消防安全操作规程，制定灭火和应急疏散预案； (2) 按照国家标准、行业标准配置消防设施、器材，设置消防安全标志，并定期组织检验、维修，确保完好有效； (3) 对建筑消防设施每年至少进行一次全面检测，确保完好有效，检测记录应当完整准确，存档备查； (4) 保障疏散通道、安全出口、消防车通道畅通，保证防火防烟分区、防火间距符合消防技术标准； (5) 组织防火检查，及时消除火灾隐患； (6) 组织进行有针对性的消防演练； (7) 法律、法规规定的其他消防安全职责。 单位的主要负责人是本单位的消防安全责任人。	消防法，第十六条	
4	发生火灾可能性较大以及发生火灾可能造成重大的人身伤亡或者财产损失的单位，应当履行下列消防安全职责： (1) 确定消防安全管理人，组织实施本单位的消防安全管理工作； (2) 建立消防档案，确定消防安全重点部位，设置防火标志，实行严格管理； (3) 实行每日防火巡查，并建立巡查记录； (4) 对职工进行岗前消防安全培训，定期组织消防安全培训和消防演练。		
二	消防设施与器材		
1	1. 危险化学品企业消防站及消防车的设置应根据企业的规模、火灾危险性、固定消防设施的设置情况，以及邻近单位消防协作条件等因素确定。 2. 陆上油气田工程、管道站场工程和海洋油气田陆上终端工程消防站及消防车的设置应符合《石油天然气工程设计防火规范》GB 50183—2004 的规定； 3. 石油化工企业消防站及消防车的设置应符合《石油化工企业设计防火规范》GB 50160—2008 的规定； 4. 石油库消防站及消防车的设置应符合《石油库设计规范》GB 50074—2002 的规定。		
2	消防站、专职消防人员定员应符合《城市消防站建设标准》的规定，平均每辆车不少于 6 人。		

续表

序号	排查内容	排查依据	排查频率
3	消防站通信装备的配置及消防人员防护器材配备品种、数量应符合《城市消防站建设标准》的规定。		
4	消防车辆是否满足以下要求： 1. 油田企业消防车配备的数量应根据灭火系统设置情况，满足扑救最大火灾的要求，并不应低于 GB 50183 的规定。 2. 炼化企业消防车配备的数量应根据灭火系统设置情况，满足扑救最大火灾的要求，并不应低于《城市消防站建设标准》和 GB 50016 的要求。 3. 石油库消防车配备的数量应符合 GB 50074 的要求。		
5	企业消防水系统设备设施（消防水池/罐、消防水泵站、消防水管道、消火栓、消防水炮、水喷淋和水喷雾等）的设置和能力应满足相关标准规范的要求。 油田企业的消防给水设计应符合 GB 50183 的规定；炼化企业和油田企业的炼化厂的消防给水设计应符合 GB 50160 的规定；石油库的消防给水设计应符合 GB 50074 的规定。消防水系统以下各项应符合规范要求： 1. 水源及水质； 2. 水量； 3. 补水能力； 4. 水压； 5. 消防泵供水能力； 6. 环形供水； 7. 喷淋强度。		
6	企业泡沫灭火系统的设备设施（泡沫液储罐、泡沫消防水泵、泡沫液泵、泡沫产生器、泡沫液管道等）的设置和能力应满足相关标准规范的要求。如： 《泡沫灭火系统设计规范》GB 50151—2010 《石油化工企业设计防火规范》GB 50160—2008 《石油天然气工程设计防火规范》GB 50183—2004 《石油库设计规范》GB 50074—2002		
7	企业防烟排烟系统的设置应满足相关标准规范的规定。如 《建筑设计防火规范》GB 50016—2006		
8	企业灭火器材的配置应满足相关标准规范的要求。如： 《石油化工企业设计防火规范》GB 50160—2008 《石油天然气工程设计防火规范》GB 50183—2004 《石油库设计规范》GB 50074—2002 《建筑灭火器配置设计规范》GB 50410		
9	石油化工企业的生产区、公用及辅助生产设施、全厂性重要设施和区域性重要设施的火灾危险场所应设置火灾自动报警系统和火灾电话报警。企业火灾自动报警系统的设计，应符合《火灾自动报警系统设计规范》GB 50116 的规定。	GB 50160—2008 第 8.12.1 条	

续表

序号	排查内容	排查依据	排查频率
10	消防产品必须符合国家标准；没有国家标准的，必须符合行业标准。禁止生产、销售或者使用不合格的消防产品以及国家明令淘汰的消防产品。	消防法第二十四条	
三	现场安全		
1	消防车报废应执行国家经贸委、公安部《关于调整汽车报废标准若干规定的通知》、(国经贸资源[2002]1202号)的规定，“消防车使用年限达到10年以后，可再延长使用5年。到期后，根据实际使用和检验情况再延长使用年限，并根据规定增加检验次数”。没有通过当地政府车辆主管部门检验，被要求强制报废的消防车应及时更新。		
2	企业设置的各类消防设施、器材、消防安全标志及防护器具等应完好无损，能够实施正常功能。 1. 厂区消防栓供水压力正常； 2. 备用水泵应设双电源或柴油发电机作备用电源，处于自启动状态，做好灭火供水准备； 3. 泡沫发生系统保持完好，零部件齐全，随时保持备用状态。泡沫液定期更换，有记录； 4. 消防栓有编号，开启灵活，出水正常，排水良好，出水口扣盖、橡胶垫圈齐全完好； 5. 消防栓阀门井完好，防冻措施落实； 6. 消防炮完好无损、无泄漏，防冻措施落实；消防炮阀门及转向齿轮灵活，润滑无锈蚀现象； 7. 消防水幕、喷淋、蒸汽等消防设施完好，能随时投入使用，定期试验； 8. 消防柜内器材配备齐全，附件完好无损； 9. 有专人负责定期检查灭火器材，药剂定期更换，有更换记录和有效期标签。	企业管理制度	
3	任何单位、个人不得损坏、挪用或者擅自拆除、停用消防设施、器材，不得埋压、圈占、遮挡消火栓或者占用防火间距，不得占用、堵塞、封闭疏散通道、安全出口、消防车通道。人员密集场所的门窗不得设置影响逃生和灭火救援的障碍物。	消防法第二十八条	
4	应急照明设施并确保完好、有效	企业管理制度	
5	企业消防道路畅通无阻，能满足消防车辆通行，形成环状回路，或设置尽头回车场。企业消防道路的设置应符合相关标准的规定。如： 《建筑设计防火规范》GB 50016—2006、 《石油化工企业设计防火规范》GB 50160—2008 《石油天然气工程设计防火规范》GB 50183—2004 《石油库设计规范》GB 50074—2002 如石油化工企业消防道路的设置：液化烃、可燃液体、可燃气体的罐区内，任何储罐的中心距至少两条消防车道的距离均不应大于120m；当不能满足此要求时，任何储罐中心与最近的消防车道之间的距离不应大于80m，且最近消防车道的路面宽度不应小于9m。	企业管理制度	

6.10 公用工程隐患排查表

序号	排查内容	排查依据	排查频率
一	一般规定		
1	公用工程管道与可燃气体、液化烃和可燃液体的管道或设备连接时应符合下列规定： 1. 连续使用的公用工程管道上应设止回阀，并在其根部设切断阀； 2. 在间歇使用的公用工程管道上应设止回阀和一道切断阀或设两道切断阀，并在两切断阀间设检查阀； 3. 仅在设备停用时使用的公用工程管道应设盲板或断开。	GB 50160—2008 第 7.2.7 条	
2	新鲜水、蒸汽、压缩空气、药剂、污油等输送管道进(出)口应设置流量、压力和温度等测量仪表。	《石油化工污水处理设计规范》SH 3095—2000 第 7.5.2 条	
二	给排水		
1	企业供水水源、循环水系统的能力必须满足企业需求，并留有一定余量。输水系统、循环水系统的设置应满足相关标准规范的规定。如《石油化工企业给水排水系统设计规范》SH 3015—2003、《石油化工企业循环水场设计规范》SH 3016—90、 1. 循环水场不应靠近加热炉、焦炭塔等热源体和空压站吸入口，不得设在污水处理场、化学品堆场、散装库以及煤焦、灰渣、粉尘等的露天堆场附近； 2. 机械通风冷却塔与生产装置边界线或独立的明火设备的净距不应小于 30m； 3. 加氯间和氯瓶间应与其他工作间隔开，氯瓶间必须设直接通向室外的外开门；氯瓶和加氯机不应靠近采暖设备；应设每小时换气 8~12 次的通风设备。通风孔应设在外墙下方； 4. 室内建筑装修、电气设备、仪表及灯具应防腐，照明和通风设备的开关应设在室外；应在加氯间附近设防毒面具、抢救器材和工具箱。		
2	企业污水排放、处理系统的设置应符合相关标准规范的规定。 《石油化工企业给水排水系统设计规范》SH 3015—2003 《石油化工企业设计防火规范》GB 50160—2008 《石油化工污水处理设计规范》SH 3095—2000 1. 生产装置区、罐区、装卸油区内污染的雨水应排入生产污水系统或独立的处理系统； 2. 易挥发有毒、恶臭物质的污水隔油池、调节池应加阻燃型盖板、排气管排出的污染物宜净化处理或高空排放； 3. 隔油池的进出水管道应设水封。距隔油池池壁 5m 以内的水封井、检查井的井盖与盖座接缝处应密封，且井盖不得有孔洞； 4. 污水排放前应设置监控池。出水管上应设置切断阀，应将不合格污水送回污水处理设施重新处理。	SH 3015—2003 第 4.2.4 条	

续表

序号	排查内容	排查依据	排查频率
3	污水系统污水储存、泵等设备设施能力及污水处理能力能否满足最大可能事故状态的需求，能否有效防止事故状态下“清净下水”引发环境污染事故。	《安监总危化[2006]10号》	
三	供热		
1	锅炉、压力容器、压力管道及安全附件应按规定定期检验，并建有台账。	《特种设备安全监察条例》	
2	锅炉、压力容器、压力管道应按照相关要求配置充足、合格的安全附件(安全阀、压力表、水位计、温度计等)；供热系统设备设施应完好有效，功能正常；等级满足相关规定。	企业管理制度	
3	高温蒸汽管道及低温管线应采取防护措施，可防止人员烫伤或冻伤；防护材料应为绝热材料。	企业管理制度	
4	寒冷地区是否采用防冻、防凝措施，如： 1. 所有水线、蒸汽线死角加导淋，保持微开长流水、长冒汽。 2. 水线、蒸汽、凝结水保持微开长流水、长冒汽，所有水线阀门必须保温。 3. 水泵加伴热蒸汽，细小管线加伴热导线。	企业管理制度	
四	空压站		
1	空压站压力容器、压力管道及安全附件应按规定定期检验，并建有台账。	《特种设备安全监察条例》	
2	空压站压力容器、压力管道应按照相关要求配置充足、合格的安全附件(安全阀、压力表、水位计、温度计等)。空压站设备设施应完好有效，功能正常；等级满足相关规定。	企业管理制度	
3	压缩空气站应满足相关规范的规定。 1. 压缩空气站的位置，应避免靠近散发爆炸性、腐蚀性和有毒气体以及粉尘等有害物的场所，并位于上述场所全年风向最小频率的下风侧。 2. 空气压缩机的吸气系统，应设置空气过滤器或空气过滤装置。	《压缩空气站设计规范》GB 50029—2003第2.0.1条	
五	空分装置		
1	空分装置压力容器、压力管道及安全附件应按规定定期检验，并建有台账。	《特种设备安全监察条例》	
2	空分装置应按照相关要求配置充足、合格的安全附件(安全阀、压力表、水位计、温度计、氮气管网应设压力自动调节、报警或联锁设施等)。空分装置设备设施应完好有效，功能正常；等级满足相关规定。		

续表

序号	排查内容	排查依据	排查频率
3	空分装置的设置应满足相关规范的规定。 1. 空分设备的吸风口应位于空气洁净处。吸风管的高度，应高出制氧站房屋檐1m及以上。 2. 空分装置应采取防爆措施。防止乙炔及碳氢化合物在液氧、液空中积聚、浓缩、引起燃爆。 3. 氧气站、气化站房、汇流排间内氮气、氧气等放散管和液氧、液氮等排放管，应引至室外安全处，放散管口宜高出地面4.5m或以上。 4. 排放的液氧、液氮、液空，宜采用高空气化排放。采用管道及地沟排放时，排放处应设有明显的标志及警示牌。 5. 氧设备、管道等是否已采取可靠安全措施，严禁被油脂污染。 6. 在生产与检修作业中，是否已采取可靠措施，严防氮气、稀有气体等造成窒息事故。	《氧气站设计规范》 GB 50030—91 第2.0.2条 《深度冷冻法生产氧气及相关气体安全技术规程》GB 16912—2008	
六	泄压排放和火炬系统		
1	全厂性高架火炬的布置，应符合下列要求： 1. 宜位于生产区、全厂性重要设施全年最小频率风向的上风侧，并应符合环保要求； 2. 在符合人身与生产安全要求的前提下宜靠近火炬气的主要排放源； 3. 火炬的防护距离应符合GB 50160和SH 3009的规定。火炬的辐射热不应影响人身及设备的安全。	《石油化工企业厂区总平面布置设计规范》SH/T 3053—2002 《石油化工企业燃料气系统和可燃性气体排放系统设计规范》SH 3009—2001	
2	火炬系统设计应符合相关标准规范的规定。如：《石油化工企业燃料气系统和可燃性气体排放系统设计规范》SH 3009—2001 《石油化工企业设计防火规范》GB 50160—2008 1. 液体、低热值可燃气体、含氧气或卤元素及其化合物的可燃气体、毒性为极度和高度危害的可燃气体、惰性气体、酸性气体及其他腐蚀性气体(如氨、环氧乙烷、硫化氢等)不得排入全厂性火炬系统，应设独立的排放系统或处理排放系统。 2. 可燃气体放空管道在接入火炬前，应设置分液和阻火等设备。严禁排入火炬的可燃气体携带可燃液体。 3. 可燃气体放空管道内的凝结液应密闭回收，不得随地排放。	SH 3009—2001 GB 50160—2008	
3	受工艺条件或介质特性所限，无法排入火炬或装置处理排放系统的可燃气体，当通过排气筒、放空管直接向大气排放时，排气筒、放空管的高度应满足《石油化工企业设计防火规范》GB 50160—2008的要求	GB 50160—2008 第5.5.11条	
4	火炬应设常明灯和可靠的点火系统。	GB 50160—2008 第5.5.20条	

附录9　化工（危险化学品）企业保障生产安全十条规定

（国家安全生产监督管理总局令第64号）

《化工(危险化学品)企业保障生产安全十条规定》已经2013年7月15日国家安全生产监督管理总局局长办公会议审议通过，现予公布，自公布之日起施行。

局长　杨栋梁

二〇一三年九月十八日

化工(危险化学品)企业保障生产安全十条规定

一、必须依法设立、证照齐全有效。

二、必须建立健全并严格落实全员安全生产责任制，严格执行领导带班值班制度。

三、必须确保从业人员符合录用条件并培训合格，依法持证上岗。

四、必须严格管控重大危险源，严格变更管理，遇险科学施救。

五、必须按照《危险化学品企业事故隐患排查治理实施导则》要求排查治理隐患。

六、严禁设备设施带病运行和未经审批停用报警联锁系统。

七、严禁可燃和有毒气体泄漏等报警系统处于非正常状态。

八、严禁未经审批进行动火、进入受限空间、高处、吊装、临时用电、动土、检维修、盲板抽堵等作业。

九、严禁违章指挥和强令他人冒险作业。

十、严禁违章作业、脱岗和在岗做与工作无关的事。

《化工（危险化学品）企业保障生产安全十条规定》条文释义

《化工(危险化学品)企业保障生产安全十条规定》(以下简称《十条规定》)由5个必须和5个严禁组成，紧抓化工(危险化学品)企业生产安全的主要矛盾和关键问题，规范了化工(危险化学品)企业安全生产过程中集中多发的问题，其主要特点是：

一是重点突出，针对性强。《十条规定》在归纳总结近年来造成危险化学品生产安全事故主要因素的基础上，从企业必须依法取得相关证照、建立健全并落实安全生产责任制等安全管理规章制度、严格从业人员资格及培训要求等方面强调了化工(危险化学品)企业保障生产安全的最基本的规定，突出了遏制危险化学品生产安全事故的关键因素。

二是编制依法，执行有据。《十条规定》中的每一个必须、每一个严禁，都是以《中华人民共和国安全生产法》、《危险化学品安全管理条例》及其配套规章等重要法规标准为依据，都是有法可依的，化工(危险化学品)企业必须严格执行。违反了规定，就要依法进行处罚。

三是简明扼要，便于普及。《十条规定》的内容只有十句话，239个字，言简意赅，一目了然。虽然这些内容过去都有规定，但散落在多项法规标准之中，许多化工(危险化学品)企业负责人、安全管理人员和从业人员对其不够熟悉。《十条规定》明确将法规标准中规定的化工(危险化学品)企业应该做、必须做的最基本的要求规范出来，便于企业及相关人员记忆和执行。

为深刻领会、准确理解《十条规定》的内容和要求，现逐条进行简要解释说明如下：

一、必须依法设立、证照齐全有效

依法设立是要求：企业的设立应当符合国家产业政策和当地产业结构规划；企业的选址应当符合当地城乡规划；新建化工企业必须按照有关规定进入化工园区(或集中区)，必须经过正规设计、必须装备自动监控系统及必要的安全仪表系统，周边距离不足和城区内的化工企业要搬迁进入化工园区。

证照齐全主要是指各种企业安全许可证照，包括建设项目“三同时”审查和各类相应的安全许可证不仅要齐全，还要确保在有效期内。

依法设立是企业安全生产的首要条件和前提保障。安全生产行政审批是危险化学品企业准入的首要关口，是检查企业是否具备基本安全生产条件的重要环节，是安全监管部门强化安全生产监管的重要行政手段。而非法生产行为一直是引发事故，特别是较大以上群死群伤事故的主要原因之一。例如，2013年3月1日，辽宁省朝阳市建平县鸿燊商贸有限责任公司硫酸储罐爆炸泄漏事故，导致7人死亡、2人受伤。事故企业未取得工商注册，在项目建设过程中，除办理了临时占地手续外，项目可研、环评、安全评价、设计等相关手续均未办理。

二、必须建立健全并严格落实全员安全生产责任制，严格执行领导带班值班制度

安全生产责任制是生产经营单位安全生产的重要制度，建立健全并严格落实全员安全生产责任制，是企业加强安全管理的重要基础。严格领导带班值班制度是强化企业领导安全生产责任意识、及时掌握安全生产动态的重要途径，是及时应对突发事件的重要保障。

安全生产责任制不健全、不落实，领导带班值班制度执行不严格往往是事故发生的首要潜在因素。例如，2012年12月31日，山西省潞城市山西潞安集团天脊煤化工集团股份有限公司苯胺泄漏事故，造成区域环境污染事件，直接经济损失约235.92万元。事故直接原因虽然是事故储罐进料管道上的金属软管破裂导致的，但经调查发现安全生产责任制不落实(当班员工18个小时不巡检)和领导带班值班制度未严格落实是导致事故发生的重要原因。

三、必须确保从业人员符合录用条件并培训合格，依法持证上岗

化工生产、储存、使用过程中涉及到品种繁多、特性各异的危险化学品，涉及复杂多样的工艺技术、设备、仪表、电气等设施。特别是近年来，化工生产呈现出装置大型化、集约化的发展，对从业人员提出了更高的要求。因此，从业人员的良好素质是化工企业实现安全生产必须具备的基础条件。只有经过严格的培训，掌握生产工艺及设备操作技能、熟知本岗位存在的安全隐患及防范措施、需要取证的岗位依法取证后，才能承担并完成自己的本职工作，保证自身和装置的安全。

不符合录用条件、不具备相关知识和技能、不持证上岗的“三不”人员从事化工生产极易发生事故。例如，2012年2月28日，河北省石家庄市赵县河北克尔化工有限公司重大爆炸事故，造成29人死亡、46人受伤，直接经济损失4459万元。事故暴露出的主要问题之一就是公司从业人员不具备化工生产的专业技能。该公司车间主任和重要岗位员工多为周边村里的农民(初中以下文化程度)，缺乏化工生产必备的专业知识和技能，未经有效的安全教育培训即上岗作业，把危险程度较低的生产过程变成了高度危险的生产过程，针对突发异常情况，缺乏及时有效应对紧急情况的知识和能力，最终导致事故发生。

四、必须严格管控重大危险源，严格变更管理，遇险科学施救

严格管控危险化学品重大危险源是有效预防、遏制重特大事故的重要途径和基础性、长效性措施。2011年12月1日起施行的《危险化学品重大危险源监督管理暂行规定》(国家安全监管总局令第40号)明确提出了对危险化学品重大危险源要完善监测监控手段和落实安全监督管理责任等要求。由于构成危险化学品重大危险源的危险化学品数量较大，一旦发生事故，造成的后果和影响十分巨大。例如，2008年8月26日，广西河池市广维化工股份有限公司爆炸事故，造成21人死亡、59人受伤，厂区附近3公里范围共11500多名群众疏散，直接经济损失7586万元。事后调查发现，该起事故与罐区重大危险源监控措施不到位有直接关系，事故储罐没有安装液位、温度、压力测量监控仪表和可燃气体泄漏报警仪表。

变更管理是指对人员、工作过程、工作程序、技术、设施等永久性或暂时性的变化进行有计划的控制，确保变更带来的危害得到充分识别，风险得到有效控制。变更按内容分为工艺技术变更、设备设施变更和管理变更等。变更管理在我国化工企业安全管理中是薄弱环节。发生变更时，如果未对风险进行分析并采取安全措施，就极易形成重大事故隐患，甚至造成事故。例如，2010年7月16日，辽宁省大连市的大连中石油国际储运有限公司原油罐区发生的输油管道爆炸事故，造成严重环境污染和1名作业人员失踪、1名消防战士牺牲。该起事故是未严格执行变更管理程序导致事故发生的典型案例。事故单位的原油硫化氢脱除剂的活性组分由有机胺类变更为双氧水，脱除剂组分发生了变更，加注过程操作条件也发生了变化，但企业没有针对这些变更进行风险分析，也没有制定风险控制方案，导致了在加剂过程中发生火灾爆炸事故，大火持续燃烧15个小时，泄漏原油流入附近海域。

在作业遇险时，不能保证自身安全的情况下盲目施救，往往会使事故扩大，造成施救者受到伤害甚至死亡。例如，2012年5月26日，江苏省盐城市大丰跃龙化学有限公司中毒事故，导致2人死亡。事故原因是尾气吸收岗位因有毒气体外逸并在密闭空间积聚，导致当班操作人员中毒，当班职工在组织救援的过程中因防范措施不当，盲目施救，致使3名救援人员在施救过程中相继中毒。

五、必须按照《危险化学品企业事故隐患排查治理实施导则》要求排查治理隐患

隐患是事故的根源。排查治理隐患，是安全生产工作的最基本任务，是预防和减少事故的最有效手段，也是安全生产的重要基础性工作。

《危险化学品企业事故隐患排查治理实施导则》对企业建立并不断完善隐患排查体制机制、制定完善管理制度、扎实开展隐患排查治理工作提出了明确要求和细致的规定。隐患排查走过场、隐患消除不及时，都可能成为事故的诱因。例如，2011年11月6日，吉林省松原市松原石油化工股份有限公司气体分馏车间发生爆炸引起火灾，造成4人死亡、1人重伤，6人轻伤。事后调查发现，事故发生时，气体分馏装置存在硫化氢腐蚀，事发前曾出现硫化氢严重超标现象，企业没有据此缩短设备监测检查周期，排查隐患，加强维护保养，充分暴露出企业隐患治理工作没有落实到位，为事故发生埋下伏笔。

六、严禁设备设施带病运行和未经审批停用报警联锁系统

设备、设施是化工生产的基础，设备、设施带病运行是事故的主要根源之一。例如，2010年5月9

日，上海中石化高桥分公司炼油事业部储运2号罐区石脑油储罐火灾事故，造成1613#罐罐顶掀开，1615#罐罐顶局部开裂，经济损失60余万元。事故直接原因是1613#油罐铝制浮盘腐蚀穿孔，造成罐内硫化亚铁遇空气自燃。事故企业2003年至事发时只做过一次内壁防腐，石脑油罐罐壁和铝制浮盘严重腐蚀，一直带病运行，最终导致了事故的发生。

报警联锁系统是规范危险化学品企业安全生产管理、降低安全风险、保证装置的平稳运行、安全生产的有效手段，是防止事故发生的重要措施，也是提升企业本质安全水平的有效途径。未经审批、随意停用报警联锁系统会给安全生产造成极大的隐患。例如，2011年7月11日，广东省惠州市中海油炼化公司惠州炼油分公司芳烃联合装置火灾事故，造成重整生成油分离塔塔底泵的轴承、密封及进出口管线及附近管线、电缆及管廊结构等损毁。直接原因是重整生成油分离塔塔底泵非驱动端的止推轴承损坏，造成轴剧烈振动和轴位移，导致该泵非驱动端的两级机械密封的严重损坏造成泄漏，泄漏的介质遇到轴套与密封端盖发生硬摩擦产生的高温导致着火。但是调查发现，事故发生的一个重要原因是由于DCS通道不足，仪表系统没有按照规范设置泵的机械密封油罐低液位信号，进入控制室的信号只设置了状态显示，没有声光报警，致使控制室值班人员未能及时发现异常情况。

七、严禁可燃和有毒气体泄漏等报警系统处于非正常状态

可燃气体和有毒气体泄漏等报警系统是可燃有毒气体泄漏的重要预警手段。可燃和有毒气体含量超出安全规定要求但不能被检测出时，极易发生事故。例如，2010年11月20日，榆社化工股份有限公司树脂二厂2#聚合厂房内发生了空间爆炸，造成4人死亡、2人重伤、3人轻伤，经济损失2500万元。虽然事故直接原因是位于2#聚合厂房四层南侧待出料的9号釜顶部氯乙烯单体进料管与总排空管控制阀下连接的上弯头焊缝开裂导致氯乙烯泄漏，泄漏的氯乙烯漏进9号釜一层东侧出料泵旁的混凝土柱上的聚合釜出料泵启动开关，产生电气火花，引起厂房内的氯乙烯气体空间爆炸，但是本应起到报警作用的泄漏气体检测仪却没有发出报警，未起到预防事故发生的作用，最终导致了事故的发生。

八、严禁未经审批进行动火、进入受限空间、高处、吊装、临时用电、动土、检维修、盲板抽堵等作业

化工企业动火、进入受限空间、高处、吊装、临时用电、动土、检维修、盲板抽堵等作业均具有很大的风险。严格八大作业的安全管理，就是要审查作业过程中风险是否分析全面，确认作业条件是否具备、安全措施是否足够并落实，相关人员是否按要求现场确认、签字。同时，必须加强作业过程监督，作业过程中必须有监护人进行现场监护。作业过程中因审批制度不完善、执行不到位导致的人身伤亡的事故时有发生。例如，2010年6月29日，辽宁省辽阳市中石油辽阳石化分公司炼油厂原油输转站1个3万立方米的原油罐在清罐作业过程中，发生可燃气体爆燃事故，致使罐内作业人员3人死亡、7人受伤。事故的主要原因之一就是作业现场负责人在没有监护人员在场的情况下，带领作业人员进入作业现场作业，同时，在“有限空间作业票”和“进入有限空间作业安全监督卡”上的安全措施未落实，用阀门代替盲板，就签字确认，使工人在存在较大事故隐患的环境里作业，导致了事故的发生。

九、严禁违章指挥和强令他人冒险作业

违章指挥，往往会造成额外的风险，给作业者带来伤害，甚至是血的教训，违章指挥和强令他人冒险作业是不顾他人安全的恶劣行为，经常成为事故的诱因。例如，2010年7月28日，江苏省南京市扬州鸿运建设配套工程有限公司在江苏省南京市栖霞区迈皋桥街道万寿村15号的原南京塑料四厂旧址，平整拆迁土地过程中，挖掘机挖穿了地下丙烯管道，丙烯泄漏后遇到明火发生爆燃事故，造成22人死亡、120人住院治疗，事故还造成周边近两平方公里范围内的3000多户居民住房及部分商店玻璃、门窗不同程度受损。事故的主要原因之一就是因为现场施工安全管理缺失，施工队伍盲目施工，现场作业负责人在明知拆除地块内有地下丙烯管道的情况下，不顾危险，违章指挥，野蛮操作，造成管道被挖穿，从而酿成重大事故。

十、严禁违章作业、脱岗和在岗做与工作无关的事

作业人员在岗期间，若脱岗、酒后上岗，从事与工作无关的事，一旦生产过程中出现异常情况，不能及时发现和处理，往往造成严重后果。例如，2008年9月14日，辽宁省辽阳市金航石油化工有限公司爆炸事故，造成2人死亡、1人下落不明，2人受轻伤。事故原因就是在滴加异辛醇进行硝化反应的过程中，当班操作工违章脱岗，反应失控时没能及时发现和处置导致的。

附录 10　化工企业工艺安全管理实施导则

（AQ/T 3034—2010）

前　言

本标准附录 A 为资料性附录。

本标准由国家安全生产监督管理总局提出。

本标准由全国安全生产标准化技术委员会化学品分技术委员会（TC288/SC3）归口。

本标准起草单位：中国可持续发展工商理事会、中国石化青岛安全工程研究院、上海赛科石油化工有限责任公司。

本标准主要起草人：翟齐、张海峰、靳涛、杨筱萍、朱耀莉、季清。

本标准为首次发布。

引　言

石油化工行业是高风险行业，各个国家、企业、国际或地区性组织都在积极总结和探索企业安全管理的模式和办法。近年来，随着国外独资和合资项目的不断增加，安全环保业绩优异的国际化公司的管理模式和做法逐渐被国内企业了解、借鉴和采用，并在生产经营过程中积累了很好的管理经验和一套行之有效的管理模式。在借鉴国外石油化工企业生产过程中的工艺过程安全管理模式和管理方法的基础上，结合我国实际情况形成了本石油化工企业工艺安全管理实施导则，为企业提供本质安全管理的思路和框架。

本标准是在企业成功实践的基础上编制而成的，有很强的可操作性。为便于企业应用，特将《石油化工企业工艺安全管理实施导则应用范例》作为标准的资料性附录，有利于企业在实践中借鉴。

本标准是与 AQ/T 3012—2008《石油化工企业安全管理体系实施导则》相衔接的标准，企业可利用本标准强化管理体系中的工艺安全管理，提高整体安全绩效。

化工企业工艺安全管理实施导则

1　范围

本标准规定了石油化工企业工艺安全管理的要素及要求，还给出了工艺安全管理的应用范例。

本标准适用于石油化工企业工艺过程安全管理。

2　规范性引用文件

下列文件中的条款通过本标准的引用而成为本标准的条款。凡是注明日期的引用文件，其随后所有的修改单（不包括勘误的内容）或修订版均不适用于本标准，然而，鼓励根据本标准达成协议的各方研究是否可使用这些文件的最新版本。凡是不注明日期的引用文件，其最新版本适用于本标准。

GB/T 24001—2004　环境管理体系要求及使用指南

GB/T 24004—2004　环境管理体系原则、体系和支持技术通用指南

GB/T 28001—2001　职业健康安全管理体系规范

GB/T 28002—2001　职业健康安全管理体系指南

AQ/T 3012—2008　石油化工企业安全管理体系导则

3　术语和定义

GB/T 24001—2004、GB/T 28001—2001、AQ/T 3012—2008 中确立的以及下列术语和定义适用于本标准。

3.1

要素　element

工艺安全管理中的关键因素。

3.2

工艺　process

工艺是指任何涉及到危险化学品的活动过程，包括：危险化学品的生产、储存、使用、处置或搬运，或者与这些活动有关的活动。

注：当任何相互连接的容器组和区域隔离的容器可能发生危险化学品泄漏时，应当作为一个单独的工艺来考虑。

3.3

工艺安全事故　process accident

危险化学品(能量)的意外泄漏(释放)，造成人员伤害、财产损失或环境破坏的事件。

3.4

石油化工企业　Petrochemical Corporation

以石油、天然气为原料的生产企业。

4　管理要素

4.1　工艺安全信息

4.1.1　化学品危害信息

化学品危害信息至少应包括：

a）毒性；

b）允许暴露限值；

c）物理参数，如沸点、蒸气压、密度、溶解度、闪点、爆炸极限；

d）反应特性，如分解反应、聚合反应；

e）腐蚀性数据，腐蚀性以及材质的不相容性；

f）热稳定性和化学稳定性，如受热是否分解、暴露于空气中或被撞击时是否稳定；与其他物质混合时的不良后果，混合后是否发生反应；

g）对于泄漏化学品的处置方法。

4.1.2　工艺技术信息

工艺技术信息至少应包括：

a）工艺流程简图；

b）工艺化学原理资料；

c）设计的物料最大存储量；

d）安全操作范围(温度、压力、流量、液位或组分等)；

e）偏离正常工况后果的评估，包括对员工的安全和健康的影响。

注：上述工艺技术信息通常包含在技术手册、操作规程、操作法、培训材料或其他类似文件中。

4.1.3　工艺设备信息

工艺设备信息至少应包括：

a）材质；

b）工艺控制流程图(P&ID)；

c）电气设备危险等级区域划分图；

d）泄压系统设计和设计基础；

e）通风系统的设计图；

f）设计标准或规范；

g）物料平衡表、能量平衡表；

h）计量控制系统；

i）安全系统（如：联锁、监测或抑制系统）。

4.1.4 工艺安全信息管理

企业可以通过以下途径获得所需的工艺安全信息：

a）从制造商或供应商处获得物料安全技术说明书（SDS）；

b）从项目工艺技术包的提供商或工程项目总承包商处可以获得基础的工艺技术信息；

c）从设计单位获得详细的工艺系统信息，包括各专业的详细图纸、文件和计算书等；

d）从设备供应商处获取主要设备的资料，包括设备手册或图纸，维修和操作指南、故障处理等相关的信息；

e）机械完工报告、单机和系统调试报告、监理报告、特种设备检验报告、消防验收报告等文件和资料；

f）为了防止生产过程中误将不相容的化学品混合，宜将企业范围内涉及的化学品编制成化学品互相反应的矩阵表；通过查阅矩阵表确认化学品之间的相容性。

工艺安全信息通常包含在技术手册、操作规程、培训材料或其他工艺文件中。工艺安全信息文件应纳入企业文件控制系统予以管理，保持最新版本。

4.2 工艺危险分析

4.2.1 建立管理程序

企业应建立管理程序，明确工艺危险分析过程、方法、人员以及结论和改进建议。

4.2.2 明确小组成员及负责人

工艺危险分析最好是由一个小组来完成并应明确一名负责人，小组成员由具备工程和生产经验、掌握工艺系统相关知识以及工艺危险分析方法的人员组成。

4.2.3 工艺危险分析频次与更新

企业应在工艺装置建设期间进行一次工艺危险分析，识别、评估和控制工艺系统相关的危害，所选择的方法要与工艺系统的复杂性相适应。企业应每三年对以前完成的工艺危险分析重新进行确认和更新，涉及剧毒化学品的工艺可结合法规对现役装置评价要求频次进行。

4.2.4 文件记录

企业应确保这些建议可以及时得到解决，并且形成相关文件和记录。如：建议采纳情况、改进实施计划、工作方案、时间表、验收、告知相关人员等。

4.2.5 企业可选择采取下列方法的一种或几种，来分析和评价工艺危害：

a）故障假设分析（What---if）；

b）检查表（Checklist）；

c）“如果---怎么样?”“What if ”+“检查表”“Checklist”；

d）预先危险分析（PHA）；

e）危险及可操作性研究（HAZOP）；

f）故障类型及影响分析（FMEA）；

g）事故树分析（FTA）；

或者等效的其他方法。

4.2.6 无论选用哪种方法，工艺危险分析都应涵盖以下内容：

a）工艺系统的危害；

b）对以往发生的可能导致严重后果的事件的审查；

c）控制危害的工程措施和管理措施，以及失效时的后果；

d）现场设施；

e）人为因素；

f）失控后可能对人员安全和健康造成影响的范围。

4.2.7 在装置投产后，需要与设计阶段的危害分析比较；由于经常需要对工艺系统进行更新，对于复杂的变更或者变更可能增加危害的情形，需要对发生变更的部分进行危害分析。

在役装置的危害分析还需要审查过去几年的变更、本企业或同行业发生的事故和严重未遂事故。

4.3 操作规程

4.3.1 操作规程编制

企业应编制并实施书面的操作规程，规程应与工艺安全信息保持一致。企业应鼓励员工参与操作规程的编制，并组织进行相关培训。操作规程应至少包括以下内容：

a)初始开车、正常操作、临时操作、应急操作、正常停车、紧急停车等各个操作阶段的操作步骤；

b)正常工况控制范围、偏离正常工况的后果；纠正或防止偏离正常工况的步骤；

c)安全、健康和环境相关的事项。如危险化学品的特性与危害、防止暴露的必要措施、发生身体接触或暴露后的处理措施、安全系统及其功能(联锁、监测和抑制系统)等。

4.3.2 操作规程审查

企业应根据需要经常对操作规程进行审核，确保反映当前的操作状况，包括化学品、工艺技术设备和设施的变更。企业应每年确认操作规程的适应性和有效性。

4.3.3 操作规程的使用和控制

企业应确保操作人员可以获得书面的操作规程。通过培训，帮助他们掌握如何正确使用操作规程，并且使他们意识到操作规程是强制性的。

企业应明确操作规程编写、审查、批准、分发、修改以及废止的程序和职责，确保使用最新版本的操作规程。

4.4 培训

4.4.1 建立并实施培训管理程序

企业应建立并实施工艺安全培训管理程序。根据岗位特点和应具备的技能，明确制订各个岗位的具体培训要求，编制落实相应的培训计划，并定期对培训计划进行审查和演练，确保员工了解工艺系统的危害，以及这些危害与员工所从事工作的关系，帮助员工采取正确的工作方式避免工艺安全事故。

4.4.2 程序内容和培训频次

培训管理程序应包含培训反馈评估方法和再培训规定。对培训内容、培训方式、培训人员、教师的表现以及培训效果进行评估，并作为改进和优化培训方案的依据；再培训至少每三年举办一次，根据需要可适当增加频次。当工艺技术、工艺设备发生变更时，需要按照变更管理程序的要求，就变更的内容和要求告知或培训操作人员及其他相关人员。

4.4.3 培训记录保存

企业应保存好员工的培训记录。包括员工的姓名、培训时间和培训效果等都要以记录形式保存。

为了保证相关员工接触到必需的工艺安全信息和程序，又保护企业利益不受损失，企业可依具体情况与接触商业秘密的员工签订保密协议。

4.5 承包商管理

4.5.1 承包商的界定

承包商为企业提供设备设施维护、维修、安装等多种类型的作业，企业的工艺安全管理应包括对承包商的特殊规定，确保每名工人谨慎操作而不危及工艺过程和人员的安全。

4.5.2 企业责任

企业在选择承包商时，要获取并评估承包商目前和以往的安全表现和目前安全管理方面的信息。企业须告知承包商与他们作业工艺有关的潜在的火灾、爆炸或有毒有害方面的信息，进行相关的培训，全过程控制风险；定期评估承包商表现；保存承包商在工作过程中的伤亡、职业病记录。相关管理要求参照“AQ/T 3012—2008《石油化工企业安全管理体系导则》8.2 承包商管理”执行。

4.5.3 承包商责任

承包商应确保工人接受与工作有关的工艺安全培训；确保工人知道与他们作业有关的潜在的火灾、爆炸或有毒有害方面的信息和应急预案，确保工人了解设备安全手册，包括操作规程在内的安全作业规程。

承包商应保存上述培训记录，记录应该包括个人资料、培训时间、考核情况等。

4.6 试生产前安全审查

4.6.1 组建小组并明确职责

试生产前安全申查工作应由一个有组织的小组及责任人来完成，并应明确试生产前安全审查的职责是确保新建项目或重大工艺变更项目安全投用和预防灾难性事故的发生。小组的成员和规模根据具体情况而定。

4.6.2 准备工作

准备工作包括但不限于以下内容：

a）明确试生产前安全检查的范围、日程安排；

b）编制或选择合适的安全检查清单；

c）组建试生产前安全检查小组，明确职责。检查小组应该具备如下知识和技能：

1）熟悉相关的工艺过程；

2）熟悉相关的政策、法规、标准；

3）熟悉相关设备，能够分辨设备的设计与安装是否符合设计意图；

4）熟悉工厂的生产和维修活动；

5）熟悉企业/项目的风险控制目标。

4.6.3 现场检查

检查小组根据检查清单对现场安装好的设备、管道、仪表及其他辅助设施进行目视检查，确认是否已经按设计要求完成了相关设备、仪表的安装和功能测试。

检查小组应确认工艺危险分析报告中的改进措施和安全保障措施是否已经按要求予以落实；员工培训、操作程序、维修程序、应急反应程序是否完成。

4.6.4 编制试生产前安全检查报告

现场检查完成后，检查小组应编制试生产前安全检查报告，记录检查清单中所有要求完成的检查项的状态。

在装置投产后，项目经理或负责人还需要完成“试生产后需要完成检查项”。在检查清单中所有的检查项都完成后，对试生产前安全检查报告进行最后更新，得到最终版本，并予以保留。

4.7 机械完好性

4.7.1 新设备的安装

企业应建立适当的程序确保设备的现场安装符合设备设计规格要求和制造商提出的安装指南，如防止材质误用、安装过程中的检验和测试。检验和测试应形成报告，并予以留存。

压力容器、压力管道、特种设备等国家有强制的设计、制造、安装、登记要求的，必须满足法规要求，并保留相关证明文件和记录。

4.7.2 预防性维修

企业应建立并实施预防性维修程序，对关键的工艺设备进行有计划的测试和检验。及早识别工艺设备存在的缺陷，并及时进行修复或替换，以防止小缺陷和故障演变成灾难性的物料泄漏，酿成严重的工艺安全事故。预防性维修包括但不限于以下内容：

a）检验压力容器和储罐、校验安全阀，对换热器管程测厚或进行压力试验；

b）清理阻火器、更换爆破片、更换泵的密封件；

c）测试消防水系统、对可燃/有毒气体报警系统/紧急切断阀/报警和联锁进行功能测试；

d）监测压缩机的振动状况、对电气设备进行测温分析等。

4.7.3 设备报废和拆除

企业应建立设备报废和拆除程序，明确报废的标准和拆除的安全要求。

4.7.4 机械完好性相关的培训

企业应安排参与设备管理、使用、维修、维护的相关人员接受培训，达到以下目的：

a）了解开展维修作业所设计的工艺的基本情况，包括存在的危害和维修过程中正确的应对措施；

b）掌握作业程序，包括作业许可证、维修、维护程序和要求；

c）熟悉与维修活动相关的其他安全作业程序，如动火程序、变更程序等；

d）检验和测试人员取得法规要求的资质。

4.8 作业许可

企业应建立并保持程序，对可能给工艺活动带来风险的作业进行控制。对具有明显风险的作业实施作业许可管理，如：用火、破土、开启工艺设备或管道、起重吊装、进入防爆区域等，明确工作程序和控制准则，并对作业过程进行监督。

企业应保留作业许可票证，以了解作业许可程序执行的情况，以便持续改进。

4.9 变更管理

4.9.1 企业应建立变更管理程序，强化对化学品、工艺技术、设备、程序以及操作过程等永久性或暂时性的变更进行有计划的控制，确定变更的类型、等级、实施步骤等，确保人身、财产安全，不破坏环境，不损害企业的声誉。

4.9.2 变更管理应考虑以下方面内容：

a）变更的技术基础；

b）变更对员工安全和健康的影响；

c）是否修改操作规程；

d）为变更选择正确的时间；

e）为计划变更授权。

4.9.3 相应的工艺安全信息应进行更新。

4.9.4 有可能受变更影响的企业和承包商的员工必须在开工前被告知变更或者得到相关培训。

4.9.5 工艺变更相关的管理要求可参照“AQ/T 3012—2008《石油化工企业安全管理体系导则》11 变更管理”执行。

4.10 应急管理

4.10.1 建立并执行应急响应系统

企业应建立应急响应系统，执行应急演练计划，并对员工进行培训，使其具备应对紧急情况的意识，并且能够及时采取正确的应对措施。应急演练计划应包括小规模危险化学品泄漏处理的程序。

4.10.2 应急反应的技术准备

企业需要建立一套整体应急预案，预案通常以书面文件的形式规定工厂该如何应对异常或紧急情况。对于规模较大、工艺较复杂的工厂，除整体应急预案外，还需要针对各种具体的假想事故情形制订具体的应对措施。

4.10.3 编制应急预案

应急预案是企业应急反应系统的一个重要组成部分。应急预案编制可参照“AQ/T 3012—2008《石油化工企业安全管理体系导则》13.3 应急预案”。

4.10.4 应急响应

企业应建立应急反应小组，通常是由企业人员组成，也可包括外部人员；每个小组成员的职责应明确，确保成员对于责任和授权不存在疑问。

紧急情况发生时，相关的负责人可以根据应急反应手册，确定安全区域，并指挥人员撤离到安全的地方。

应急小组成员需要根据以往培训获得的技能，或借助应急反应手册的指导，启动工艺系统的紧急操作，如紧急停车、操作应急阀门、切断电源、开启消防设备、控制无关人员进入控制区域等。企业应授权这些人员，在紧急情况下，有权根据需要将工艺系统停车，并且在他们认为必要时撤离现场。企业还应保证应急人员能在规定时间内到达各自岗位。

4.10.5 应急培训和演练

4.10.5.1 企业应给予一般员工和承包商员工基本的应急反应培训。培训内容应该有助于他们了解：

a）工厂可能发生的紧急情况；

b）如何报告所发生的紧急情况；

c）工厂的平面位置、紧急撤离路线和紧急出口；

d）安全警报及其应急响应的要求；

e）紧急集合点的位置及清点人数的要求。

4.10.5.2　企业应定期培训应急反应小组的成员，使其获得和保持应对紧急情况和控制事故的知识及能力，并参与实际的演习。

4.10.5.3　企业需要根据实际情况决定，是否有必要针对可能发生的紧急情况与工厂附近的社区进行交流，或给予他们必要的培训。通常使社区了解下列信息，以便在发生紧急情况时，知道如何撤离和保护自己：

a）工厂的基本情况；

b）工厂生产过程中存在的主要危害；

c）工厂目前采取的主要安全措施；

d）紧急情况或事故发生时，会给周边带来什么影响；

e）紧急情况或事故发生时，周边社区应该如何正确应对。

4.11　工艺事故/事件管理

4.11.1　工艺事故/事件调查和处理程序

企业应制订工艺事故/事件调查和处理程序，通过事故/事件调查识别性质和原因，制定纠正和预防措施，防止类似事故的再次发生。该程序应能够：

a）准确划分事故的类别；

b）明确调查小组的要求和职责；

c）提出与事故调查有关的培训要求；

d）鼓励员工报告各类事故/事件，包括未遂事故；

e）通过事故调查找出导致事故的直接原因和根源，并提出对应的改进措施，以防止发生类似事故或减轻事故发生时的后果；

f）及时落实事故调查报告中的改进措施；

g）提出事故调查的文件要求。

4.11.2　成立调查组

调查组要包括至少一名工艺方面的专家，如果事故涉及承包商的工作还要包括承包商员工，还有其他具备相关知识的人员和有调查和分析事故经验的人员。

4.11.3　事故调查时机和方法

事故调查的启动应尽可能迅速，一般不晚于事故发生后48h。

可以选择的事故根源分析方法有很多种，如头脑风暴(Brainstorming)、事故树(FTA)等。

4.11.4　证据收集

在事故调查过程中收集的证据包括：

a）物理证据：残余的物料、受损的设备、仪表、管线等；

b）位置证据：事故发生时人、设备等所处的位置，工艺系统的位置状态；

c）电子证据：控制系统中保存的工艺数据、电子版的操作规程、电子文档记录、操作员操作记录等；

d）书面证据：交接班记录、开具的作业许可证、书面的操作规程、培训记录、检验报告、相关标准；

e）相关人员：目击者、受害人、现场作业人员及相关人员面谈、情况说明等。

4.11.5　编制事故报告、落实改进措施

4.11.5.1　事故调查报告

事故调查完成后，需要编制事故调查报告，报告至少包括以下内容：

a）事故发生的日期；

b）调查初始数据；

c）事故过程、损失的描述；

d）造成事故的原因；

e）调查过程中提出的改进措施。

4.11.5.2　跟踪落实改进措施

企业应规定如何跟踪、落实事故调查小组提出的改进措施。在实际执行改进措施的过程中，可能会发现因为客观条件的限制，某些最初提出的改进措施难以实际落实，或者有更好的方案可以采用，都需要有书面的说明和记录。

4.11.5.3　调查报告保存期限

重大事故报告永久保存，一般事故至少保存5年。除政府要求的报告外，企业应对事故报告保存的期限予以明确。

4.11.6　未遂事故/事件管理和经验共享

企业应制定未遂事故或事件管理程序，鼓励员工报告未遂事故/事件，组织对未遂事故/事件进行调查、分析，找出事故根源，预防事故发生。

完成事故、未遂事故调查后，企业要组织开展内部经验交流，同时应注重外部事故信息和教训的引入，提高风险意识和控制水平。

4.12　符合性审核

4.12.1　企业应建立并实施工艺安全符合性审核程序，至少每三年进行一次工艺安全的符合性审核，以确保工艺安全管理的有效性。

4.12.2　符合性审核的范围

策划工艺安全符合性审核的范围时，需要考虑以下因素：

a）企业的政策和适用的法规要求；

b）工厂的性质(加工、储存、其他)；

c）工厂的地理位置；

d）覆盖的装置、设施、场所；

e）需要审核的工艺安全管理要素；

f）上次审核后相关因素的变更(如：法规、标准、工艺设备相邻建筑、设备或人员等)；

g）人力资源。

4.12.3　审核组织和审核频次

审核组中至少包括一名工艺方面的专家。如果只是对个别工艺安全系统管理要素进行审核，也可以由一名审核人员完成。审核组成员应接受过相关培训、掌握审核方法，并具有相关经验和良好的沟通能力。

企业的符合性审核程序中应明确如何确定审核的频率。在确定符合性审核频率时需要考虑的因素包括：

a）法规要求、标准规定、企业的政策；

b）工厂风险的大小；

c）工厂的历史情况；

d）工厂安全状况；

e）类似工厂或工艺出现的安全事故。

4.12.4　审核的实施、跟踪和改进

审核过程要形成文件，发现的工艺管理系统及其执行过程中存在的差距，应予以记录，并提出和落实改进措施。

现场审核完成后，审核组需要编制工艺审核报告，提出需要改进的方面。

最近两次的审核报告应存档。

附录 A

（资料性附录）

石油化工企业工艺安全管理实施导则应用范例

A.1 简介

企业名称：石油化工企业甲是目前世界上乙烯单线产能最大装置之一，并有聚乙烯装置、苯乙烯装置、芳烃抽提装置、聚苯乙烯装置、丙烯腈装置、聚丙烯装置和丁二烯装置。具有世界级上下游一体化的特点，体现规模经济的效应。采用了世界上最先进的工艺技术，生产主要产品：乙烯、聚乙烯、苯乙烯、聚苯乙烯、丙烯、丙烯腈、聚丙烯、丁二烯、苯、甲苯及副产品等，每年可向市场提供国内紧缺的高质量、多规格、宽覆盖面的石化产品。

管理模式：建立安全管理体系，设立 HSSE(健康、安全、保卫、环保)部门，负责具体的健康、安全、保卫、环保(以下简称 HSSE)事务实施。

A.2 HSSE 方针、目标和承诺

企业甲的 HSSE 方针由公司总经理、副总经理签署批准后发布实施。同时企业甲的员工和承包商在 HSSE 承诺板上签字。

A.3 工艺安全信息

A.3.1 工艺安全信息的重要性

开展工艺危险分析前，企业应完成书面工艺安全信息建立。工艺安全信息的重要性包括：

a）对工艺系统的准确描述，依据正确的工艺信息进行生产、操作和变更，有效避免工艺事故发生；

b）是开展工艺危险分析的基础；

c）确保生产和维修符合最初设计的意图；

d）是进行工艺系统改造的重要依据；

e）是记录和积累工厂设计、生产操作、维护保养经验和教训。

A.3.2 与工厂储存、使用和生产的化学品的危害相关的信息

建立 SDS 信息管理系统，确保所有化学品都有相应的最新版本 SDS，并可以方便地获取所需要的 SDS。

A.3.3 获取工艺安全信息的途径

企业可以通过多种途径获得所需的工艺安全信息，一般可在企业的内网上设立生产信息管理系统，及时更新，使用最新版本，在需要时及时获取。

例如：企业生产管理系统(PMIS)显示了信息菜单、数据报表、静态报告、应急操作、程序文件和规范标准清单等等。

A.4 工艺危险分析

A.4.1 任务描述

对任务的内容进行描述，介绍与任务相关的客观存在的风险。建立风险管理程序，明确工艺危险分析的过程、方法和人员，对生产的整个运行周期中遇到的或因运作而产生的危害、威胁、潜在危险事件和影响进行系统分析。见图 A.1。

A.4.2 识别危害和潜在影响

所有类别的潜在风险得到识别、评估，可从以下方面考虑：

a）人员安全—考虑由于危险事件的影响，造成人员的急性伤害；

b）人员健康—考虑由于职业接触危害物，可能损害人员健康；

c）环保—考虑对周围环境的短期、长期破坏；

d）财产损失—考虑由于事故造成的设备损坏或停车造成的损失；

e）声誉—考虑事故造成公司名誉的反面影响；

f）与任务相关的任何其他危险。

A.4.3　评估风险

风险评估：立足于对员工、资产、环境、声誉所产生危害的概率和后果的严重性进行计算。风险的计算公式为：

$$R=PC$$

式中：R——风险；

P——发生的概率；

C——结果的严重性。

后果分析：量化危险事件潜在损失，可根据经验来判断，也可用稍复杂方法建立实际模型进行实验。

A.4.4　控制和降低危害手段的选择：

a）进行最小风险设计：在设计上消除危险；

b）应用安全装置：通过固定的、自动的、或其他安全防护设计或装置，使风险减少到可接受水平；

c）提供报警装置：采用报警装置检测危险状况，向有关人员发出适当的报警信号；

d）制定专用的程序和进行培训；

e）剩余风险：对目前没有控制措施，记录每个剩余风险以及解决办法不完善的原因。

A.4.5　控制和预防措施的实施及跟踪

A.4.5.1　控制和预防措施应包括以下内容：

a）所有的危害、影响和威胁已确定；

b）危险事件的发生可能性和后果已被评估；

c）阻止危害发生的控制手段到位；

d）降低事故危害的准备工作到位。

A.4.5.2　对整个控制的过程进行跟踪以减小风险，然后对执行的情况进行定期分析回顾，见图A.1。

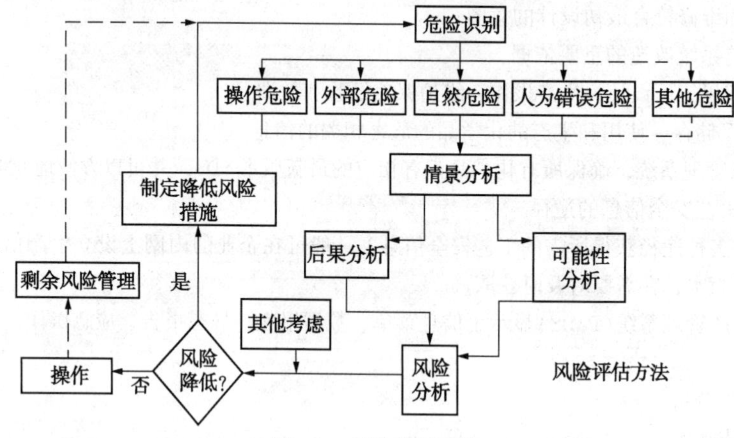

图A.1　风险分析回顾

A.4.6　选择恰当的分析

A.4.6.1　根据改进措施的优先等级，评估控制方法的有效性，一般由定性到定量，由简单到复杂。

A.4.6.2　危害分析：用来进行初始危险分析，进行现场危险源辨识，见表A.1。

A.4.6.3　WIFT方法 —— 故障假设和安全检查表分析

将故障假设分析方法(What-if)和安全检查表分析方法(checklist)结合起来应用。见表A.2。

表 A.1　危害分析表

<table>
<tr><td colspan="14">危险源辨识与风险评估</td></tr>
<tr><td colspan="2">部门/车间/装置</td><td colspan="7">组长：</td><td colspan="5">参加人：</td></tr>
<tr><td rowspan="2">编号</td><td rowspan="2">基本业务，或工艺流程</td><td colspan="6">问题分析</td><td rowspan="2">根本原因</td><td rowspan="2">合理的最坏后果</td><td colspan="3">风险评估值</td><td rowspan="2">预防/控制措施/执行人</td></tr>
<tr><td>人</td><td>物</td><td>能量</td><td>环境</td><td>正常</td><td>异常</td><td>严重性 S</td><td>可能性 P</td><td>风险值 R</td></tr>
<tr><td>1</td><td>化学品、油品存放</td><td>√</td><td></td><td>√</td><td></td><td>√</td><td></td><td>易燃、易爆品存放</td><td>火灾、爆炸</td><td></td><td></td><td></td><td></td></tr>
<tr><td>2</td><td>化学品、油品管理、转运</td><td></td><td></td><td></td><td>√</td><td>√</td><td></td><td>化学品有毒/易挥发</td><td>人员中毒</td><td></td><td></td><td></td><td></td></tr>
<tr><td>3</td><td>货物搬运</td><td></td><td></td><td>√</td><td></td><td>√</td><td></td><td>搬运车上货物过高</td><td>砸伤</td><td></td><td></td><td></td><td></td></tr>
<tr><td>4</td><td>货物搬运</td><td></td><td></td><td>√</td><td></td><td>√</td><td></td><td>电器短路</td><td>火灾、爆炸</td><td></td><td></td><td></td><td></td></tr>
<tr><td>5</td><td>设备和仪表检修、维护</td><td>√</td><td></td><td></td><td></td><td>√</td><td></td><td>未达到检修质量标准</td><td>火灾、爆炸、物体打击</td><td></td><td></td><td></td><td></td></tr>
<tr><td>6</td><td>机加工</td><td>√</td><td></td><td></td><td></td><td>√</td><td></td><td>误动作、个体防护用品使用不当</td><td>人体伤害</td><td></td><td></td><td></td><td></td></tr>
</table>

表 A.2　操作的整体性和可靠性

<table>
<tr><td colspan="2">频度(原因) F</td><td colspan="2">严重性(后果) S</td><td colspan="2">可能性(安全装置) P</td><td>综合保障措施的预期效果分数 PP</td><td>建议</td><td>累加风险 AR</td><td>可管理性 M</td></tr>
<tr><td rowspan="5">1. 关键设备故障，例如气体探测器/安全阀/紧急停车阀门等。</td><td rowspan="5">3</td><td rowspan="5">1. 装置破坏
2. 装置损坏
3. 装置紧急停车
4. 释放到大气</td><td rowspan="5">10</td><td>1. 在跳闸前报警</td><td>3</td><td rowspan="5">3</td><td rowspan="5">确认适当的安全措施，如报警，双套表决设备，备用设备，定期检查和检定，缓冲能力，防火，设备的爆炸等级，设计标准适当组合提供以减少大的危害的风险到容许的水平。</td><td rowspan="5">16</td><td rowspan="5">2</td></tr>
<tr><td>2. 冗余设备</td><td>2</td></tr>
<tr><td>3. 备用设备</td><td>3</td></tr>
<tr><td>4. 定期检查和检定</td><td>2</td></tr>
<tr><td>5. 缓冲储存使得其他的装置部分继续运行</td><td>3</td></tr>
</table>

A. 4. 6. 4　HAZOP —— 危险及可操作性研究

HAZOP 是一种进行危险和可操作性研究的重要风险评价工具，每 5 年回顾一次。HAZOP 内容如下：

a）确认所有导致问题的偏差的原因；

b）在没考虑现存的任何安全措施的情况下确认偏差的结果；

c）确认它们是否是安全、环境或操作问题；

d）评估导致重大后果的安全措施，确定它们对后果的严重性是否充足，并提出建议；

e）对判断为导致经常性及重大的后果，提出消除或减轻措施的建议。

详见表A.3。在小组完成所有引导词审查之后，逐项审查每一个节点。按照工艺流程，直到P&ID全部审查完毕。

表A.3 HAZOP记录

<table>
<tr><td colspan="2">PROJECT：项目：</td><td colspan="2">REC. 版次</td><td>DAT 日期</td><td>AUTHOR 作者</td><td colspan="2">TABLE SHEET OF</td></tr>
<tr><td colspan="2">EFD SECTION： EFD 部分</td><td colspan="2"></td><td></td><td></td><td colspan="2">HAZOP 会议编号表格：</td></tr>
<tr><td colspan="6" rowspan="2">DESIGN INTENTION 设计目的：</td><td colspan="2">HAZOP 小组：</td></tr>
<tr><td>EFD：</td><td>REV：版次</td></tr>
<tr><td>引导词/
N 偏离</td><td colspan="2">S 原因</td><td colspan="2">后果</td><td>安全措施</td><td colspan="2">建议</td></tr>
</table>

引导词清单

无流量 No Flow	仪表 Instrumentation	腐蚀/侵蚀 Corrosion/Erosion
倒流 Reverse Flow	减压 Relief	设备选址 Equipment Siting
流量增大 More Flow	污染 Conta 设备完好性管理 nation	以往事故 Previous Incidents
流量减小 Less Flow	化学品特性 Properties of Che 设备完好性管理 cals	人为因素 Human Factors
压力增大 More Pressure	破裂/泄漏 Rupture/Leak	安全 Safety
压力减小 Less Pressure	火源 Ignition	环境 Environment
液位升高 More Level	维护故障 Service Failure	
液位降低 Less Level	异常运行 Abnormal Operation	
温度升高 More Temperature	取样 Sampling	
温度降低 Less Temperature	维护 Maintenance	

A.4.6.5 LOPA——保护层分析

保护层分析依据事件树逻辑原理层层保护，由一重或多重保护层阻止最终严重后果发生，见图A.2。

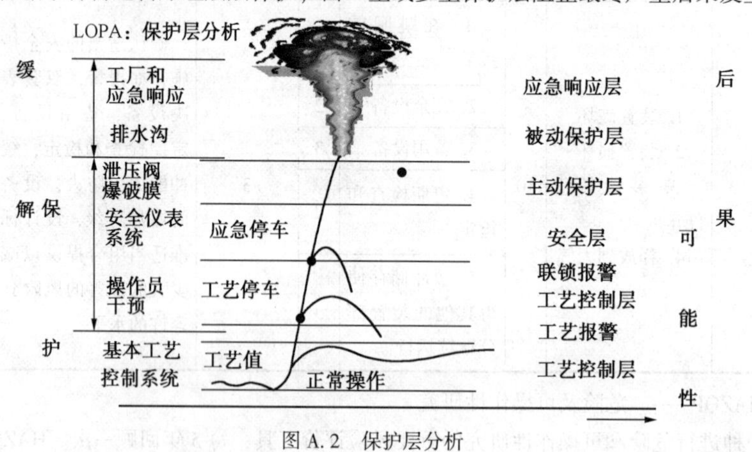

图A.2 保护层分析

A.4.6.6 FMEA——失效模式与效果分析是一种可靠性模式及影响分析方法，它能识别影响系统性能、产生重大后果的故障。FMEA可应用于电气维护和新建电气系统。见表A.4。

表 A.4　电动机控制系统 FMEA 分析记录

系统：电动机控制系统			故障模式与影响分析					日期			
子系统								制表			
								项目组长			
								组员：			
序号	分析项目	功能	故障模式	推断原因	对系统影响	故障检测方法	故障等级（严重度 S）	发生频率	R	备注	建议措施
1	主开关 Q_0	过载保护、短路保护、开、关	不能关闭	主接点接触不好（由于磨损、发热变形造成）	不能启动	1. 测量接触电阻 2. 外观检查	4	2.1	8.4	定期检测、有问题及时更换、有程序控制、预防性试验	
			合不到位	机械故障				2.5	10		
			合不到位	机械故障	电机缺相烧毁或者跳闸停机	1. 测量接触电阻 2. 外观检查	4	2.5	10		
				触点不好				2.1	8.4		
				保护不动作	电缆/电机发热烧毁	1. 测量接触电阻 2. 外观检查	4	1.6	6.4		
				机械故障				2.5	10		
				触点粘连				1.8	7.2		
			绝缘击穿	潮湿/发热				1.8	7.2		
……	……	………									

A. 4. 6. 7　MAR——重大事故风险预测

对重大事故后果预测，一旦风险识别出来将采取措施降低风险，控制风险在报告线以下，见图 A. 3。

重大事故风险预测内容：

提供整个公司重大事故风险评估；

对修订措施优先选用的区域和进一步评估；

提供连续降低的过程；

确保公司对风险基于优先原则，制定风险矩阵来测量持续降低风险和重大事故风险回顾；

至少 5 年回顾一次。

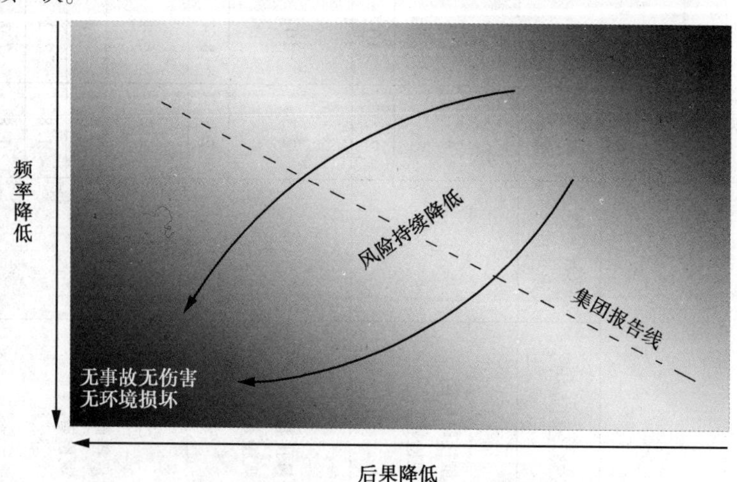

图 A. 3　重大风险事故预测

A. 4. 6. 8　整个生命周期危害分析

工艺危险分析适用于工厂整个生命周期，不同阶段使用相应工具，保证在整个生命周期内，运用 PDCA 原则全过程控制风险。见图 A. 4。

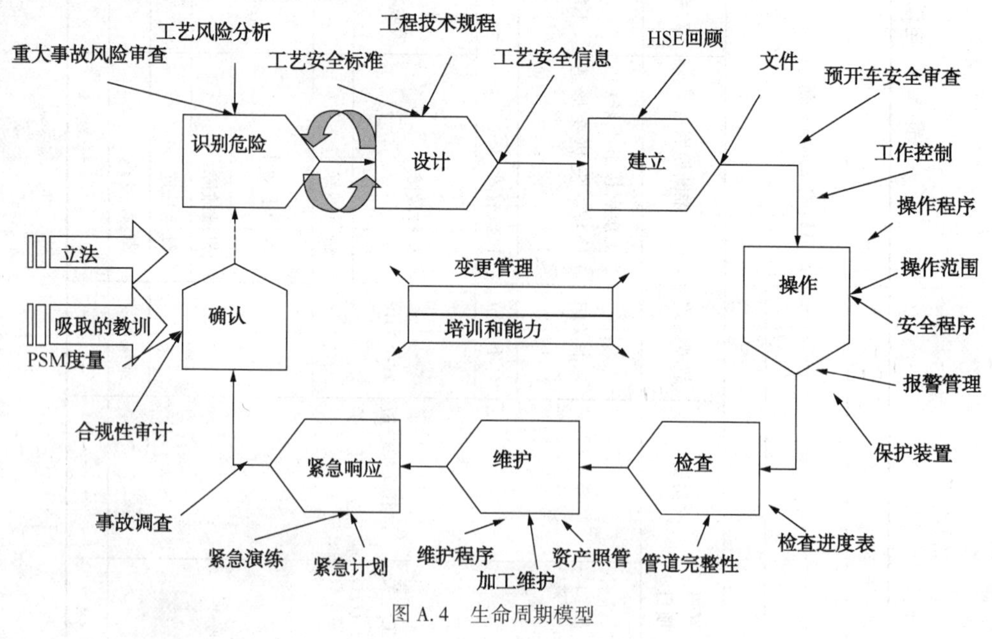

图 A. 4　生命周期模型

A. 5　安全操作程序(SOP)

A. 5. 1　安全操作程序应明确有毒有害物料，确定安全风险、工艺危害、环境危害和员工的职业健康危害。

A. 5. 2　安全操作程序(SOP)的管理

A. 5. 2. 1　SOP 审核主要内容见表 A. 5。

A. 5. 2. 2　SOP 文件统一格式，包括生产准备、停开车操作、正常操作、故障处理等内容；在变更完成后，有专人修订 SOP，专人修订 P&ID；变更后的操作说明和变更管理(MOC)复印件放置在操作岗位。

A. 5. 2. 3　通过仿真系统对员工进行 SOP 培训，培训方式是内操带外操，资深操作人员传授操作经验与操作技巧。

表 A. 5　SOP 内部审核计划

审核目的	评价 SOP 符合性及有效性		
审核范围	生产部相关工厂		
审核准则	工厂一体化管理体系相关要求		
审核日期		小组审核报告日期	
审核组名单	组长		
	组员		
分组安排			
审核工厂	审核内容		
工厂 1 工厂 2 工厂 3 工厂 4 工厂 5	SOP 的更新情况 SOP 的放置情况 SOP 的使用与遵守情况 SOP 的内容完好性 SOP 的培训情况		

A. 6　培训

A. 6. 1　工艺安全培训对象、方式和内容

A. 6. 1. 1　工艺安全管理培训的主要对象：生产部员工及维护人员。

A. 6. 1. 2　培训的实施形式为：

a) 课堂授课、作业控制理论培训课程等；

b) 仿真工艺安全模型培训；

c) VTA(网络培训助手)考试，用来评估培训人员的对工艺安全管理培训所达到的效果。

A. 6. 1. 3　工艺安全培训内容至少包含以下内容：

a) 工艺概述；

b) 操作程序；

c) 工艺特有的危害和健康危害；

d) 应急操作。

A. 6. 2　新员工 HSSE 入门培训

A. 6. 2. 1　培训的后三天针对生产部员工，内容主要关于工艺及职业安全，以课堂授课的形式进行。见表 A. 6。

表 A. 6　新员工培训计划

第一天	第二天	第三天	第四天	第五天
HSSE 总体介绍	防火/灭火器/呼吸器使用	高空防摔	工作许可证	工作许可证系统操作
事故报告	防火/灭火器/呼吸器使用	梯子/脚手架安全	能源隔离	工作许可证系统操作
保安/应急	现场急救	危险化学品安全	动火作业	工作许可证系统操作
职业卫生与健康		SDS	氮气使用安全	
环境常识	现场急救	个体防护用品	受限空间进入	工作许可证系统操作
电气安全		气体检测		

A.6.2.2 仿真模型(OTS)的课程培训计划见表 A.7。

表 A.7 (＊＊＊装置)仿真培训计划

课程	活 动	方法-模块状态	状态
0.5h	小组讨论如何培训和评估 使用个人日志 引进 OTS 系统硬件、熟悉 OS 工作站 OS 工作站 培训师站 Delta V 应用站 ESD 触摸盘 彩色打印机的使用 现场站 工程站 电子白板的使用和打印功能 故障报告程序 审查和总结	装载工艺模块和建立初始条件至稳定状态 介绍培训手册和讨论工艺和原理 介绍性能监测理念，解释功能 使用艾默森图纸和原理图举行小组讨论 浏览设备，找到每件硬件 示范如何将模块装载到系统上 卸载模块并关闭系统 在所有断开时冻结模块	
2h	系统开车 装载工艺模块、练习和卸载模块 培训师站的示范 现场操作设施 培训师变量 开关 冻结-重启动选项 讨论初始条件的含义和演示不同的初始条件 与有机会接触控制台的所有受训人员进行键盘复习和练习 示范按键的功能-全部练习	恢复模块 演示 演示 装载工艺模块、建立初始条件至稳定状态 介绍 IV 时演示模范动作 演示 FOD 和如何使用它们(模拟)	
2h	继续控制台操作 使用手动、自动和联机控制 使用联机回路 使用 PV 跟踪 开发趋势包 熟悉屏幕 所有参加者轮流操作，练习每个活动，在日志中记录意见	在稳定状态下使用模块实际演示 培训师签发日志	
2h	继续在 OS 上联系浏览功能 评比 浏览 系统 系统开车和停机 模块的装载和卸载	在稳定条件下运行模块初始条件	

A. 6. 2. 3　仿真模型(OTS)工艺安全培训课程目录及界面，见表 A. 8。

表 A. 8　培训内容

涉及装置/设备	单　元		
反应器	固定床反应器单元	流化床反应器单元	间歇反应釜单元仿真
动力设备	压缩机单元	离心泵单元	CO_2 压缩机单元
复杂控制	液位控制系统单元		
传热设备	锅炉单元	换热器单元	管式加热炉单元
塔设备	精馏塔单元	吸收解吸单元	
新单元	催化剂萃取单元	真空系统	罐区仿真

A. 7　承包商管理

A. 7. 1 承包商管理流程见图 A. 5。

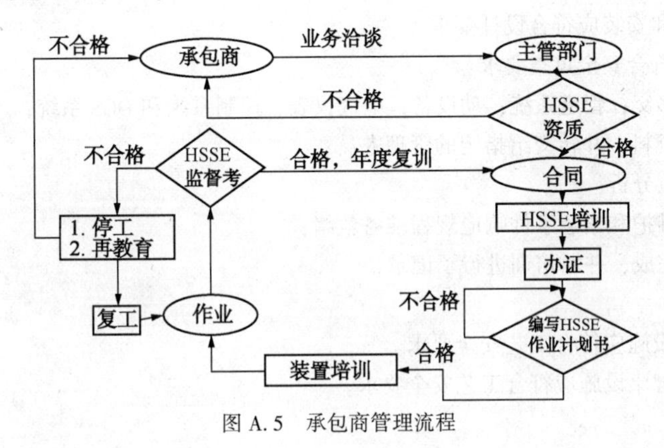

图 A. 5　承包商管理流程

A. 7. 2　承包商资质预审

承包商入场必须经过承包商的 HSE 资格、资质评审，承包商 HSE 的问卷表见表 A. 9，HSE 部门建立承包商清单和档案。

表 A. 9　承包商 HSE 的问卷表

序号	考核项目	内　容	标　准	标准分	实际分
I	健康管理	1. 对雇员是否能提供医疗及意外伤害责任保险？	能(提供复件)	10~6	
			不全(提供复件)	5~1	
			不能	0	
		2. 对雇员是否能提供个人保护设备，PPE 等？	能，具体介绍	10~6	
			不全，具体介绍	5~1	
	……				

A. 7. 3　承包商培训

承包商入场之前必须通过公司举办的入场 HSE 培训教育，培训内容见表 A. 10，主要包括：

a) 装置内的主要工艺装置；

b) 装置内的主要化学和物理危害；

c) 装置内主要化学品的 SDS；

d) 应急反应和急救。

表 A.10 承包商培训内容

承包商培训			
OSBL 低温罐区培训	OSBL 罐区情况介绍	OSBL 培训讲义	PP 装置介绍
PS 装置基础技术培训	PE 装置简介	丙烯腈装置培训	聚苯乙烯装置培训资料
丁二烯生产装置介绍	芳烃抽提装置	汽油加氢装置工艺介绍	乙烯分离装置培训讲义
烯烃转换生产工艺介绍	生产总体介绍	紧急反应	职业危害因素
入门等级培训	试卷模版		

A.7.4 监护员培训管理

作业过程的监督执行监护员制度。承包商监护人员必须通过企业考核(笔试、面试)，所有监护员持证上岗，并发放监护员手册。

A.8 试生产前安全审查

A.8.1 所有施工和安装应符合设计要求。

A.8.2 以下内容符合安全审查要求：

a）装置的安装和移交；管道系统；动设备；电气仪表、控制系统和 DCS 系统；

b）更新工艺安全资料，并转交给指定的管理人员；

c）完成装置的危险分析；

d）安全、操作、维护和紧急事件响应规程准备就绪；

e）人员培训已经完成，并对培训进行了记录；

f）安全设施。

A.8.3 环境保护设施应符合工艺安全要求。

A.8.4 职业卫生健康设施应符合工艺安全要求。

A.9 机械完好性

A.9.1 预防性维护

A.9.1.1 状态检测

企业对设备状态检测采用在线监测和离线检测，利用状态检测核心数据库功能，对离线数据进行数据分析、管理。

A.9.1.2 维修计划的制定

维修计划的制定见表 A.11。

例如：按照设备润滑油日常管理定期分析，建立润滑油指标变化趋势图，了解设备的润滑状况和磨损情况。它是判断设备事故的一个重要指标，也是预测性维修计划的一个重要参考和组成部分。

表 A.11 蒸汽透平维修计划

项目	蒸汽透平				
序号	维护内容	间隔时间	人员	需要时间	备　注
1005	润滑油分析		A	2	
1015	清洗各视窗、一次表		O	1	
1020	检查清理润滑油冷却器		M	16	
1025	出入口管线及支撑		P	2	
1030	更换润滑油		O	16	根据分析结果
1035	清洗轴承箱		M	4	
1040	清理透平油箱		O	8	

续表

项目	蒸汽透平				
序号	维护内容	间隔时间	人员	需要时间	备　注
1045	冲洗轴承冷却水夹套		M	2	
1050	清理润滑油过滤器		M	4	
1055	高位油槽检查清理		O	4	
1060	润滑油缓冲罐皮囊检查定压		M	4	
1065	轴承检查、更换		M	4	
1070	清理检查汽封泄漏蒸汽冷凝器及喷射器		M	16	
	………				

A. 9. 1. 3　预防性维修工作流程

运行管理系统-预防性维修(SAP-PM)将根据维护计划自动生成维修维护订单；对于预测性维修计划，根据状态检测的结果，判断设备的故障，在系统中创建针对性的维护通知单。见图 A. 6。

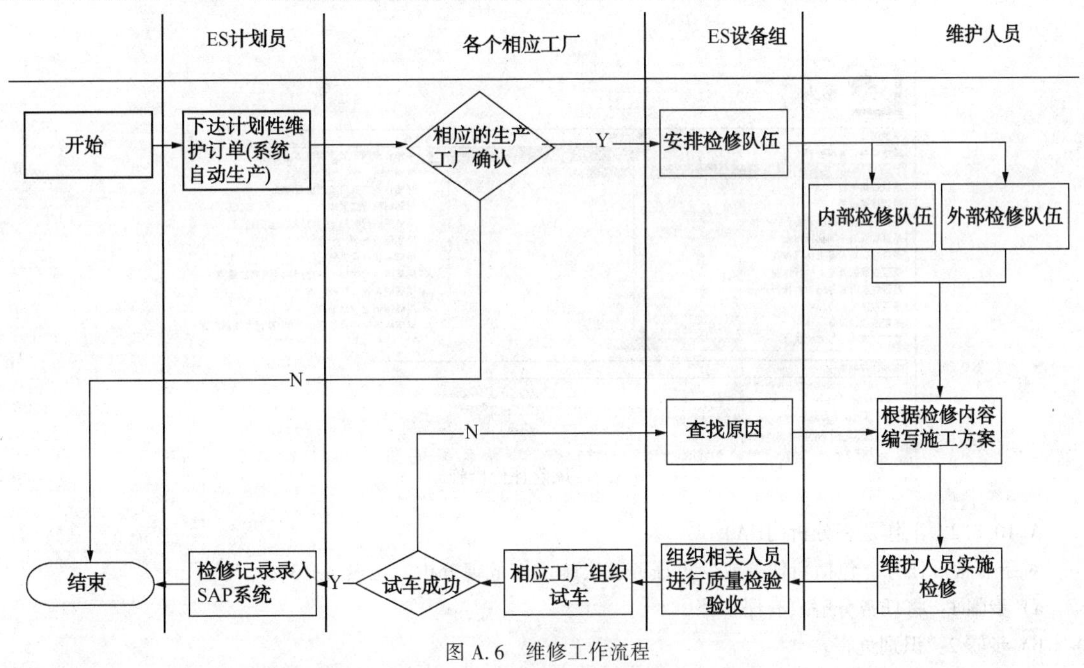

图 A. 6　维修工作流程

A. 9. 2　数据定义与统计分析

运行管理系统(SAP)中包括对失效模式进行定义与统计分析。

A. 9. 3　泄漏点监测

A. 9. 3. 1　工艺安全重点关注危险化学品泄漏，对各装置所有机械设备、法兰、阀门、各类管配件(包括仪表的孔板、控制阀门等)以及其他设备的接合部位进行定期的监测。

A. 9. 3. 2　每月形成一份泄漏监测情况报告，监控装置密封泄漏情况，主管部门应对报告签署处理意见。

A. 10　作业许可

A. 10. 1　作业许可证程序

企业应编制安全工作规程或准则，控制动火、进入受限空间、能量隔离、开启工艺设备或管道等作业活动中的危害。可采用 AQ/T 3012-2008《石油化工企业安全管理体系实施导则》范例 A. 8. 2 作业控制流程图。

A. 10. 2　作业许可审核要素

作业许可审核要素见表 A. 12。

表 A. 12　作业许可审核

书 面 程 序	任务和计划	许可证告知和签核	定期审核流程
人员职责	风险评估	监督和管理	事故分享
培训和资质	作业许可证	作业点保持安全状态	停止不安全作业

每年应进行回顾审核，以发现与要素之间的差距，不断提高作业控制管理水平。

A. 10. 3　作业风险评估

A. 10. 3. 1　作业风险评估和措施

作业控制过程中风险评估是重要的一个环节，它是确保各项作业安全实施的前提。

可以通过强制措施和选择性措施进行评估：强制措施是实施这项作业必须需要落实的措施，选择性措施是针对这项作业需要考虑影响的危害因素以便采取合适的措施，如果还要添加措施可以添加在附加信息/措施中。见图 A. 7。

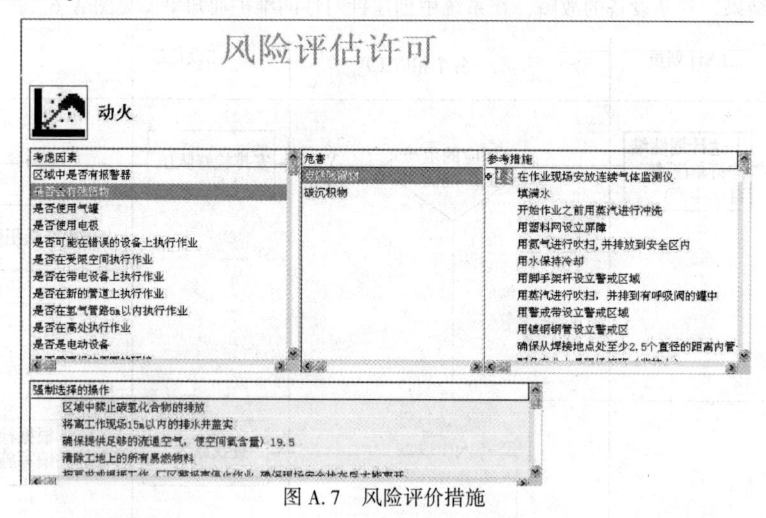

图 A. 7　风险评价措施

A. 10. 3. 2　工作危害分析(JHA)

对于非常规任务，包括新任务或变更任务，实施工作危害分析，见表 A. 13。

a) 步骤 1：将任务分解成有序步骤。

b) 步骤 2：识别危害。

表 A. 13　工作危害分析记录

日期： 作业活动：		评估人					评估编号： 审查日期：	
序号	任务	危害		严重性 $S\times$可能性 L =风险 R			现有安全措施	补充控制措施
1		危害	危害影响	S	L	R		
2								

c) 步骤 3：分析风险。

在识别危害以后，有必要评估风险的等级，对危害进行排序能够为进一步行动确定优先顺序，见表 A. 14 风险矩阵。

表 A.14　风险矩阵

可能性	严　重　性		
	高	中	低
高	(高)H	H	M
中	H	(中)M	M
低	M	M	(低)L

d) 步骤 4：控制措施。

原则：将风险降低到合理可接受的程度，超过可容忍上限的风险被视为不可接受。

应按下列顺序考虑增加的控制措施：消除、替换、控制、减轻

控制措施包括：

提供保护设备；

安全作业系统(如作业许可证系统)；

进行培训，提高知识和意识；

提供信息(如 SDS、应急程序)；

说明和标识；

监督；

使用个体防护用品(PPE)。

A.10.4　动火和受限空间作业

动火作业如风险评估和相关措施不到位可能会引发事故，但只要方法和措施得当，受限空间和动火作业就可以成为安全的作业。

示例：＊＊装置的原油蒸馏塔已停用，正在进行大修，见图 A.8。

图 A.8　动火作业事故

相关管网已根据正常程序予以冲洗、清空、蒸汽吹扫、水洗。然而，塔顶管线中的残留烃类尚未完全清除，亦未加以隔离，也未经气体检测。残留烃类被塔顶管线上正在进行的动火作业点燃。两名操作工和一名脚手架工正在塔内作业时，从塔顶管线而来的烟雾开始进入受限空间。塔顶的脚手架工迅速退出该塔，但在下面工作的两名维修工未能幸运逃生。

进行受限空间作业时，管理人员在对管网上批准动火作业时，没有考虑到管线内的残余物和对受限空

间作业人员的危害。

A. 10. 5　相关培训

为了让员工和作业人员了解动火作业和受限空间作业的风险，需进行相关的培训，理解动火和受限空间的定义、存在的风险、相关人员职责、控制措施和作业控制流程的管理。并每两年进行一次复训和考核。

A. 10. 6　工艺隔离

工艺隔离一般采用的方法有三种：绝对隔离(加盲板或拆除短管)，双切断阀隔离，单阀隔离。工艺隔离原则采用实际可行的最高标准的隔离，对于受限空间作业实施绝对工艺隔离。

A. 11　变更管理

A. 11. 1　变更管理适用范围，见表 A. 15。

表 A. 15　变更管理范围

变更类型	内　容
工艺化学品和产品变更	任何生产过程中新使用的化学品或添加剂
	处理流程中停止使用一种添加剂
	改变压缩机或者泵机润滑油等级
	改变化学品规格
	增加或者取消某些化学品、库存改变、或者增加或者取消容器
	每一种产品的过程控制操作参数的变化
	改变添加/注入点的位置
	用不同类型的化学品替代
	改变要求的蒸汽浓度
	稀释工艺添加剂
	每一种产品的规格和性能指标的变化
工艺/设备技术变更	新的或者改进的催化剂或者添加剂(工艺化学品变更)
	更新处理流程控制硬件(控制/仪表变更)
	对现有设施实施新的创新工作方式(安全工作限度变更)
	以不同的方式运行处理流程而产生新的产品(操作程序变更)
	更新有毒物质或者碳氢化合物的监测系统(安全系统变更)
	在线分析方法变更(控制/仪表变更)
	设备用途的变更
设备/管路变更	新增永久的或临时的设备或者管路
	拆除工作设备
	用不同的设备更换或者修改设备(改变换热器的设计与大小、泵叶轮的大小、设备的等)
	改变安全操作或者设计限制，但不得在安全操作限制的范围以外运行)
	对流程和设备的变更可能要改变泄压排放的要求(增加流程产出、增加工作温度或压力、增加设备尺寸、改变管路或者设备的隔热性能等)
	对结构件的修改，降低设计负载能力或者防火能力
	在处理区域对建筑物通风系统的变更
	改变密封圈、密封与垫层材料等
	在设备周围安装旁通连接或特殊工作用的临时连接
	临时修复工作用的管箍，必须跟踪所有管箍的位置，以便在可行的时候进行拆除

续表

变更类型	内容
DCS/SIS与仪表变更	控制系统的软件/硬件以及网络结构变更
	联锁逻辑结构修改和控制策略/逻辑/算法修改，以及输入输出元素和信号变化
	修改联锁设定值、报警设定值、仪表量程
	停用或者旁路控制回路、关键报警点、联锁回路
	对任何SIS仪表信号进行强制；超过可容忍上限的风险被视为不可接受
	对F&G设备进行抑制和隔离操作
	新增或者取消任何现场仪表设备
	修改仪表类型和规格
	在线分析仪系统采样系统的变更
	改变传感器的安装位置
	修改仪表安装、供电方式
	阀门故障状态安全位置变更(例如风开/关)
	修改仪表回路组成或结构
操作流程(非常规操作)变更	任何处理流程中控制、监控或者安全防护程序，包括开车程序、停车程序、正常操作程序、临时程序以及紧急情况操作程序等
安全操作参数限制(不得超过操作范围)变更，适用于对原材料、产品物流或操作条件(流量、温度、压力以及成分)等的既定安全限制进行变更	改变生产率或者装置投料能力
	改变原材料或者原料混合比
	改变产品或者开发新产品
	任何对工作条件的改变，包括压力、温度以及流率等
	改变现有安全操作上限或下限
	设置新的安全操作极限
泄压/安全系统变更	为现有泄压阀提供泄压途径的联锁阀门，改变泄压阀的类型、大小、容量、设定压力、或者入口/出口管路，任何对泄压系统设计或者卸压系统控制的改变
	影响安全/停车系统作用的变更
	影响安全系统能力或者设计依据的变更
	新增或拆除安全系统或者停车系统
	旁通或者停用卸压系统、安全系统、或者停车系统
	更换/改变系统元件
	泄压阀出口从闭合系统改为直接排到大气或者从直接排到大气改为排到闭合系统
	对碳氢化合物、有毒材料或者火灾监测或者抑制系统的变更等
建筑物占用变更	增加或者减少对建筑物的占用范围
	修改占用建筑物的结构
	在现有生产流程的一定范围内建设新占用建筑物
	在现有占有建筑物的一定范围内建设新生产流程
管理或法规变更	对所公布的气态、液态或者固态排放物标准的改变
	工厂布局改变
	消防设施或消防通道的改变
	政府或者公司规章的改变

A. 11. 2　变更管理(MOC)审核，见表 A. 16。

表 A. 16　HSE 审查清单和内容

MOC 编号		工厂或组名称	
变更名称			

参加检查人员：

序号	检查主题	情况描述	已有安全措施	行动项	备　注

要考虑的 HSE 项	在设计和评估期间完成	设计后试生产前完成	试车后尽快完成
要求的或完成的 HAZOP/HAZID			
风险评估			
火灾和应急响应计划			
泄压排放			
占用的建筑位置			
消防通道和设备			
健康影响			
危险物			
健康或环境监控			
PPE 要求			
安全喷淋和洗眼器			
呼吸器			
医疗设施，如毒物解毒剂			
安全影响			
撤离方法			
易燃材料			
排放气体			
防火或电缆保护			
装置防火堤			
排放系统			
喷水保护			
消防栓			
火灾和气体探测			
灭火器			
环境影响			
大气排放物			
毒性			
气味			
噪声			
厂区排水			
雨水			

续表

要考虑的HSE项	在设计和评估期间完成	设计后试生产前完成	试车后尽快完成
可见影响			
固体处理			
液态垃圾处理			
排放物处理			
混合排放物			
跑冒预防与控制			
中国安全、消防、环境、健康法规			

A.12 应急管理

A.12.1 应急预案

企业根据工艺危险分析报告建立总体应急预案和一系列程序以应对发生紧急事件。包括：

a）疏散程序；

b）有毒气体避难程序；

c）医疗方案；

d）装置详细应急预案；

e）物流应急预案；

f）建筑物详细处理方案；

g）台风应对方案；

h）应急响应附件；

i）安保措施；

j）调查方案等。

A.12.2 应急响应力量的分级

通常分为一、二、三级响应力量和危机管理小组。

a）一、二级响应力量为战术响应团队，战术响应团队由下列人员组成：运转经理、事故装置值班长、企业消防队、保安、医疗、化学抢险小组和废弃物处理小组组成。运转经理担任事故现场的指挥。

b）三级应急响应则要求启动事故管理小组，小组由指挥组、作战组、计划组、后勤组和财务采购组构成。

c）危机管理小组应在当事故有可能对企业周边社区或是企业造成影响需启动。

A.12.3 工艺危害事故的分类和应急程序

A.12.3.1 工艺危害事故分类：

a）人员伤害，包括职业病；

b）火灾/爆炸；

c）环境影响，如向大气，地面或水源的泄漏：

1）化学品气体泄漏；

2）液态化学品泄漏；

3）剧毒物泄漏；

4）环境污染。

A.12.3.2 应急程序中应涵盖该装置的简单工艺概述、主要工艺设备和危险源、工艺单元布置、报警器、安全设施和消防系统分布情况、逃生和疏散路线等内容，并附上相关信息。见表A.17。

A.12.3.3 制定每个装置/单元的应急响应程序时，应经过危险源辨识，确定潜在的事故进行后果模拟，作为采取应急行动的根据，见表A.18。

表 A.17　相关信息清单

附件编号	附 件 名 称	发 布 时 间	改 版 时 间
1	上海化学工业园区规划总平面图		
2	企业平面图		
3	事故指挥状态表		
4	赛科应急联络流程		
5	通信联络表		
6	无线电通信计划及联络表		
7	企业消防车设备清单		
8	化学工业园区消防车设备清单		
9	媒体应对指南		
10	培训指南		
11	演习方针		
12	个体防护参考		
13	企业与外界的相互影响		
14	高空受限空间应急响应预案		

表 A.18　×××装置事故后果模拟结果

设备号	物料	泄漏孔径/mm	距离/m									
			IDLH 500 ppm		喷火		池火		闪火 12000ppm		爆炸	
			风速/(m/s)		热辐射/(kW/m²)		热辐射/(kW/m²)		风速/(m/s)		冲击波/bar	
			1.5	5	4	20	4	20	1.5		0.2	0.02
省略	加氢汽油	5	54	21	7		28	11	10	2.5	54	70
		25	184	90	22		56	22	41	18	190	273
		150	895	309	44		239	121	261	43	921	1464
		200	1195	336	48		253	130	265	47	995	1505
省略	甲苯	5	44	12	5		20	11	6	2	42	53
		25	110	62	15		59	24	27	11	116	181
		150	405	116	26		178	87	108	21	410	650
		200	417	135	28		181	89	100	24	274	454
省略	溶剂	5					17	10				
		25					46	23				
		150					100	55				
		200					152	89				

A.12.4　有效的报警系统

A.12.4.1　工厂设置有效的报警系统，不同情形应有不同的报警声音：

a）火灾—稳定音调；

b）气体泄漏-每隔 5s 交替音调；

c）消除警报- 1s 的交替音调。

A. 12. 4. 2　火灾和气体探测报警系统显示不同的报警指示灯：

a）火灾报警是红色；

b）易燃气体泄漏或有毒气体泄漏是黄色。

A. 12. 5　危险化学品泄漏的处理

在可能出现泄漏的位置附近配备必要围堵、收集设施，可有效地防止泄漏的扩散和对环境污染。

大量泄漏时，控制泄漏影响的范围很关键。应及时封堵雨水系统，控制泄漏物流入雨水系统。

A. 12. 6　应急培训

应急培训内容包括：

a）定期对生产部员工进行桌面演练、程序回顾和消防应急知识并进行测试；

b）针对各个生产装置的危险设备、危险源、可能发生的事故，制定培训科目和各级人员能力模型，分批对操作工前往专业消防学校进行真实火场培训，见表 A. 19；

c）组织承包商员工学习。

表 A. 19　应急培训记录

培训科目					
程　　度	操作工	消防员	医生	保安	现场指挥
课堂培训和测试	√	√			
演习	√	√	√	√	√
案例分享	√	√			√
现场训练		√			
能力模型					
程　　度	操作工	消防员	医生	保安	现场指挥
专家					
熟能生巧			√	√	√
基本应用	√	√			
知晓					

A. 13　事故调查

A. 13. 1　工艺安全事故(PSI)定义

员工在工艺现场受伤，如果在现场而工艺并未起到直接作用，则无需作为工艺安全事故(PSI)进行报告。工艺事故指如果事故达到了以下全部四项标准，则应作为工艺安全事故进行汇报，见图 A. 9。

a）化学或化学工艺的参与(化学或化学工艺必须直接存在于产生的损害中)；

b）高于最低报告限值：

1）员工或承包商出现损失工时、死亡或住院；

2）火灾或爆炸导致公司直接成本损失大于或等于×××××美元；

3）可燃、易燃或有毒化学物品从容器或管道内大量释放，释放量超过规定的化学释放限值。

c）事故发生地点：生产、使用、存放、公用工程或试验工厂内设施；

d）严重释放：即在 1h 内或小于 1h 内物料的释放达到或超过报告限值。

A. 13. 2　工艺安全指标：

a）工艺安全总事故率：工艺安全事故总数×200000/员工和承包商工时总数

b）工艺安全事故总数(PSIC)：所有满足本文中描述的工艺安全事故(PSI)定义的事故总数；

c）提前指标：显示安全管理体系中各重要方面的健康状态，测量和监督收集到的提前指标，可以及早指出关键安全系统的有效性的破坏情况，督促采取补救措施；

d）提前指标的安全系统为：机械完好性的维护、行动项的跟进、变更管理、工艺安全培训和资质。

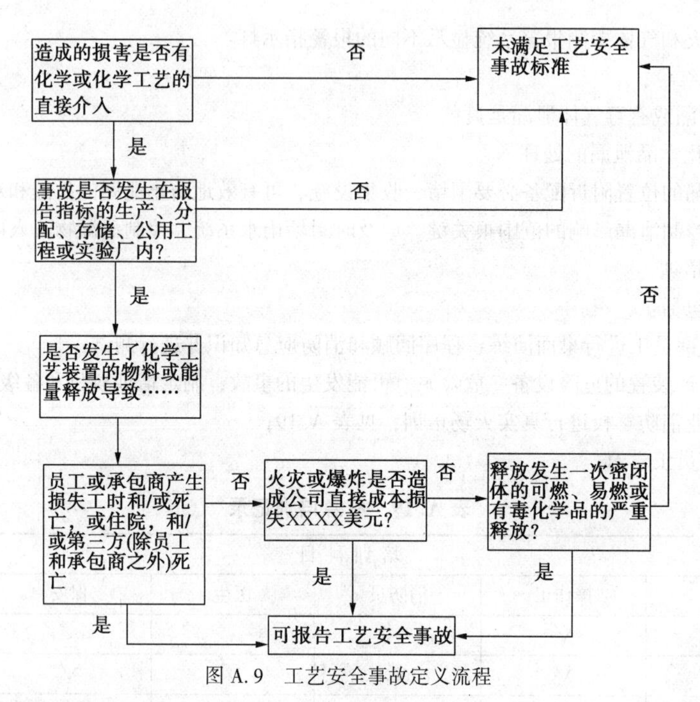

图 A.9　工艺安全事故定义流程

A. 13. 3　工艺安全事故及严重性分类

工艺安全事故及严重性分类见表 A. 20。

表 A. 20　工艺事故分类

严重度	安全性/人类健康	火灾或爆炸	潜在化学影响	社区/环境影响
不适用	没有达到或超过 4 级限值	没有达到或超过 4 级限值	没有达到或超过 4 级限值	没有达到或超过 4 级限值
4	超出急救外的伤害，包括对员工或承包商	导致××××元直接成本损失	二次密闭体内或装置内化学物的释放	短期补救，不产生严重环境影响。没有长期成本损失或公司监管
3	对员工或承包商的损失工时伤害	导致××××元直接成本损失	密闭体外部化学物释放，但仍在工厂内或者可燃物释放，没有蒸汽云爆炸的可能	场外影响较小，带有预防性的临时安置或者需要的环境补救成本在××××美元以下。无需其他法规监管或者当地媒体报道
2	员工或承包商现场死亡事故；各种损失工时伤害或一种或多种严重场外伤害	导致×××万元至××××万元的直接成本损失	化学品释放可能会导致场外伤害；或可燃物释放，导致蒸汽云进入建筑物或潜在爆炸区限制区内，一旦点火可能出现人员伤亡	临时安置或社区疏散或者需要的环境补救成本介于×××万-×××万元。政府对工艺的调查和监管或者当地媒体报道或国家媒体简要报道
1	场外死亡事故或各种现场死亡事故	导致直接成本损失在××××万元以上	化学物释放，可能导致严重的现场或场外伤亡	国家媒体数日连续报道或者需要的环境补救成本超过×××万美元。国家政府对工艺的调查和监管或者其他重要社区影响

A. 13. 4　事故调查及分析

事故调查：所有事故可以根据《原因综合分析表 CLC》进行根源分析，来确定事件的性质、直接原因和根本原因，并采取纠正行动以防止事件的再发生。见表 A. 21。

表 A. 21　原因综合分析表 CLC(1)

<table>
<tr><th>操作危险</th><th colspan="3">外部危险</th></tr>
<tr><td rowspan="4">开始的准备工作
—组建一个调查小组。
—经过适当培训和指导。
—设定工作权限范围。
—开始调查，保留证据。
—关于最近的支持文件，查看支持网站。

收集证据
—考查事故现场(事发位置)。
—使用合适的走访技巧，走访当事人：漏斗式集中大量证据，提 5WH(何时/何地/何人/何处/何因)问题(针对涉及到人员)。
—审查相关记录：纸版文件和电子版文件。
—检查所涉及的设备(部件)。
—4 个 Ps：即表示证据的人、文件、位置和零部件。

使用 CLC
—在使用 CLC 前，将证据组织成时间线。
—鉴别、记录下关键因素，最好是简短、具体针对所采取的措施。
—然后按需要进行 ABC 分析，以便在使用 CLC 前更好地掌握工作情况。
—在完成 ABC 分析后，连同术语表一起使用 CLC，以确定每个关键因素的原因。</td><td>1. 行为鉴别　当调查小组不了解一个人为何那样做时，前因-行为-结果分析模式(ABC)很有用，有助于更好地了解那些行为情况，基于这种理解，我们能综合利用 CLC 进行有质量的原因分析。
为了使之有效，ABC 分析必须收集证据后，原因分析前进行。</td><td colspan="2">进行 ABC 分析：
—鉴别出此关键因素中的行为：行为就是可观察到的行动，即做没做什么，或说没说什么。
—记录下行为陈述，包括是谁所为；当时他们在执行什么任务；他们做了什么，没做什么；事情的后果是怎样的。
—详见《ABC 分析指南》。</td></tr>
<tr><td>2. 选用正确的工具　有两种行为分析工具；选用哪种工具的依据在于行为是有意的还是无意的。大多数行为都是有意的，即使行为的结果是无意识的或是有害的。</td><td colspan="2">—如果是故意所为，继续进行 ABC 分析。
—如果是无意所为，则咨询精于这方面根本原因分析专家。
—无意的行为是很少见的。</td></tr>
<tr><td>3. 考虑前因性事件　前因事件就是引发或助长某一特定行为的事物。一些前因某些行为成为可能或可行的必要条件，但单独前因本身并不会导致该行为发生。</td><td>工作中的一些常见的前因性事件例子有：
—标记
—告知
—警告标签
—他人的预料
—培训方案
—您的主管人员的预料
—政策
—工具与设备
—规则
—他人树立的榜样作用
—规程
—足够的时间
—作业环境</td><td>—在行为前鉴别此例子存在的前因性事件。
—将每个前因性事件划分为存在和有效、存在和无效，或无关或不在场。
—利用这种对于情况的了解来选定与此行为有关的关键因素的起因。</td></tr>
<tr><td>4. 考虑的方面　结果对于行为来说，是比前因性事件更具有力的驱动因素，除了应该了解结果外，我们必须根据发生该行为的人的观点来考虑这些方面。此人这样做想得到什么结果？记住两项关键点：
大多数行为，在实施行为的人看来是合理的，而结果会是积极的和消极的。</td><td>工作中常见的行为结果举例：
—省时或省力
—受伤
—省钱
—被上司抓住
—获得主管人员批准
—得到同伴的纠正
—早点回家
—个人不舒服
—避免尴尬</td><td>对于每一项预期的结果：
将每一项结果分为：
1. 积极的或消极的；
2. 即刻的或将来的，以及必然发生，或不一定会发生。

—在您完成 ABC 分析后，您对于涉嫌事故人员所为事故的其他见解会有助于您识别出每个关键因素的相应起因。
—继续 CLC 过程，以确认每一项关键因素的起因。</td></tr>
</table>

表 A.21　原因综合分析表 CLC(2)

原　因			整改措施

可能的直接原因

行为类

1　未遵守现有操作规程

1.1　违章(个人)
1.2　违章(集体)
1.3　违章(主管人员)
1.4　无程序可用
1.5　不理解规程
1.6　其他

2　工具、装置/设备或车辆的使用

2.1　错误使用装置/设备
2.2　错误使用工具
2.3　使用了明知有缺陷或车辆
2.4　使用了明知有缺陷的的工具
2.5　工具、设备或材料放置错误
2.6　装置/设备或车辆的运行转速不当
2.7　其他

3　防护设备或方法使用

3.1　未鉴别所需的防护设备或方法
3.2　未采用个人防护设备或防护方法
3.3　个人防护设备使用不当
3.4　没有个人防护设备或防护方法
3.5　损坏了防护装置、警告系统或安全装置
3.6　失效防护装置、警告系统或安全装置
3.7　其他

4　缺乏关注或疏忽

4.1　被其他分散注意力
4.2　疏忽周围环境
4.3　作业场所不适当的行为
4.4　未设置警告
4.5　无意识的人为差错
4.6　不加思考日常行为
4.7　其他

条件类

5　保护设施

5.1　防护装置失效
5.2　防护装置有缺陷
5.3　不正确个人防护设备
5.4　个人防护设备缺陷
5.5　警告系统不起作用
5.6　警告系统有缺陷
5.7　安全装置无效
5.8　安全装置有缺陷
5.9　其他

6　工具、装置/设备和车辆

6.1　装置/设备故障
6.2　装置/设备的准备工作
6.3　工具故障
6.4　工具的准备工作
6.5　车辆故障
6.6　车辆准备工作
6.7　其他

7　未预料的暴露

7.1　火灾和爆炸
7.2　噪声
7.3　带电的电器系统
7.4　非电器的能量来源
7.5　极端温度
7.6　危险性化学品
7.7　机械维修性
7.8　暴雨或不可抗力
7.9　其他

8　作业场所的布置

8.1　拥挤
8.2　照明问题
8.3　通风问题
8.4　未加保护的登高作业
8.5　作业场所显示
8.6　其他

可能的系统原因

个人因素

9　体能

9.1　视力缺陷
9.2　听力缺陷
9.3　其他感官缺陷
9.4　其他永久性身体残疾
9.5　对物质过敏
9.6　身高或体力限制
9.7　其他

10　身体状况

10.1　以前受过伤或脏过病
10.2　疲劳
10.3　能力下降
10.4　吸毒、酗酒或药物损伤
10.5　其他

11　精神状态

11.1　记忆力衰退
11.2　协调能力差或反应时间长
11.3　情绪状态问题
11.4　恐惧或恐慌
11.5　机械性动手能力差
11.6　学习能力差
11.7　判断失误
11.8　其他

12　精神紧张

12.1　焦虑
12.2　苦恼
12.3　方向/需求混乱
12.4　方向/需求冲突
12.5　极端的决策需求
12.6　过于集中精力或感知需求
12.7　其他精神负担过重
12.8　其他原因

13　行为

13.1　前提性事件不存在
13.2　前提性事件无效
13.3　强化了不正确的行为
13.4　未解决不正确行为
13.5　未奖励正当地行为
13.6　行为分析流程无效
13.7　其他

14　技能水平/能力

14.1　对所需的技能或能力的没有进行评估
14.2　技能的实践无效
14.3　无技能指导
14.4　技能不常发挥
14.5　其他

工作因素

15　培训/知识传递

15.1　没提供培训
15.2　培训无效
15.3　知识传递无效
15.4　无法回答培训材料
15.5　其他

16　管理层/主管/员工领导力

16.1　为行为未被强化
16.2　参与安全力度不够
16.3　人员配置时对于安全的考虑不够
16.4　安全的资源配置无效
16.5　人员的支持无效
16.6　安全流程的监控/审查无效
16.7　没有汲取的教训
16.8　领导力与责任
16.9　员工参与不够
16.10　风险分析容忍度不妥
16.11　其他

17　承包商选用和监督

17.1　无承包商资格预审流程
17.2　承包商资格预审流程欠妥
17.3　雇用了未经批准的承包商
17.4　承包商选用无效
17.5　无作业监管流程
17.6　作业监管无效
17.7　其他

18　工程技术/设计

18.1　技术设计不正确
18.2　设计标准、规范或准则不正确
18.3　人机工程或人的因素设计不正确
18.4　施工监管无效
18.5　作业准备的评估欠妥
18.6　首次操作的监控欠妥
18.7　风险的技术分析不起作用
18.8　其他

续表

原　因			整改措施
19　作业控制(CoW) 19.1　无作业方案或风险评估 19.2　风险评估未起作用 19.3　未获得所需的许可证 19.4　规定的控制措施未允许采纳 19.5　作业范围变更 19.6　工地为保持安全秩序 19.7　其他 20　采购/材料处理控制 20.1　订货不对 20.2　收货错误 20.3　装卸或运输欠妥 20.4　物资储存欠妥 20.5　物资标签欠妥 20.6　其他 21　工具和装置/设备 21.1　提供的工具或装置/设备错误 21.2　无正确的工具或装置/设备可供	21.3　未检查 21.4　调试/检修/维护不正确 21.5　不合适的件拆除/更换无效 21.6　无预防性维护方案 21.7　未做装置、工具或设备测试 21.8　其他 22　标准/规定/规程(SPP) 22.1　缺乏任务的SPP 22.2　SPP的制定开发无效 22.3　SPP的宣贯不力 22.4　SPP实施不力 22.5　SPP执行不力 22.6　其他因素 23　沟通 23.1　同伴间沟通不够 23.2　主管人员同员工间的竖向沟通不够 23.3　不同组织机构间的沟通不够 23.4　作业组间的沟通不够	23.5　班组间的沟通不够 23.6　未收到沟通信息 23.7　信息不正确 23.8　未理解信息含义 23.9　其他 结束工作 评估现有的防范措施 —掌握每一项防范措施是否在事故发生前落实到位，或者认为落实到位。 —作为您的分析项目的一部分，列出每一项防范措施，并说明为何行之无效。 —提出整改措施。 —在提出新建议前确定或加强现有的防范措施。 提出您的意见 —整改措施应该做到具体、针对您已经找出的原因。 —整改措施必须涉及和提到所列出的每一项起因。	检验您的思路 —调查组必须讨论并商定：其整改措施是否可行，它们应该足以防止此类事故复发。如果不是这样，您必须强化这些整改措施。 —事故的原因和整改措施之间必须保持对称。比如，一项工程设计的原因必须有一项工程设计的整改方案，一项行为的结果必须有一项对应的行为整改方案。属于行为方面的问题必须考虑到促其发生的组织机构和文化方面的问题。 操作管理体系 CLC是一种工具，确保我们有一个调查事故、分析其根本原因的一贯的方法。事故调查是OMS的一个要素，BP为的是分享操作方法，以推进整个集团的持续改进。

A.13.5　事故跟踪和经验共享

企业可开发行动项跟踪系统(即Actions Traction System，简称ATS)，对各种行动项的执行情况进行有效跟踪，每个员工可对事故报告，未遂事故进行分享，见表A.22。

表A.22　行动项跟踪系统ATS

新　建	查　询	报　表
现场检查行动项	我的行动项	报表控制台
体系审核行动项	所有行动项	
风险管理行动项	现场检查行动项	
法律法规行动项	体系审核行动项	
管理会议行动项	风险管理行动项	
通用行动项	法律法规行动项	
未遂事件/安全隐患	通用行动项	
事故报告	管理会议行动项	
	事件事故行动项	
	未遂事件/安全隐患	
	事故报告	

A.14　符合性审核

A.14.1　意义

意义在于风险是否被有效控制，以往提出的整改措施是否已经落实。

A.14.2　工艺符合性审核频率

审核的频率基于风险的程度、以往审核的结果、企业的规定、政府法规的规定。

企业工艺安全管理符合性审核的构成部分与最低频次，可依以上原则作出具体要求。

A. 14. 3　审核的工具

A. 14. 3. 1　意义

使用合适的审核工具，可以弥补审核人员能力上的差异、标准统一、防止疏漏、更客观的反映客观事实，为下一步的改进奠定基础。

A. 14. 3. 2　作业控制(COW)审核，见表 A. 23。

表 A. 23　作业控制审核记录

<table>
<tr><td>被审核方：</td><td>承包商：**公司
企业：A 装置
B 装置</td><td>迎审人员：</td><td>承包商：
安全经理：
A 装置值班长：
B 装置工程师：</td><td>审核员：</td><td></td><td>审核日期：</td><td></td></tr>
<tr><td colspan="5">作业控制审核要素</td><td colspan="3">事实记录</td></tr>
<tr><td colspan="5">1. 4. 1　装置/公司员工如何知道自己使用的是 DCMS 的最新版本？</td><td colspan="3"></td></tr>
<tr><td colspan="5">2. 1. 1. 1　装置/公司是否对一些主要活动、所实施的作业类型等开展了正式的风险评估，例如作业危险分析(JHAs)、作业安全分析(JSAs)？举办了多少次风险评估以及为哪些主要活动或作业类型进行了风险评估？这些评估都是在最近什么时候做的？
2. 1. 1. 2　装置内什么人负责组织这些正式的风险评估并对此承担责任？谁参与了这些评估活动？他们在这些特定领域内有何背景以及受过何种培训？生产人员是否参加了评估活动？</td><td colspan="3"></td></tr>
<tr><td colspan="5">2. 1. 2. 2　在特定重大活动/作业类别的相关风险基础上，是否对已经确定的管理级别层次体系授予了一个清晰、合适的作业批准权限？
2. 1. 2. 3　必须由何种级别的权限批准装置内何种具体的主要活动/作业类别？上述工作安排针对风险而言是否有其不合理性？批准人是否具有相关背景和培训基础？</td><td colspan="3"></td></tr>
</table>

A. 14. 3. 3　作业许可证审核工具，见表 A. 24。

表 A. 24　作业许可证审核工具

作业许可证审核—现场招待情况评分表		
作业许可证 (2分)	-0.5分/每项	没有人员签名(包括：作业负责人、监护人、生产部负责人、HSSE 工程师、气体检测人员、作业人员)
	-0.5分/每项	许可证上的签字由别人代签
	-0.5分	未填写许可证编号和名称或填写不完整
	-0.5分	工作许可证没有放在现场
	-0.5分	没有作业申请表
	-0.5分	许可证未关闭和返还
	-2分	作业超出许可证范围
	-10分	作业没有许可证
人员资质 (1分)	-1分	特殊工种无资质
	-0.5分	作业人员无胸卡
	-0.5分	作业票签发人员无相应等级权根
	-0.5分	监护人没资质
PFE (1分)	-0.5分/每项	作业人员缺少 PPE(例如：耳塞、手套、防护眼镜、口罩、面罩等)
	-0.5分/每项	作业现场缺少 PPE(灭火器、灭火毯等)

A. 14. 3. 4　项目审核，见图 A. 10。

项目管理有其一套完整的系统，审核按照项目管理要求，按照进度在不同阶段执行相应的审核。

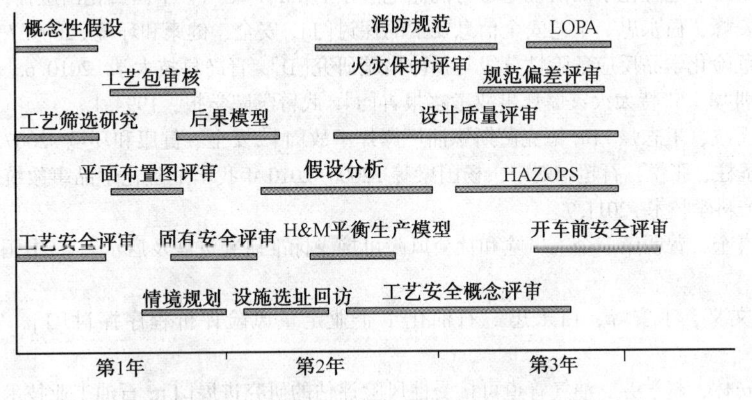

图 A. 10　项目审核

A. 14. 3. 5　法律法规符合性审核可采用表 A. 25 进行审核。

表 A. 25 符合性审核记录

2008 年 1-9 月 HSSE 法规清单								
序号	法律名称	编号	发布日期	实施日期	适用条款	执行情况	责任人	差距
1	危险废物出口核准管理办法	国家环境保护总局令第 47 号	2008-1-25	2008-3-1	产生、收集、储存、处置、利用危险废物的单位，……	目前无危险废物出口	* * *	无差距

A. 14. 4　审核的方式与人员

审核分内审和外审，外部审核人员可以是有资质的外部评价机构，也可以是来自股东方的审核专家；内部审核人员主要是 HSSE 人员与来自生产部各专业的专家。

A. 14. 5　审核报告与分析

可形成专项审核和现场符合性报告分析。

A. 14. 6　审核完成后跟踪

行动项的跟踪与验证使用了 ATS 系统，系统将自动发出邮件，提醒行动人按时完成任务。

A. 14. 7　纠正措施的跟踪与验证

纠正措施的跟踪与验证见表 A. 26。

表 A. 26　审核追踪记录

####审核追踪表										
检查类型：				检查场所：				检查时间：		
参加检查人员：										
序号	检查项目	检查内容	检查标准	检查结果	原因分析	整改措施	负责人	计划完成时间	实际完成时间	验证人	备注
1											
2											

参考文献

[1] 徐钢，李雪华等 . 危险化学品活性危害与混储危险手册[M]. 北京：中国石化出版社，2009. 1.

[2] 党文义，于安峰，白永忠 . 工艺安全信息要素的探讨[J]. 安全、健康和环境 . 2009. 7.

[3] 顾静 . 典型危险化学品反应危险性分级与预防措施研究[D]. 青岛科技大学 . 2010. 6.

[4] 于福海 . 深圳“8 · 5”特大火灾爆炸事故考察报告[J]. 武警学院学报，1994. 1.

[5] 苏国胜，李文波，王志强 . BP 德克萨斯炼油厂爆炸事故[J]. 安全、健康和环境 . 2007. 1.

[6] 吴宗之，张圣柱，张悦，石超，刘宁，杨国梁等 . 2006-2010 年我国危险化学品事故统计分析研究[J]. 中国安全生产科学技术 . 2011. 7.

[7] 高建明，王喜奎，曾明荣 . 个人风险和社会风险可接受标准研究进展及启示[J]. 中国安全生产科学技术 . 2007. 3.

[8] 武志峰，党文义，于安峰，白永忠 . 石油化工企业定量风险评价程序探讨[J]. 安全、健康和环境 . 2010. 10.

[9] 赵忠刚，姚安林，赵学芬 . 油气管道可接受性风险评估的研究进展[J]. 石油工业技术监督 . 2005. 5.

[10] N. E. Scheffler，W. R. Heitzig，J. F. Murphy. DOW ' s Fire & Explosion Index Hazard Classification Guide. New York：American Institute of Chemical Engineers，1994.

[11] 张广文，白永忠，李奇，万古军 . 工艺安全管理系统的核心要素——工艺危害分析[J]. 安全、健康和环境 . 2009. 9.

[12] 孙文勇，许芝瑞，邓德利，赵东风 . 工艺安全管理系统中的工艺危害分析方法比较[J]. 中国安全生产科学技术 . 2011. 11.

[13] 粟镇宇 . 工艺危害分析方法及实践[J]. 现代职业安全 . 2011. 3.

[14] 白永忠 . 化工过程安全中的工艺危害分析方法综述[J]. 安全、健康和环境 . 2010. 2.

[15] 张威 . 化工过程安全中的工艺危害分析方法综述[J]. 化学工程与装备 . 2011. 3.

[16] 张海峰，牟善军 . 煤气化工艺风险管理[M]. 北京：中国石化出版社 . 2012. 6.

[17] 牟善军，王广亮 . 石油化工风险评价技术[M]. 青岛：青岛海洋大学出版社 . 2002.

[18] 吴济民 . 国外化工企业工艺安全技术管理概述[J]. 中国安全生产科学技术 . 2011. 7.

[19] 李其中 . 小议安全培训的实施方法[J]. 华北科技学院学报 . 2005. B12.

[20] 王高彦，廖红茹 . 创新安全培训提高培训质量[J]. 继续教育 . 2009. 11.

[21] 施耀华，郭晓，杨晓兵 . 化工安全管理的重点和要点分析[J]. 中小企业管理与科技(下旬刊). 2009. 9.

[22] Center for Chemical Process Safety (CCPS). Guidelines for Performing Effective Pre-Startup Safety Reviews [M]. New York：American Institute of Chemical Engineer，2007.

[23] Center for Chemical Process Safety (CCPS). 化工装置开车前安全审查指南[M]. 赵劲松译 . 北京：清华大学出版社 . 2010.

[24] Center for Chemical Process Safety (CCPS). 开车前安全审查指南[M]. 杨春笋译 . 北京：中国科学文化出版社 . 2009.

[25] 袁利伟 . 危化品安全管理与伤害事故后果分析系统的设计[D]. 昆明：昆明理工大学 . 2004.

[26] Center for Chemical Process Safety (CCPS). Guidelines for Mechanical Integrity Systems[M]. New York：American Institute of Chemical Engineer，2006.

[27] Center for Chemical Process Safety (CCPS). Guidelines for Chemical Process Quantitative Risk Analysis[M]. New York：American Institute of Chemical Engineer，1999.

[28] 李杰 . 炼油石化企业安全风险评价研究[D]. 天津：天津大学 . 2010.

[29] 常武，刑晶 . 动火作业中的安全现状分析[J]. 安全 . 2007. 11.

[30] 王永利 . 输油管道动火作业的安全管理[J]. 石油和化工设备 . 2011. 9.

[31] 邹秀健 . 加油站施工高处作业的安全管理[J]. 石油库与加油站 . 2012. 1.

[32] 冯秀玲，董彬，李德章 . 吊装作业安全管理要点[J]. 交通企业管理 . 2012. 3.

[33] 吴世清．化工企业安全生产规范系列[J]．化工生产与技术．2010. 4.
[34] 徐扣源．设备检修作业的安全管理[J]．化工劳动保护．2000. 8.
[35] 王水明．管道带煤气抽堵盲板和开孔接管中的技术安全管理措施[J]．安徽冶金．2008. 2.
[36] 张秀华，李庆义．浅谈受限空间作业的安全管理[J]．中国有色金属．2010. S1.
[37] Center for Chemical Process Safety (CCPS). Guidelines for Management of Change for Process Safety[M]. New York: American Institute of Chemical Engineer, 2008.
[38] 朱以刚．石化动火作业的安全控制[J]．石油化工安全环保技术．2007. 6.
[39] 李玉伟．企业安全生产事故隐患管理体系构建研究[D]．哈尔滨：哈尔滨工程大学．2007.
[40] Center for Chemical Process Safety (CCPS)．工艺安全管理：变更管理导则[M]．赵劲松译．北京：化学工业出版社．2010.
[41] 刘东东．我国工业企业安全生产隐患管理体系标准研究[D]．哈尔滨：哈尔滨工程大学．2008.
[42] 鲁信春．深化未遂事故管理的探讨[J]．石油库与加油站．2010. 6.
[43] Center for Chemical Process Safety (CCPS). Guidelines for Investigating Chemical Process Incidents[M]. New York: American Institute of Chemical Engineer. 2003.
[44] 徐伟东．事故调查与根源分析技术[M]．广州：广东科技出版社．2006.
[45] 王影．我国工业企业安全生产事故应急管理体系研究[D]．哈尔滨：哈尔滨工程大学．2008.
[46] 时淑君，李在卿等．解析 ISO19011：2011《管理体系审核指南》[J]．认证技术．2012. 3.
[47] 杨国栋．管理体系审核方案策划探讨[J]．安全、健康和环境．2012. 1.
[48] 刘敏．突发事件的应急通信保障[J]．中国应急救援．2006. 1.
[49] 刘义．机械完整性管理——过程安全管理的重要因素[J]．劳动保护．2013. 3.
[50] 袁仲全，陈明亮，朱群雄．化工过程安全管理进展[J]．计算机与应用化学．2008. 11.
[51] 毕素英．化工企业安全管理的探讨[J]．中国公共安全(学术版)．2010. 2.
[52] 安全教育的目的、内容和方法[J]．工业安全与防尘．1988. 8.
[53] Center for Chemical Process Safety (CCPS). Guidelines for Risk Based Process Safety[M]. New York: American Institute of Chemical Engineer. 2007.
[54] Anthony K, Barbour, N. A. Burdett, John Cairns. Risk Assessment and Risk Management[M]. Cambridge: Royal Society ofChemistry. 1998.
[55] Center for Chemical Process Safety (CCPS). Guidelines for Fire Protection in Chemical, Petrochemical, and HydrocarbonProcessing Facilities[M]. New York: American Institute of Chemical Engineer. 2003.
[56] Center for Chemical Process Safety (CCPS). Guidelines for Mechanical Integrity Systems[M]. New York: American Institute of Chemical Engineer. 2006.
[57] 李小伟．道化学火灾、爆炸指数评价法在危化企业安全评价中的应用研究[D]．天津：天津理工大学．2008.
[58] 陈国芳，陈宝智．安全审核及其作用[J]．工业安全与环保．2003. 9.
[59] Center for Chemical Process Safety (CCPS). Guidelines for Process Safety Documention[M]. New York: American Institute of Chemical Engineer. 1994.
[60] Center for Chemical Process Safety (CCPS). Inherently Safer Chemical Processes, A Life Cycle Approach[M]. New York: American Institute of Chemical Engineer. 1996.
[61] Center for Chemical Process Safety (CCPS). Layer of Protection Analysis - Simplified Process Risk Assessment [M]. 2001.
[62] Center for Chemical Process Safety (CCPS). Revalidating Process Hazard Analyses[M]. 2001.
[63] Center for Chemical Process Safety (CCPS). Guidelines for Preventing Human Error in Process Safety [M]. 1994.
[64] Center for Chemical Process Safety (CCPS). Guidelines for Integrating Process Safety Management, Environment, Safety, Health and Quality[M]. 1996.
[65] Center for Chemical Process Safety (CCPS). Evaluating Process Safety in the Chemical Industry - A User´s Guide to Quantitative Risk Analysis[M]. 2000.

[66] 斯特吉尼，田加禾．意大利塞维索事故[J]．世界环境．1985. 2.
[67] 赵宏展，徐向东．承包商管理——职业安全健康管理中的重要环节[J]．中国安全科学学报．2005. 6.
[68] 刘佃军，张波．新项目承包商管理[J]．现代职业安全．2011. 5.
[69] 曾文虎，张建平，王京仁．提高设备完好率对策性研究[J]．中国现代教育装备．2010. 1.
[70] 洪家芬．加强设备管理，提高设备完好率与利用率[J]．中国现代教育装备．2008. 8.
[71] 朱建军．对未遂事故的分析与管理[J]．煤炭工程．2005. 11.
[72] 胡云，孙广慧，闵春新．应重视未遂事故的统计与管理[J]．劳动保护．2003. 2.
[73] 王宁．我国火灾事故调查改革研究[D]．重庆：重庆大学．2005.
[74] 田兴华．我国生产安全事故调查处理机制研究[D]．济南：山东大学．2011.
[75] 张玲，陈国华．事故调查分析方法与技术述评[J]．中国安全科学学报．2009. 4.
[76] 韩福荣．质量体系运行机制研究[J]．世界标准化与质量管理．1999. 1.
[77] 苗金明，冯志斌，周心权．企业安全管理体系标准模式的比较研究[J]．中国安全科学学报．2008. 10.
[78] 于君磊．化工园区应急救援能力评估体系及应急管理研究[D]．大连：大连理工大学．2011.
[79] 瞿咬根．化工园区突发事件全流程应急管理研究[D]．上海：上海交通大学．2009.
[80] 魏栓民．浅析化工设备管理方法[J]．现代经济信息．2012. 24.
[81] 胡安定．加强设备管理是石油化工企业永恒的主题[J]．石油化工设备技术．2006. 2.
[82] 刘蜀敏，杜烈奋，刘农基，李信伟．构建我国炼油化工设备管理新指标[J]．国际石油经济．2004. 11.
[83] 孔德政．石油化工企业设备管理探讨[J]．现代商贸工业．2012. 20.
[84] 金鹤．化工设备管理的重要性及其策略方法分析[J]．中小企业管理与科技(上旬刊)．2012. 6.
[85] 廖海燕，管杰，杨文平．开车前安全审核(PSSR)的理解及运用[J]．中国安全生产科学技术．2011. 1.
[86] 张丽萍．国外企业 HSE 管理与文化[J]．安全、健康和环境．2009. 6.
[87] 王丽红，刘毅，壮旭．从美国最大炼油公司火灾爆炸事故谈工艺安全管理[J]．安全、健康和环境．2009. 5.
[88] 杜红岩．由博帕尔事故分析石化企业工艺安全管理[J]．安全、健康和环境．2011. 7.
[89] 李占华．风险评价分析——实施 HSE 管理的核心[J]．河北化工．2006. 4.
[90] 张其立，邱彤，赵劲松，王朝晖．3 种安全评价方法的集成研究[J]．计算机与应用化学．2009. 8.
[91] 杜金本，王岳峰，李秀田．关于企业建立和实施 HSE 管理体系的几点思考[J]．纯碱工业．2008. 3.
[92] 黄刚，赵荣峰，闫进．如何建立和实施 HSE 管理体系[J]．石油工业技术监督．1999. 6.
[93] 丁浩，张星臣．石油企业实施 HSE 管理体系研究[J]．中国安全科学学报．2004. 10.
[94] 王辉．实施 HSE 管理体系的实践与探索[J]．安防科技．2006. 1.
[95] 石占君，沈兴，孙剑，刘国兵，尤丽．实施 HSE 管理体系提高催化裂化装置安全环境管理水平[J]．内蒙古石油化工．2011. 10.
[96] 赵荣峰，闫进，索春兰，黄刚．推行 HSE 管理体系提高职业卫生管理水平[J]．石油化工安全技术．2004. 3.
[97] 周忠元．化工安全技术与管理[M]．北京：化学工业出版社．2002.
[98] 陈安，陈宁，倪慧荟．现代应急管理理论与方法[M]．北京：科学出版社．2009.
[99] 蒋军成．化工安全[M]．北京：机械工业出版社．2010.
[100] 赵云胜，吴学成，李爱成，崔元顺．职业健康安全与环境(HSE)法规手册．北京：化学工业出版社．2008.
[101] 曾富．石油化工企业承包商的安全管理[J]．湖南安全与防灾．2003. 9.
[102] 张爱娟．化工企业承包商安全管理浅析[J]．南通职业大学学报．2010. 2.
[103] 刘佃军，张波．新项目承包商管理[J]．现代职业安全．2011. 5.